爆炸与冲击数值模拟技术

陈　兴　刘安阳　何兴友
范书源　李志文　江海洋　◎ 著

EXPLOSION AND IMPACT NUMERICAL SIMULATION TECHNOLOGY

北京理工大学出版社
BEIJING INSTITUTE OF TECHNOLOGY PRESS

内容简介

本书基于 ANSYS 16.0 软件平台，详细介绍了如何运用 LS-DYNA 和 AUTODYN 解决冲击动力学中的实际工程问题。全书共六部分，采用 30 余个案例，详细介绍了冲击动力学中的爆炸效应、侵彻效应、聚能效应和穿甲效应等科学问题。主要内容如下：第一部分为 LS-DYNA 入门基础知识，第二部分为 LS-DYNA 侵彻效应计算，第三部分为 LS-DYNA 爆炸效应计算，第四部分为 LS-DYNA 聚能效应计算，第五部分为 AUTODYN 爆炸与冲击数值模拟运用，第六部分为爆炸与冲击工程计算案例。同时书中算例给出了详细的模型计算文件供读者深入研究。

本书可供理工科院校、科研院所和工业部门的弹药工程专业本科生、研究生和科研工程人员作为学习弹药终点效应数值模拟技术的教材和参考书。

图书在版编目（CIP）数据

爆炸与冲击数值模拟技术 / 陈兴等著. -- 北京：北京理工大学出版社，2024.1

ISBN 978-7-5763-3565-1

Ⅰ. ①爆… Ⅱ. ①陈… Ⅲ. ①爆炸-数值模拟 ②冲击波-数值模拟 Ⅳ. ①O643.2②O347.5

中国国家版本馆 CIP 数据核字（2024）第 045145 号

责任编辑：吴　博　　**文案编辑**：李丁一
责任校对：周瑞红　　**责任印制**：李志强

出版发行 / 北京理工大学出版社有限责任公司
社　　址 / 北京市丰台区四合庄路 6 号
邮　　编 / 100070
电　　话 /（010）68944439（学术售后服务热线）
网　　址 / http://www.bitpress.com.cn

版 印 次 / 2024 年 1 月第 1 版第 1 次印刷
印　　刷 / 廊坊市印艺阁数字科技有限公司
开　　本 / 787 mm×1092 mm　1/16
印　　张 / 24.25
字　　数 / 460 千字
定　　价 / 88.00 元

PREFACE

序

爆炸与冲击问题，广泛存在于自然灾害、公共安全、生产制造以及国防安全等领域，数值模拟技术是深入研究爆炸与冲击问题的一种有用且高效的工具。

自20世纪90年代以来，随着计算机技术的飞速发展，数值模拟技术得到了广泛的应用和快速的发展。在爆炸与冲击问题的研究中，LS-DYNA和AUTODYN两款数值模拟软件的出现，为科研人员和工程技术人员提供了强有力的支持。这些软件能够模拟从微观到宏观、从静态到动态的各种复杂的爆炸与冲击过程，极大地推动了相关领域技术的进步和创新。经历长期的发展，目前市面上已经出版了一些关于LS-DYNA和AUTODYN这两款数值模拟软件的书籍，它们对于行业新人的入门学习起到了积极的指导作用。然而，针对当前的需求，这些资料存在一些不足之处：首先，书中提供的案例较少，无法完全覆盖爆炸冲击领域的典型问题；其次，仿真思路和方法陈旧，书中的部分算法已在新版本的软件中被弃用；最后，书中的案例缺乏详细的操作步骤和讲解，使学习者难以领会数值模拟的关键技术要点。

目前，行业内迫切需要一本能够专门地、系统地讲解爆炸与冲击数值模拟技术的专著，以满足行业相关人员对LS-DYNA和AUTODYN两款软件的学习需求。正是在这样的背景下，作者结合自身的学习经历和工作经验，精心组织了30余个案例，基于ANSYS平台详细讲述了如何运用LS-DYNA和AUTODYN对爆炸与冲击问题进行数值模拟，内容涵盖了爆炸效应、侵彻效应、聚能效应、穿甲效应等终点效应问题，既总结了国内同行的研究工作，又展示了作者多年的学习和工作经验，这也是本书最为独特之处。全书通过对案例的分析和求解过程的详细讲解，读者能够学习到实际操作中的技巧和方法，深入了解数值模拟的核心思想和关键要点。此外，作者还强调了软件更新和算法改进的重要性，使读者能够跟上最新的技术进展和发展趋势，保证读者能够学习到当前最先进的计算思路和方法。

"纸上得来终觉浅，绝知此事要躬行"。总之，无论是从理论上还是实践应用上，该书都可以作为业内研究人员一本难得的学习资料。它不仅能够帮助读者全面了解数值模拟技术的基本原理和方法，还能够提升读者在爆炸与冲击领域的工程应用能力。我相信，该书的出版必将对提高爆炸冲击动力学数值模拟人员的学习进度和水平起到积极的推动作用。最后，我诚挚地向大家推荐这本数值模拟专著，希望它能为读者们带来宝贵的知识和技能，为该领域的持续进步作出贡献。

特此为序！

2023年7月于绵阳科学城

FOREWORD

前　言

历经6年时间的学习与素材积累，近两年时间的精心筹划和写作，最终于2023年完成本书全部内容的撰写。

爆炸与冲击是武器设计、终点效应和工程防护领域中的核心问题。在理论上，爆炸与冲击问题包含了含能材料的起爆、爆轰产物运动、爆炸对介质的驱动加速、爆炸加载下应力波的传播及材料的破坏、高速碰撞和侵彻等科学研究点。这类问题具有高速、高温、高压、不可重复性、瞬时性和破坏性等特点。这些特点决定了爆炸与冲击问题是一类非常典型的非线性瞬态动力学问题，主要涉及弹塑性动力学、流体力学、爆炸力学和材料学等。目前，理论分析、试验和数值模拟是研究爆炸与冲击问题的三种方法。理论方法只能运用于简单问题的分析，运用范围较窄；试验最能直接反映真实物理现象，但由于试验成本和试验条件的限制，试验重复性较差，因而全凭试验也无法帮助研究人员了解问题实质。随着计算机技术的发展，借助计算机处理一些复杂科学问题得以实现，特别是数值模拟软件的出现为爆炸与冲击问题等高速瞬态现象的研究提供了一种新的途径。自20世纪70年代起，国外相继开发了诸如AUTODYN、LS-DYNA、MSC. Dytran、ABAQUS、SPEED、Impa3D等商业软件。其中，AUTODYN和LS-DYNA是运用最为广泛的两款软件。

笔者在冲击动力学领域学习多年，一方面有感于AUTODYN和LS-DYNA两款软件功能的强大，对于冲击动力学问题的研究极具重要性；另一方面也体会到了软件学习资料的匮乏，学习的不易。因此，笔者在时党勇、李裕春和辛春亮等几位业内专家编写的指导书的基础上，结合自己多年来软件学习的经验和素材积累，精心挑选出30余个案例，详细介绍了在ANSYS 16.0平台上如何运用LS-DYNA和AUTODYN解决实际工程问题。全书共分为六部分，其中，案例内容涵盖了爆炸效应、侵彻效应、聚能效应和穿甲效应等科学问题。本书可用作理工科院校、科研院所以及武器工业部门的弹药工程专业本科生、研究生和科研工程人员学习弹药终点效应数值模拟技术的教材和参考书。

本书由中国船舶集团重庆前卫科技集团有限公司陈兴博士执笔，全程在中国工程物理研究院总体工程研究所卢永刚研究员的指导下完成。成书过程中，特别感谢南京理工大学李向东教授和周兰伟副教授对笔者数值模拟能力的培养。感谢重庆前卫科技集团有限公司对本书的出版给予的资金支持。感谢北京理工大学出版社同仁的帮助，你们卓越高效的编辑工作使得本书能够顺利出版。

由于笔者学术水平有限和成书时间仓促，书中难免存在不足之处，欢迎广大读者和业内专家提出批评和指正，同时也欢迎各位读者和同行一起交流和学习（邮箱：chenxnjust@foxmail.com）。本书配套视频和计算文件请在技术邻和仿真秀平台搜索“爆炸与冲击数值模拟技术”中获取。

陈兴
2023年7月于绵阳科学城

重庆前卫科技集团有限公司简介

重庆前卫科技集团有限公司成立于1966年，隶属于中国船舶集团有限公司（CSSC），是国家重点保军企业、国家高新技术企业、国家知识产权优势企业、重庆市制造业100强。公司位于国家级开发开放新区——重庆市两江新区，具有良好的区位优势以及便捷的交通。公司占地303亩，员工近2 400人。该公司以水中兵器为主业，大力发展其他产业，已经成为中国船舶集团有限公司在渝的骨干企业之一。

目　录
CONTENTS

第四部分 LS-DYNA 聚能效应计算

第五部分 AUTODYN 爆炸与冲击数值模拟运用

1 绪　论

1.1 爆炸与冲击效应概述

爆炸与冲击问题的研究在国防和民用经济领域有着广泛的应用。常规武器设计、工程爆破、爆炸加工、工程防护、高压合成新材料和爆炸灾害的防护等问题都涉及爆炸与冲击。从理论上可以将爆炸与冲击问题的主要类型归结为含能材料在各种形式初始冲能作用下的起爆、爆轰的传播与控制、爆轰产物的运动、爆炸对介质的驱动加速、爆炸加载下应力波的传播及材料的破坏、含能材料在空气/水/岩土等介质中的爆炸、高速碰撞、弹丸/长杆及射流对目标的侵彻、爆炸加载下材料的反应及相变。

爆炸与冲击问题,特别是爆炸问题具有三高(高速、高温、高压)、单次性、瞬时性、破坏性与危险性的显著特点。

以上这些特点决定了爆炸与冲击问题是一类非常典型的非线性瞬态动力学问题,所涉及的过程通常需要用流体力学和弹塑性动力学模型来描述。根据具体情况可采用一维或多维空间,综合化学反应方程、反应率方程、热传导方程和材料本构关系等,列出包含有线性和非线性偏微分方程、常微分方程、积分方程、泛函方程及代数方程的一个封闭方程组,连同不同的初始条件和边界条件求解。然而这些方程只有在极其简化的情况下才可以得到一些解析解,一般只限于包含两个自变量的平面问题。这种方法在特定的情况下是可行的,但是过多的简化可能导致过大误差,甚至产生错误的结果。随着科学技术的发展,解析解已经远远不符合要求,人们把注意力转向寻求数值解,因为数值解对控制方程的限制宽泛得多,可以得到更接近实际情况的解。因此,人们在广泛吸收现代数学、力学理论的基础上,借助现代科学技术的产物——计算机——来获得满足工程要求的数值解,这就是数值模拟技术。数值模拟是现代工程学形成和发展的重要推动力之一。

爆炸、冲击及其对目标的作用是矛和盾耦合于一体的复杂系统,包含着高温、高压、高能量输运和气—流—固耦合,以及高速撞击、高应变率碎裂等强非线性行为的动力学问题,几乎涉及理论和应用力学的所有分支。关于爆炸、冲击与效应的研究,无论是物理、力学机理和模型,试验和量测技术,还是在数值模拟方法及其软件研制技术等方面,都存在诸多的科学和技术难题,相关的研究已经成为当今物理、力学和数学的热门研究领域。

1.2 终点效应分类及其特点[①]

终点效应学是研究弹丸或战斗部的作用元对目标作用机理、作用规律、威力效果与评估的弹道学分支学科。其主要研究火炮弹丸、迫击炮弹、枪弹弹头、航空炸弹、火箭及导弹战斗部的作用元(爆炸波、破片、射流等)到达弹道落点后的运动规律及伴随现象,是弹道学的组成部分。研究的主要内容有:弹丸对装甲及土石、混凝土介质等的侵彻及相互作用;破片的形成、运动及对不同目标的毁伤机制;金属射流的形成、运动及对各种靶的侵彻;创伤弹道学;炸药在不同介质中的爆炸现象及对目标的破坏理论;特种弹药(照明弹、烟幕弹、干扰弹、侦察弹等)对目标的作用;弹药威力的反设计等。终点效应学对于弹药系统的设计、装甲的研制与防护研究,以及武器系统的威力评价与使用等具有重要意义。

1.2.1 爆炸效应及其特点

爆炸效应通常指杀伤、爆破、杀伤爆破弹爆炸对目标产生的破坏作用。由三部分组成:爆炸产物的直接作用、冲击波的破坏作用和破片的杀伤作用。通常将破片的杀伤作用归类为杀伤效应。随着毁伤目标介质的不同,爆炸效应所关注的毁伤形式也相应不同。空爆战斗部主要依靠冲击波超压(比冲量)来毁伤目标。对于典型硬目标,如坦克、加固建筑物等,主要依靠爆炸产生的冲击波超压毁伤目标;而对于诸如飞机、导弹、人员、汽车等软目标,则主要依靠比冲量来毁伤。岩土介质内的爆炸作用是以抛掷漏斗坑容积来衡量爆炸毁伤能力的。水中爆炸对目标的毁伤主要依靠水中冲击波、气泡脉动及二次压力波的破坏效应。

1.2.2 杀伤效应及其特点

杀伤效应主要是指利用弹药或战斗部爆炸,由撞击、抛射产生的毁伤元杀伤目标。毁伤元形式可分为自然破片、预控破片和预制破片。弹丸或战斗部爆炸时产生破片的数量、质量、飞散速度、空间分布是决定杀伤威力的主要因素,而这些因素本身取决于弹体结构和材料,以及炸药装药的种类和装药量。弹丸或战斗部对人员的杀伤作用主要依靠破片的动能完成,破片杀伤人员的能力用遭遇目标时的动能及杀伤半径(通常为密集杀伤半径)来衡量。破片对战场上的一些轻型防护目标(如飞机、导弹、轻型装甲车辆等)的

---

① 张先锋,李向东,沈培辉,等.终点效应学[M].北京:北京理工大学出版社,2017.

毁伤效应主要是对这类目标产生结构毁伤或者是引燃、引爆靶后效应物。如对飞机结构件的毁伤,除需要破片具有足够的动能穿透目标外,还需要具有足够的破片数量。而对飞机及导弹的油箱的毁伤则除需要具有一定的破片数量外,还需要破片具备足够的后效作用,以引燃油箱中的燃油。

1.2.3 侵彻效应及其特点

侵彻效应是指弹丸或战斗部依自身动能侵彻进入目标介质内部产生的破坏行为。穿甲作用、破片杀伤作用、侵地作用、贯穿混凝土障壁作用、破甲作用等均属于侵彻作用。被侵彻的目标介质种类繁多,如土壤、岩石、木材、混凝土建筑、靶板、陶瓷、有机体组织和水、油类等战场上经常出现的介质。各类侵彻体对不同目标介质的侵彻作用各有其不同的影响因素和特点。一般而言,侵彻效应关注的重点是弹丸或战斗部的作用元对钢甲、岩土和混凝土目标介质的侵彻作用。

弹丸或战斗部对钢甲、岩土的侵彻作用,除与钢甲、土石介质成分、钢甲性能、土壤坚实松散程度或岩石含水饱和度有关外,还与着速、着角、弹头形状等有关。着速主要影响侵入动能,动能过小,达不到侵彻深度要求时,不能发挥爆炸威力;动能过大,侵入深度过大时,将产生盲炸。着角小于跳弹极限角时,则发生跳弹。弹体头部形状决定侵彻过程中迎角的变化,进而影响侵彻弹道。

反跑道炸弹、半穿甲战斗部、钻地侵彻战斗部等主要对机场跑道、混凝土目标进行侵彻。其侵彻作用效能以穿透最大的钢筋混凝土厚度为特征。混凝土目标的穿透厚度主要取决于弹丸或战斗部的质量、直径、弹体强度、弹头形状结构以及侵彻速度。在弹体猛烈撞击下,混凝土靶板表面剧烈压缩变形,使混凝土颗粒脱落,形成喇叭状凹坑。侵彻弹挤入混凝土靶板后,压缩波传到靶板背面,形成拉伸波,使压应力转变成拉伸应力,造成靶板背面崩落,有利于侵彻弹穿过靶板将炸药带入目标内部爆炸。

1.2.4 穿甲效应及其特点

穿甲效应依靠穿甲弹的动能撞击装甲目标并进入其内部,依靠剩余弹体或靶板碎片毁伤靶后目标。就撞击速度而言,穿甲效应所涉及的速度范围在几百米每秒至几千米每秒之间,对应弹靶材料的应变率为 $10^2 \sim 10^5 s^{-1}$。在穿甲效应中,对目标的侵彻往往是侵彻体对目标结构各部/零件依次碰撞的总结果。穿甲毁伤目标效应主要考虑动能撞击的能量损失。随着新型防护装甲的出现,特别是对于反应装甲、主动防御系统的应用,穿甲弹与反应装甲的相互作用也成为穿甲效应关注的重点。

1.2.5 破甲效应及其特点

破甲效应是利用聚能效应使金属药型罩产生高速射流、爆炸成型弹丸或杆式射流穿透装甲或其他坚硬目标，并具有一定后效作用能力。在金属射流对装甲侵彻过程中，由于高速射流的不断冲击，装甲上的孔不断加深，冲击点附近压力可达 10 MPa，温度在 1 000 K 左右，甚至更高，应变率 $d\varepsilon/dt$ 也很高，称之为三高区（高温、高压、高应变率）。在高压作用下，装甲材料产生径向塑性流动；射流头部也向侧向流动形成蘑菇状，待其动能耗尽后，部分射流残留在孔壁上。破甲孔径通常比射流直径大若干倍，由于射流具有头部速度高、尾部速度低，头部直径小、尾部直径大的特点，靶板上的穿孔形状通常呈入口直径大、出口直径小的漏斗状。射流后部有时先自行颈缩、断裂，再侵彻装甲，使孔底附近形成“糖葫芦”状，或更不规则的形状。

1.3 爆炸与冲击问题研究方法①

目前，解决爆炸冲击问题主要采用以下三种方法。

1.3.1 理论分析

理论分析（Theoretical Analysis）方法基于基本原理，利用质量守恒、动量守恒和能量守恒，同时在模型建立之初会采取必要的简化（例如，一维行为、早期、稳定状态或后期效应的考虑）或假设（波传播形式、流场模式等）。完全的理论分析只适用于一些简单的和理想化的问题。例如，应用著名的 Gurney 公式来计算炸药对金属壳体驱动形成的破片初速，应用 PER 理论计算聚能射流的头部速度，以及应用空腔膨胀理论计算动能弹丸的侵彻深度等。

理论分析中还有一类半经验数据分析技术（Semi Empirical Data Analysis Techniques）。这种分析技术基于一些基础理论，并从大量试验中得到数据支撑，可以在更大的范围内尝试建立某些经验关系。其中的自变量可以包括动量、质量、速度、弹体和靶板尺寸等参数。用于破片侵彻效应预估的 THOR 方程就是这种方法的典型代表。该方程根据大量的数据，以无量纲参数（可能是通过直觉、相似分析或其他考虑而得到的）间的关系式来表征侵彻能力。很显然，像材料屈服强度这种对材料性能有直接影响的参数应该在公式中有所体现。这种分析方法的优点是对现有的试验数据进行补充并降低试验成本。因

① 门建兵，蒋建伟，王树有．爆炸冲击数值模拟技术基础［M］．北京：北京理工大学出版社，2015.

其是在有限的试验数据或特定假设条件下建立的,因而应用范围较窄,特别是不能外推;否则,很可能导致严重的错误甚至危险的后果。如果随后还有更多的试验数据补充到现有的数据库中,那么经验关系必须重新校验。同时许多研发机构采用这种半经验数据图表分析技术,开发了用于计算特定领域问题的计算机程序。例如,德国 Numerics GmbH 公司的破片战斗部设计专家系统 SPLITX、美国海军武器中心的空中爆炸冲击波参数计算程序 Blast 等。

1.3.2 试验研究

许多问题不好分析,唯一有效的办法就是对问题进行试验研究(Experimental Study),但对爆炸冲击问题来说,这是既耗时又昂贵的。在研究的过程中会出现许多不可预见的状况,为了得到一个有效的数据点,往往需要进行多次重复性试验。例如,仅仅为了得到简单的弹道极限(弹体穿透指定厚度靶板的最小速度)信息,完成单发实验室尺度模型的冲击试验就需要几千美元。如果要从一个冲击试验中得到更多的数据信息,则需要增加试验的复杂性和实验仪器,随之而来的就是成本的持续增加。因此,如果既需确定靶板是否被贯穿,又需得到剩余质量、速度和弹体入射方向、靶板上孔的轮廓、靶板后碎片的特性(质量、速度和方向)等结果,那么每发试验成本可能达到 20 000 美元甚至更高。对于全尺寸试验,成本可能还会高一个量级。试验结果直接反映真实的物理现象,因而试验对爆炸和冲击问题研究起着至关重要的作用。然而除成本因素外,受测试仪器和测试条件的限制,试验往往只能表征初始状态和最终结果,很难直观地观测到现象发生中间过程中的一些机理现象,因而也无法帮助研究人员了解问题的实质。

1.3.3 数值模拟

数值模拟(Numerical Simulation)软件工具的出现为爆炸与冲击问题等高速瞬态现象的研究提供了一种新的途径,该方法根据系统的守恒控制方程、材料本构模型和状态方程联立求解,可对系统作用全过程进行模拟和观测,因而该方法比分析技术具有更广的应用范围。其主要优点是可以忽略研究对象几何尺寸上的任何限制,且可以考虑高度非线性;缺点是处理从简单和特定的问题到复杂和一般性问题的过程中通常需要很多的数据。数值模拟技术的应用不仅极大地节省了试验经费,同时也可使研究人员获得完美的数字化虚拟试验结果,更容易观测到在试验中无法观测到的现象和参数。因此,数值模拟已成为科学技术研究不可或缺的手段。

1.4 爆炸与冲击常用数值模拟软件

数值模拟是爆炸与冲击领域必不可少的研究手段。20 世纪 70 年代,美国、法国、德国等国家的学者敏锐地觉察到数值模拟的重要性和必要性,便相继开始编写相关程序,进行软件的研发。下面重点介绍在爆炸冲击方面应用较为广泛的典型商业软件。

1.4.1 LS-DYNA 软件

1. LS-DYNA 软件的发展历史及特点

LS-DYNA 软件最初由美国劳伦斯·利弗莫尔国家实验室(美国三大国防实验室之一)的 J. O. Hallquist 博士主持完成开发,主要用于求解三维非弹性结构在高速碰撞、爆炸冲击下的大变形动力响应,其主要是为北约组织的武器结构设计提供分析工具,1976 年发布时称为 DYNA 程序。1988 年,J. O. Hallquist 博士创建 LSTC 公司,DYNA 程序走上了商业化发展历程,并更名为 LS-DYNA。后来公司陆续推出 930 版(1993 年)、936 版(1994 年)、940 版(1997 年)、950 版(1999 年)、960 版(2001 年)、970 版(2003 年)、971 版(2009 年)。可以看出,LS-DYNA 软件版本升级速度一直很快。

从升级内容上来看,LS-DYNA 软件的表现同样可圈可点。

1988 年,增加了汽车安全性分析、薄板冲压成型过程模拟以及流体与固体耦合(ALE 和欧拉算法)等新功能,使得 DYNA 程序在国防和民用领域的应用范围扩大,并建立了完备的质量保证体系。

1997 年,LSTC 公司将 LS-DYNA2D、LS-DYNA3D、LS-TOPAZ2D、LS-TOPAZ3D 等程序合并为一个软件包——LS-DYNA(940 版),而由于 LS-DYNA 计算功能强大,世界上 10 余家著名数值模拟软件公司(如 ANSYS、MSC. Software、ETA 等)纷纷与 LSTC 公司合作,极大地加强了 LS-DYNA 的前后处理能力和通用性。

2001 年 5 月,在 950 版的基础上,LSTC 公司推出了 960 版,增加了不可压缩流体求解程序模块,并增加了一些新的材料模型和新的接触计算功能。

2003 年 3 月,正式发布 970 版,对 LS-DYNA 的通用后处理器 LS-POST 增加了部分前处理功能,并发布了 LS-PREPOST 1.0 版。LS-DYNA 程序的 970 版是功能齐全的几何非线性(大位移、大转动和大应变)、材料非线性(140 多种材料动态模型)和接触非线性(50 多种接触模式)程序,以拉格朗日(Lagrange)算法为主,兼有 ALE 和 Euler 算法;以显式求解为主,兼有隐式求解功能;以结构分析为主,兼有热分析、流体结构耦合功能;以非线性动力分析为主,兼有静力分析功能(如动力分析前的预应力计算和薄板冲压成型后的回弹计算),是军用和民用相结合的通用结构分析非线性有限元程序。

目前 LS-DYNA 软件的最新版本为 R13 版本。

2. LS-DYNA 软件应用范围

自创立以来,由于 LS-DYNA 程序具有强大的数值模拟功能,因此受到了美国能源部的大力资助。LS-DYNA 一直是非线性动力分析的核心软件,在民用领域和国防领域有广泛的应用(见图 1-1)。

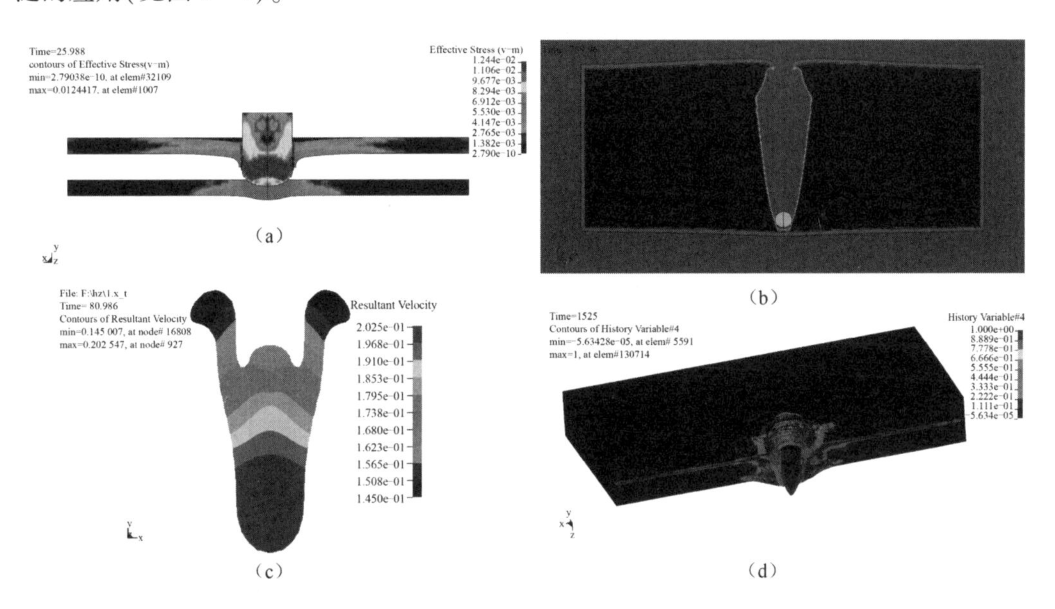

图 1-1 LS-DYNA 软件数值计算结果

(1)在民用领域的应用包括汽车、飞机、火车、轮船等运输工具的碰撞分析;金属成型(滚压、挤压、铸造、锻压、挤拉、超塑成型、薄板冲压、深拉伸等);金属切割;汽车零部件的机械制造;塑料成型;生物医学和工程;地震工程;混凝土结构、公路桥梁设计;消费品、建筑物、乘员、高速结构等的安全性分析;流体—结构相互作用;运输容器设计;爆破工程的设计分析;电子产品跌落分析、包装设计、热分析、电子封装;石油工业中的管道设计、爆炸切割、事故模拟、海上平台设计等。

(2)在国防领域的应用包括战斗部结构设计分析;内弹道发射对结构的动力响应分析;终点弹道的爆炸驱动和破坏效应分析;侵彻过程与爆炸成坑模拟分析;军用设备和结构设施受碰撞和爆炸冲击加载的结构动力分析;介质(包括空气、水和地质材料等)中爆炸及爆炸作用对结构作用的全过程模拟分析;军用新材料(包括炸药、复合材料、特种金属等)的研制和动力特性分析;超高速碰撞模拟分析。

1.4.2　AUTODYN 软件

1. AUTODYN 软件的发展历史及特点

非线性动力分析软件 AUTODYN 是由美国世纪动力公司(Century Dynamics Inc.)研制开发的商用软件。该公司在 1986 年首次推出了二维版本 AUTODYN-2D,并在 1991 年推出了三维版本 AUTODYN-3D。2005 年 1 月,AUTODYN 软件被 ANSYS 公司收购,现已融入 ANSYS 协同仿真平台。在过去的 20 多年里,AUTODYN-2D/3D 软件得到了持续发展,功能日趋完善,应用更为方便。目前的最新版本为 R19.0。该软件从开发至今一直致力于军工行业的研发,已成为国际上爆炸力学、高速冲击碰撞领域研究的最著名数值模拟软件之一,占据国际军工行业应用的主要市场。美、英等西方发达国家的国防研究机构均配备了该软件,用于宇航器、弹药战斗部等的辅助设计。

AUTODYN 程序是一种多用途型工程软件包,主要采用有限差分、定容及有限元技术来解决固体、流体及气体动力方面的问题。其研究现象的基本特点在于时间高度独立于几何非线性(如大扭曲及变形)和材料非线性(如塑性、失效、应变硬化及软化、分段状态方程)。AUTODYN 包括了几种不同的数值技术以及广泛的材料模型,从而为解决非线性动态问题提供了一个功能强大的系统;另外,AUTODYN 软件还是一个包含前处理、后处理及求解程序分析引擎的完全集成化的软件包。交互式、菜单驱动允许用户在同一环境下建立、求解问题并演示结果,在分析的每一阶段及问题的计算过程中都伴随有图形显示,并最终可以以幻灯片的形式提供计算过程和结果。AUTODYN 软件在求解、功能以及使用方面的特点如下:

(1)前处理、主程序(解算器)和后处理集成在同一个软件内,具有可视化特点(使用方便)。

(2)应用菜单驱动、交互式图形界面和定制模型的几何图形(直观、建模简便)。

(3)软件包含了下列不同的数值处理器(可对不同的问题进行优选):

①拉格朗日(Lagrange)处理器:用于模拟固体及结构;

②欧拉(Euler)处理器:用于模拟流体、气体及大变形,包括一阶及二阶精度方案;

③任意的拉格朗日—欧拉(Arbitrary Lagrange Euler,ALE)处理器:用于特定的流体模型;

④薄壳(Shell)处理器:用于模拟薄壁构件;

⑤光滑粒子流体动力学(Smoothed Particle Hydrodynamics, SPH)处理器:用于陶瓷及脆性材料,高速撞击问题。

(4)具有网格重分(Rezoning)和侵蚀(Erosion)功能(拓宽 Lagrange 处理器的功能)。

(5)拉格朗日处理器(含 Shell、SPH)与欧拉处理器可以进行耦合(解决流体—固体相互作用问题)。

(6)具有先进的自动动态接触逻辑算法(无须定义滑移面)。

(7)从一维到二维到三维映射计算数据(节省计算时间)。

(8)包含多种材料模型(状态方程、强度模型)并内置材料数据库。

(9)具有带方向的和累积损伤破坏模型,可处理材料破坏问题。

(10)对用户开放程序接口,便于用户进行二次开发。

(11)广泛应用于个人计算机、工作站及巨型机上。

(12)软件经过全套验证和质量控制,符合 ISO 9000 国际质量体系认证标准。

(13)具有世界范围内的技术支持和活跃的用户集团。

2. AUTODYN 软件应用范围

AUTODYN 软件集成了有限差分、计算流体动力学和流体编码的多种处理技术,可模拟各类冲击响应、高速/超高速碰撞、爆炸及其作用问题,广泛应用于工业、科研实验室及教育部门,尤其在国防领域特色突出(见图 1-2)。其典型的应用包括以下六领域。

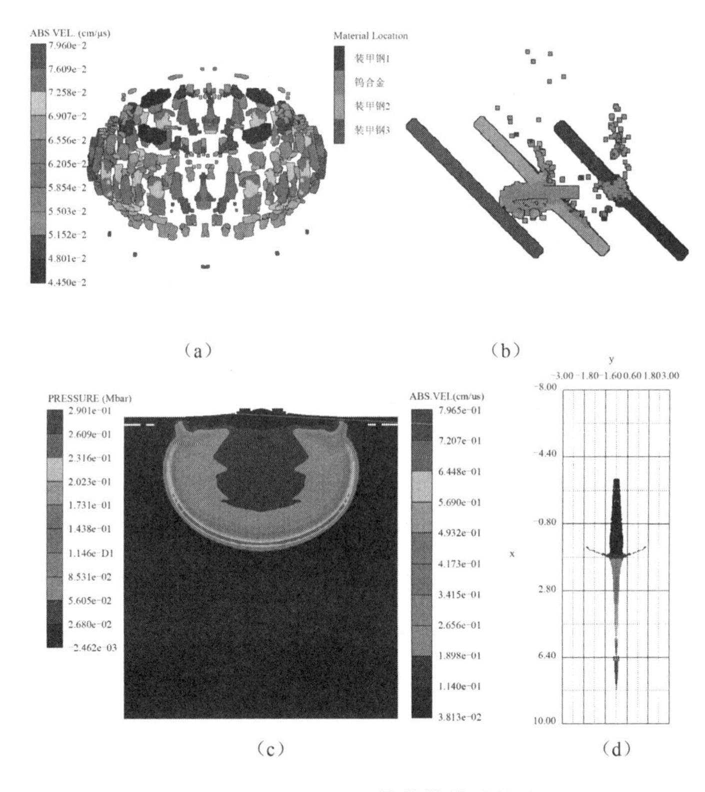

图 1-2　AUTODYN 软件数值计算结果

(1)在国防领域的应用。其包括冲击/侵彻、装甲及反装甲系统、动能和化学能装置、水下冲击和爆炸、弹药战斗部设计、聚能战斗部射流形成及对靶板的侵彻模拟、爆炸成型侵彻体(EFP)形成与侵彻模拟、破片式(整体、全预制、离散杆)战斗部爆炸过程模拟、穿甲弹侵彻靶板过程及结构强度模拟、动能及半穿甲侵彻战斗部侵彻靶板过程模拟、爆破战斗部及炸药空气中爆炸冲击波场模拟、破片对靶板侵彻过程模拟、冲击波传播及对结构的动态响应模拟、战斗部装药撞击安全性模拟、战斗部结构动态强度(发射及撞击)计算、子母战斗部母弹开舱、子弹抛撒过程模拟、水下爆炸及冲击波对结构的响应。

(2)在航空与宇航领域的应用。其包括鸟对飞机的撞击、冲击,太空垃圾对飞行器的冲击,爆炸分离器设计。

(3)在石油化工领域的应用。其包括气体和粉尘爆炸、事故模拟、石油射孔弹。

(4)在核工业领域的应用。其包括管道断裂及激励、流体喷射、流体结构相互作用。

(5)在运输业领域的应用。其包括车辆及隧道中的爆炸、防撞性和安全性。

(6)在教育领域的应用。其包括固体、流体及气体动力学、应力及冲击波研究。

1.5 数值模拟技术解决工程问题的认识①

数值模拟只有将工程问题(物理模型)转变成特定格式的初始数据,才能在计算机上应用仿真软件进行模拟计算。数值建模就是准备这些初始数据的过程,建立一个可以由计算机进行计算的数字模型。该模型不仅和现实中物理模型的力学性能相一致,且应具有良好的可计算性。数值建模是整个数值模拟分析过程中的关键环节,因为它所提供的原始数据的质量直接影响计算结果的正确性、计算时间的长短、存储容量的大小,乃至计算的成败。

1.5.1 解决工程问题的基本流程

数值模拟已经发展成为与理论分析、试验研究并称的解决工程实践问题的三大手段之一。但由于数值模拟的工作主要采用计算机来完成,因此其解决问题的流程和理论等有着较大的不同。图1-3所示为应用数值模拟解决工程问题的基本流程。

应用数值模拟解决工程问题的主要步骤如下。

(1)研究分析对象。针对所需研究的工程问题进行分析,重点分析问题的基本类型(物理问题、化学问题等)、场类型(气体流场、爆炸场、电磁场等)、物体形态(固、液、气等)、问题性质(结构动力、模态、冲击响应、爆炸驱动)等。

(2)选择计算分析程序。根据问题类型选择相适合的数值分析程序,如流体问题选

① 门建兵,蒋建伟,王树有. 爆炸冲击数值模拟技术基础[M]. 北京:北京理工大学出版社,2015.

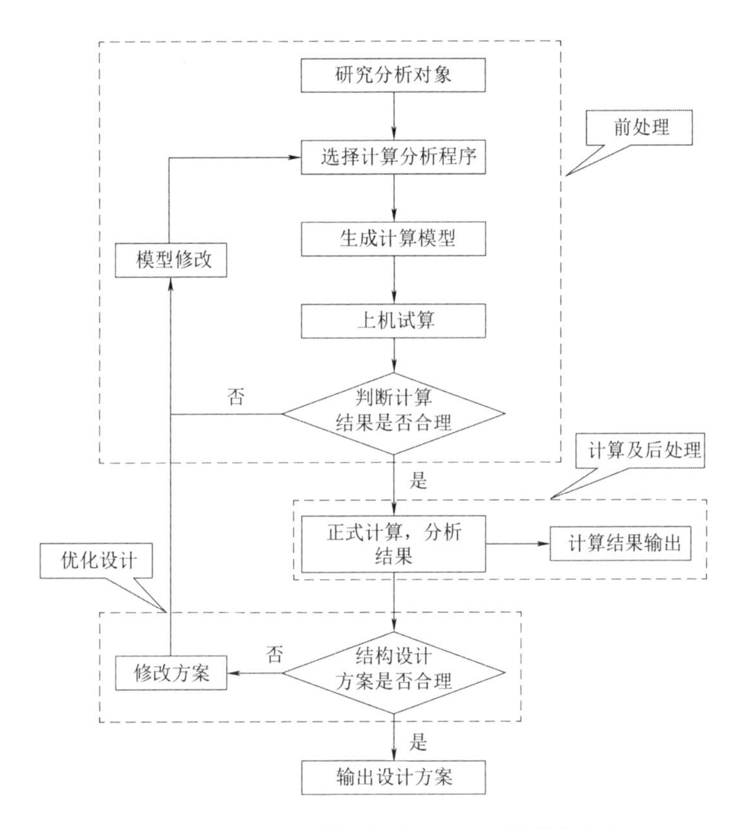

图1-3　应用数值模拟解决工程问题的基本流程

择 Fluent;冲击碰撞问题选择 LS-DYNA 或 Dytran;爆炸驱动问题选择 AUTODYN 或 LS-DYNA 等。

(3)生成计算模型。生成计算模型即本章重点讲述的数值模拟建模。利用实际工程问题中物体的几何结构、载荷特征的对称性等信息简化模型,定义材料属性和相关参数,划分网格得到离散的数值模型,设定边界条件约束信息,并生成数值模拟程序需要的格式数据文件。

(4)上机试算。上机试算主要是验证所建立计算模型的合理性,包括网格尺寸、算法选择、材料模型及参数等。如果所构造模型不合理,就需修改计算模型并重新计算。

(5)正式计算,分析结果。在模型验证的基础上,根据计算设定的工况对工程问题进行数值模拟,该部分工作主要由计算机完成。在模拟完成后,对计算结果进行分析,生成仿真计算报告。

(6)输出设计方案。根据数值计算结果判断结构设计方案是否合理,如果结构方案不能满足设计指标要求,应在修改结构方案后重新计算,直至得到满意结果为止。

1.5.2 数值模拟的基本步骤及科学认识

1.5.2.1 数值模拟的基本步骤

一般来说,数值模拟在软件中的实现过程包含三个主要步骤。不论使用哪种分析工具,从程序结构上讲,这三个主要步骤都大致相同,即前处理、求解计算、后处理。数值模拟基本步骤如图1-4所示。在进行数值模拟时,求解器要做的工作是由计算机完成的。所以,对于计算者来讲,进行数值模拟的工作量主要体现在前处理和后处理阶段。三个阶段所用的人工时间占总时间的比例大致为40%~50%、5%及50%~55%。

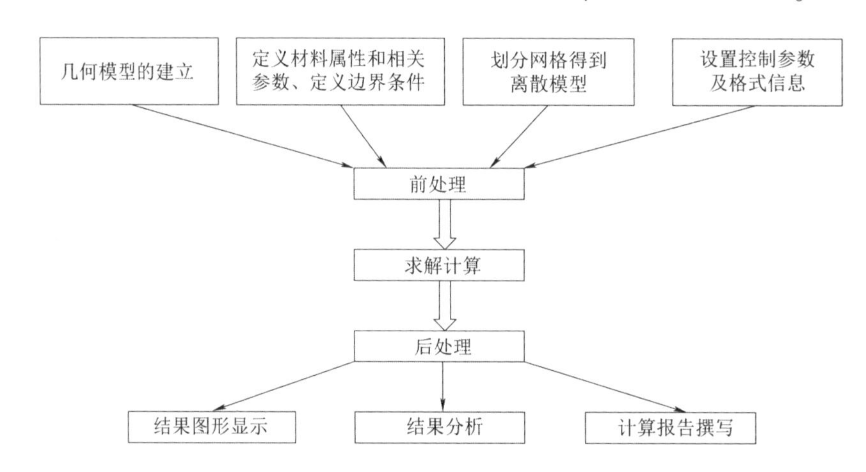

图1-4 数值模拟基本步骤

1. 前处理

前处理(Preprocessing)主要完成几何模型的建立,定义材料属性和相关参数、定义边界条件,划分网格得到离散模型等,最后设置控制参数及格式信息。前处理完成的工作一般称为数值建模。在前处理中,可以用图形显示所建立的几何模型、单元网格、约束条件等,以便用可视化的方法检查所建立的数值模型。

图1-5所示的是前处理建模一般过程的结构,同时也反映了数值模拟系统与结构设计系统之间的关系,是当今所有流行商业化软件进行数值模拟建模的一般流程。一些主要操作工具及其功能包括力学属性编辑器,主要用于力学问题的描述与简化,如问题性质的分类及等效简化处理、边界条件中各种支撑和连接方式的模拟、各种载荷和工况的确定和等效简化、单元选择和单元特性参数定义等;几何属性编辑器,主要用于物理模型的对称与反对称简化,某些不重要小特征(如倒角、小孔等)的删除、抑制,以及用于描述模型杆、梁、板、壳模型的物体中线/中面的提取、简化等;网格生成器,提供手工编辑/半自动,自动划分多种网格方法,按要求生成三角形/四面体、四边形/六面体等形状的网格;边界条件自动等效,主要是根据单元类型对各种类型的载荷(如集中力或分布力、静

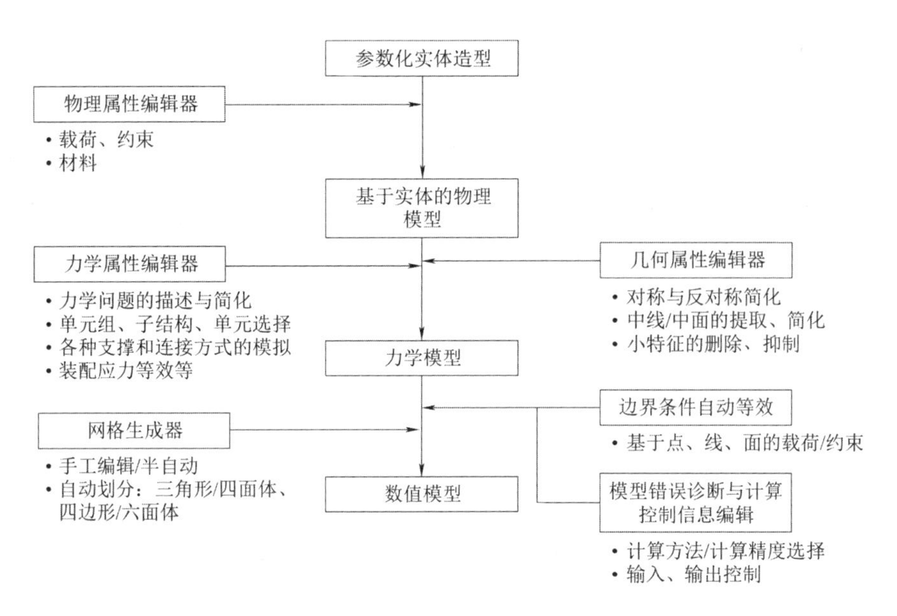

图 1－5　前处理建模一般过程的结构示意

力或动力、加速度载荷或温度载荷等)，按载荷移置公式进行自动计算等效为节点载荷，对边界的单点约束、多边约束、对称面与反对称面约束等进行处理；模型错误诊断与计算控制信息编辑，主要用于发现并修正重复单元、重复节点、孤立单元或节点、奇异单元等，并对数值计算过程中的控制信息(如静/动力计算选择、计算方法选择、输出格式选择等)进行编辑处理。

前处理最主要的目的是进行模型离散化，生成有限元计算文件。有限元计算文件通常由三类数据构成，即节点数据、单元数据和边界条件数据，如图 1－6 所示。

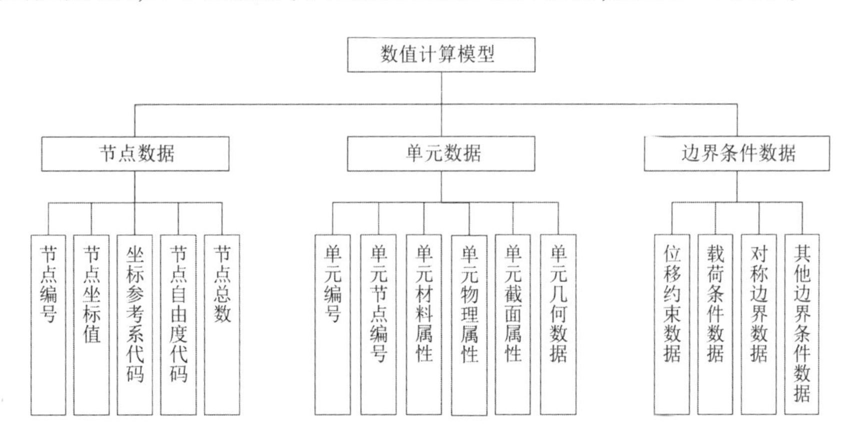

图 1－6　数值模型的数据构成

(1)节点数据包括以下一些数据类型。

①节点编号。其是节点在数值模型中唯一的标识符。节点编号为大于零的自然数，

不能重复，可以不连续。节点编号可根据需求手工编排，也可按一定规则自动编排。

②节点坐标值。节点坐标值是指在给定的参考坐标系下节点的空间坐标。如笛卡儿坐标系下为(x,y,z)，极坐标下为(r,θ,z)等。正是基于这些已知的节点坐标，才能形成确定的单元形状。节点坐标可手工输入，也可通过网格划分程序自动生成。

③坐标参考系代码。在数值模型中，为了建模的方便，可能需要定义多个坐标系，这些坐标系通常用坐标系代码唯一表示，如1，2，3，…。不同的节点可根据需要参考不同的坐标系进行定义。由于在不同坐标系中节点的坐标值是不相同的，因此节点坐标一定要指明所属坐标系代码才具有意义。

④节点自由度代码。节点在空间的自由度为6个，每个自由度有约束和自由之分，通常用1表示约束，0表示自由，这样可用一个6位的字符串来表示节点的约束情况。例如，000111表示某节点相对于某坐标系下的后三个自由度被约束。在不同的坐标系下，节点的自由度方向是不同的，因此节点自由度代码与节点坐标系密切相关，应指明节点自由度相对哪个坐标系。

⑤节点总数。节点总数是指数值模型中节点的数量。它是衡量数值模型大小的重要指标，可用于估算计算时间和空间，作为选择计算方法、评估模型合理性的依据。

(2)单元数据包括以下数据类型。

①单元编号。单元编号是有限元模型中每个单元的唯一标识符，编号规则与节点编号相同，不能重复，可以不连续。

②单元节点编号。单元是由节点组成的，描述单元形状的节点编号指出单元由哪些节点组成，这组节点的坐标值实际上决定了单元的网格形状。节点排列的顺序应遵循一定规律，避免单元的面积或体积计算出现负值，一般按右手定则排列。

③单元材料属性。该类数据定义分析对象的各种材料特性，如弹性模量、泊松比、热膨胀系数、传热系数和密度等，在形成单元特性矩阵时将用到这类数据。材料特性参数通常也用材料特性编号来表示。

④单元物理属性。该类数据定义单元本身的物理特性和辅助几何参数，如弹簧单元的刚度系数、间隙单元的间距、集中质量单元的质量、板壳单元厚度和曲率半径等。

⑤单元截面属性。该类数据定义杆梁单元的截面特性，包括截面面积、惯性矩、极惯性矩等。截面特性可手工输入，也可通过定义截面形状及大小由软件自动求出。

⑥单元几何数据。相关几何数据描述单元本身的一些几何特征，如单元材料的主轴方向、梁单元端节点的偏心距和截面方位、刚体单元自由度释放码等。

(3)边界条件数据用于描述分析对象与外界的相互作用。它包括的数据类型有以下四项。

①位移约束数据。位移约束数据规定模型中哪些节点、节点中哪些自由度上的位移受到约束条件的限制以及约束的类型和大小。

②载荷条件数据。载荷条件数据用于定义模型中节点载荷、单元棱边载荷，以及面力、体力作用的位置、方向和大小。

③对称边界数据。数值模型具有对称性，在对称边、面处定义位移约束。

④其他边界条件数据。其他边界条件数据定义模型中的主从自由度、连接自由度或运动自由度等其他边界条件。

2. 求解计算

求解计算(Solution)是数值模拟程序的核心部分，完成数值模型的力学计算，即根据前处理形成的初始模型数据，计算单元刚度矩阵，计算节点载荷，组装总体刚度矩阵，将载荷等效简化到节点上，形成总体平衡方程，求解节点位移，计算应力、应变、内力等。这一部分由数值计算程序完成，人在这个过程中主要起监控的作用。

3. 后处理

在得到计算结果以后的一个重要的步骤就是后处理(Post-Processing)。后处理可以根据计算要求对计算结果进行检查、分析、整理、打印输出等。求解器求得的计算结果都是以数据形式存放在硬盘上的，而且数据量非常大，以人工方式从庞大的数据中找出关键数据，分析位移、应力等的变化规律将是一件烦琐的、不容易做的工作。

后处理器首先要具备的功能就是直观显示结果的能力，好的后处理器可以以各种方式对结果进行显示和处理。基本功能有云图、动画、列表、曲线等，高级功能有数据组合、结果叠加、计算报告生成等。应该说，后处理器的功能实现性和求解器本身的结果内容及结果兼容性有着密切的关系。

后处理器完成的另外一个功能就是对结果准确性的判断。其实这种提法并不十分准确，结果准确性的判断主要还是依靠软件使用者本身的力学知识和工程经验，只不过通过后处理器中一些特殊的结果显示功能来实现而已。比较常见的方法如通过显示不同单元计算结果数据来判断网格密度是否足够，通过误差估计方法和各种误差数值来判断网格离散误差，通过各种曲线和结果比较来判断结果分布趋势是否合理等。

1.5.2.2 科学认识数值模拟

数值模拟作为一种综合应用计算力学、计算数学、信息科学等相关科学和技术的综合工程技术，是支持工程技术人员进行创新研究和创新设计的重要工具与手段。它对教学、科研、设计、生产、管理、决策等部门都有很大的应用价值。为此，世界各国均投入了相当多的资金和人力进行研究。其重要性具体体现在以下四个方面。

(1)从广义上讲,数值模拟本身就可以看作一种基本试验。比如计算机模拟弹体的侵彻与炸药爆炸过程以及各种非线性波的相互作用等问题,实际上是求解含有很多线性与非线性偏微分方程、积分方程以及代数方程等的耦合方程组。利用解析方法求解爆炸力学问题是非常困难的,一般只能考虑一些很简单的问题。利用实验方法不仅费用昂贵,还只能表征初始状态和最终状态,中间过程无法得知,因而也无法帮助研究人员了解问题的实质。而数值模拟在某种意义上比理论与试验对问题的认识更为深刻、更为细致,不仅可以了解问题的结果,而且可随时连续动态地、重复地显示事物的发展,了解其整体与局部的细致变化过程。

(2)数值模拟可以直观地显示目前还不易观测到的、说不清楚的一些现象,使其易被人理解和分析。除此之外,还可以显示任何试验都无法看到的发生在结构内部的一些物理现象。例如,弹体在不均匀介质侵彻过程中的受力和偏转;爆炸波在介质中的传播过程和地下结构的破坏过程。同时,数值模拟可以替代一些危险的、昂贵的甚至难以实施的试验,如反应堆的爆炸事故、核爆炸的过程与效应等。

(3)数值模拟可以促进试验技术的发展。侵彻、爆炸等试验费用极其昂贵,并且存在一定的危险,应用数值模拟可对试验方案的科学制定、试验过程中测点的最佳位置、仪表量程等的确定提供更可靠的理论指导;因此数值模拟不但有很大的经济效益,而且可以加速理论、试验研究的进程。

(4)一次投资,长期受益。虽然数值模拟大型软件系统的研制需要花费相当多的经费和人力资源,但和试验相比,数值模拟软件是可以进行复制粘贴、重复利用的,并可进行适当修改而满足不同情况的需求。据相关统计数据显示,应用数值模拟技术后,开发期的费用占开发成本的比例从80% ~90%下降到8% ~12%。

总之,数值模拟已经与理论分析、试验研究一起成为科学技术探索研究的三个相互依存、不可缺少的手段。图1-7所示为数值模拟与试验关系。从图中可以看出,数值模

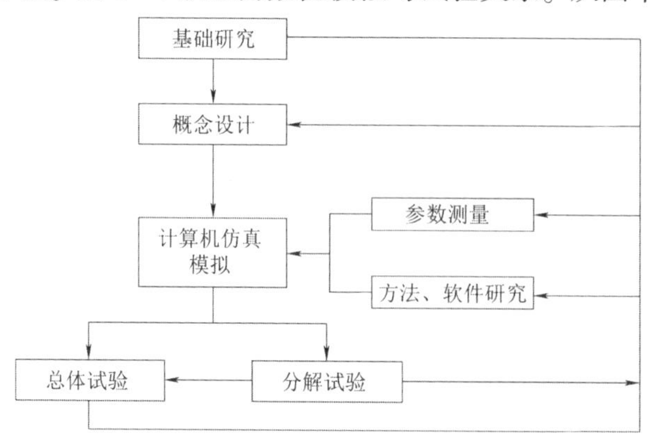

图1-7　数值模拟与试验关系

拟必须与实物试验结合,数值模拟结果的正确性必须以描述出正确的物理现象为基础,需要理论(物理、数学)和试验研究支持。数值模拟不能代替试验但完全可减少试验的数量。特别是在方案论证阶段,可进行多方案的相对比较,优选出结构方案。

1.5.3 数值模拟误差分析

数值模拟作为一种数值计算方法,所得到的解只是问题的一个近似解,不能像弹性力学那样获得精确解。因此,误差是不可避免的。从理论上讲,产生误差的原因主要来自两方面,即模型误差和计算误差。所谓模型误差,是指将实际物理问题抽象为适合计算机求解的数值模型时所产生的误差,即数值模型与实际问题之间的差异。它包括物理问题的抽象表示误差(即数学描述的正确性)以及由有限元法离散处理和简化造成的误差。例如,模型边界离散过程中的以直代曲导致离散模型与实际模型有差异;单元位移函数的近似构造导致与实际位移场存在差异;边界条件的简化近似处理导致与实际情况存在差异;单元形状的不规则或尺寸相差太大导致局部应力严重失真,产生很大误差。不过这类误差在理论上是可以消除的,只要计算模型单元尺寸趋于无穷小,或单元数目足够多,离散误差、位移函数误差以及边界条件误差就将趋于零。所以,这类误差是可控的,可以按工程要求进行控制。所谓计算误差,是指由于计算机的数值字长的限制导致计算过程中存在的舍入误差和计算方法所产生的截断误差。就目前计算机的数字表示和计算方法而言,计算误差从理论上讲是不可避免的,只能通过提高计算机性能、选择合适的运算次数和计算方法等来降低计算误差。数值模拟结果误差的分类情况如图 1-8 所示。

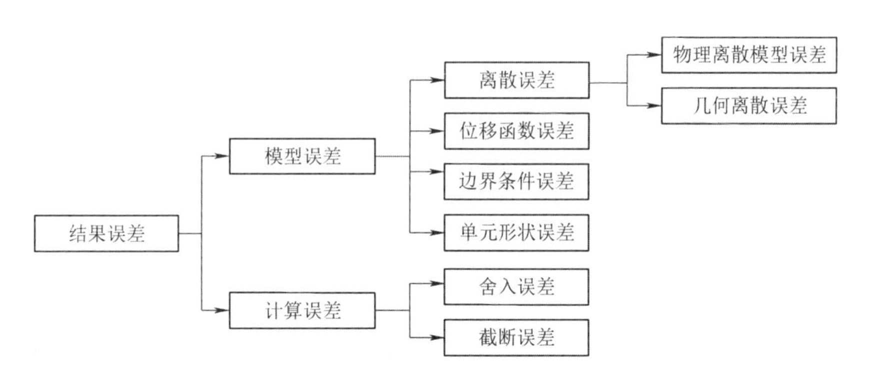

图 1-8 数值模拟结果误差的分类情况

第一部分

LS-DYNA 入门基础知识

2 LS-DYNA 软件基本概念简介

2.1 单位制问题

在 LS-DYNA 中是没有明确的单位制概念的,所有数值计算都需要自己确定一套单位制,并且在计算前后采用的单位制必须一致。数值计算常用力学单位换算关系见表 2-1。

表 2-1 数值计算常用力学单位换算关系

质量	长度	时间	力	应力	能量	密度	弹性模量	速度	重力加速度
kg	m	s	N	Pa	Joule	7.83E3	2.07E11	15.65	9.806
kg	cm	s	1.E-2N	—	—	7.83E-3	2.07E9	1.56E3	9.806E2
kg	cm	ms	1.E4N	—	—	7.83E-3	2.07E3	1.56	9.806E-4
kg	cm	μs	1.E10N	—	—	7.83E-3	2.07E-3	1.56E-3	9.806E-10
kg	mm	ms	kN	GPa	kN · mm	7.83E-6	2.07E2	15.65	9.806E-3
g · m	cm	s	dyne	dy/cm^2	erg	7.83	2.07E12	1.56E3	9.806E2
g · m	cm	μs	1.E7N	Mbar	1.E7N · cm	7.83	2.07	1.56E-3	9.806E-10
g · m	mm	s	1.E-6N	Pa	—	7.83E-3	2.07E11	1.56E4	9.806E3
g · m	mm	ms	N	MPa	N · mm	7.83E-3	2.07E5	15.65	9.806E-3
ton	mm	s	N	MPa	N · mm	7.83E-9	2.07E5	1.56E4	9.806E3
lb · f · s^2/in	in	s	lb · f	psi	lbf · in	7.33E-4	3.00E7	6.16E2	386
slug	ft	s	lb · f	psf	lbf · ft	15.2	4.32E9	51.33	32.17
kg · f · s^2/mm	mm	s	kg · f	kg · f/mm^2	kgf · mm	7.98E-10	2.11E4	1.56E4	9.806E3
kg	mm	s	mN	1 000 Pa	—	7.83E-6	2.07E8	—	9.806E3
g · m	cm	ms	—	100 000 Pa	—	7.83	2.07E6	—	9.806E-4

但是一定要注意,在结构分析中有 4 个基本单位,分别是长度、质量、时间、温度,在 LS-DYNA 计算之前,需要确定这 4 个基本单位,然后再由这 4 个基本单位去推导剩余的单位,比如力、压力、能量等。举个例子说明,将 m、kg、s、K 国际单位制的参量转换为 cm、 g、μs、K 单位制，如表 2-2 所示。单位制的转换一定要在基本单位制下进行，手动转换较为烦琐且容易出错，LS-DYNA 提供了一种自动进行单位制转换的方式，即使用 *INCLUDE_TRANSFORM关键字，只需设置时间、距离、质量的转换比例，运行模型就能实现模型单位制的自动转换。

表 2-2　单位值转换

参量	单位制	
	m、kg、s、K	cm、g、μs、K
密度 = 质量/体积	kg/m^3	10^{-3} g/cm^3
力 = 质量 × 加速度	$kg \cdot m/s^2$	10^{-7} $g \cdot cm/\mu s^2$
压力 = 力/面积 = 质量 × 加速度/面积	$kg/(m \cdot s^2)$	10^{-11} $g/(cm \cdot \mu s^2)$
能量 = 力 × 长度 = 质量 × 加速度 × 长度	$kg \cdot m^2/s^2$	10^{-5} $g \cdot cm^2/\mu s^2$

2.2　关键字文件输入格式

【备注】此部分主要内容摘抄于辛春亮等编著的《TrueGrid 和 LS-DYNA 动力学数值计算详解》和时党勇等编著的《基于 ANSYS/LS-DYNA 8.1 进行显示动力学分析》。

运用 LS-DYNA 进行数值求解，需要将模型转换为关键字文件，即 K 文件。K 文件为 ASCII 格式，文件格式为“file. k”。能生成 K 文件的前处理器很多，如 HYPERMESH、ANSYS、PATRAN 等，通过这些前处理器，把 CAD 模型转化为节点和单元这样的有限元模型，再施加边界条件、约束和载荷，最后输出一个 K 文件。不论使用哪种前处理器来处理 LS-DYNA 的有限元建模，最终都是转化为关键字文件。关键字文件是由一系列的关键字组成的，具有一套独特的语法结构。

关键字文件具有如下语法要求：

(1)关键字文件中的控制语句以第一列“ * ”符号开始，关键字后面跟着与关键字相关的数据块，LS-DYNA 程序在读取数据块期间遇到的下一个关键字，标志该块的结束和新块的开始；因此，一个完整的数据块中不能插入另一个数据块；

(2)若第一列是“ $ ”字符，表示该行为注释，对程序的运行无影响；

(3)关键字输入文件以 *KEYWORD 开头，以 *END 终止，LS-DYNA 程序只会编译 *KEYWORD 和 *END 之间的内容；

(4)关键字输入不区分大小写；

(5)除了关键字 *KEYWORD(定义文件开头)、*END(定义文件结尾)、*DEFINE_

TABLE(后面须紧跟 * DEFINE_CURVE)、* DEFINE_TRANSFORM(须在 * INCLUDE_TRANSFORM 之前定义)、* PARAMETER(参数先定义后引用)等关键字之外,整个 LS-DYNA 输入与关键字顺序无关;

(6)关键字下面的数据块可用空格或逗号进行隔开,在整个 K 文件中,两种格式可以混用,甚至可以在同一个关键字的不同行中混合使用,但不能在同一行中混用。

图 2-1 所示为关键字之间的组织关系。

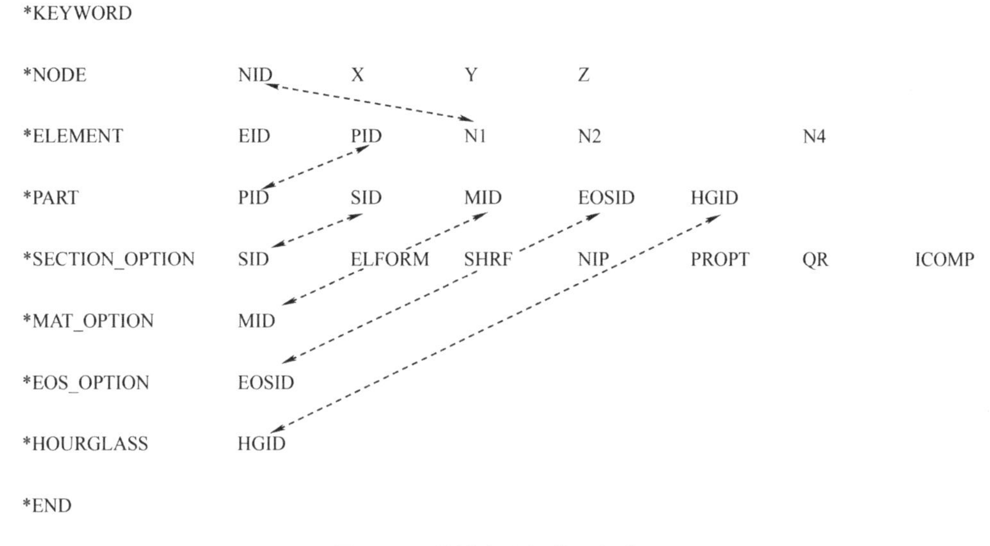

图 2-1　关键字之间的组织关系

注:* KEYWORD 位于关键字文件非注释行第一行,程序对 K 文件开始编译;

* NODE 定义数值计算模型节点在全局坐标中的位置;

* ELEMENT 定义包括体、壳、厚壳、梁、弹簧、阻尼器、安全带和质量单元在内的所有单元编号和节点相连性;

* PART 定义的 PART 将材料、单元算法、状态方程、沙漏等集合在一起,该 PART 具有唯一的 PART 编号 PID、单元算法编号 SID、材料本构模型编号 MID、状态方程编号 EOSID 和沙漏控制编号 HGID;

* SECTION_OPTION 定义单元算法编号 SID 及单元算法;

* MAT_OPTION 关键字为所有单元类型(包括体、梁、壳、厚壳、安全带、弹簧和阻尼器)定义本构模型参数;

* EOS_OPTION 关键字定义了仅用于体单元的某些 * MAT_OPTION 材料的状态方程参数;

* HOURGLASS 关键字用于定义人工刚度或黏性消除零能模式的形成;

* END 位于关键字文件非注释行最后一行,程序结束并对 K 文件进行编译。

2.3　Part 的概念

Part 是一种单元集,在 LS-DYNA 中通过 * PART 关键字进行定义。这些单元在物理概念上可以不互相关联,只要它们有相同的材料属性、单元属性和单元类型,就可以定义为一个 Part;另外,即使它们有相同的材料属性、单元属性和单元类型,也可以把它们定义为不同的 Part。可见,Part 的区分是依据单元是否具有相同的材料本构编号、状态方程编号、单元属性编号,与单元所代表的真实模型的物理属性无关。

这里以经典的三个球撞击靶板为例。如果三个球的材料编号、单元属性编号不同,则球定义为三个 Part,如图 2-2 所示;如果两个球的材料编号、单元属性编号相同,则三个球定义为两个 Part,如图 2-3 所示;如果三个球的材料编号、单元属性编号相同,则三个球定义为一个 Part,如图 2-4 所示。

由上述实例可知,Part 的定义是根据怎样方便地施加载荷、约束、边界条件和接触等来决定的,并不是以真实的物理模型属性来区分。

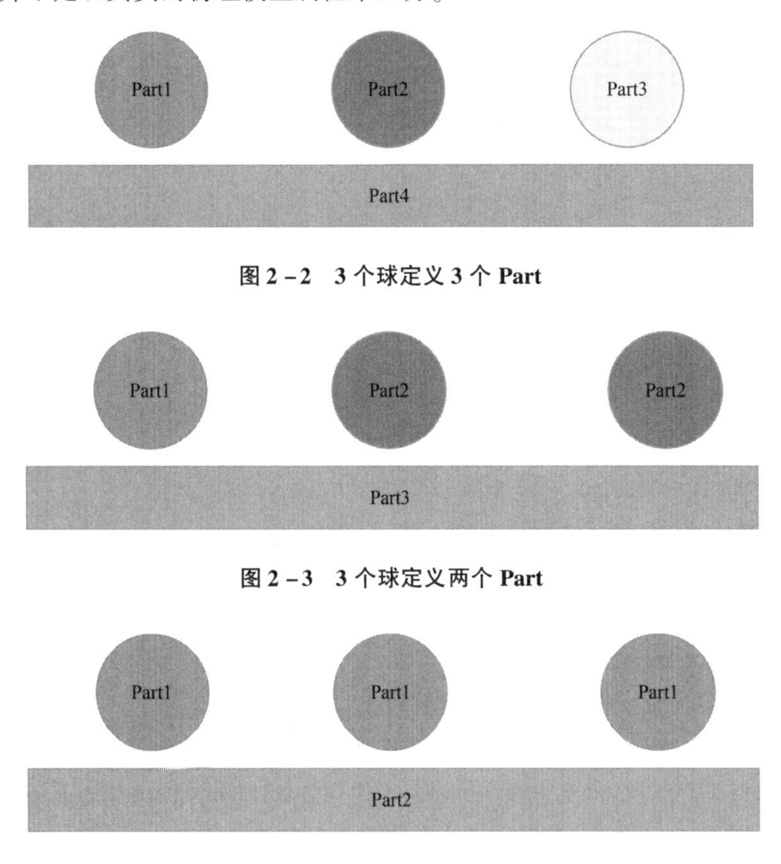

图 2-2　3 个球定义 3 个 Part

图 2-3　3 个球定义两个 Part

图 2-4　3 个球定义一个 Part

2.4　卡片的含义

LS-DYNA 程序中关键字以卡片的形式输入,由关键字和数据组成。每张关键字卡片的具体用法可参考关键字用户手册,即 *LS-DYNA KEYWORD USER'S MANUAL*。关键字卡片示例如表 2 - 3 所示,卡片在 1 ~ 8 个字段,每个字段长度为 10 个字符,如果一个字段中的字符超过 10 个字符,输入语法格式不正确,程序一般会报错或者计算错误。

表 2 - 3 关键字卡片示例

Card[N]	1	2	3	4	5	6	7	8
Variable	NSID	PSID	A1	A2	A3	KAT		
Type	I	I	F	F	F	I		
Default	none	none	1.0	1.0	0	1.0		
Remarks	1	2	3					

表 2 - 3 的卡片中,每个标识的具体含义如下:

Card[N]:表示卡片的编号,因为每个关键字都是由至少一张卡片组成的;

Variable:表示每个字段的标识,手册中对每个变量含义进行了详细解释;

Type:给出了每个字段的变量类型;

Default:给出字段的默认值,“none”表示无默认值,“1.0”或“0”表示默认值;

Remarks:表示卡片后面对应的 Remarks 对字段进行了补充解释。

另外,许多关键字具有 OPTIONS 和{OPTIONS}选项标识,例如 * CONTACT_OPTION1_{OPTION2},主要区别在于 OPTIONS 是必选项,要求必须选择其中一个选项才能完成关键字命令,而{OPTIONS}是可选项,并不是关键字命令所必需的,需根据具体计算要求进行选择。

2.5 Lagrange/Euler/ALE 算法

【备注】此部分主要内容摘抄于辛春亮等编著的《TrueGrid 和 LS-DYNA 动力学数值计算详解》。

在数值模拟爆炸与冲击问题时,常用的有 Lagrange、Euler 和 ALE 三种算法。这三种算法之间的差异在于如何定义材料和有限元网格之间的关系,如图 2 - 5 所示。算法详细的解释如下。

1. Lagrange 算法

这种算法的特点是材料附着在空间网格上,跟随着网格运动变形。在结构大变形情况下,Lagrange 算法网格极易发生畸变,导致较大的数值误差,计算时间加长,甚至计算提前终结。

2. Euler 算法

在 Euler 算法中，网格总是固定不动，而材料在网格中移动。首先，材料以一个或几个 Lagrange 时间步进行变形，然后将变形后的 Lagrange 单元变量（密度、能量、应力张量等）和节点速度矢量映射和输送到固定的空间网格中。

3. ALE 算法

ALE 为任意拉格朗日—欧拉算法。ALE 算法与 Euler 算法类似，不同的是，ALE 算法中的空间网格是可以任意运动的。在运用 ALE 算法计算时，先执行一个或几个 Lagrange 时间步计算，单元网格随材料流动而产生变形；然后执行 ALE 时间步计算。如图 2－5 所示，①保持变形后的物体边界条件，对内部单元进行重分网格，网格的拓扑关系保持不变；②将变形网格中的单元变量（密度、能量、应力张量等）和节点速度矢量输运到重分后的新网格中。

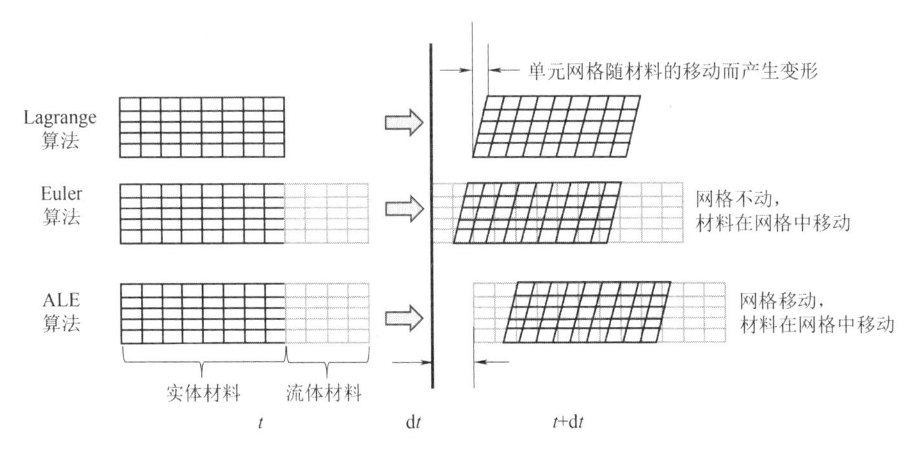

图 2－5　Lagrange 算法、Euler 算法和 ALE 算法网格构形示意

一般来说，Lagrange 算法的计算准确度和计算效率都比较高，但不适用于极大变形情况。ALE 算法和 Euler 算法适合求解大变形问题，但算法复杂度增加，计算效率相应降低，算法本身具有耗散和色散效应，物质界面不清晰，无法精确模拟与应变率相关的材料热力学行为，计算准确度通常低于 Lagrange 算法。可见，针对不同问题需要选择合适的算法。

另外，这里解释一下数值模拟中实体材料和流体材料的含义。在自然界中，通常将水和空气等较为“软”的材料称为流体材料；而将钢铁和石头等较为“硬”的材料称为实体材料。由此可见，自然界中是以材料的属性来区分的。但是在数值模拟中，是根据单元算法来区分流体材料和实体材料的，例如，针对弹丸侵彻靶板这个模型，如果采用 Lagrange 算法，那么弹丸和靶板就是实体材料；如果采用 ALE 算法，那么弹丸和靶板就是流体材料。再比如，采用 ALE 算法计算聚能射流的成型，紫铜药型罩虽然是硬度较大的金属，但是在计算中依旧是流体材料，在背景网格中移动。

2.6 求解过程转换开关

LS-DYNA程序提供了数个求解感应控制开关,可以用来中断运行中的LS-DYNA,检查求解状态。在LS-DYNA运行期间,在程序运行窗口输入“Ctrl+C”,向LS-DYNA程序发送一个中断信号,并提示用户输入感应控制开关代码。

LS-DYNA对应的控制开关分别如下:

(1)SW1:终止LS-DYNA运行并输出重启动文件;

(2)SW2:LS-DYNA程序的运行时间和循环数在屏幕显示,程序继续运行;

(3)SW3:输出一个重启动文件,LS-DYNA程序继续运行;

(4)SW4:输出一个结果数据D3PLOT文件,LS-DYNA继续运行;

(5)SW5:进入交互图形阶段并实时可视化;

(6)SW7:关闭实时可视化;

(7)SW8:用于体单元和实时可视化的交互式2D重分;

(8)SW9:关闭实时可视化(对于选项SW8);

(9)SWA:刷新ASCII文件缓冲;

(10)lprint:启用/禁用方程求解器内存和CPU要求的输出;

(11)nlprint:启用/禁用输出非线性平衡迭代信息;

(12)iter:启用/禁用在每次平衡迭代后显示网格的二进制绘图数据文件“d3iter”的输出,用于调试收敛问题;

(13)conv:暂时覆盖非线性收敛容差;

(14)stop:立即停止运行,关闭打开的文件。

2.7 关键字文件的拆分和组合

关键字文件为ASCII格式,文件格式为“file.k”,可通过UltraEdit和TXT文本编辑器进行查看文件内容并编辑,在这里推荐使用UltraEdit编辑器。UltraEdit是一款功能强大的文本编辑器,可以编辑文本、十六进制、ASCII码,完全可以取代记事本(如果计算机配置足够强大),内建英文单词检查、C++及VB指令突显,可同时编辑多个文件,即使开启很大的文件,运行速度也不会慢。

如果按照组成划分,关键字文件总体上可以分为两部分内容,即模型文件和控制文件。模型文件包含单元和节点信息,由*NODE(节点)、*ELEMENT_OPTION(单元)、

* SET_OPTION(集)等数据块构成,主要构成计算文件的单元信息。控制文件是控制模型参数和算法,由 * SECTION_OPTION(单元算法)、* MAT_OPTION(材料本构)、* EOS_OPTION(状态方程)、* BOUNDARY_OPTION(边界)、* PART(单元)、* INITIAL_OPTION(初始化)、* CONTACT_OPTION(接触)、* CONTROL_OPTION(控制)、* DATABASE_OPTION(数据)等数据块组成。

其中,模型文件的节点和单元字节较多,导致关键字文件内存较大,修改编辑过程很不方便。为了方便编辑,通常采取将原始关键字文件按照不同组成进行拆分,对于大模型关键字文件拆分的优势更加明显。不同关键字文件按照语法(* KEYWORD 开头、* END 结尾)进行编辑,再通过 * INCLUDE 关键字进行组合。笔者习惯将模型文件命名为"mesh. k",将控制文件命名为"main. k",读者可根据自己的习惯进行命名和拆分。

2.8 程序提交运算方法

关键字文件提交给 LS-DYNA 主程序进行计算有两种方法:一种是通过 GUI 的操作,通过设置窗口进行提交(在 ANSYS/LS-DYNA 程序和 LS-DYNA 求解器界面中均可以进行提交),然后设置文件位置、内存大小和 CPU 数量(该方法在后续实例中详细讲解);另一种是编辑批处理文件进行提交,批处理文件先通过 TXT 文本编辑器编辑,再将文件后缀修改为 . bat,双击运行文件即可提交关键字文件的运算,可进行单个和多个关键字文件的计算。批处理文件的语句形式如下:

```
cd G: \Work1
"D: \ansys16 \ANSYS Inc \v160 \ansys \bin \winx64 \LSDYNA160.exe" i = file1.k
memory =2100000000 ncpu =8
cd G: \Work2
"D: \ansys16 \ANSYS Inc \v160 \ansys \bin \winx64 \LSDYNA160.exe" i = file2.k
memory =2100000000 ncpu =8
pause
```

语句说明:

第一行,"cd G:\Work1"指示关键字文件所在目录,G 盘 Work1 文件夹。

第二行,调用 LS-DYNA 求解程序。这里,lsdyna. exe 的安装路径为"ansys16\ANSYS Inc\v160\ansys\bin\winx64\LSDYNA160. exe"。不同的计算机,其安装路径也不同,需视具体情况而定;i = file1. k 表示提交所计算的 K 文件;memory = 2 100 000 000 和 ncpu = 8 表示分配求解所需的内存和 CPU 核数。

第三行,pause 表示求解计算结束后不关闭求解窗口,以方便查看求解信息。

上述批处理文件提交后,程序先计算 Work1 文件夹中的 file1. k 文件,计算结束后再求解 Work2 文件夹中的 file2. k 文件。

2.9　LS-DYNA 资源网站

LSTC 等多家公司网站上有许多 LS-DYNA 计算算例、动画和论文可以下载,可供大家学习之用,这里进行了一个整理归纳,如表 2－4 所示。

表 2－4　LS-DYNA 常用学习网站

序号	网址	内容描述
1	http://ftp. lstc. com/user/ 账号 user,密码 computer	可下载 LS-OPT、TaSC、LS-PrePost、LS-DYNA 求解器以及与 LS-DYNA 相关的 tutorial、example 手册等非常有价值的资料
2	http://www. lstc. com/download/manuals	下载 LS-DYNA 关键字手册、理论手册、例子手册
3	www. dynaexamples. com	LS-DYNA 官方案例,包含了 K 文件
4	http://www. dynalook. com	LS-DYNA 用户会议论文
5	http://www. lstc. com/lspp	LS-PrePost 官网
6	www. lsdynasupport. com	LS-DYNA 的操作讲解
7	www. dummymodels. com	假人模型

第二部分

LS-DYNA 侵彻效应计算

两个物体相互碰撞时会产生接触力，根据碰撞速度和材料强度的不同，碰撞可能会使材料破坏、碰撞体接触和分离。在 LS-DYNA 程序中可通过接触算法实现 PART 之间的接触。

接触用于定义分离的 Lagrange 单元之间的相互作用。为了灵活地定义接触，LS-DYNA提供了多种接触类型。语句形式如下：

```
*CONTACT_OPTION1_{OPTION2}_{OPTION3}_{OPTION4}_{OPTION5}
*CONTACT_AUTO_MOVE
*CONTACT_COUPLING
*CONTACT_ENTITY
*CONTACT_GEBOD_OPTION
*CONTACT_GUIDED_CABLE
*CONTACT_INTERIOR
*CONTACT_RIGID_SURFACE
*CONTACT_1D
*CONTACT_2D_OPTION1_{OPTION2}_{OPTION3}
```

其中，* CONTACT_. . . 和 * CONTACT_2D_. . . 分别是通用 3D 和 2D 接触算法。

下面主要介绍 * CONTACT_. . . 关键字卡片。关键字卡片及其描述见表 1 ~ 表 12。

【备注】此部分主要内容摘抄于辛春亮等编著的《TrueGrid 和 LS－DYNA 动力学数值计算详解》。

表 1　关键字卡片 1

Card1	1	2	3	4	5	6	7	8
Variable	SSID	MSID	SSTYP	MSTYP	SBOXID	MBOXID	SPR	MPR
Type	I	I	I	I	I	I	I	I
Default	none	none	none	none			0	0

表 2　卡片 1 中的参数描述

变量	参数描述
SSID	从面段（SEGMENT SET）组、节点组 ID、Part 组 ID、Part ID 或壳单元组 ID。对于 ERODING_SINGLE_SURFACE 和 ERODING_SURFACE_TO_SURFACE 接触类型，使用 Part ID 或 Part 组 ID；对于 ERODING_NODES_TO_SURFACE 接触，由于单元可能发生侵蚀失效，所以使用包含所有可能发生接触的节点组成的节点组。 ＝0：所有 Part ID 被包含在单面接触、自动单面接触和侵蚀单面接触中
MSID	主面段 ID、Part 组 ID、Part ID 或壳单元组 ID。 ＝0：用于单面接触、自动单面接触和侵蚀单面接触中

续表

变量	参数描述
SSTYP	SSID 编号 ID 的类型。 =0:用于面面接触的面段组 ID; =1:用于面面接触的壳单元组 ID; =2:Part 组 ID; =3:Part ID; =4:用于点面接触的节点组 ID; =5:包含所有(省略 SSID); =6:排除在外的 Part 组 ID。所有未被排除的 Part 用于接触对于 * AUTOMATIC_BEAMS_TO_SURFACE 可指定的 Part 组 ID 或 Part ID
MSTYP	MSID 编号 ID 的类型。 =0:面段组 ID; =1:壳单元组 ID; =2:Part 组 ID; =3:Part ID; =4:节点组 ID(仅用于侵蚀计算的力传感器); =5:包含所有(省略 MSID)
SBOXID	接触定义中只包含盒子 SBOXID(即 * DEFINE_BOX 定义的 BOXID)内的从节点和从 SEGMENT 面段,或若 SBOXID 为负,仅是接触体 |SBOXID|(即 * DEFINE_CONTACT_VOLUME 定义的 CVID)内的从节点和从 SEGMENT 面段。SBOXID 仅用于 SSTYP =2 或 3 时,SSID 为 Part ID 或 PART SET ID
MBOXID	接触定义中只包含盒子 MBOXID(即 * DEFINE_BOX 定义的 BOXID)内的主节点和主 SEGMENT 面段,或若 MBOXID 为负,仅是接触体 |MBOXID|(即 * DEFINE_CONTACT_VOLUME 定义的 CVID)内的主节点和主 SEGMENT 面段。MBOXID 仅用于 MSTYP =2 或 3 时,MSID 为 Part ID 或 PART SET ID
SPR	在 * DATABASE_NCFORC 和 * DATABASE_BINARY_INTFOR 界面力文件中包含从面,并且可以选择在 dynain 文件中包含磨损。 =1:包含从面力

续表

变量	参数描述
MPR	在 * DATABASE_NCFORC 和 * DATABASE_BINARY_INTFOR 界面力文件中包含主面,并且可以选择在 dynain 文件中包含磨损。 =1:包含主面力

表3 关键字卡片2

Card2	1	2	3	4	5	6	7	8
Variable	FS	FD	DC	VC	VDC	PENCHK	BT	DT
Type	F	F	F	F	F	I	F	F
Default	0.	0.	0.	0.	0.	0	0.	1. 0E20

表4 卡片2中的参数描述

变量	参数描述
如果 OPTION1 是 TIED_SURFACE_TO_SURFACE_FAILURE,那么	
FS	失效时的拉伸正应力。在以下条件下发生失效: $$\left[\frac{\max(0.0,\sigma_{\text{normal}})}{\text{FS}}\right]^2+\left(\frac{\sigma_{\text{shear}}}{\text{FD}}\right)^2>1$$ 式中,σ_{normal}和 σ_{shear}分别表示接触面的正应力和剪切应力
FD	失效时的剪切应力
否则	
FS	静摩擦系数。如果 FS >0 且 FS≠2,摩擦系数与接触面间的相对速度 v_{rel}有关: $$\mu_c=\text{FD}+(\text{FS}-\text{FD})e^{-\text{DC}\mid v_{\text{rel}}\mid}$$ 对于 MORTAR 接触,μ_c = FS,即忽略动摩擦系数。其他几种可能情况如下: = -2:如果用 * DEFINE_FRICTION 只定义了一张摩擦系数表,就使用该表,无须再定义 FD;如果定义了不止一张摩擦系数表,就用 FD 定义表的编号 ID; = -1:如果要使用 * PART 部分定义的摩擦系数,就设置 FS = -1。 注意:FS = -1.0 和 FS = -2.0 选项仅适用于以下接触类型:

续表

<table>
<tr><th>变量</th><th>参数描述</th></tr>
<tr><td>FS</td><td>SINGLE_SURFACE
AUTOMATIC_GENERAL
AUTOMATIC_SINGLE_SURFACE
AUTOMATIC_SINGLE_SURFACE_MORTAR
AUTOMATIC_NODES_TO_SURFACE
AUTOMATIC_SURFACE_TO_SURFACE
AUTOMATIC_SURFACE_TO_SURFACE_MORTAR
AUTOMATIC_ONE_WAY_SURFACE_TO_SURFACE
ERODING_SINGLE_SURFACE

=2:对于 SURFACE_TO_SURFACE 接触类型的子集,FD 用作表编号 ID,该表定义了不同接触压力下摩擦系数与相对速度曲线的关系,这样摩擦系数就变成压力和相对速度的函数(见图 1) 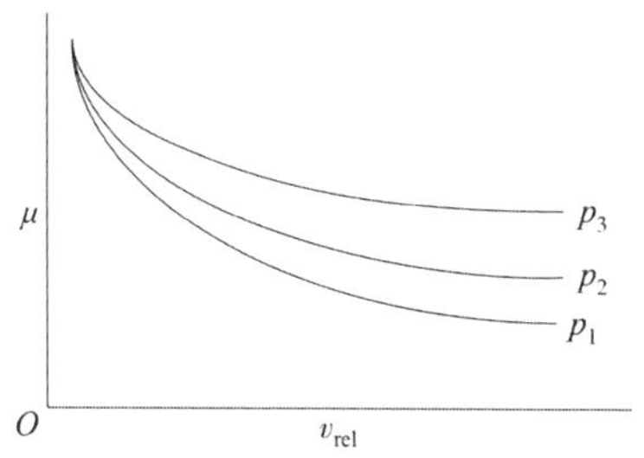

μ p_3 p_2 p_1 O v_{rel}

图 1　摩擦系数 μ 与相对速度 v_{re}、压力 p 的函数关系曲线</td></tr>
<tr><td>FD</td><td>动摩擦系数。摩擦系数假定为与接触面间的相对速度 v_{rel} 有关:
$$\mu_c = FD + (FS - FD)e^{-DC\,|v_{rel}|}$$
对于 MORTAR 接触,$\mu_c = FS$,即忽略动摩擦系数。如果 FS = -2,且定义了不止一张摩擦系数表,就用 FD 定义表的编号 ID</td></tr>
<tr><td colspan="2">对于所有接触类型,均有以下设置:</td></tr>
<tr><td>DC</td><td>指数衰减系数。摩擦系数假定为与接触面间的相对速度 v_{rel} 有关:
$$\mu_c = FD + (FS - FD)e^{-DC\,|v_{rel}|}$$
对于 MORTAR 接触,$\mu_c = FS$,即忽略动摩擦系数</td></tr>
</table>

续表

变量	参数描述
VC	黏性摩擦系数。用于将摩擦力限制为一最大值： $$F_{\mathrm{lim}} = \mathrm{VC} \times A_{\mathrm{cont}}$$ 式中，A_{cont}是接触节点接触到的面段 SEGMENT 的面积，VC 建议值为剪切屈服应力： $$\mathrm{VC} = \frac{\sigma_0}{\sqrt{3}}$$ 式中，σ_0是接触材料的屈服应力
VDC	黏性阻尼系数，以临界值的百分比表示；或恢复系数，以百分比表示。为避免接触中出现不希望的振荡，如板料成型模拟，施加垂直于接触面的接触阻尼
PENCHK	接触搜索选项中小的渗透。如果从节点的穿透量（渗透）超过面段厚度乘以 XPENE，就忽略穿透，并释放从节点。如果面段属于壳单元，则取壳单元厚度为面段厚度；或者如果面段属于体单元，则取为体单元最短对角线长度的 1/20。该选项用于面面接触算法起始时间（该时刻激活接触面）
BT	<0：起始时间设为|BT|。BT 为负时，动力松弛计算阶段启用起始时间。动力松弛阶段结束后，无论 BT 的数值是多少，都应立刻激活接触； =0：禁用起始时间，即接触始终被激活； >0：如果 DT = -9999，BT 是定义多对起始时间、终止时间的加载曲线或表编号 ID。 如果 DT >0，起始时间既用于动力松弛阶段，也用于动力松弛阶段之后
DT	终止时间（该时刻禁用接触面）。 <0：如果 DT = -9999，BT 是定义多对起始时间、终止时间的加载曲线或表编号 ID； <0，动力松弛阶段禁用接触，起始时间、终止时间紧随动力松弛阶段之后，且分别被设为|BT|和|DT|； =0：DT 默认为 1. E+20； >0：终止时间，用于设置禁用接触的时间

表 5 关键字卡片 3

Card3	1	2	3	4	5	6	7	8
Variable	SFS	SFM	SST	MST	SFST	SFMT	FSF	VSF
Type	F	F	F	F	F	F	F	F
Default	1.	1.	单元厚度	单元厚度	1.	1.	1.	1.

表 6　卡片 3 中的参数描述

变量	参数描述
SFS	SOFT = 0 或 SOFT = 2 时,从罚刚度默认值的缩放因子
SFM	SOFT = 0 或 SOFT = 2 时,主罚刚度默认值的缩放因子
SST	可选的从面接触厚度(覆盖默认接触厚度)。该选项用于带有壳和梁单元的接触。SST 不会影响单元的实际厚度,仅影响接触面位置。对于 * CONTACT_TIED_... 选项,SST 和 MST 可定义为负值,用于根据分离距离相对于接触厚度绝对值决定节点是否固连
MST	可选的主面接触厚度(覆盖默认接触厚度)。该选项仅用于带有壳和梁单元的接触
SFST	从面接触厚度缩放因子。该选项用于带有壳和梁单元的接触。SFST 不会影响单元的实际厚度,仅影响接触面位置。如果不是 MORTAR 接触且 SST 非零,则忽略 SFST
SFMT	主面接触厚度缩放因子。该选项仅用于带有壳和梁单元的接触。SFMT 不会影响单元的实际厚度,仅影响接触面位置。如果不是 MORTAR 接触且 MST 非零,则忽略 SFMT
FSF	库伦摩擦缩放因子。库伦摩擦缩放系数为 $\mu_{sc} = \text{FSC} \times \mu_c$
VSF	黏性摩擦缩放因子。如果定义了该系数,则将摩擦力限制为 $F_{lim} = \text{VSF} \times \text{VC} \times A_{cont}$

对于不同的接触类型,关键字卡片 4 也不相同。下面仅列出侵彻计算最常用的侵蚀接触 ERODING_... _SURFACE 所用的关键字卡片 4。对于以下三种接触类型,该卡片是必需的。语句形式如下:

```
*CONTACT_ERODING_NODES_TO_SURFACE
*CONTACT_ERODING_SINGLE_SURFACE
*CONTACT_ERODING_SURFACE_TO_SURFACE
```

表 7　关键字卡片 4

Card4	1	2	3	4	5	6	7	8
Variable	ISYM	EROSOP	IADJ					
Type	I	I	I					
Default	0	0	0					

表 8　卡片 4 中的参数描述

变量	参数描述
ISYM	对称平面选项。 =0:关闭; =1:不包含带有法向约束的面(如对称面上体单元的面段)。该选项有助于对称模型保持正确的边界条件
EROSOP	侵蚀/内部节点选项。 =0:只保存外部节点信息; =1:保存内部和外部节点信息,这样侵蚀接触才能进行;否则单元侵蚀后就假定不会发生接触
IADJ	体单元中邻近材料的处理。 =0:在自由边界中仅包含体单元的面; =1:包含材料子集边界上的体单元面,该选项允许实体内的侵蚀和随后的接触处理

表 9　关键字可选卡片 A

Optional	1	2	3	4	5	6	7	8
Variable	SOFT	SOFSCL	LCIDAB	MAXPAR	SBOPT	DEPTH	BSORT	FRCFRQ
Type	I	F	I	F	F	I	I	I
Default	0	0. 1	0	1. 025	0	2	10 ~ 100	1

表 10　关键字卡片 A 中的参数描述

变量	参数描述
SOFT	软约束选项。 =0:罚函数算法; =1:软约束算法; =2:基于面段的接触; =4:用于 FORMING 接触选项的约束方法; =6:隐式重力载荷下处理板料边缘(变形体)和量规销(刚体壳)接触的特殊性。接触算法仅用于 * CONTACT_FORMING_NODES_TO_SURFACE 接触。当构成接触面的单元材料弹性体积模量常数差异较大时,软约束很有用。在软约束选项中,界面刚度计算基于节点质量和全局时间步长,这种方法计算出的界面刚度高于采用体积模量的方法,因此,该方法主要用于泡沫材料和金属相互作用的场合

续表

变量	参数描述
SOFSCL	软约束选项中约束力的缩放因子(默认值为0.1)。对于单面接触,该值不得大于0.5;对于单向接触,该值不得大于1.0
LCIDAB	为接触类型a13(*CONTACT_AIRBAG_SINGLE_SURFACE)定义的气囊厚度关于时间的加载曲线ID
MAXPAR	面段检查的最大参数化坐标(推荐值介于1.025~1.20)仅适用于SMP。该值越大,计算成本越高;若为零,则为大多数接触设置默认值1.025。其他默认值如下所述。 =1.006:用于SPOTWELD; =1.006:用于TIED_SHELL_..._CONSTRAINED_OFFSET; =1.006:用于TIED_SHELL_..._OFFSET; =1.006:用于TIED_SHELL_..._:BEAM_OFFSET; =1.100:用于AUTOMATIC_GENERAL。 该参数允许增大面段尺寸,这对尖角很有用。对于SPOTWELD和..._OFFSET选项,更高的MAXPAR数值可能导致计算不稳定,但有时很有必要采用高的数值保证所有感兴趣的节点固连
SBOPT	基于面段的接触选项(SOFT=2)。 =0:与默认SBOPT=2相同; =1:pinball边边接触(不推荐); =2:假定平面段(默认); =3:翘曲面段检查; =4:滑移选项; =5:SBOPT=3+SBOPT=4,即翘曲面段检查+滑移选项
DEPTH	自动接触的搜索深度,在最近的接触面段中检查节点渗透。对于大多数碰撞,应用DEPTH=1(即1个面段)就足够准确,且计算成本不高。LS-DYNA为提高准确度,将其默认值设置为2(即两个面段);DEPTH=0时,等同于DEPTH=2。对于*CONTACT_AUTOMATIC_GENERAL,默认搜索深度DEPTH=3。 <0:|DEPTH|定义了搜索深度关于时间的加载曲线ID(SOFT=2时不可用)
BSORT	bucket分类查找间隔的循环数。对于接触类型4和13(SINGLE_SURFACE),推荐值分别为25和100。对于面面和点面接触,10~15就足够了。如果BSORT=0,由LS-DYNA程序确定间隔的循环数。在MORTAR接触SOFT=2的情况下,BSORT既可用于SMP,也可用于MPP。其他情况下,BSORT仅用于SMP。对于MORTAR接触,BSORT默认值为*CONTROL_CONTACT中的NSBCS。 <0:|BSORT|是定义桶排序频率VS时间的加载曲线ID

续表

变量	参数描述
FRCFRQ	罚函数接触中接触力更新间隔的循环数。该选项可大幅提高接触处理速度,使用时要非常谨慎,FRCFRQ > 3 或 4 较为危险。 =0:FRCFRG 重设为 1,每一循环都进行力计算。强烈推荐采用此设置

表 11　关键字可选卡片 B

Optional	1	2	3	4	5	6	7	8
Variable	PENMAX	THKOPT	SHLTHK	SNLOG	ISYM	I2D3D	SLDTHK	SLDSTF
Type	F	I	I	I	I	I	F	F
Default	0	0	0	0	0	0	0	0

表 12　关键字可选卡片 B 中的参数描述

变量	参数描述
PENMAX	对于 3、5、8、9、10 这些旧接触类型与 MORTAR 接触,PENMAX 是最大渗透深度;对于接触类型 a3、a5、a10、13、15 和 26,面段厚度乘以 PENMAX 定义了许可的最大渗透深度。 =0.0:对于旧接触类型 3、5 和 10,使用小的渗透量搜索,由厚度和 XPENE 计算出数值; =0.0:对于接触类型 a3、a5、a10、13 和 15,默认值为 0.4 或为面段厚度的 40%; =0.0:对于接触类型 26,默认值是 10 倍面段厚度; =0.0:对于 MORTAR 接触,默认值是单元特征尺寸
THKOPT	对于接触类型 3、5 和 10,THKOPT 是厚度选项。 =0:从控制卡 *CONTROL_CONTACT 中获取默认值; =1:包含厚度偏移量; =2:不包含厚度偏移量(老方法)
SHLTHK	只有 THKOPT≥1 时才定义。在面面接触和点面接触类型中考虑壳单元厚度,其下面的选项 SHLTHK =1 或 2 激活新的接触算法。在单面接触和约束方法接触类型中通常包含厚度偏移量。 =0:不考虑厚度; =1:考虑除了刚体外的厚度; =2:考虑包含刚体在内的厚度

续表

变量	参数描述
SNLOG	在厚度偏移接触中禁用发射节点逻辑。激活发射节点逻辑后,在第一个循环中从节点穿透主面段后,不用施加任何接触力即将该节点移回主面。 =0:激活逻辑(默认); =1:禁用逻辑(有时在金属成形计算或包含泡沫材料的接触中推荐使用)
ISYM	对称平面选项。 =0:关闭; =1:不包含带有法向边界约束的面(如对称面上体单元的面段)。该选项有助于对称模型保持正确的边界条件。对于 ERODING 接触,该选项也可在关键字卡片 4 上定义
I2D3D	面段搜索选项。 =0:查找定位面段时,先搜索 2D 单元(壳单元),后搜索 3D 单元(体单元和厚壳单元); =1:查找定位面段时,先搜索 3D 单元(体单元和厚壳单元),后搜索 2D 单元(壳单元)
SLDTHK	可选的体单元厚度。在带有偏移的接触算法中,非零正值 SLDTHK 会激活接触厚度偏移,接触处理如同体单元外包空壳单元。其下面的接触刚度参数 SLDSTF 可用于覆盖默认值。SLDTHK 参数也可用于 MORTAR 接触,但 SLDSTF 被忽略
SLDSTF	可选的体单元刚度。非零正值 SLDSTF 会覆盖体单元所用材料模型中的体积模量。对于基于面段的接触(SOFT=2),SLDSTF 替代罚函数中所用的刚度,这个参数不能用于 MORTAR 接触

3 弹丸侵彻间隔靶二维计算

3.1 模型描述与建模分析

弹丸对靶板的侵彻是弹药终点效应研究中的一个常规问题。通过数值模拟计算弹丸垂直侵彻双层靶板的过程,获得靶板穿孔结果和弹丸速度衰减情况,模型如图3-1所示。弹丸头部半球形直径为1 cm,整体长度为1.5 cm,单块靶板为8 cm×8 cm×0.3 cm的矩形板,两块相平行的靶板间距为0.5 cm;弹丸以500 m/s的速度侵彻双层靶板,垂直撞击,撞击点为靶板中心,弹丸材料为40Cr钢,靶板材料为45号钢,采用*CONTACT_2D_AUTOMATIC_SINGLE_SURFACE接触算法。

注:本章中的案例重点在于讲授数值计算方法,对计算结果的准确性未进行验证,所采用的各种材料参数均来自公开文献,真实性也未做考究,请读者知悉。

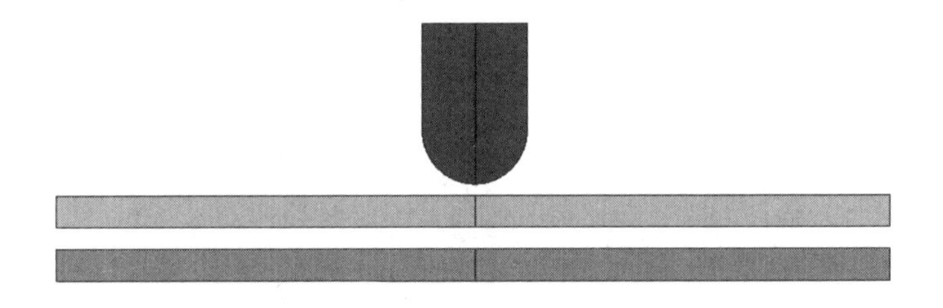

图3-1 弹丸侵彻双层靶示意(二维)

侵彻具有明显的局部效应,可将弹丸垂直撞击靶板问题简化为二维轴对称问题,将矩形板简化为圆板(半径为4 cm),这样处理能够降低计算模型的大小,提高计算速度;同时也能保证计算结果的可靠性。采用二维轴对称方法计算时,单元类型为二维实体SOLID162单元,LS-DYNA程序规定整个二维计算模型是关于Y轴对称的,因此建模时模型按照Y轴为对称轴进行创建。单元算法有Lagrange算法、ALE算法。其中,Lagrange算法是模拟侵彻问题最常使用的算法;ALE算法在网格变形较大情况下具有一定的优势。由于此模型中的弹丸速度较低,在这里采用Lagrange算法模拟弹丸侵彻双层靶板。对于ALE算法,请读者自行模拟。模型采用g、cm、μs单位制建立。

3.2 建模步骤

第一步,设置工作目录和模型文件。

(1)在磁盘E中创建“2D-impact-target”文件夹,用于模型文件和计算文件的存放;

(2)启动ANSYS 16.0,在启动界面进行建模环境的设置,在Simulation Environment下拉菜单中选择ANSYS,在License下拉菜单中选择ANSYS LS-DYNA;

(3)单击File Management选项卡,弹出工作目录和工作文件设置窗口,单击Working Directory后面的Browse按钮,选择E盘文件夹“2D-impact-target”,在Job Name文本框中输入“2Dimpact”作为模型文件名;

(4)单击Run按钮,如图3-2所示,进入ANSYS建模界面。

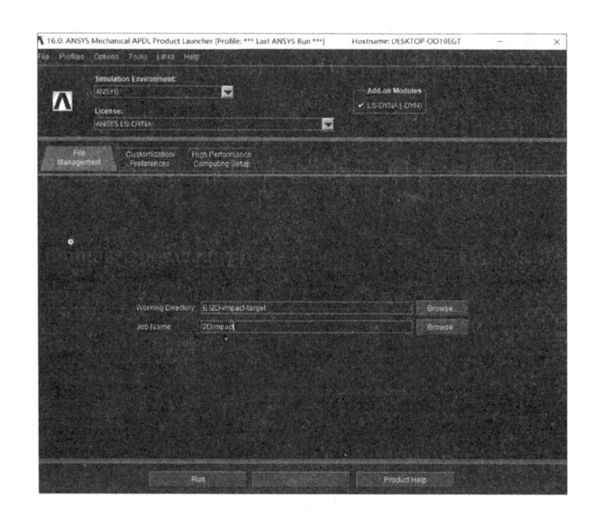

图3-2 ANSYS/LS-DYNA建模环境设置

第二步,单元类型设置。

注:弹丸侵彻双层钢靶模型总共包含弹丸、1号靶板和2号靶板,总共三个Part,因此需要设置三个单元类型。这里采用2D平面应力、应变单元,即PLANE162单元,当然也可只设置一个单元类型。

(1)选择Main Menu > Preprocessor > Element Type > Add/Edit/Delete选项,弹出Element Types单元类型对话框,如图3-3所示;

(2)单击Add按钮,弹出Library of Element Types对话框,选择LS-DYNA Explicit右侧列表框中的2D Solid 162选项,单击OK按钮,关闭对话框,即将编号为1的单元类型设置完成,如图3-4所示;

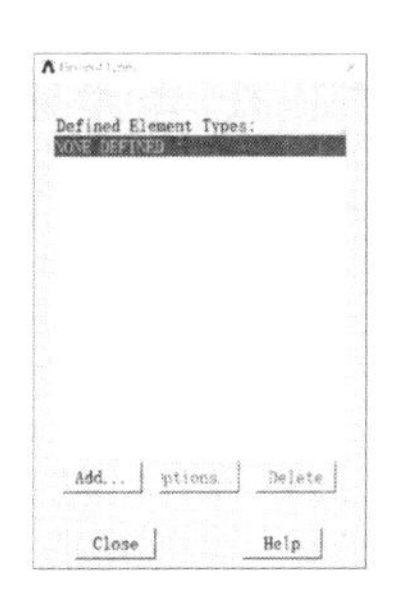

图 3-3　Element Types 对话框

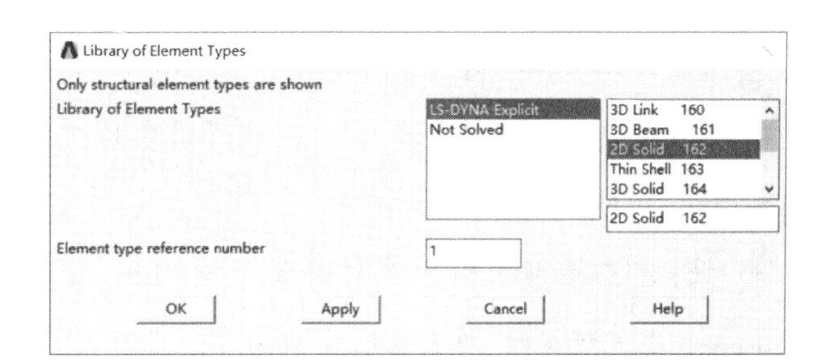

图 3-4　Library of Element Types 对话框

(3)按照步骤(2)中的操作,继续完成单元类型 2 和单元类型 3 的设置,即完成了 3 种单元类型的设置,如图 3-5 所示;

(4)选择 Element Types 对话框中的 Type 1 PLANE162 单元,单击 Options 按钮,弹出 PLANE162 element type options 对话框,在 Stress/strain options 右侧的下拉菜单中选择 Axisymmetric 选项,点选中 Material Continuum 栏下的 Lagrangian 选项,单击 OK 按钮,如图 3-6 所示;

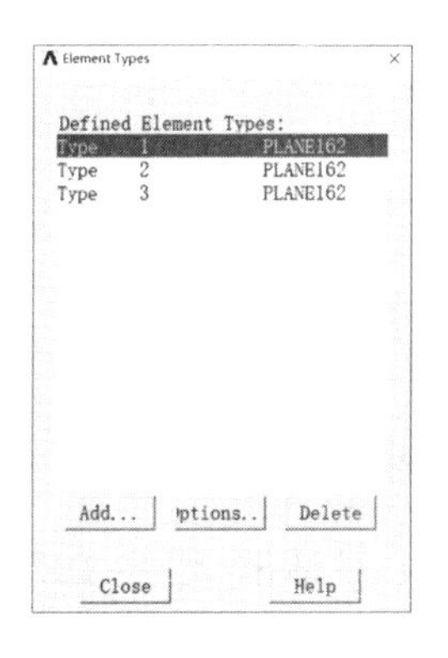

图 3-5　Element Types 对话框

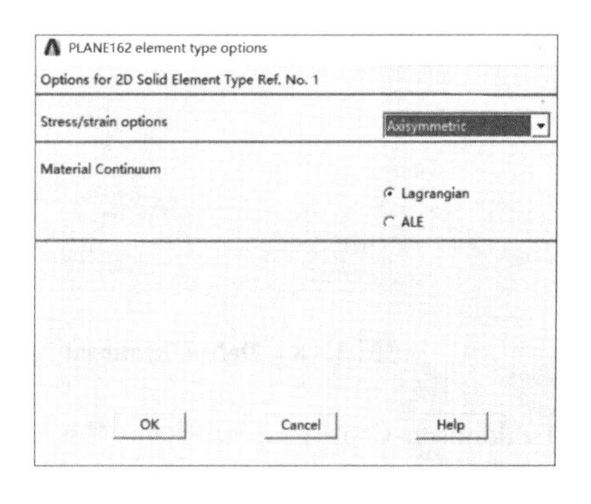

图 3-6　PLANE 162 element type options 对话框

(5)在弹出的 PLANE162 weighting option 对话框中,点选中 Weighting options 栏下的 Volume weighted 选项,单击 OK 按钮,关闭对话框,如图 3-7 所示;

(6)按照步骤(4)~步骤(5)的操作,分别对 Type 2 PLANE162 单元和 Type 3 PLANE162 单元进行 Axisymmetric、Lagrange 和 Volume weighted 算法的设置。

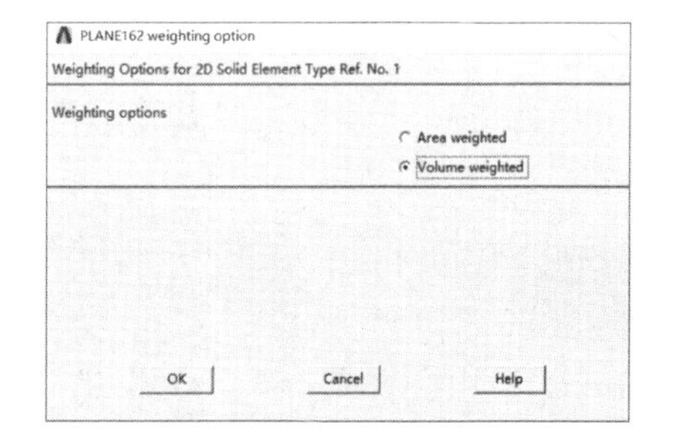

图 3-7　PLANE162 weighting option 对话框

注：在 Element Types 对话框中单击 Close 按钮，可关闭对话框。单元属性的定义可以在 ANSYS 前处理建模中进行定义，也可以在 K 文件中进行修改。

第三步，材料参数设置。

注：弹丸侵彻模型涉及材料高应变响应，这里采用 Johnson-Cook 本构模型和 Grunsisen 状态方程模拟，材料参数在前处理阶段可以不用完全设置好，而是在 K 文件中进行修改；模型总共三个 Part，下面建立三个材料模型。

(1) 选择 Main Menu > Preprocessor > Material Props > Material Models 选项，弹出 Define Material Model Behavior 对话框；

(2) 在该对话框左侧的 Material Models Defined 设置栏中已自动生成编号为 1 的材料，在右侧 Material Models Available 设置栏中选择 LS-DYNA > Equation of State > Gruneisen > Johnson-Cook 选项，如图 3-8 所示；

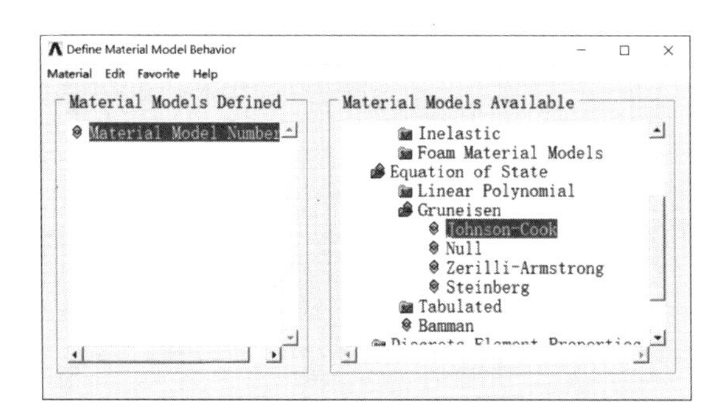

图 3-8 Define Material Model Behavior 对话框

(3) 弹出 Johnson-Cook Properties for Material Number 1 对话框，设置 DENS 参数为 7.85，其余参数可以不用设置，而是在 K 文件中进行修改，如图 3-9 所示，即将编号为 1 的材料设置完成；

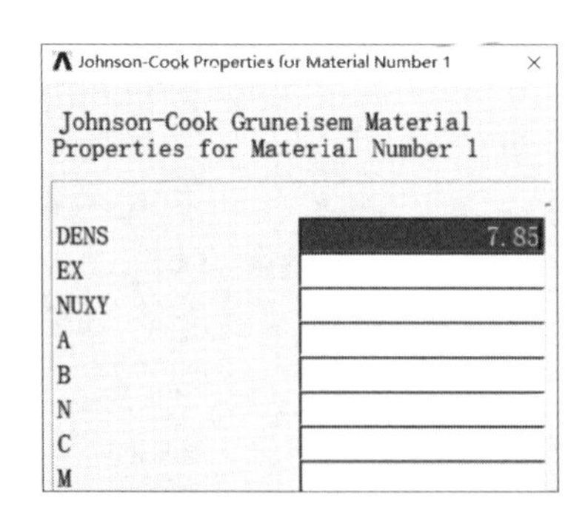

图 3-9 Johnson-Cook Properties for Material Number 1 对话框

(4)在 Define Material Model Behavior 对话框中执行 Material > New Model 命令，弹出 Define Material ID 对话框，新建编号为 2 的材料，单击 OK 按钮，关闭对话框，即将编号为 2 的材料创建完毕，如图 3－10 所示；

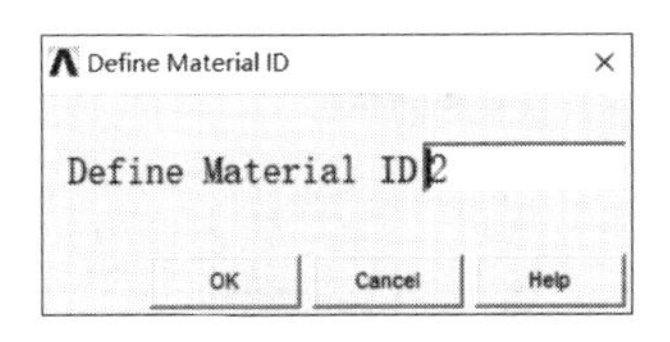

图 3－10 Define Material ID 对话框

(5)重复步骤(2)的操作，完成 2 号材料本构和状态方程的设置；

(6)重复步骤(3)的操作，完成 3 号材料 ID 的设置；

(7)重复步骤(2)的操作，完成 3 号材料本构和状态方程的设置；

(8)执行 Material > Exit 命令，退出材料窗口，即完成 3 种材料的定义，如图 3－11 所示。

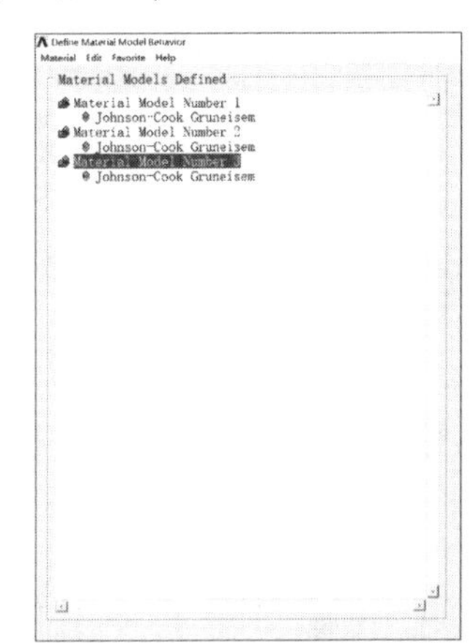

图 3－11 3 种材料参数的定义

第四步，创建弹丸几何模型。

注：弹丸由前端的半球形和后端的圆柱形两部分构成，二维轴对称算法中，先分别建立 1/4 圆和矩形，再通过布尔运算将两个几何模型进行连接。

(1)选择 Main Menu > Preprocessor > Modeling > Create > Areas > Circle > By Dimensions 选项，弹出 Circular Area by Dimensions 对话框；

(2)在 RAD1 Outer radius 右侧文本框中输入 0.5(弹头半径为 0.5 cm)，在 THETA1 Starting angle(degrees)右侧文本框中输入 0，在 THETA2 Ending angle(degrees)右侧文本框中输入 360，如图 3－12 所示；

(3)单击 OK 按钮，关闭对话框，即创建好了直径为 1 cm 的圆，如图 3－13 所示；

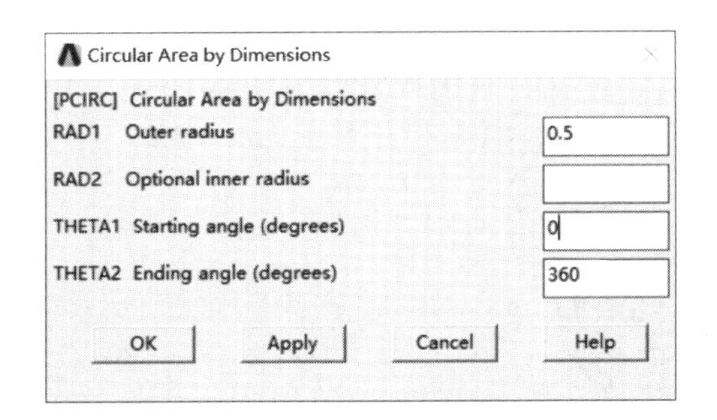

图 3－12 Circular Area by Dimensions 对话框

图 3－13 创建的整圆

注：在步骤(2)和步骤(3)中可以创建1/4圆(起止角度分别为0°和-90°)，这里为了讲授利用XOY平面切割几何体的方法，因此创建了完整的圆。

(4)选择Utility Menu > WorkPlane > Offset WP by Increments选项，弹出Offset WP面板；

(5)拖动角度进度条至90°，单击 ↺+X 按钮，将XOY平面沿X轴正向旋转90°，如图3-14所示，单击OK按钮，关闭对话框；

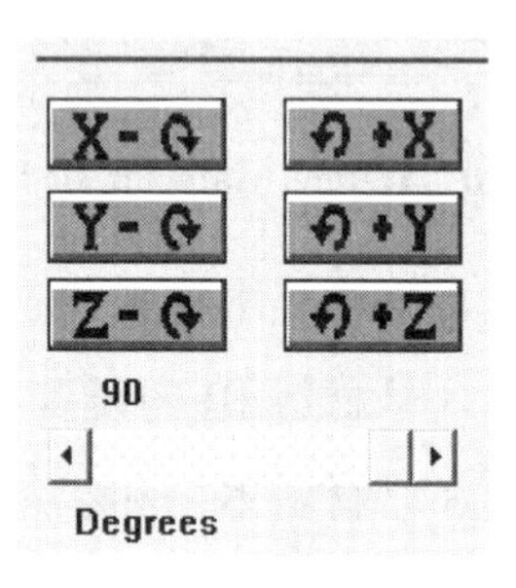

图3-14 坐标轴旋转

(6)选择Main Menu > Preprocessor > Modeling > Operate > Booleans > Divide > Area by WorkPlane选项，弹出Divide Area by WorkPlane对话框，单击Pick All，将圆划分为1/2圆；

(7)选择Utility Menu > WorkPlane > Offset WP by Increments选项，弹出Offset WP面板，拖动角度进度条至90°，单击 ↺+Y 按钮，将XOY平面沿Y轴正向旋转90°，单击OK按钮，关闭对话框；

(8)选择Main Menu > Preprocessor > Modeling > Operate > Booleans > Divide > Area by WorkPlane选项，弹出Divide Area by WorkPlane对话框，单击Pick All，将1/2圆划分为1/4圆；

(9)选择Utility Menu > WorkPlane > Align WP with > Global Cartesian选项，将坐标轴转换为初始位置；

(10)选择Main Menu > Preprocessor > Modeling > Delete > Area and Below选项，弹出Delete Area and Below对话框，选中视图中第一、第二、第三象限的1/4圆，单击OK按钮，即可删除多余几何图形，如图3-15所示；

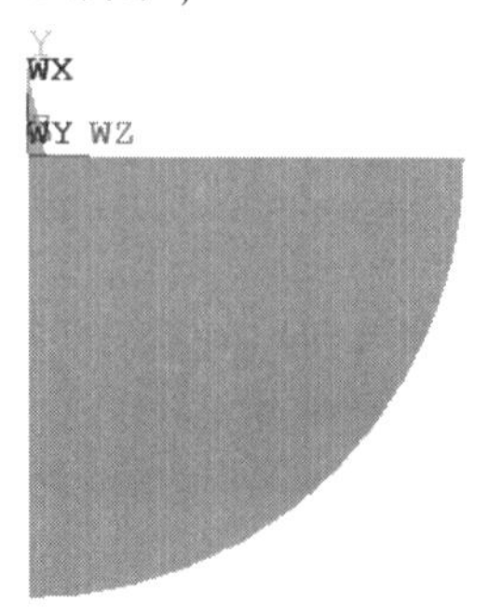

图3-15 1/4圆几何图形

(11)选择 Main Menu > Preprocessor > Modeling > Create > Areas > Rectangle > By Dimensions 选项,弹出 Create Rectangle by Dimensions 对话框;

(12)在 X1,X2 X-coordinates 右侧文本框中分别输入 0、0.5;在 Y1,Y2 Y-coordinates 右侧文本框中分别输入 0、1,如图 3-16 所示,单击 OK 按钮,关闭对话框;

(13)选择 Main Menu > Preprocessor > Modeling > Operate > Booleans > Glue > Areas 选项,弹出 Glue Areas 面板,在视图区域依次单击 1/4 圆和矩形,单击 OK 按钮,关闭对话框,如图 3-17 所示,此时就将两个图形连接在一起,相连接部分共用一条边和点。

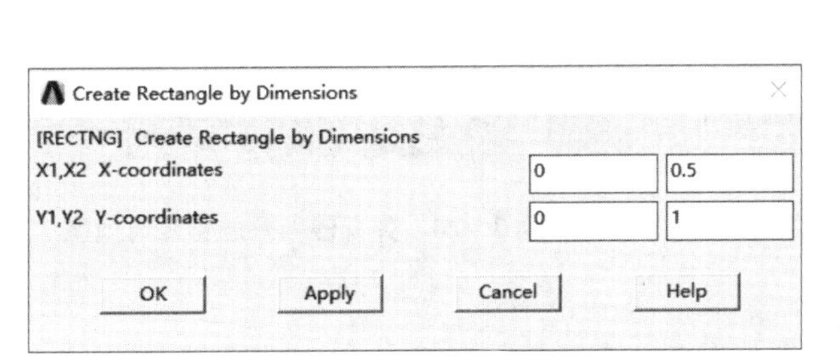

图 3-16 Create Rectangle by Dimensions 对话框

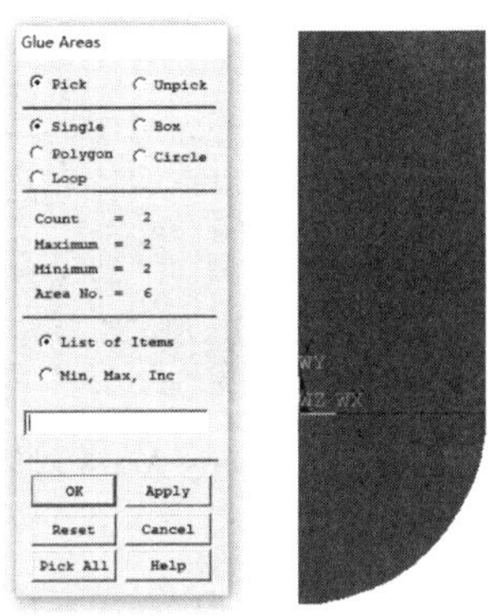

图 3-17 Glue Areas 面板

注:也可以单击 Pick All,选择视图中的所有模型。若只有弹丸模型,则可用这种方法;若有其余模型,则这种方式不适用。另外,可以选中 Box,在视图区进行框选弹丸模型;图形对象的选择具有多种方法,只要能达到最终效果,均是可采用的,需要读者多去理解和练习。

第五步,创建双层靶板几何模型。

(1)选择 Main Menu > Preprocessor > Modeling > Create > Areas > Rectangle > By Dimensions 选项,弹出 Create Rectangle by Dimensions 对话框;

(2)在 X1,X2 X-coordinates 右侧文本框中分别输入 0、4;在 Y1,Y2 Y-coordinates 右侧文本框中分别输入 -0.6、-0.9,如图 3-18 所示,单击 OK 按钮,关闭对话框,即创建完成第一层靶板;

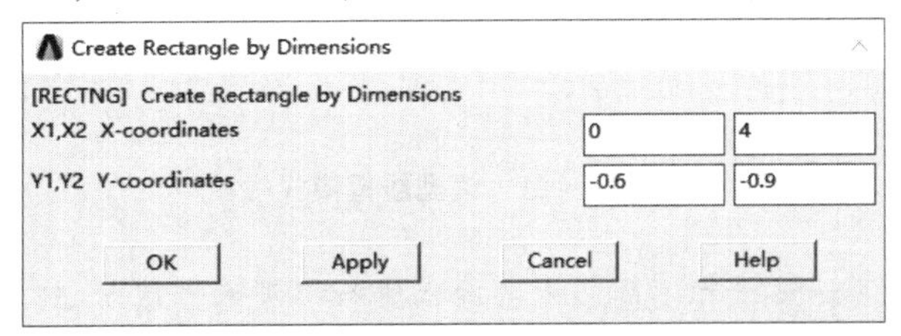

图 3-18 Create Rectangle by Dimensions 对话框

(3)选择 Main Menu > Preprocessor > Modeling > Copy > Areas 选项,弹出 Copy Areas 对话框,在视图中选择第一层靶板,如图 3-19 所示,单击 OK 按钮;

(4)在弹出的对话框中设置 DY Y-offset in active CS 的值为 -0.5,即把第一层靶板沿着 Y 轴负方向移动 0.5 cm,即创建完成第二层靶板。至此整个弹丸侵彻双层靶几何的模型就创建完毕了,如图 3-20 所示。

Copy Areas
[AGEN] Copy Areas
ITIME Number of copies - 2
- including original
DX X-offset in active CS
DY Y-offset in active CS -0.5
DZ Z-offset in active CS
KINC Keypoint increment
NOELEM Items to be copied Areas and mesh
OK Apply Cancel Help

图 3-19 Copy Areas 对话框

图 3-20 弹丸侵彻双层靶几何模型

注:创建第二层靶板时也可按照第一层靶板的创建方式,这里采用 Copy 方法,是为了介绍几何模型复制命令的使用方法。顾名思义,Copy 命令是复制几何模型,而 Move/Modify 命令是移动几何模型。

第六步,网格划分。

(1)在工具栏选择 Plot > Lines 选项,模型进行线框显示;选择 PlotCtrls > Numbering 选项,勾选 Line numbers,显示线段编号,如图 3-21 所示;

图 3-21 模型线框模式

注:使用不同计算机和不同版本的软件进行模型的创建时,模型线段编号可能不相同,请读者知悉。

(2)选择 Main Menu > Preprocessor > Meshing > MeshTool 选项,弹出 MeshTool 面板,单击 MeshTool 面板中 Lines 右侧的 Set 按钮,弹出 Element Sizes on Picked Lines 面板;在视图区选择 L5、L2 两条线段,单击 OK 按钮,弹出 Element Sizes on Picked Lines 对话框;

(3)在 NDIV 右侧文本框中输入 20,取消 KYNDIV SIZE,NDIV can be changed 选项,如图 3-22 所示,单击 Apply 按钮,运行效果如图 3-23 所示;

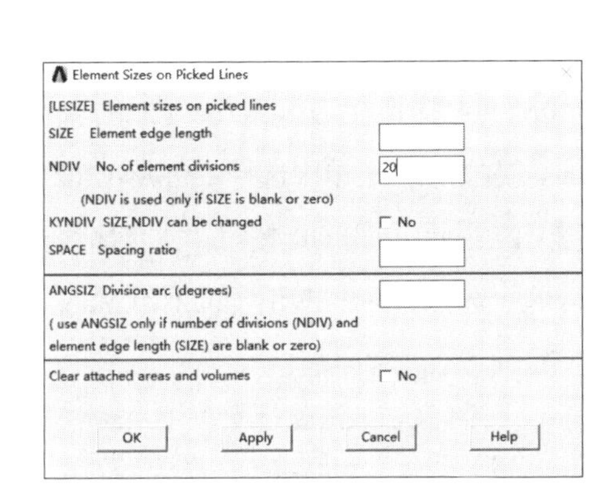

图 3-22 Element Sizes on Picked Lines 对话框

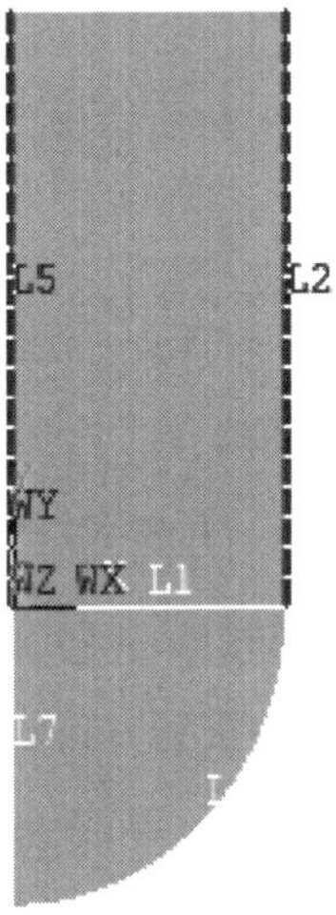

图 3-23 将 L2、L5 线段 20 等分

(4)同理,选取 L1、L3、L7、L8 四条线段,进行 10 等分,如图 3-24 所示;

(5)同理,选取 L4、L9、L11、L13 四条线段,进行 80 等分,如图 3-25 所示;

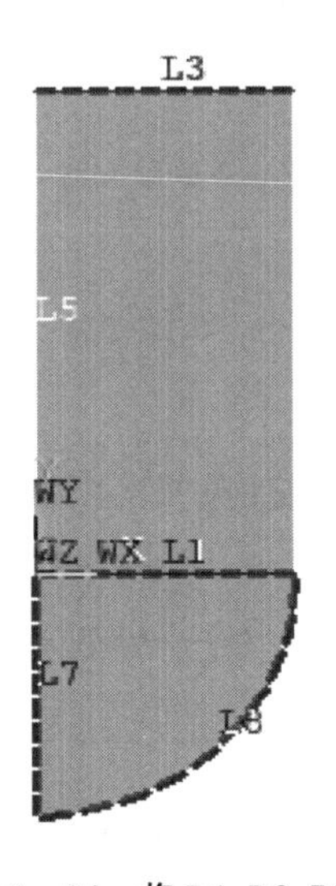

图 3-24 将 L1、L3、L7、L8 线段进行 10 等分

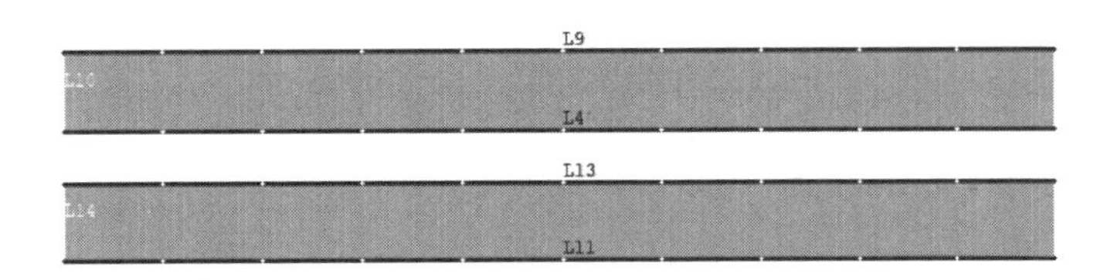

图 3-25 将 L4、L9、L11、L13 线段进行 80 等分

(6)同理,选取 L6、L10、L12、L14 四条线段,进行 6 等分,如图 3-26 所示;

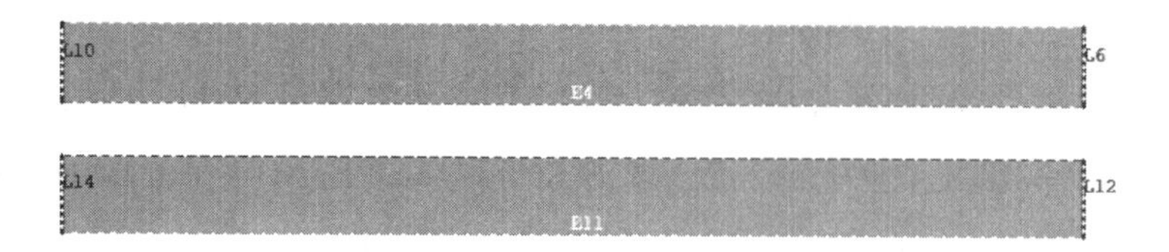

图 3-26　将 L6、L10、L12、L14 四条线段进行 6 等分

注:按照线段等分的方式,将每段线段的大小设置为 0.05 cm,即映射后网格边长为 0.05 cm。

(7)在 MeshTool 面板中单击 Element Attributes 选择栏右侧的 Set 按钮,弹出 Meshing Attributes 对话框,在[TYPE]Element type number 右侧下拉菜单中选择 1 PLANE162;在[MAT] Material number 右侧下拉菜单中选择 1,如图 3-27 所示,单击 OK 按钮,关闭对话框;

(8)在 MeshTool 面板中的 Mesh 下拉菜单中选择 Areas,激活 Quad 和 Mapped 单选按钮,单击 Mesh 按钮,如图 3-28 所示,弹出 Mesh Areas 对话框;

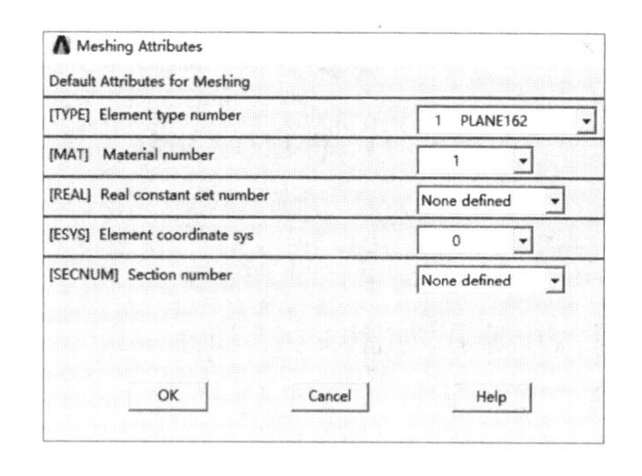

图 3-27　Meshing Attributes 对话框

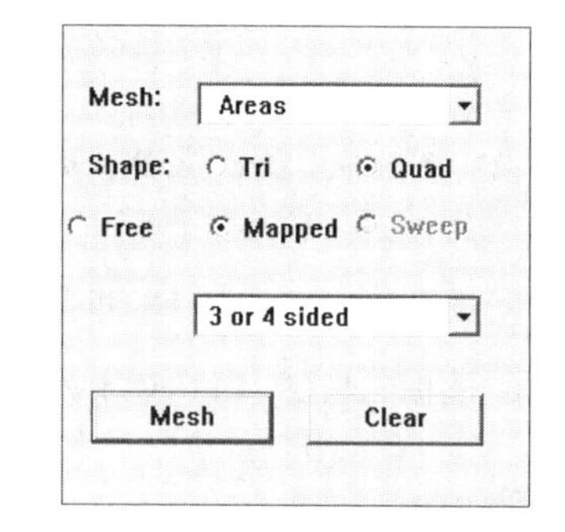

图 3-28　激活 Quad 和 Mapped 单选按钮

(9)在视图区拾取弹丸几何模型,单击 OK 按钮,进行映射网格划分,如图 3-29 所示,单击 Plot > Areas 转换为面显示模型;

(10)按照相同的方法,选择单元类型 2 和材料 2,对第一层靶板进行映射网格划分,选择 Plot > Areas 选项,即可转换为面显示模型;

(11)按照相同的方法,选择单元类型 3 和材料 3,对第二层靶板进行映射网格划分,单击 Plot > Areas 选项,即可转换为面显示模型。

注:模型有三个 Part,不同 Part 之间以不同的颜色进行区分。模型的 Part 以赋予的单元类型编号和材料编号区分。与划分顺序无关,若单元类型编号与材料编号相同,模型就属于同一个 Part,只要单元类型编号和材料编号中有一个不同,那么离散后就属于

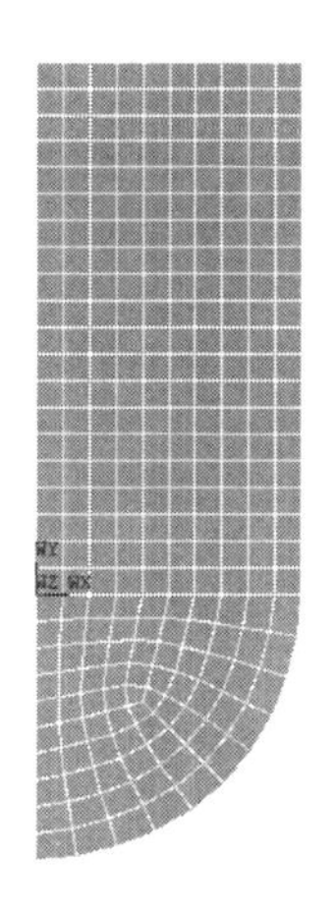

图 3－29 弹丸映射网格划分

两个 Part。

第七步，创建模型 Part 信息。

(1)选择 Main Menu > Preprocessor > LS-DYNA Options > Parts Options 选项，弹出 Parts Data Written for LS-DYNA 对话框；

(2)在 Option 选择栏中点选中 Create all parts 选项，如图 3－30 所示，单击 OK 按钮，关闭对话框；

(3)弹出 EDPART Command 信息窗口，返回所创建的 Part 具体信息，如图 3－31 所示。

注：通过 EDPART Command 信息窗口可以看到详细的 Part 信息，包含 PART、MAT、TYPE 以及网格数量，这些参数对应于模型 K 文件的 * PART 卡片中的信息。

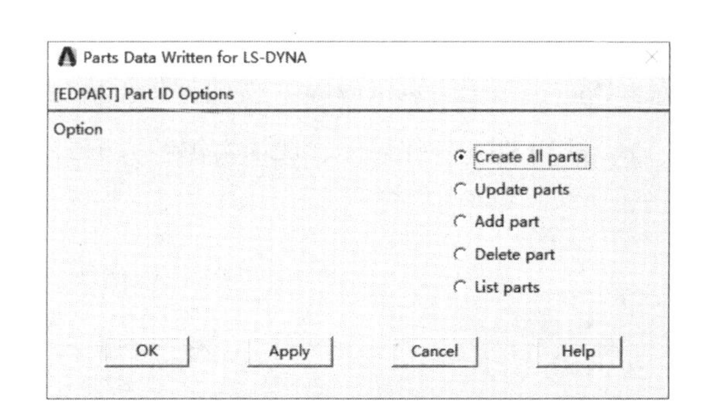

图 3－30 Parts Data Written for LS-DYNA 对话框

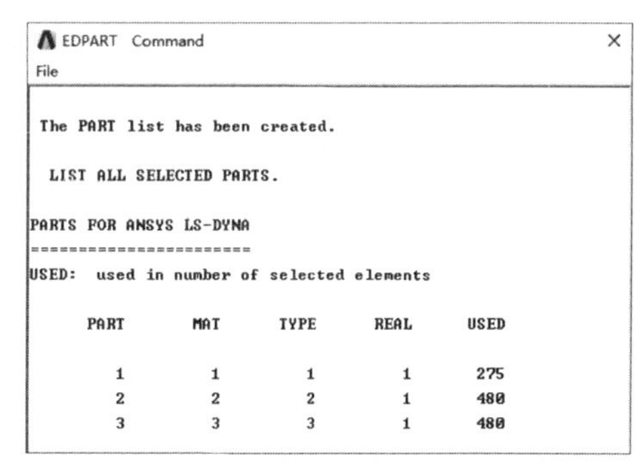

图 3－31 EDPART Command 信息窗口

第八步，定义接触算法。

(1)选择 Main Menu > Preprocessor > LS-DYNA Options > Contact > Define Contact 选项，弹出 Contact Parameter Definitions 对话框；

(2) 在 Contact Type 右侧菜单列表中选择 Single Surface 和 Auto 2-D(ASS2D)选项,如图 3－32 所示,单击 OK 按钮,关闭对话框。

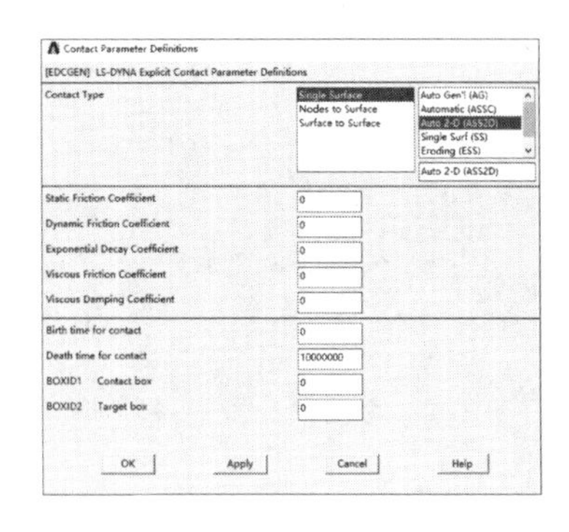

图 3－32 Contact Parameter Definitions 对话框

注:侵彻中涉及网格的接触,需要进行接触设置,如果不进行接触设置,网格之间就不存在接触力的传递。这里采用的是单面自动 2D 接触,读者可以自行试试侵蚀(Eroding)接触。

第九步,靶板固定边界设置。

(1) 选择 Main Menu > Preprocessor > LS-DYNA Options > Constraints > Apply > On Lines 选项,弹出 Apply U,ROT on Lines 对话框,拾取靶板边界处线段 L6、L12,如图 3－33 所示,单击 OK 按钮,关闭对话框;

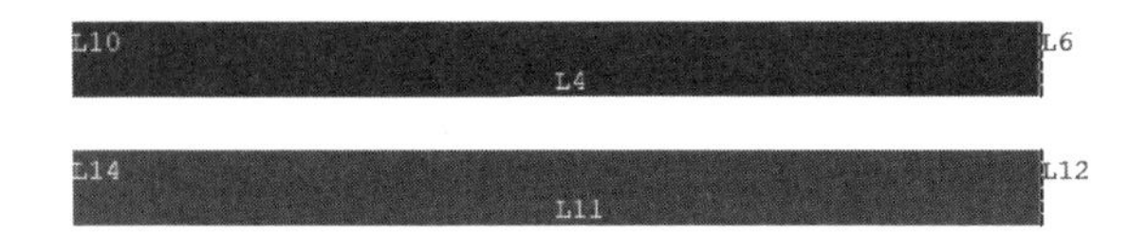

图 3－33 拾取靶板边界线段

(2) 弹出 Apply U,ROT on Lines 对话框,在 Lab2 DOFs to be constrained 右侧菜单框中选择 All DOF,约束靶板边界的移动和转动,如图 3－34 所示。

注:All DOF 约束六自由度,UX、UY、UZ 分别约束 X、Y、Z 方向的移动,ROTX、ROTY、ROTZ 分别约束绕 X、Y、Z 轴的转动。

第十步,分析步设置。

(1) 选择 Main Menu > Solution > Analysis Options > Energy Options 选项,弹出 Energy Options 对话框,将 Stonewall Energy、Hourglass Energy 和 Sliding Interface 选项右侧的方框勾选上,如图 3－35 所示;

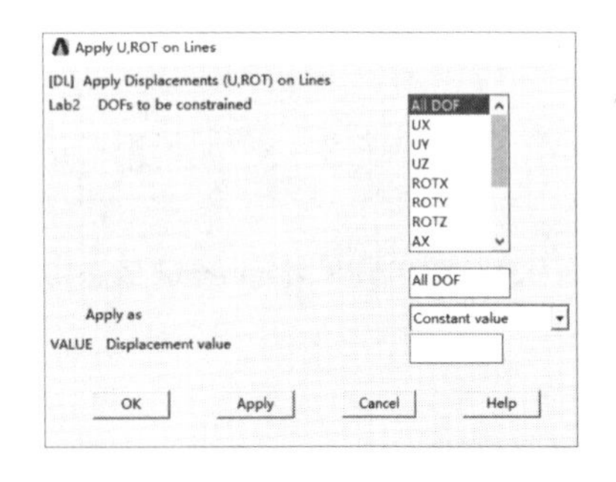

图 3－34 Apply U,ROT on Lines 对话框

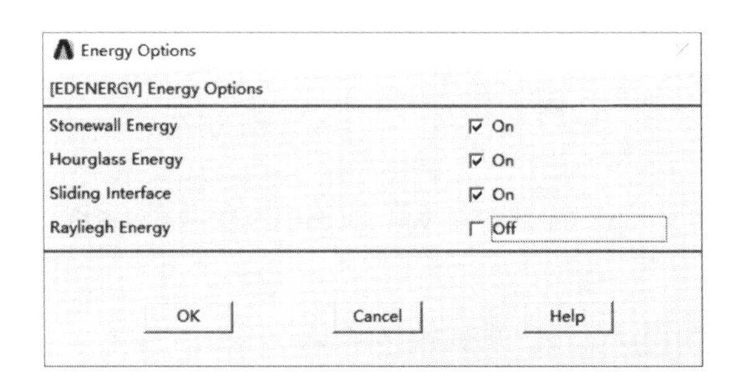

图 3－35 Energy Options 对话框

(2)选择 Main Menu > Solution > Analysis Options > Bulk Viscosity 选项，弹出 Bulk Viscosity 对话框，保持默认值[Quadratic Viscosity Coefficient(二阶黏性系数)为1.5，Linear Viscosity Cofficient(线性黏性系数)为0.06]，如图3-36所示。

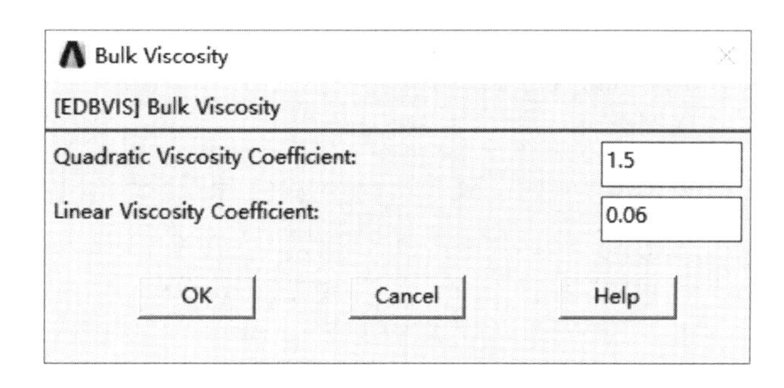

图3-36　Bulk Viscosity 对话框

第十一步，求解时间和时间步设置。

(1)选择 Main Menu > Solution > Time Controls > Solution Time 选项，弹出 Solution Time for LS-DYNA Explicit 对话框，在[TIME] Terminate at Time 右侧文本框中输入100，如图3-37所示，单击 OK 按钮，确认输入；

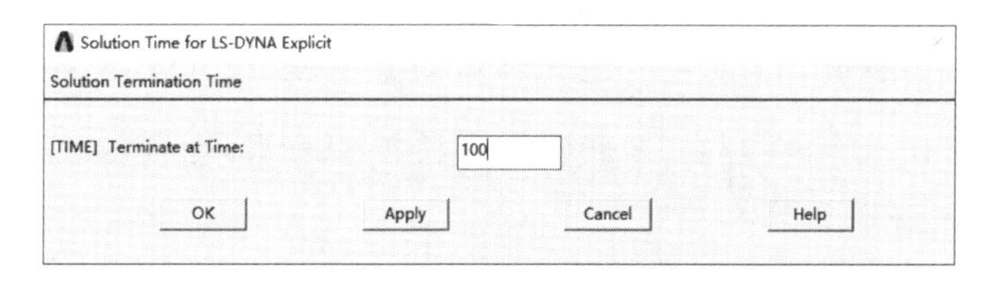

图3-37　Solution Time for LS-DYNA Explicit 对话框

(2)选择 Main Menu > Solution > Time Controls > Time Step Ctrls 选项，弹出 Specify Time Step Scaling for LS-DYNA Explicit 对话框，在 Time step scale factor 右侧文本框中输入0.9，如图3-38所示，单击 OK 按钮，确认输入。

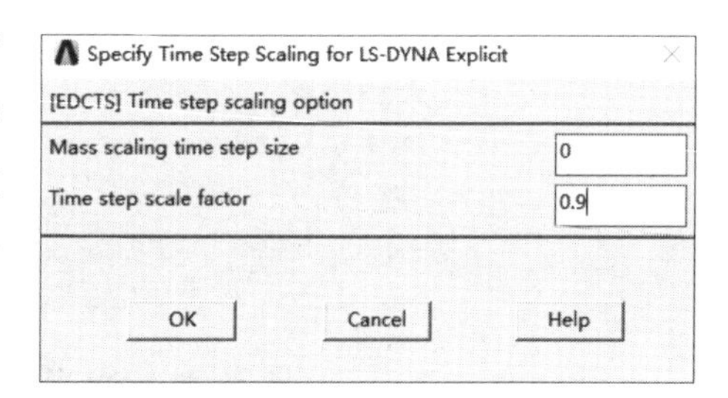

图3-38　Specify Time Step Scaling for LS-DYNA Explicit 对话框

注：将计算时间步长设置为0.9；时间步长越小，计算越稳定，但是花费的计算时间越多，常用的时间步长有0.67和0.9，具体设置值视计算模型规模而定，没有固定参考标准。当然步长对计算结果也会造成轻微差异。

第十二步，设置输出类型和数据输出时间间隔。

(1)选择 Main Menu > Solution > Output Controls > Output File Types 选项，弹出 Specify

Output File Types for LS-DYNA Solver 对话框，在 File options 下拉菜单中选择 Add，在 Produce output for... 下拉菜单中选择 LS-DYNA，如图 3－39 所示，单击 OK 按钮，关闭对话框；

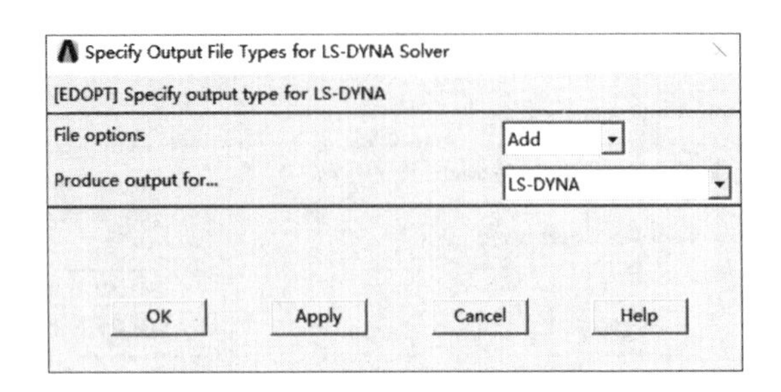

图 3－39　Specify Output File Types for LS-DYNA Solver 对话框

(2)选择 Main Menu > Solution > Output Controls > File Output Freq > Time Step Size 选项，弹出 Specify File Output Frequency 对话框，在[EDRST] Specify Results File Output Interval:Time Step Size 右侧文本框中输入 2，在[EDHTIME] Specify Time-History Output Interval:Time Step Size 右侧文本框中输入 2，如图 3－40 所示，单击 OK 按钮，关闭对话框，随后弹出 Waring 信息，单击 Close 按钮，关闭弹窗。

注：此步骤设置计算数据输出时间间隔为 2 μs，在 ANSYS 前处理中，弹出的 Waring(警告)窗口一般不用理会，单击 Close 关闭即可，如果弹出 Error 信息，就证明设置有错，需要仔细检查。

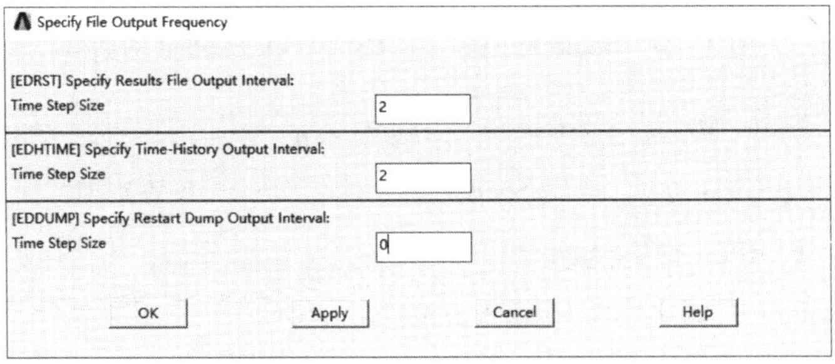

图 3－40　Specify File Output Frequency 对话框

第十三步，输出 K 文件。

(1)选择 Main Menu > Solution > Write Jobname. k 选项，弹出 Input files to be Written for LS-DYNA 对话框，在 Write results files for... 下拉菜单中选择 LS-DYNA，在 Write input files to... 右侧文本框中输入 impact-2D. k，单击 OK 按钮，将在工作文件中生成 impact-2D. k 的文件，如图 3－41 所示；

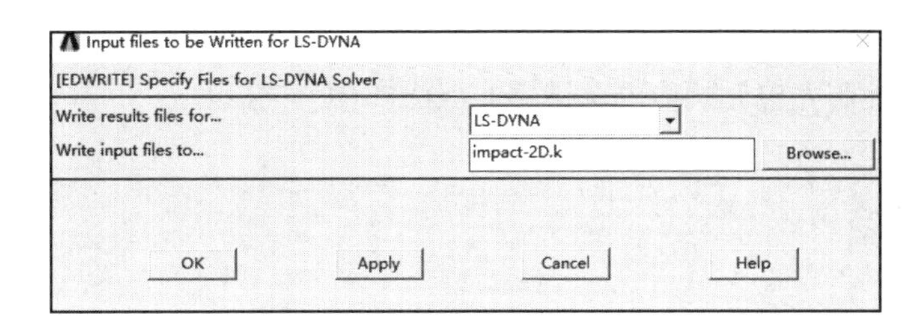

图 3－41　Input files to be Written for LS-DYNA 对话框

（2）弹出 EDWRITE Command 窗口，列出模型中的关键信息，例如本案例中具有 3 种网格单元类型，有 1 235 个网格，网格节点数为 1 445，如图 3－42 所示。

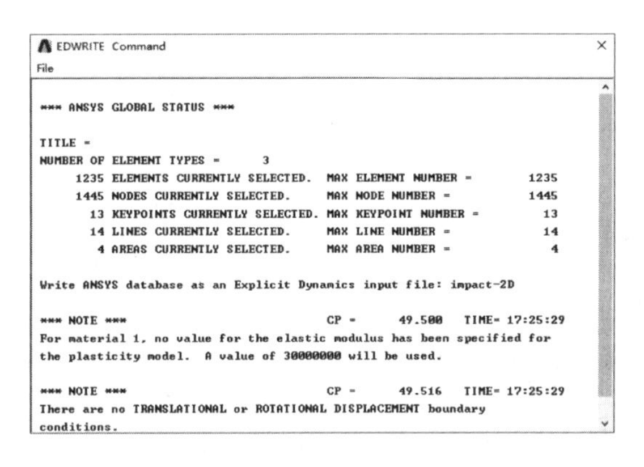

图 3－42　EDWRITE Command 窗口

3.3　K 文件的修改和编辑

（1）用 UltraEdit 软件打开工作目录下的 impact-2D. k 文件。

（2）将原有的 impact-2D. k 拆分为两个 K 文件。其中一个为 mesh. k 文件，为模型的节点和单元信息；另一个为 main. k 文件，为计算模型控制关键字文件。

注：将计算 K 文件拆分为网格信息文件和控制文件，这个操作对于初学者而言可能会较为烦琐，但是有助于读者全面了解 K 文件的组成结构，拆分后的 K 文件对于大模型控制关键字修改带来了极大的方便，因此笔者建议读者能够习惯这种方法。

（3）对照 main. k 文件，对控制关键字文件作如下修改：

①使用 * INCLUDE 关键字，在 main. k 文件中添加 mesh. k 文件；

②修改 * MAT_JOHNSON_COOK 材料本构和 * EOS_GRUNEISEN 状态方程参数，要保持材料本构 ID 和状态方程 ID 编号相对应；

③添加弹丸初速关键字 * INITIAL_VELOCITY_GENERATION；

④添加由于接触刚度控制的关键字 * CONTROL_CONTACT;

⑤修改由于控制壳单元响应的关键字 * CONTROL_SHELL。

3.4 求解

(1)启动 ANSYS 16.0,在启动界面进行求解环境设置,在 Simulation Environment 下拉菜单中点选中 LS-DYNA Solver 选项,在 License 下拉菜单中选择 ANSYS LS-DYNA,在 Analysis Type 栏中点选中 Typical LS-DYNA Analysis 选项;

(2)单击 File Management 选项卡,弹出工作目录和工作文件设置窗口,单击 Working Directory 右侧的 Browse 按钮,选择 E 盘文件夹“2D-impact-target”,在 Keyword Input File 下拉菜单中选择修改后的 main.k 文件,如图 3-43 所示;

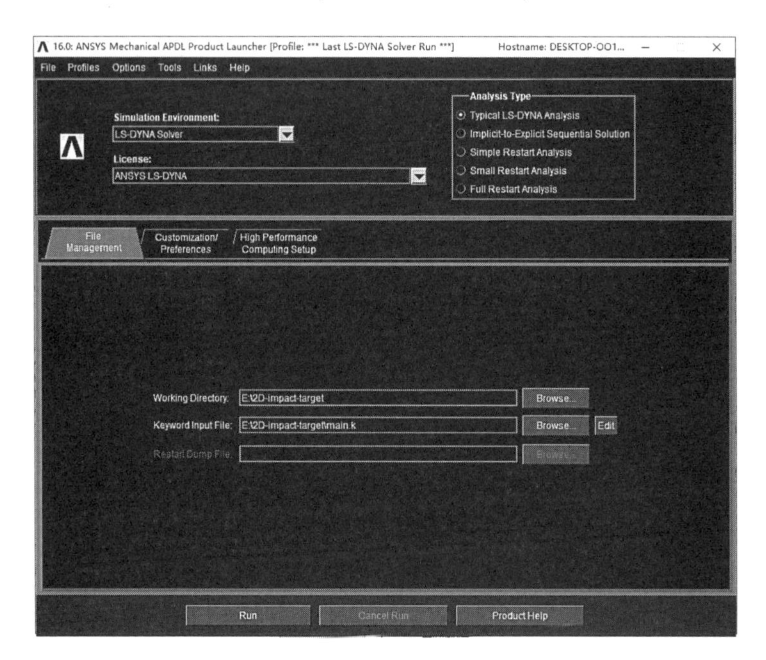

图 3-43　ANSYS 16.0 启动界面

(3)单击 Customization/Preferences 选项卡,在 Memory(words)文本框中输入 2 100 000 000,在 Number of CPUs 文本框中输入 6,如图 3-44 所示;

注:此步骤是给求解器赋予求解所需内存,具体的 CPUs 设置值根据模型大小和计算机 CPU 核数而定,以满足计算条件为原则。

(4)单击 Run 按钮,进入 LS-DYNA971R7 程序进行求解,求解时间到达后,界面返回 Normal termination。

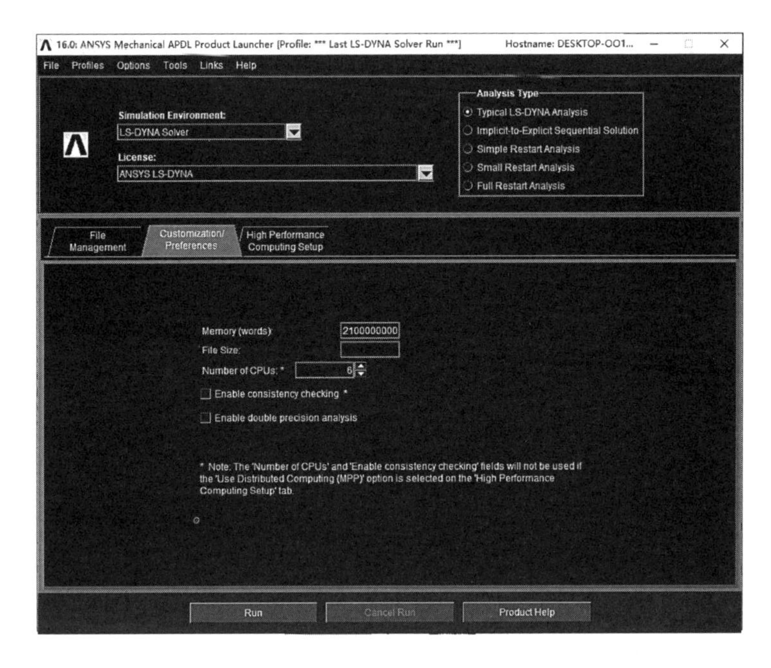

图 3-44 求解设置

3.5 控制关键字文件讲解

关键字文件有两个,分别为网格文件 mesh. k 和控制文件 main. k。控制文件 main. k 的内容及相关讲解如下:

```
$首行*KEYWORD 表示输入文件采用的是关键字输入格式
*KEYWORD
*TITLE

$
$为二进制文件定义输出格式,0表示输出的是 LS-DYNA 数据库格式
*DATABASE_FORMAT
        0
$读入节点 K 文件
*INCLUDE
mesh.k
$$$$$$$$$$$$$$$$$$$$$$$$$$$$$$$$$$$$$$$$$$$$$$$$$$$$$$$$$$$$$$$$$$$$$$$$$$$$$$$$
$                              SECTION DEFINITIONS                             $
$$$$$$$$$$$$$$$$$$$$$$$$$$$$$$$$$$$$$$$$$$$$$$$$$$$$$$$$$$$$$$$$$$$$$$$$$$$$$$$$
$
$*SECTION_SHELL 为2D shell 单元定义单元算法
$SECID 指定单元算法 ID,可为数值或符号,但是必须唯一,在*PART 卡片中被引用
```

```
$ELFORM=15表示体积加权轴对称算法
*SECTION_SHELL
$  SECID  ELFORM     SHRF     NIP      PROPT  QR/IRID    ICOMP    SETYP
        1       15  1.0000     1.0      0.0     0.0        0        1
$    T1        T2        T3       T4       NLOC    MAREA     IDOF    EDGSET
  0.00      0.00      0.00     0.00      0.00
*SECTION_SHELL
$  SECID  ELFORM     SHRF     NIP      PROPT  QR/IRID    ICOMP    SETYP
        2       15  1.0000     1.0      0.0     0.0        0        1
$    T1        T2        T3       T4       NLOC    MAREA     IDOF    EDGSET
  0.00      0.00      0.00    0.00      0.00
*SECTION_SHELL
$  SECID  ELFORM     SHRF     NIP      PROPT  QR/IRID    ICOMP    SETYP
        3       15  1.0000     1.0     0.0     0.0         0        1
$    T1        T2        T3       T4       NLOC    MAREA     IDOF    EDGSET
  0.00      0.00      0.00     0.00      0.00
$
$
$$$$$$$$$$$$$$$$$$$$$$$$$$$$$$$$$$$$$$$$$$$$$$$$$$$$$$$$$$$$$$$$$$$$$$$$$$$$$$$$
$                            MATERIAL DEFINITIONS                              $
$$$$$$$$$$$$$$$$$$$$$$$$$$$$$$$$$$$$$$$$$$$$$$$$$$$$$$$$$$$$$$$$$$$$$$$$$$$$$$$$
$
*MAT_JOHNSON_COOK
        1   7.83           0.77
7.920E-03 5.100E-03     0.260     0.014     1.030     1793       293   1.0E-06
0.383E-05 -9.00E+00     3.00        0.0      0.05      3.44      -2.12  0.002
    1.61
*EOS_GRUNEISEN
       1  0.4569     1.49      0.00      0.00      2.17     0.46      0.0
    1.00
*MAT_JOHNSON_COOK
        2  7.83000        0.770
0.350E-02 3.000E-03  0.260  0.140E-01  1.03  0.176E+04  294.  0.100E-05
0.452E-05 -9.00E+00  3.00       0.0     0.8    0.00         0.00    0.00
  0.00
*EOS_GRUNEISEN
        2  0.4569     1.49        0         0     2.17     0.46          0
       1.0
*MAT_JOHNSON_COOK
        3  7.83000      0.770
0.350E-02 3.000E-03  0.260  0.140E-01  1.03  0.176E+04  294.     0.100E-05
0.452E-05 -9.00E+00  3.00       0.0      0.8    0.00       0.00    0.00
  0.00
*EOS_GRUNEISEN
        3   0.4569     1.49        0         0     2.17     0.46       0
       1.0
$
```

```
$$$$$$$$$$$$$$$$$$$$$$$$$$$$$$$$$$$$$$$$$$$$$$$$$$$$$$$$$$$$$$$$$$$$$$$$$$$$$$$$$$$
$                               PARTS DEFINITIONS                                 $
$$$$$$$$$$$$$$$$$$$$$$$$$$$$$$$$$$$$$$$$$$$$$$$$$$$$$$$$$$$$$$$$$$$$$$$$$$$$$$$$$$$
$
$定义弹丸 Part,引用定义的单元算法、材料模型和状态方程,PID 必须唯一
*PART
Part          1 for Mat         1 and Elem Type        1
        1             1         1          1         0         0         0
$定义第一层靶板 Part,引用定义的单元算法、材料模型和状态方程,PID 必须唯一
*PART
Part          2 for Mat         2 and Elem Type        2
        2             2         2          2         0         0         0
$定义第二层靶板 Part,引用定义的单元算法、材料模型和状态方程,PID 必须唯一
*PART
Part          3 for Mat         3 and Elem Type        3
        3             3         3          3         0         0         0
$$$$$$$$$$$$$$$$$$$$$$$$$$$$$$$$$$$$$$$$$$$$$$$$$$$$$$$$$$$$$$$$$$$$$$$$$$$$$$$$$$$
$                             BOUNDARY DEFINITIONS                                $
$$$$$$$$$$$$$$$$$$$$$$$$$$$$$$$$$$$$$$$$$$$$$$$$$$$$$$$$$$$$$$$$$$$$$$$$$$$$$$$$$$$
$
*SET_NODE_LIST
        1     0.000      0.000      0.000      0.000
      313       393        394        395        396        397        398        880
      960       961        962        963        964        965
$定义靶板边界固定边界
*BOUNDARY_SPC_SET
        1         0         1         1         1         1         1         1
$
$
$$$$$$$$$$$$$$$$$$$$$$$$$$$$$$$$$$$$$$$$$$$$$$$$$$$$$$$$$$$$$$$$$$$$$$$$$$$$$$$$$$$
$                              CONTACT DEFINITIONS                                $
$$$$$$$$$$$$$$$$$$$$$$$$$$$$$$$$$$$$$$$$$$$$$$$$$$$$$$$$$$$$$$$$$$$$$$$$$$$$$$$$$$$
$定义接触
*CONTACT_2D_AUTOMATIC_SINGLE_SURFACE
        0         0 1.000         50 0.000      0.000      0.000               6
0.000     0.1000E+08
$
$速度加载设置
$ID 为弹丸 Part 编号
$STYP 为 Part 类型,=2为 Part
$VY = -0.05为 Y 轴负方向速度0.05 cm/μs
*INITIAL_VELOCITY_GENERATION
$    ID      STYP      OMEGA      VX        VY         VZ        IVATN
      1         2                          -0.05
$    XC        YC        ZC         NX        NY         NZ        PHASE

$$$$$$$$$$$$$$$$$$$$$$$$$$$$$$$$$$$$$$$$$$$$$$$$$$$$$$$$$$$$$$$$$$$$$$$$$$$$$$$$$$$
$                               CONTROL OPTIONS                                   $
$$$$$$$$$$$$$$$$$$$$$$$$$$$$$$$$$$$$$$$$$$$$$$$$$$$$$$$$$$$$$$$$$$$$$$$$$$$$$$$$$$$
```

```
$
$接触罚函数设置
*CONTROL_CONTACT
$  SLSFAC    RWPNAL    ISLCHK    SHLTHK    PENOPT    THKCHG    ORIEN    ENMASS
  0.10000  0.00000         2         0         1         0         0      0
        0         0        10         0  4.00
*CONTROL_ENERGY
        2         2         2         1
*CONTROL_SHELL
  20.0            1        -1         1        15         2         1
*CONTROL_BULK_VISCOSITY
  1.50     0.600E-01
*CONTROL_TIMESTEP
    0.0000   0.9000         0  0.00       0.00
*CONTROL_TERMINATION
  100.          0  0.00000   0.00000   0.00000
$
$$$$$$$$$$$$$$$$$$$$$$$$$$$$$$$$$$$$$$$$$$$$$$$$$$$$$$$$$$$$$$$$$$$$$$$$$$$$$$$$
$                                   TIME HISTORY                                $
$$$$$$$$$$$$$$$$$$$$$$$$$$$$$$$$$$$$$$$$$$$$$$$$$$$$$$$$$$$$$$$$$$$$$$$$$$$$$$$$
$
*DATABASE_BINARY_D3PLOT
2.000
*DATABASE_BINARY_D3THDT
2.000
$
$$$$$$$$$$$$$$$$$$$$$$$$$$$$$$$$$$$$$$$$$$$$$$$$$$$$$$$$$$$$$$$$$$$$$$$$$$$$$$$$
$                                DATABASE OPTIONS                                $
$$$$$$$$$$$$$$$$$$$$$$$$$$$$$$$$$$$$$$$$$$$$$$$$$$$$$$$$$$$$$$$$$$$$$$$$$$$$$$$$
$
*DATABASE_EXTENT_BINARY
        0         0         3         1         0         0         0         0
        0         0         4         0         0         0
*END
```

3.6 计算结果

计算结束后，用 LS-PREPOST 软件打开工作目录下的 d3plot 文件，读入结果输出文件。输出不同时刻弹丸侵彻双层靶板过程示意，如图 3-45 所示，弹丸速度—时间曲线如图 3-46 所示，弹丸穿过双层靶板后的速度由 500 m/s 衰减至 324 m/s。

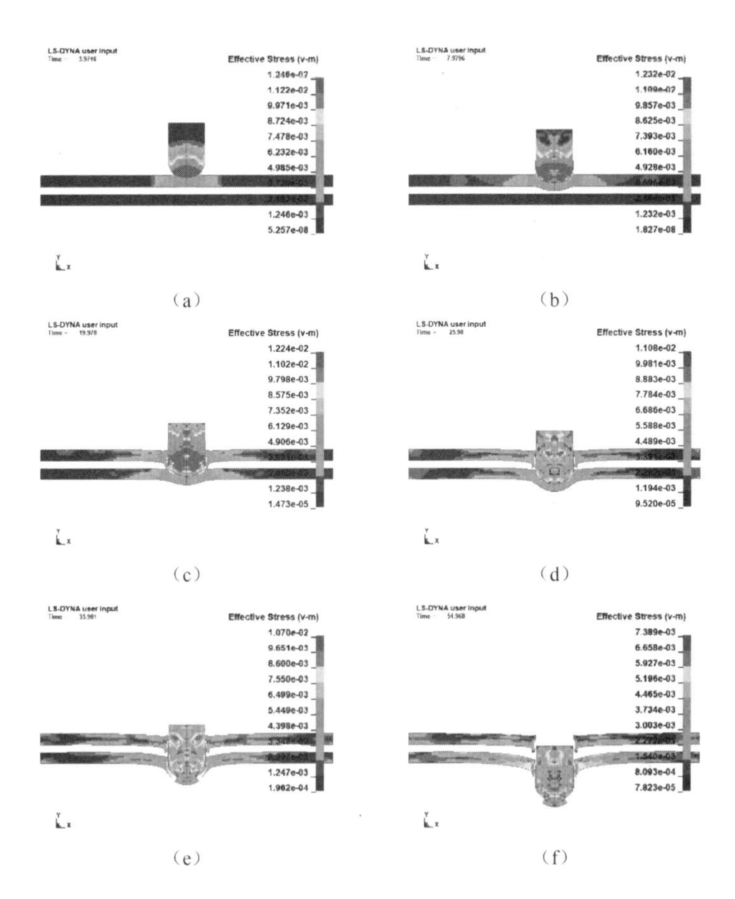

图 3-45 弹丸侵彻双层靶板过程示意

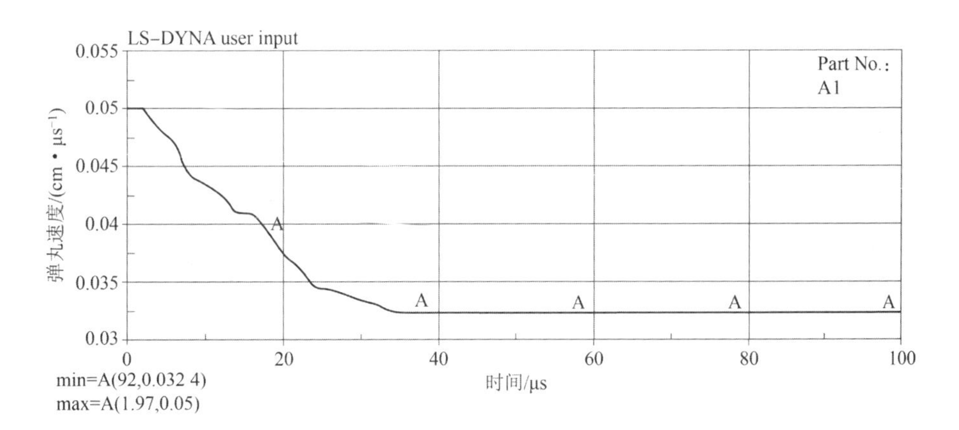

图 3-46 弹丸速度—时间曲线

3.7 网格穿透问题解决方法讨论

在侵彻问题计算时,经常出现的就是网格穿透问题,这将直接影响到计算结果的准确性。因此下面就讨论如何解决侵彻过程中的网格穿透问题。

笔者根据自己的经验总结了解决网格穿透较为有效的方法,归纳起来有以下三种:

(1)修改接触刚度控制关键字 * CONTROL_CONTACT 中滑移界面罚函数缩放系数(SLSFAC 的值);

(2)修改 * CONTROL_TIMESTEP 时间步长缩放因子(TSSFAC 的值);

(3)细化计算模型网格。

为了体现网格穿透的效果,将弹丸速度提高到 1 000 m/s,其余参数不变,此时出现网格穿透情况,如图 3-47 所示。

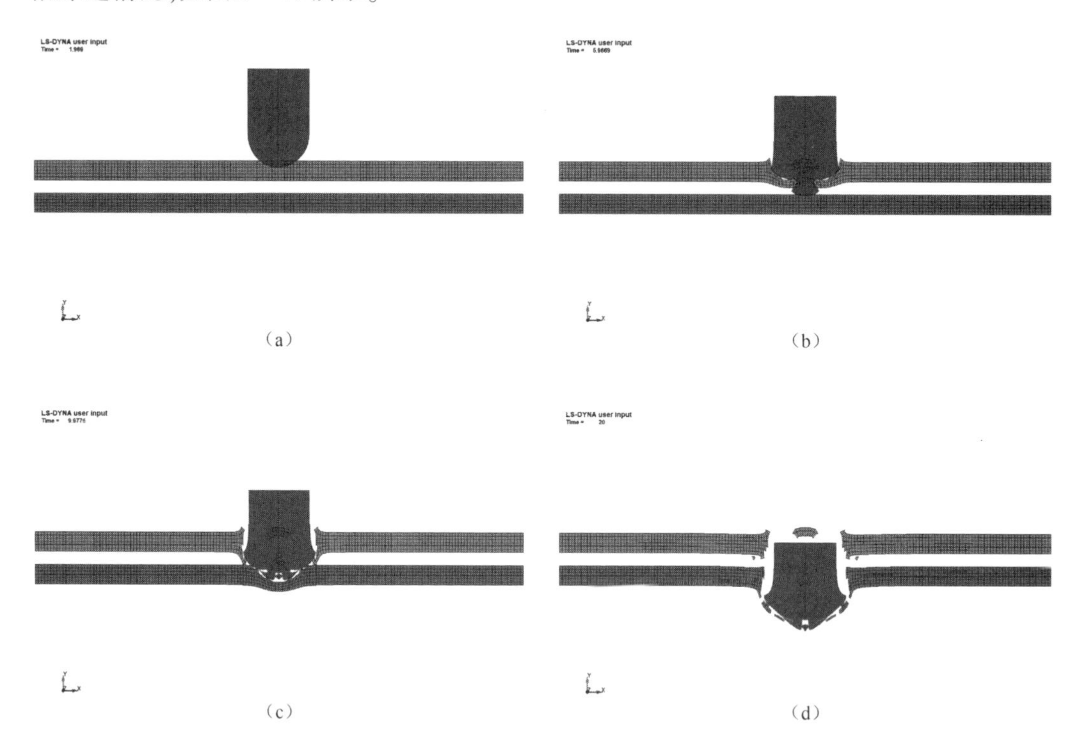

(a) (b) (c) (d)

图 3-47 网格穿透情况(SLSFAC=0.1、TSSFAC=0.9、ELEMENT SIZE=0.05)

3.7.1 修改 * CONTROL_CONTACT 滑移界面罚函数数值

保持 TSSFAC=0.9 和网格尺寸为 0.05 cm 不变,滑移界面罚函数 SLSFAC 的值分别取 1、2、3、5,侵彻过程中网格穿透情况如图 3-48 ~ 图 3-51 所示。增加 SLSFAC 值,能够改善网格穿透,但是无法解决初始时刻的网格穿透问题,并且 SLSFAC 值越大,模型网格越容易被删除。

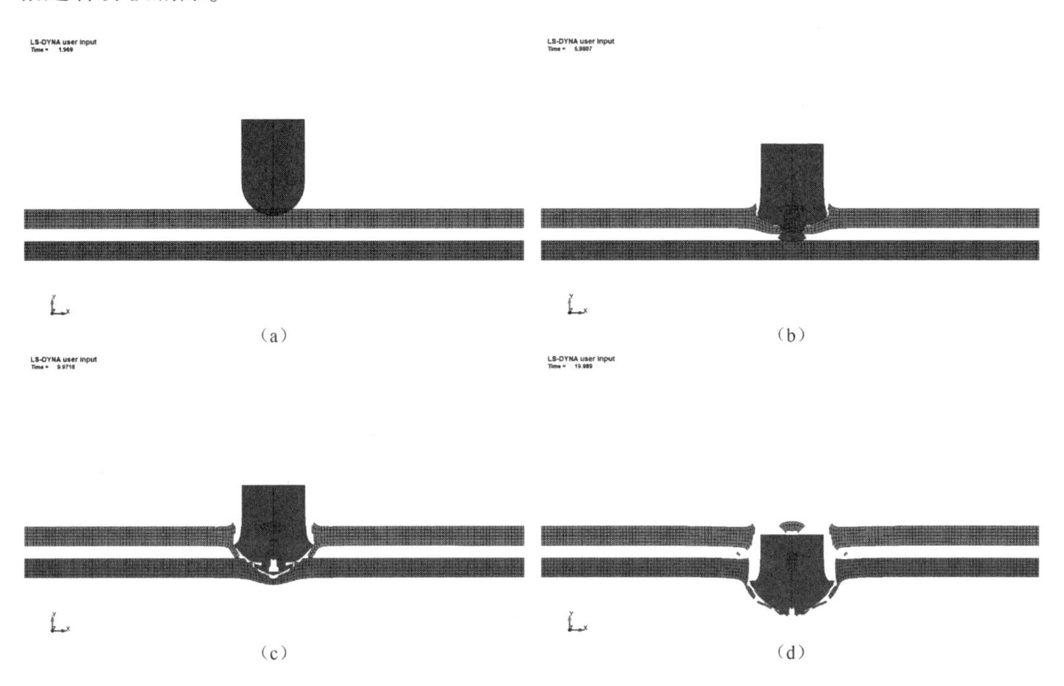

图 3-48　网格穿透情况(SLSFAC=1、TSSFAC=0.9、ELEMENT SIZE=0.05)

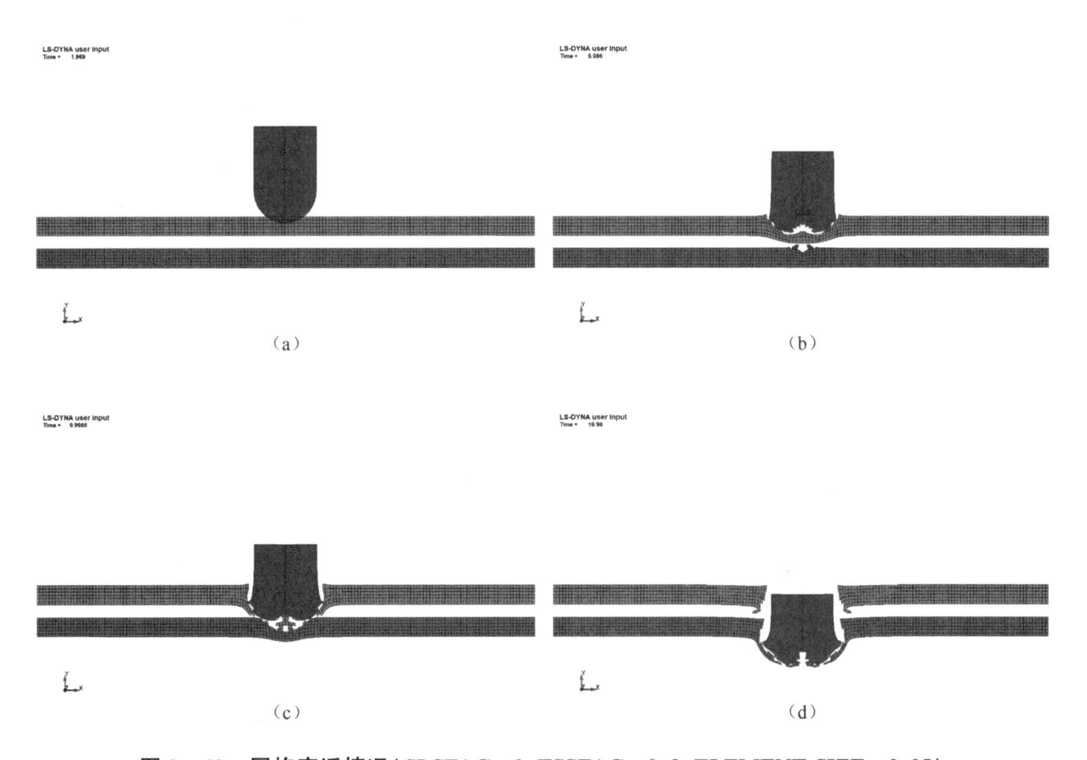

图 3-49　网格穿透情况(SLSFAC=2、TSSFAC=0.9、ELEMENT SIZE=0.05)

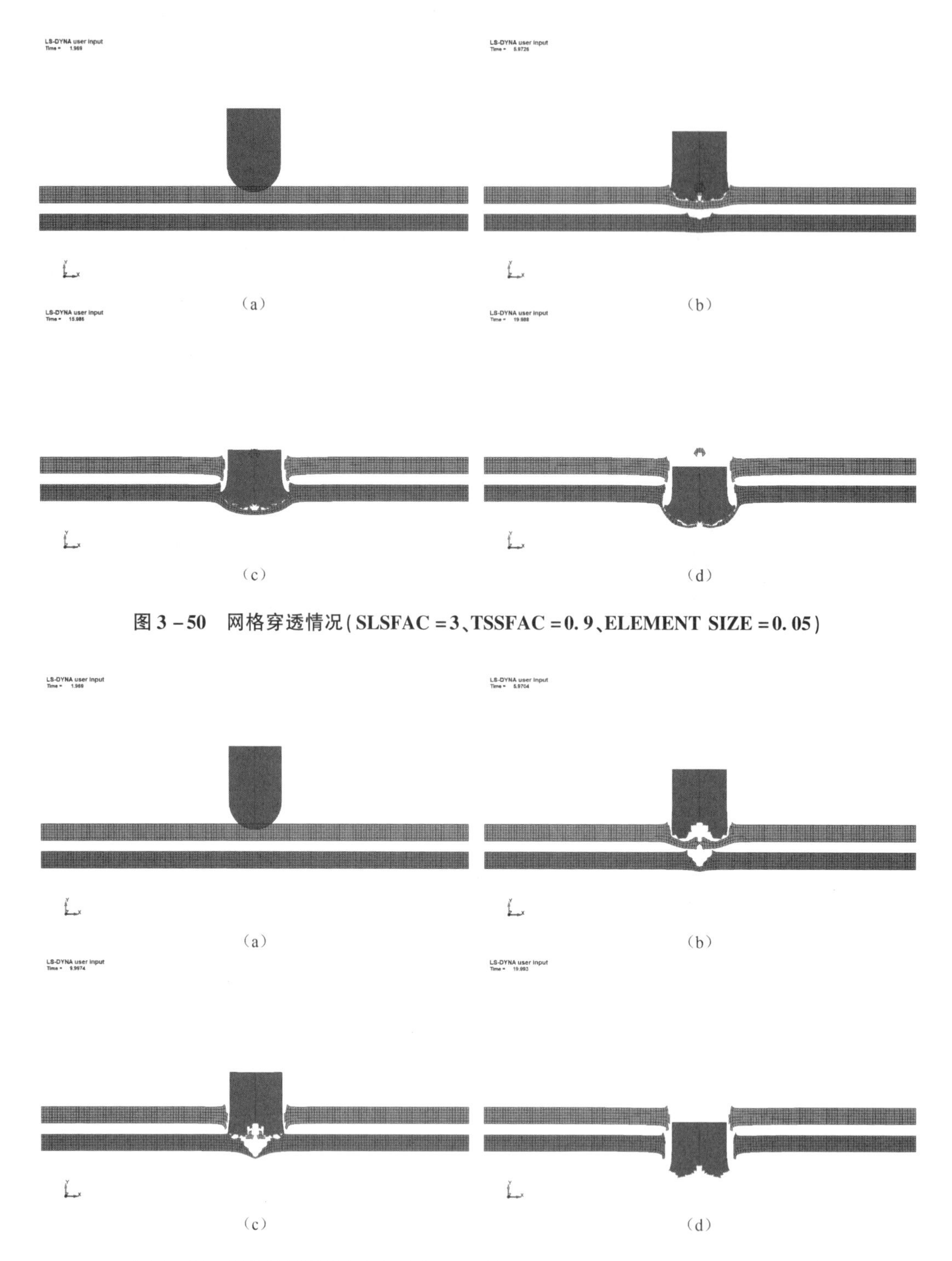

图 3 - 50　网格穿透情况(SLSFAC = 3、TSSFAC = 0. 9、ELEMENT SIZE = 0. 05)

图 3 - 51　网格穿透情况(SLSFAC = 5、TSSFAC = 0. 9、ELEMENT SIZE = 0. 05)

3.7.2　修改 * CONTROL_TIMESTEP 时间步长缩放因子

保持 SLSFAC = 0.1 和网格尺寸为 0.05 cm 不变,时间步长缩放因子 TSSFAC 的值分别取 0.67 和 0.6,侵彻过程中的网格穿透情况如图 3 – 52 和图 3 – 53 所示。由图中可知,降低 TSSFAC 的值,能够改善初始和侵彻过程的网格穿透问题。

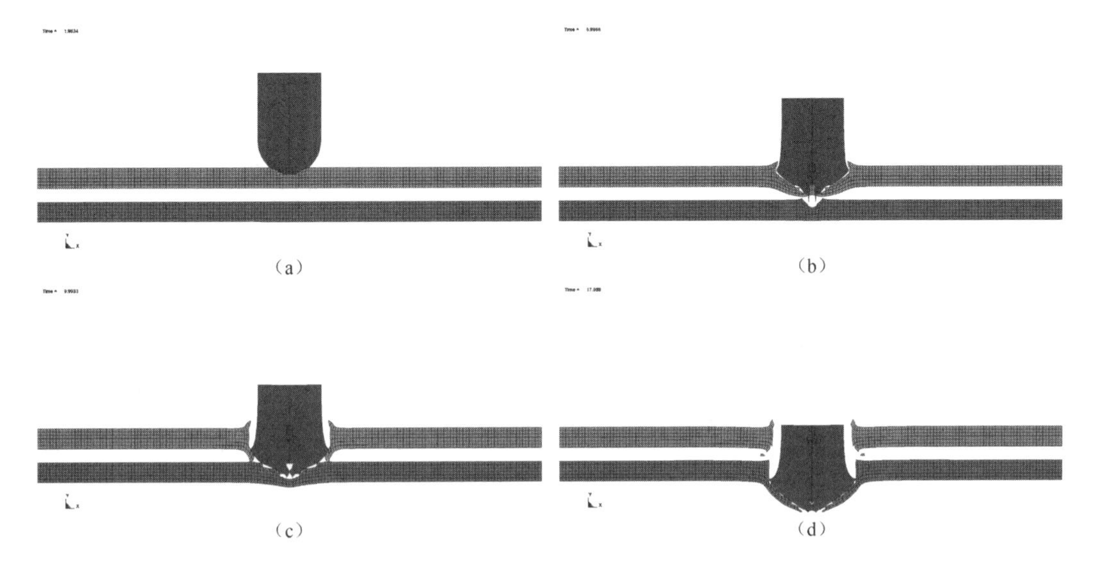

图 3 – 52　网格穿透情况(SLSFAC = 0.1、TSSFAC = 0.67、ELEMENT SIZE = 0.05)

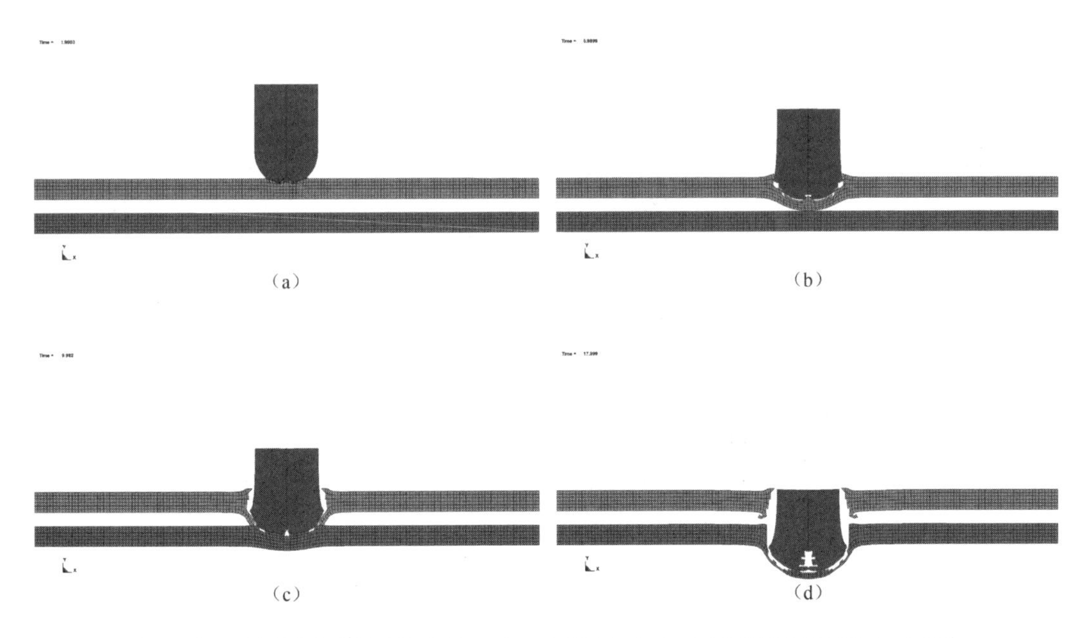

图 3 – 53　网格穿透情况(SLSFAC = 0.1、TSSFAC = 0.6、ELEMENT SIZE = 0.05)

3.7.3 细化模型网格

将网格尺寸由 0.05 cm 降低至 0.025 cm,在侵彻初始和过程中未出现网格穿透,如图 3-54 ~ 图 3-56 所示。由图可知,在网格细化以后,改变 SLSFAC 和 TSSFAC 的值对侵彻过程的影响很小。

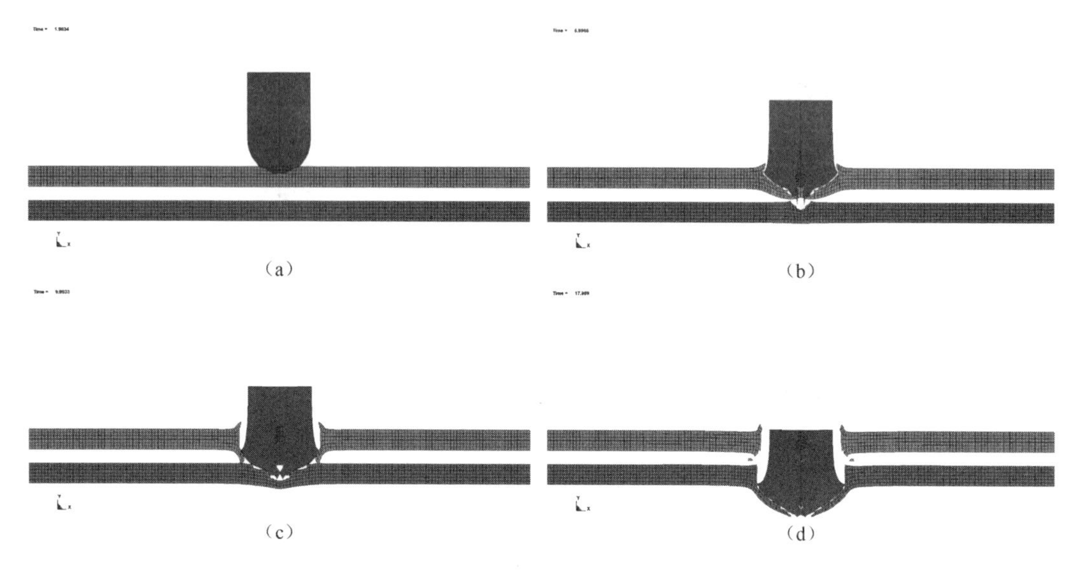

(a) (b) (c) (d)

图 3-54 网格穿透情况(SLSFAC = 0.1、TSSFAC = 0.9、ELEMENT SIZE = 0.025)

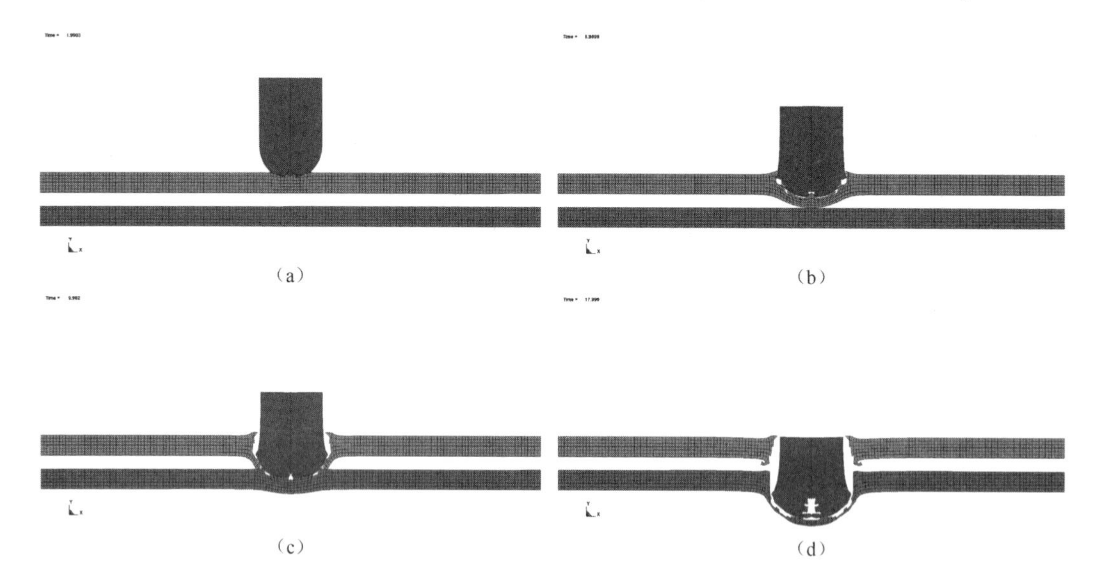

(a) (b) (c) (d)

图 3-55 网格穿透情况(SLSFAC = 0.1、TSSFAC = 0.6、ELEMENT SIZE = 0.025)

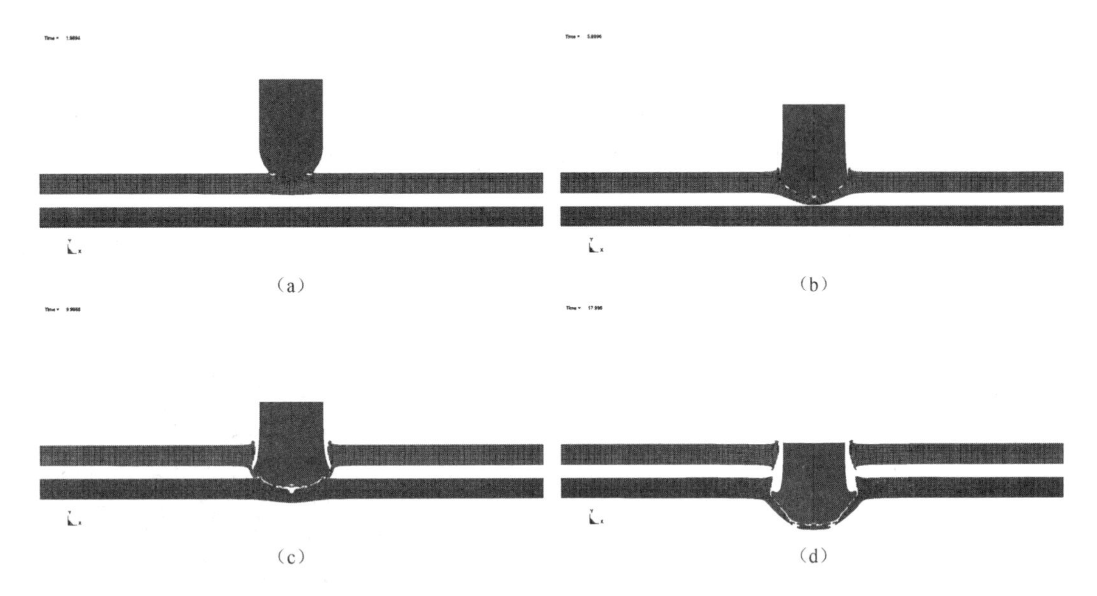

图 3-56 网格穿透情况(SLSFAC=0.8、TSSFAC=0.9、ELEMENT SIZE=0.025)

通过对上述三种方法的研究,可以发现网格尺寸对网格穿透的影响最大,出现网格穿透时,可优先选择细化接触部分的网格;其次是减少时间步长缩放因子,但是较小的TSSFAC 值会增加计算时间;最后可考虑增加接触罚函数缩放刚度,SLSFAC 的值一般控制在 1 以内,越大的刚度会使网格越容易被删除,会导致错误的计算结果。另外,材料本构和参数也是影响网格穿透的原因。这里笔者未进行验证,读者可自行更换材料参数进行验证。

4 弹丸侵彻间隔靶三维计算

4.1 模型描述与建模分析

弹丸侵彻双层靶板模型如图 4 - 1 所示。弹丸头部为半球形,直径为 1 cm,整体长度为 1.5 cm,单块靶板为 8 cm × 8 cm × 0.3 cm 的矩形板,两块相平行的靶板间距为 0.5 cm;弹丸以 500 m/s 的速度侵彻双层靶板,垂直撞击,撞击点为靶板中心,弹丸材料为 40Cr 钢,靶板材料为 45 号钢。在第 3 章中采用二维 Lagrange 算法进行模拟,在本章中采用三维 Lagrange 算法进行模拟。

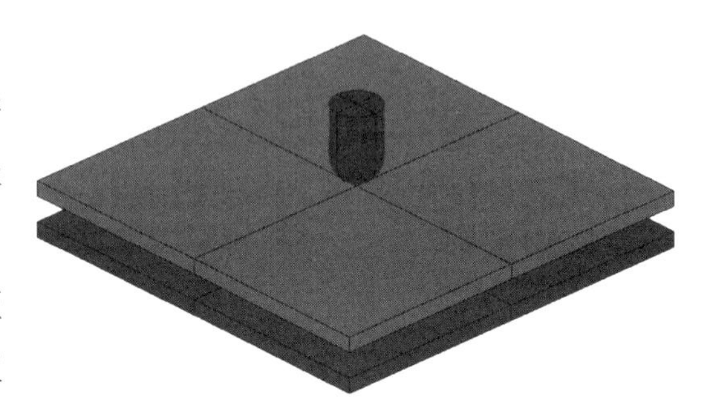

图 4 - 1　弹丸侵彻双层靶板模型示意(三维)

由于模型具有对称性,因此,为减小计算量,采用对称算法,建立 1/4 对称模型,在对称边界处施加几何对称边界。计算模型使用三维实体 SOLID164 单元进行划分,将靶板和弹丸直接作用区域进行网格加密,采用 * CONTACT_ERODING_SURFACE_TO_SURFACE 算法定义弹丸和靶板之间的接触。模型采用 g、cm、μs 单位制建立。

4.2 建模步骤

第一步,设置工作目录和模型文件。

(1)在磁盘 E 中创建“3D-impact-target”文件夹,用于模型文件和计算文件的存放;

(2)启动 ANSYS 16.0,在启动界面进行建模环境的设置,在 Simulation Environment 下拉菜单中选择 ANSYS,在 License 下拉菜单中选择 ANSYS LS-DYNA;

(3)单击 File Management 选项卡,弹出工作目录和工作文件设置窗口,单击 Working Directory 后面的 Browse 按钮,选择 E 盘文件夹“3D-impact-target”,在 Job Name 右侧文本框中输入“3Dimpact”作为模型文件名,如图 4 - 2 所示;

(4)单击 Run 按钮,进入 ANSYS 建模界面。

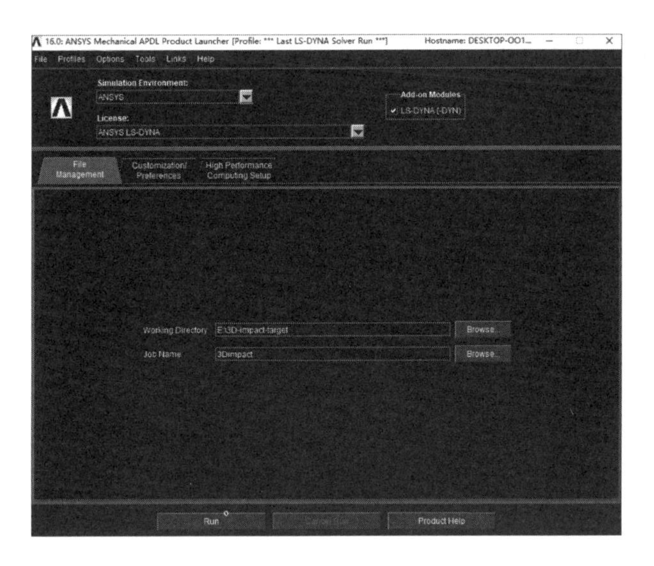

图 4－2　ANSYS/LS-DYNA 建模环境设置

第二步，单元类型设置。

(1) 选择 Main Menu > Preprocessor > Element Type > Add/Edit/Delete 选项，弹出 Element Types 单元类型对话框；

(2)单击 Add 按钮，弹出 Library of Element Types 对话框，选择 LS-DYNA Explicit 右侧列表框中的 3D Solid 164 选项，单击 OK 按钮，关闭对话框，此时已经将编号为 1 的单元类型设置完成；

(3)按照步骤(2)中的操作，继续完成单元类型 2 和单元类型 3 的设置，此时已经完成了三种单元类型的设置，如图 4－3 所示，单击 Close 按钮，关闭对话框。

图 4－3　Element Types 对话框

第三步，材料参数设置。

(1)选择 Main Menu > Preprocessor > Material Props > Material Models 选项，弹出 Define

Material Model Behavior 对话框;

(2)在该对话框左侧的 Material Models Defined 设置栏中已自动生成编号为 1 的材料,在右侧 Material Models Available 设置栏中选择 LS-DYNA > Equation of State > Gruneisen > Johnson-Cook 选项,如图 4 -4 所示;

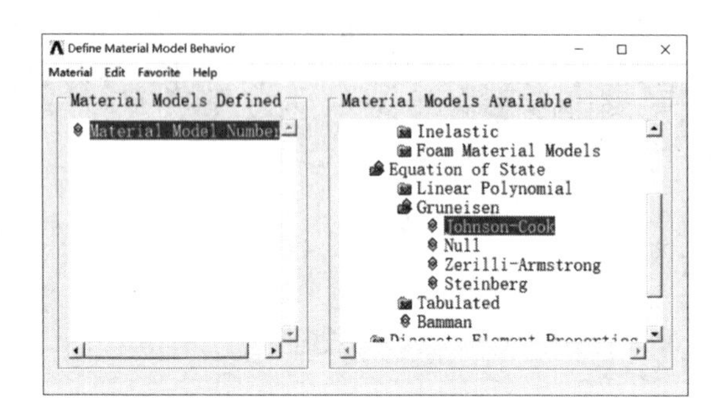

图 4 -4 Define Material Model Behavior 对话框

(3)弹出 Johnson-Cook Properties for Material Number 1 对话框,设置 DENS 参数为 7.85,其余参数可以不用设置,单击 OK 按钮,关闭对话框,即将编号为 1 的材料设置完成;

(4)在 Define Material Model Behavior 对话框中选择 Material > New Model 选项,弹出 Define Material ID 对话框,新建编号为 2 的材料,单击 OK 按钮,关闭对话框,创建完成编号为 2 的材料,如图 4 -5 所示;

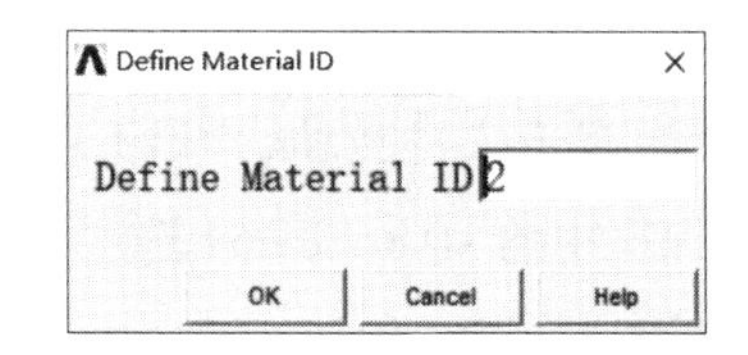

图 4 -5 Define Material ID 对话框

(5)按照步骤(2) ~ 步骤(4)的操作,完成 2 号材料和 3 号材料的设置;

(6)执行 Material > Exit 命令,退出材料窗口,即完成了 3 种材料的定义,如图 4 -6 所示。

图 4 -6 3 种材料参数的定义

第四步，创建弹丸几何模型。

(1)选择 Main Menu > Preprocessor > Modeling > Create > Areas > Circle > By Dimensions 选项，弹出 Circular Area by Dimensions 对话框；

(2)在 RAD1 Outer radius 右侧文本框中输入 0.5(弹头半径为 0.5 cm)，在 THETA1 Starting angle(degrees)右侧文本框中输入 0，在 THETA2 Ending angle(degrees)文本框中输入 -90；

(3)选择 Main Menu > Preprocessor > Modeling > Create > Areas > Rectangle > By Dimensions 选项，弹出 Create Rectangle by Dimensions 对话框，在 X1，X2 X-coordinates 右侧文本框中分别输入 0、0.5；在 Y1，Y2 Y-coordinates 右侧文本框中分别输入 0、1，单击 OK 按钮，关闭对话框；

(4)选择 Main Menu > Preprocessor > Modeling > Operate > Booleans > Glue > Areas 选项，弹出 Glue Areas 面板，在视图区域依次单击圆和矩形，单击 OK 按钮，关闭对话框；

(5)选择 Main Menu > Preprocessor > Modeling > Operate > Extrude > Areas > about Axis 选项，弹出 Sweep Areas about Axis 对话框；

(6)单击 Pick All，弹出旋转轴定义面板，依次选取图 4-7 中的 1、2 两点，单击 OK 按钮；

图 4-7　旋转轴定义

注：通过选择两点确定旋转轴的方向，依次单击 1、2，旋转轴的方向由 1 指向 2，即 Y 轴负方向，按照右手螺旋准则，就可以判定模型的旋转方向。

(7)返回 Sweep Areas about Axis 对话框，在 ARC Arc length in degrees 文本框中输入 90，如图 4-8 所示；

(8)单击 OK 按钮，生成 1/4 弹丸几何模型，如图 4-9 所示。

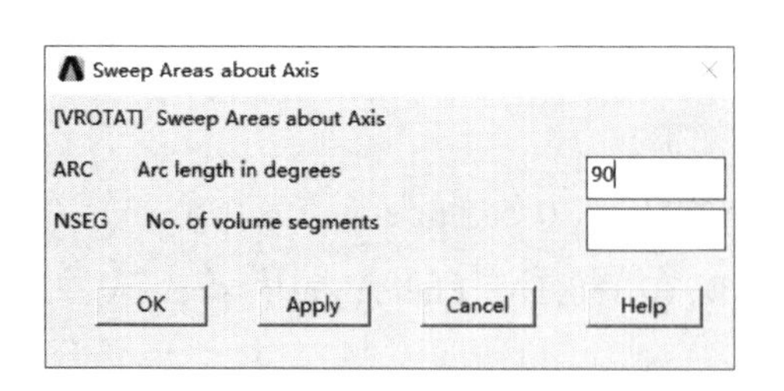

图 4-8 Sweep Areas about Axis 对话框

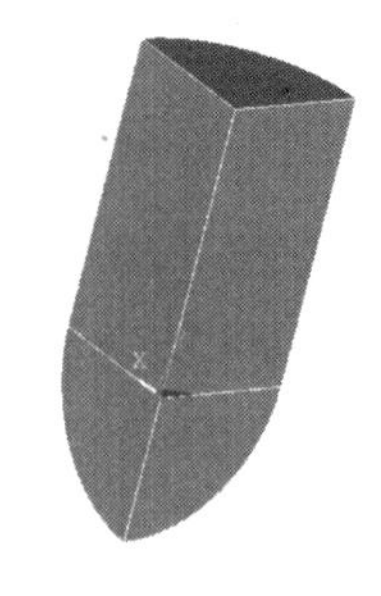

图 4-9 1/4 弹丸几何模型

第五步,创建双层靶板几何模型。

(1)选择 Main Menu > Preprocessor > Modeling > Create > Volumes > Block > By Dimensions 选项,弹出 Create Block by Dimensions 对话框;

(2)在 X1,X2 X-coordinates 右侧文本框中分别输入 0、4,在 Y1,Y2 Y-coordinates 右侧文本框中分别输入 -0.6、-0.9,在 Z1,Z2 Z-coordinates 右侧文本框中分别输入 0、4,如图 4-10所示,单击 OK 按钮,关闭对话框;

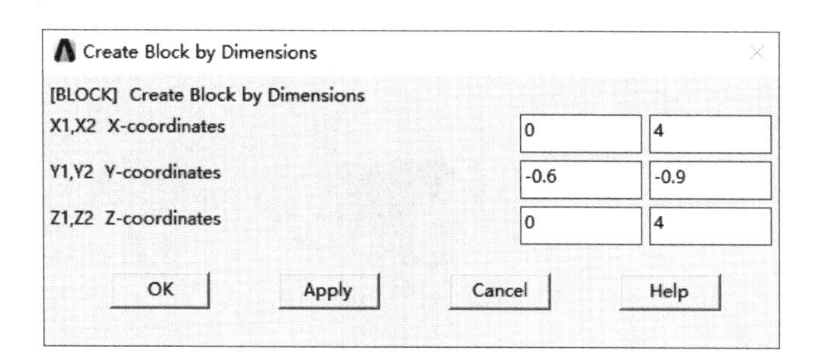

图 4-10 Create Block by Dimensions 对话框

(3)按照第一层靶板相同的操作,创建第二层靶板,参数输入如图 4-11 所示;

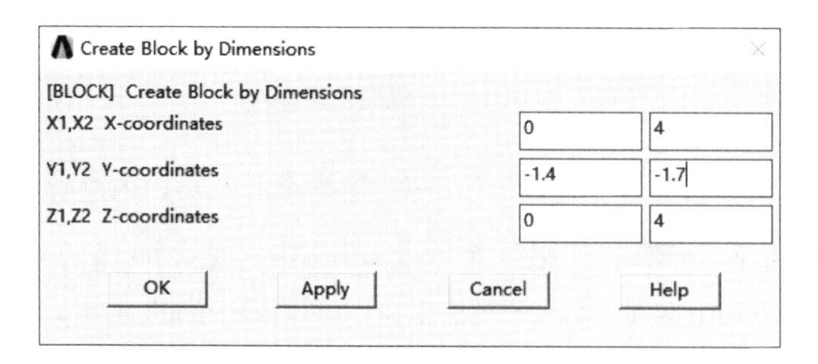

图 4-11 Create Block by Dimensions 对话框

(4)选择 Utility Menu > Select > Entities... 选项,弹出 Select Entities 对话框,如图 4-12 所示,依次单击下拉菜单,分别选择 Volumes 和 By Num/Pick,点选中 Unselect 选项,单击

OK 按钮，弹出 Unselect Volumes 面板，视图区选择子弹模型，单击 OK 按钮，隐藏子弹模型，如图 4－12 所示；

注：通过 Select Entities 对话框对模型中的元素进行过滤，隐藏或显示部分模型元素，方便操作。

(5) 选择 Utility Menu > WorkPlane > Offset WP by Increments 选项，弹出 Offset WP 面板，在 X，Y，Z Offsets 文本框中输入(0,0,1)，单击 OK 按钮，即可将工作平面向 Z 轴正方向移动 1 cm；

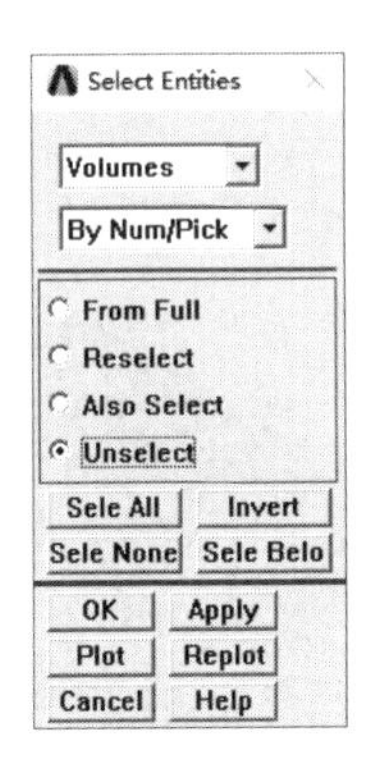

图 4－12 Select Entities 对话框

(6) 选择 Main Menu > Preprocessor > Modeling > Operate > Booleans > Divide > Volu by WorkPlane 选项，弹出 Divide Vol by WorkPlane 对话框，单击 Pick All 按钮，双层靶板即被 XOY 平面切分，如图 4－13 所示；

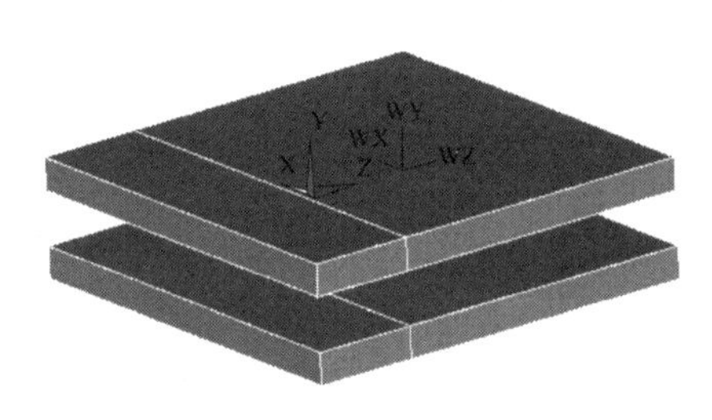

图 4－13 双层靶板被 XOY 平面切分

(7) 选择 Utility Menu > WorkPlane > Offset WP by Increments 命令，弹出 Offset WP 面板，在 X，Y，Z Offsets 文本框中输入(1,0,0)，单击 Apply 按钮，即可将工作平面向 X 轴正方向移动 1 cm；

注：这是在当前局部坐标系下进行的移动，而不是在全局坐标下进行的移动。

(8) 在 Offset WP 面板中将 Degrees 滑动条数值滑动至 90；单击 按钮，将工作平面以 Y 轴旋转 90°，单击 OK 按钮，关闭 Offset WP 面板；

(9) 选择 Main Menu > Preprocessor > Modeling > Operate > Booleans > Divide > Volu by WorkPlane 选项，弹出 Divide Vol by WorkPlane 对话框，单击 Pick All 按钮，双层靶板即被 XOY 平面切分，如图 4－14 所示；

(10) 选择 Utility Menu > WorkPlane > Align WP with > Global Cartesian 选项，将坐标轴转换为初始位置；

(11) 选择 Utility Menu > Select > Everything 选项，显示所有模型元素。

第六步，网格划分。

(1) 选择 Main Menu > Preprocessor > Meshing > MeshTool 选项，弹出 MeshTool 面板；

(2) 在 MeshTool 面板中单击 Element Attributes 选择栏右侧的 Set 按钮，弹出 Meshing Attributes 对话框，在[TYPE] Element type number 右侧下拉菜单中选择 1 SOLID164，在[MAT] Material number 右侧下拉菜单中选择 1，如图 4－15 所示，单击 OK 按钮，关闭对话框；

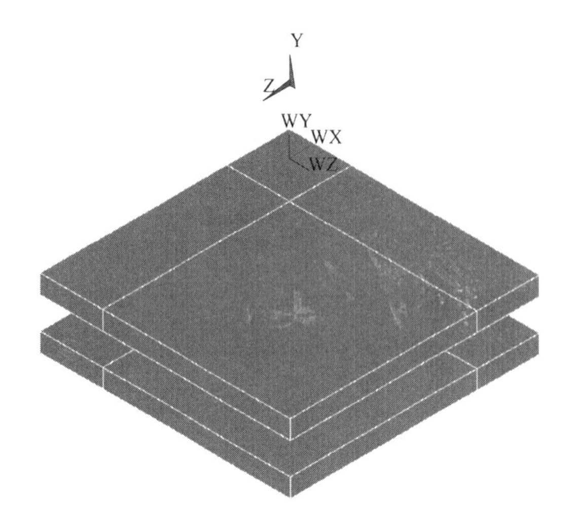

图 4-14　双层靶板被 XOY 平面切分

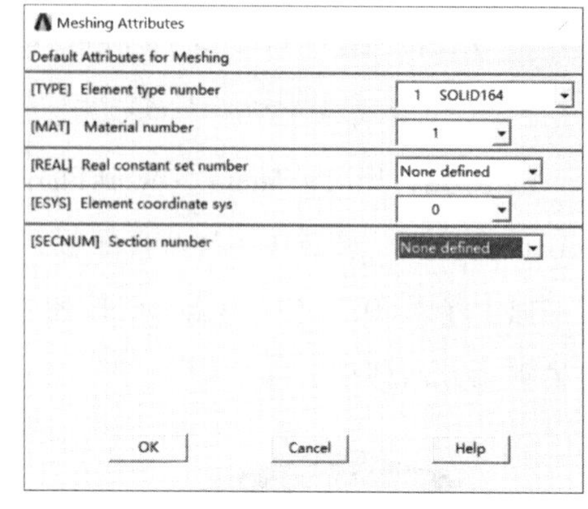

图 4-15　Meshing Attributes 对话框

(3)在 Size 面板中单击 Global 选择栏右侧的 Set 按钮,弹出 Global Element Sizes 对话框;在 SIZE Element edge length 右侧文本框中输入 0.05,如图 4-16 所示,单击 OK 按钮,关闭对话框;

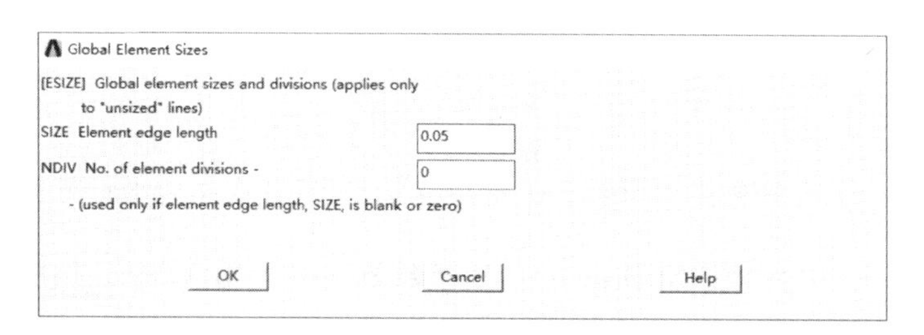

图 4-16　Global Element Sizes 对话框

(4)在 MeshTool 面板的 Mesh 下拉菜单中选择 Volumes,点选中 Hex 和 Mapped 选项,如图 4-17 所示,单击 Mesh 按钮,弹出 Mesh Volumes 对话框;

(5)在视图区拾取弹丸模型,单击 OK 按钮,进行映射网格划分,如图 4-18 所示;

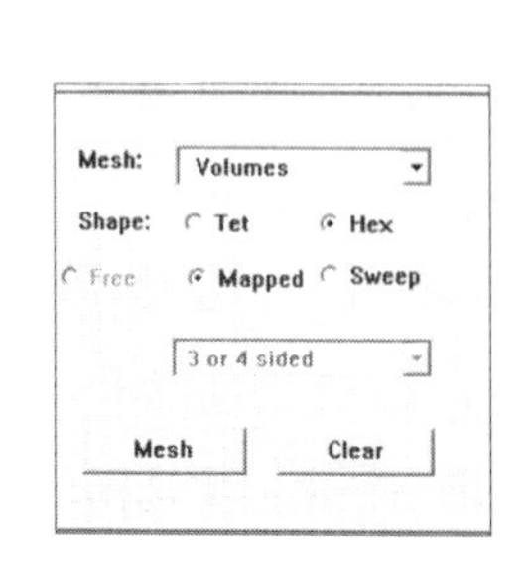

图 4-17　MeshTool 面板

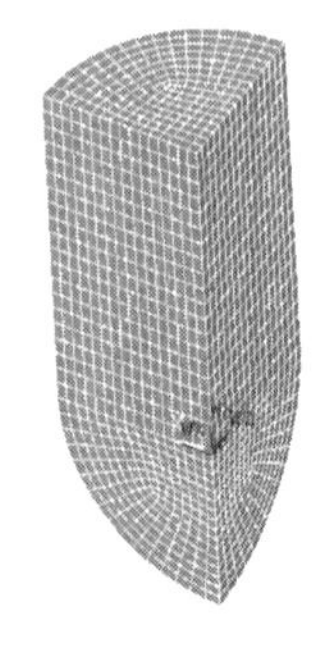

图 4-18　划分弹丸网格

(6)单击 Plot > Volumes，显示体；

(7)按照相同的步骤，[TYPE] 2 SOLID 164 和[MAT] 2 号对第一层靶板进行网格划分；先划分靶板中心区域的网格，网格大小为 0.05 cm，再划分其余区域，网格大小为 0.1 cm，如图 4 - 19 所示；

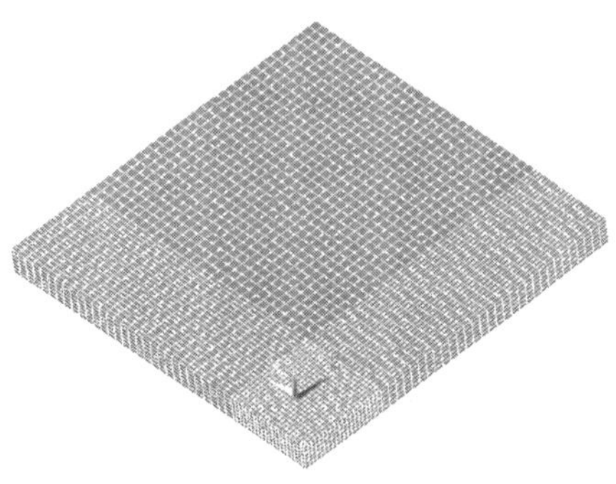

图 4 - 19　对第一层靶板进行网格划分

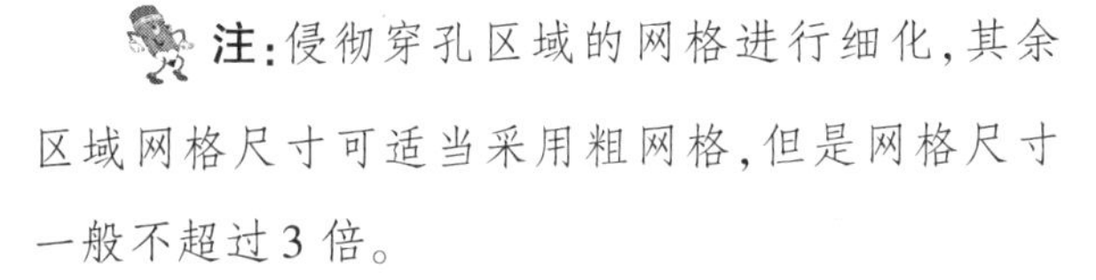

注：侵彻穿孔区域的网格进行细化，其余区域网格尺寸可适当采用粗网格，但是网格尺寸一般不超过 3 倍。

(8)参照第一层靶板网格划分方法，对第二层靶板进行网格划分。

第七步，创建模型 Part 信息。

(1)选择 Main Menu > Preprocessor > LS-DYNA Options > Parts Options 选项，弹出 Parts Data Written for LS-DYNA 对话框；

(2)在 Option 选择栏中点选中 Create all parts 选项，单击 OK 按钮，关闭对话框，弹出 EDPART Command 信息窗口，返回所创建的 Part 具体信息。

第八步，定义侵蚀接触。

(1)选择 Main Menu > Preprocessor > LS-DYNA Options > Contact > Define Contact 选项，弹出 Contact Parameter Definitions 对话框；

(2)在 Contact Type 右侧菜单列表中选择 Surface to Surface 和 Eroding(ESS)，单击 OK 按钮，弹出 Contact Options 对话框；

(3)在 Contact Component or Part no. 右侧下拉菜单中选择 1(弹丸 Part 编号)，在 Target Component or Part no. 右侧下拉菜单中选择 2(第一层靶板的 Part 编号)，单击 Apply 按钮，完成弹丸和第一层靶板之间的侵蚀接触定义，如图 4 - 20 所示；

注：侵蚀接触算法的其余参数没有设置，可在 K 文件中进行修改和设置；侵蚀接触中需要选定主面和从面，一般是以网格大小来区分，这里弹丸与靶板接触部分的网格尺寸相同，因此未进行主从面区分。

(4)按照相同的方法，定义弹丸(Part 编号 1)和第二层靶板(Part 编号 3)的侵蚀接触算法；

(5)按照相同的方法，定义第一层靶板(Part 编号 2)和第二层靶板(Part 编号 3)的侵蚀接触算法；

(6)选择 Main Menu > Preprocessor > LS-DYNA Options > Contact > Advanced Controls

选项，弹出 Advanced Controls 对话框；

（7）在 Contact Stiffness Scale Factor 右侧文本框中输入 0.1，单击 OK 按钮，关闭对话框，如图 4-21 所示。

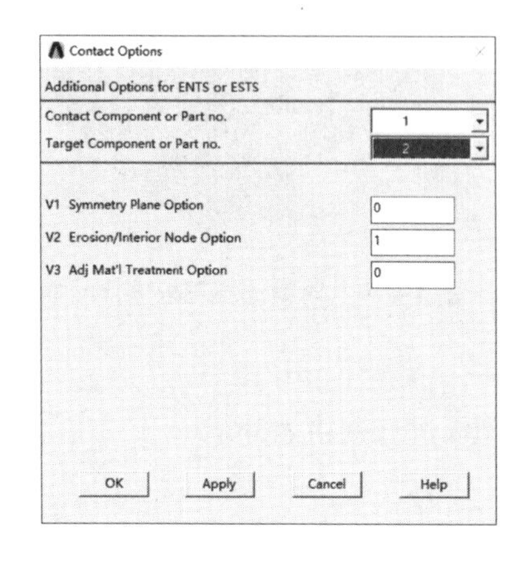

图 4-20　Contact Options 对话框

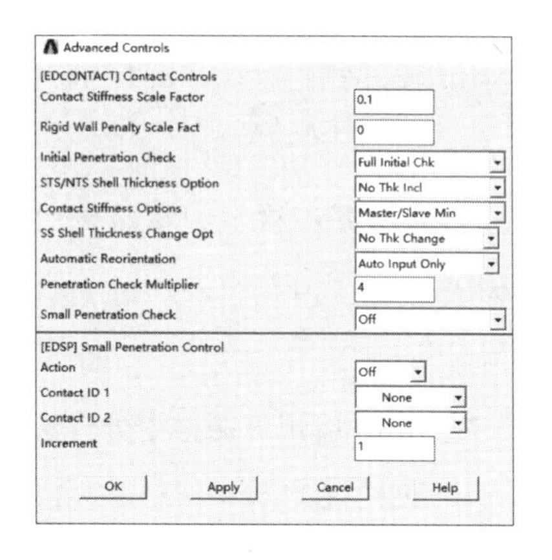

图 4-21　Advanced Controls 对话框

注：设置接触罚函数采用默认值 0.1，具体的参数可以在 K 文件中进行修改。

第九步，靶板固定边界设置。

（1）选择 Main Menu > Preprocessor > LS-DYNA Options > Constraints > Apply > On Areas 选项；

（2）弹出 Apply U，ROT on Areas 对话框，拾取靶板边界处的 8 个面，单击 OK 按钮，关闭对话框；

（3）弹出 Apply U，ROT on Areas 对话框，在 DOFs to be constrained 菜单列表中选择 All DOF，约束靶板边界的移动和转动，如图 4-22 所示。

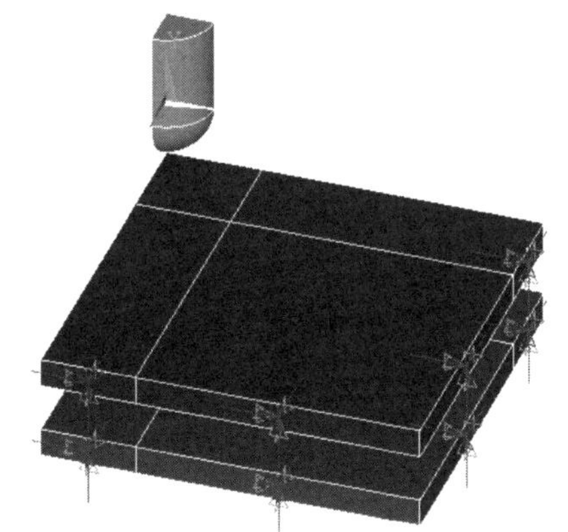

图 4-22　设置靶板固定边界

第十步，对称边界设置。

（1）选择 Main Menu > Preprocessor > LS-DYNA Options > Constraints > Apply > On Areas 选项；

（2）弹出 Apply U，ROT on Areas 对话框，拾取模型 XOY 平面上的 6 个面，单击 OK 按钮，关闭对话框；

（3）弹出 Apply U，ROT on Areas 对话框，在 DOFs to be constrained 菜单列表中选择 UZ，约束模型 Z 方向上的位移，如图 4-23 所示；

（4）同理，约束模型 YOZ 平面上的 6 个面在 X 方向上的位移，如图 4-24 所示。

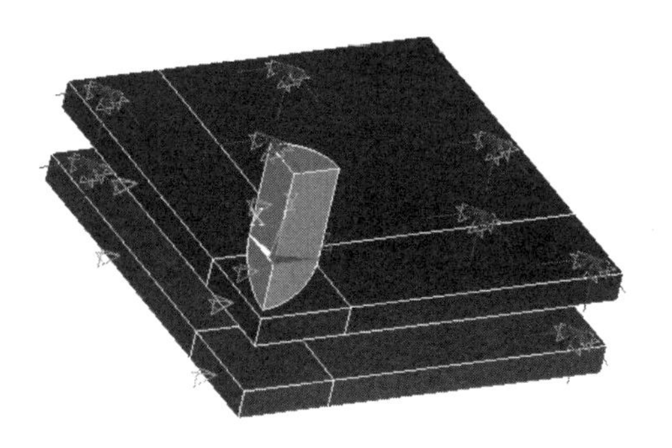

图 4-23　UZ 对称边界设置

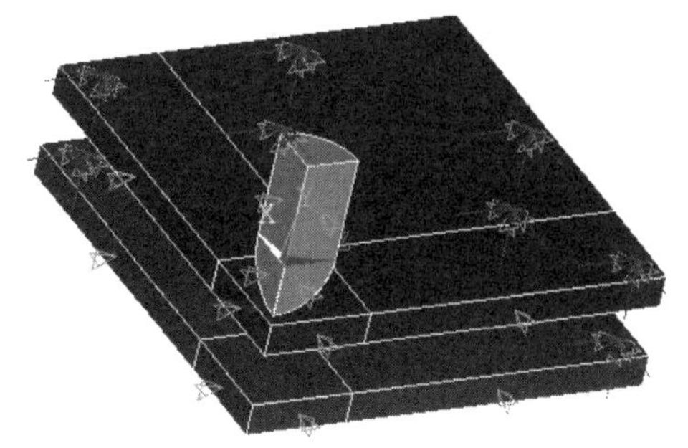

图 4-24　UX 对称边界设置

第十一步,分析步设置。

(1)选择 Main Menu > Solution > Analysis Options > Energy Options 选项,弹出 Energy Options 对话框,勾选中 Stonewall Energy、Hourglass Energy 和 Sliding Interface 选项;

(2)选择 Main Menu > Solution > Analysis Options > Bulk Viscosity 选项,弹出 Bulk Viscosity 对话框,保持默认值[Quadratic Viscosity Coefficient(二阶黏性系数)为 1.5,Linear Viscosity Coefficient(线性黏性系数)为 0.06)]。

第十二步,求解时间和时间步设置。

(1)选择 Main Menu > Solution > Time Controls > Solution Time 选项,弹出 Solution Time for LS-DYNA Explicit 对话框,在[TIME]Terminate at Time 右侧文本框中输入 100,单击 OK 按钮,确认输入;

(2)选择 Main Menu > Solution > Time Controls > Time Step Ctrls 选项,弹出 Specify Time Step Scaling for LS-DYNA Explicit 对话框,在 Time step scale factor 右侧文本框中输入 0.9,单击 OK 按钮,确认输入。

第十三步,设置输出类型和数据输出时间间隔。

(1)选择 Main Menu > Solution > Output Controls > Output File Types 选项,弹出 Specify Output File Types for LS-DYNA Solver 对话框,在 File options 下拉菜单中选择 Add,在 Produce output for... 下拉菜单中选择 LS-DYNA,单击 OK 按钮,关闭对话框;

(2)选择 Main Menu > Solution > Output Controls > File Output Freq > Time Step Size 选项,弹出 Specify File Output Frequency 对话框;

(3)在[EDRST]Specify Results File Output Interval:Time Step Size 右侧文本框中输入 2,在[EDHTIME]Specify Time-History Output Interval:Time Step Size 右侧文本框中输入 2,单击 OK 按钮,关闭对话框。随后弹出 Waring 信息,单击 Close 按钮,关闭弹窗。

第十四步,输出 K 文件。

(1)选择 Main Menu > Solution > Write Jobname. k 命令,弹出 Input files to be Written for LS-DYNA 对话框;

(2)在 Write results files for... 下拉菜单中选择 LS-DYNA,在 Write input files to... 文本框中输入 impact-3D. k,单击 OK 按钮,将在工作文件中生成 impact-3D. k 文件。

4.3 K 文件的修改和编辑

(1)用 UltraEdit 软件打开工作目录下的 impact-3D. k 文件。

(2)将原有的 impact-3D. k 拆分为两个 K 文件。其中一个为 mesh. k 文件,为模型的节点和单元信息;另一个为 main. k 文件,为计算模型控制关键字文件。

(3)对照 main. k 文件,对控制关键字文件作如下修改:

①使用 * INCLUDE 关键字,在 main. k 文件中添加 mesh. k 文件;

②修改 * MAT_JOHNSON_COOK 材料本构和 * EOS_GRUNEISEN 状态方程参数,要保持材料本构 ID 和状态方程 ID 编号相对应;

③添加关键字 * INITIAL_VELOCITY_GENERATION,设置弹丸初始速度;

④修改 * CONTROL_CONTACT 关键字;

⑤删除关键字 * CONTROL_SHELL;

⑥修改 * CONTACT_ERODING_SURFACE_TO_SURFACE 关键字;

⑦使用 * INCLUDE 关键字,在 main. k 文件中添加 mesh. k 文件。

4.4 求解

(1)启动 ANSYS 16.0,在启动界面进行求解环境设置,在 Simulation Environment 下拉菜单中点选中 LS-DYNA Solver 选项,在 License 下拉菜单中选择 ANSYS LS-DYNA,在 Analysis Type 栏中点选中 Typical LS-DYNA Analysis 选项;

(2)单击 File Management 选项卡,弹出工作目录和工作文件设置窗口,单击 Working Directory 右侧的 Browse 按钮,选择 E 盘文件夹“3D-impact-target”,在 Keyword Input File 下拉菜单中选择修改后的 main. k 文件;

(3)单击 Customization/Preferences 选项卡,在 Memory(words)文本框中输入 2 100 000 000,在 Number of CPUs 文本框中输入 6;

(4)单击 Run 按钮,进入 LS-DYNA971R7 程序进行求解,求解时间到达后,界面返回 Normal termination。

4.5 控制关键字文件讲解

关键字文件有两个,分别为网格文件 mesh. k 和控制文件 main. k。控制文件 main. k 的内容及相关讲解如下:

```
$首行*KEYWORD 表示输入文件采用的是关键字输入格式
*KEYWORD
*TITLE

$
$为二进制文件定义输出格式,0表示输出的是 LS-DYNA 数据库格式
*DATABASE_FORMAT
      0
$读入节点 K 文件
*INCLUDE
mesh.k
$$$$$$$$$$$$$$$$$$$$$$$$$$$$$$$$$$$$$$$$$$$$$$$$$$$$$$$$$$$$$$$$$$$$$$$$$$$$$$$$
$                          SECTION DEFINITIONS                                 $
$$$$$$$$$$$$$$$$$$$$$$$$$$$$$$$$$$$$$$$$$$$$$$$$$$$$$$$$$$$$$$$$$$$$$$$$$$$$$$$$
$
*SECTION_SOLID
      1         1
*SECTION_SOLID
      2         1
*SECTION_SOLID
      3         1
$$$$$$$$$$$$$$$$$$$$$$$$$$$$$$$$$$$$$$$$$$$$$$$$$$$$$$$$$$$$$$$$$$$$$$$$$$$$$$$$
$                          MATERIAL DEFINITIONS                                 $
$$$$$$$$$$$$$$$$$$$$$$$$$$$$$$$$$$$$$$$$$$$$$$$$$$$$$$$$$$$$$$$$$$$$$$$$$$$$$$$$
$
*MAT_JOHNSON_COOK
      1      7.83       0.77
7.920E-03 5.100E-03     0.260     0.014     1.030      1793      293   1.0E-06
0.383E-05 -9.00E+00      3.00       0.0      0.05      3.44    -2.12     0.002
   1.61
*EOS_GRUNEISEN
      1  0.4569         1.49      0.00      0.00      2.17     0.46       0.0
   1.00
*MAT_JOHNSON_COOK
      2   7.83000     0.770
0.350E-02 3.000E-03  0.260  0.140E-01   1.03     0.176E+04   294.   0.100E
-05
0.452E-05 -9.00E+00  3.00       0.0      0.8      0.00      0.00      0.00
  0.00
```

```
*EOS_GRUNEISEN
       2    0.4569      1.49        0          0      2.17      0.46        0
     1.0
*MAT_JOHNSON_COOK
       3  7.83000     0.770
0.350E-02 3.000E-03  0.260  0.140E-01  1.03  0.176E+04  294.  0.100E-05
0.452E-05 -9.00E+00  3.00      0.0       0.8      0.00      0.00      0.00
  0.00
*EOS_GRUNEISEN
       3    0.4569      1.49        0          0      2.17      0.46        0
     1.0
$
$
$
$$$$$$$$$$$$$$$$$$$$$$$$$$$$$$$$$$$$$$$$$$$$$$$$$$$$$$$$$$$$$$$$$$$$$$$$$$$$$$$$
$                              PARTS DEFINITIONS                                $
$$$$$$$$$$$$$$$$$$$$$$$$$$$$$$$$$$$$$$$$$$$$$$$$$$$$$$$$$$$$$$$$$$$$$$$$$$$$$$$$
$
$
*PART
Part          1 for Mat        1 and Elem Type         1
       1         1         1         1         0         0         0
$
*PART
Part          2 for Mat        2 and Elem Type         2
       2         2         2         2         0         0         0
$
*PARTPart           3 for Mat        3 and Elem Type         3
       3         3         3         3         0         0         0
$$$$$$$$$$$$$$$$$$$$$$$$$$$$$$$$$$$$$$$$$$$$$$$$$$$$$$$$$$$$$$$$$$$$$$$$$$$$$$$$
$                             BOUNDARY DEFINITIONS                              $
$$$$$$$$$$$$$$$$$$$$$$$$$$$$$$$$$$$$$$$$$$$$$$$$$$$$$$$$$$$$$$$$$$$$$$$$$$$$$$$$
$
*BOUNDARY_SPC_SET
       1         0         1         0         1         0         0         0
*BOUNDARY_SPC_SET
       2         0         1         0         0         0         0         0
*BOUNDARY_SPC_SET
       3         0         0         0         1         0         0         0
*BOUNDARY_SPC_SET
       4         0         1         1         1         0         0         0
$
$
$$$$$$$$$$$$$$$$$$$$$$$$$$$$$$$$$$$$$$$$$$$$$$$$$$$$$$$$$$$$$$$$$$$$$$$$$$$$$$$$
$                              CONTACT DEFINITIONS
  $
$$$$$$$$$$$$$$$$$$$$$$$$$$$$$$$$$$$$$$$$$$$$$$$$$$$$$$$$$$$$$$$$$$$$$$$$$$$$$$$$
$
*CONTACT_ERODING_SURFACE_TO_SURFACE
```

```
        1        2        3        3        0        0        0        0
0.000    0.000    0.000    0.000    0.000              0 0.000    0.1000E+08
1.000    1.000    0.000    0.000    1.000    1.000    1.000    1.000
        1        1        1
*CONTACT_ERODING_SURFACE_TO_SURFACE
        1        3        3        3        0        0        0        0
0.000    0.000    0.000    0.000    0.000              0 0.000    0.1000E+08
1.000    1.000    0.000    0.000    1.000    1.000    1.000    1.000
        1        1        1
*CONTACT_ERODING_SURFACE_TO_SURFACE
        2        3        3        3        0        0        0        0
0.000    0.000    0.000    0.000    0.000              0 0.000    0.1000E+08
1.000    1.000    0.000    0.000    1.000    1.000    1.000    1.000
        1        1        1
$
$$$$$$$$$$$$$$$$$$$$$$$$$$$$$$$$$$$$$$$$$$$$$$$$$$$$$$$$$$$$$$$$$$$$$$$$$$$$$$$$
$                              CONTROL OPTIONS                                 $
$$$$$$$$$$$$$$$$$$$$$$$$$$$$$$$$$$$$$$$$$$$$$$$$$$$$$$$$$$$$$$$$$$$$$$$$$$$$$$$$
$
$速度加载设置
$ID 为弹丸 Part 编号
$STYP 为 Part 类型, =2为 Part
$VY = -0.05为 Y 轴负方向速度0.05 cm/μs
*INITIAL_VELOCITY_GENERATION
$   ID       STYP      OMEGA    VX        VY        VZ        IVATN
     1        2                          -0.05
$    XC       YC       ZC        NX        NY        NZ        PHASE
*CONTROL_ENERGY
        2        2        2        1
*CONTROL_SHELL
  20.0              1       -1        1        2        2        1
*CONTROL_BULK_VISCOSITY
  1.50     0.600E-01
*CONTROL_CONTACT
   0.80000   0.00000        2        0        1        1        1
        0        0       10        0  4.00
*CONTROL_TIMESTEP
    0.0000    0.9000         0 0.00       0.00
*CONTROL_TERMINATION
  100.             0  0.00000   0.00000   0.00000
$
$$$$$$$$$$$$$$$$$$$$$$$$$$$$$$$$$$$$$$$$$$$$$$$$$$$$$$$$$$$$$$$$$$$$$$$$$$$$$$$$
$                              TIME HISTORY                                    $
$$$$$$$$$$$$$$$$$$$$$$$$$$$$$$$$$$$$$$$$$$$$$$$$$$$$$$$$$$$$$$$$$$$$$$$$$$$$$$$$
$
*DATABASE_BINARY_D3PLOT
2.000
```

```
*DATABASE_BINARY_D3THDT
2.000
$
$$$$$$$$$$$$$$$$$$$$$$$$$$$$$$$$$$$$$$$$$$$$$$$$$$$$$$$$$$$$$$$$$$$$$$$$$$$$$$$$
$                               DATABASE OPTIONS                               $
$$$$$$$$$$$$$$$$$$$$$$$$$$$$$$$$$$$$$$$$$$$$$$$$$$$$$$$$$$$$$$$$$$$$$$$$$$$$$$$$
$
*DATABASE_EXTENT_BINARY
         0         0         3         1         0         0         0         0
         0         0         4         0         0         0
*END
```

4.6 计算结果

计算结束后，用 LS-PREPOST 软件打开工作目录下的 d3plot 文件，读入结果输出文件。输出不同时刻弹丸侵彻过程如图 4－25 所示，弹丸速度—时间曲线如图 4－26 所示，弹丸穿过双层靶板后速度由 500 m/s 衰减至 291 m/s。

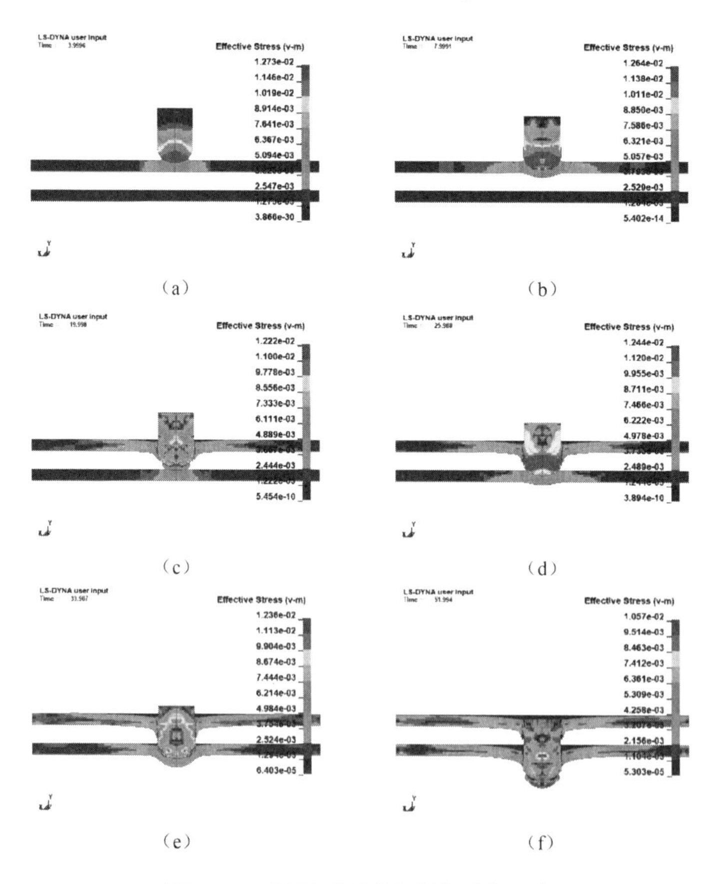

图 4－25　不同时刻弹丸侵彻过程示意

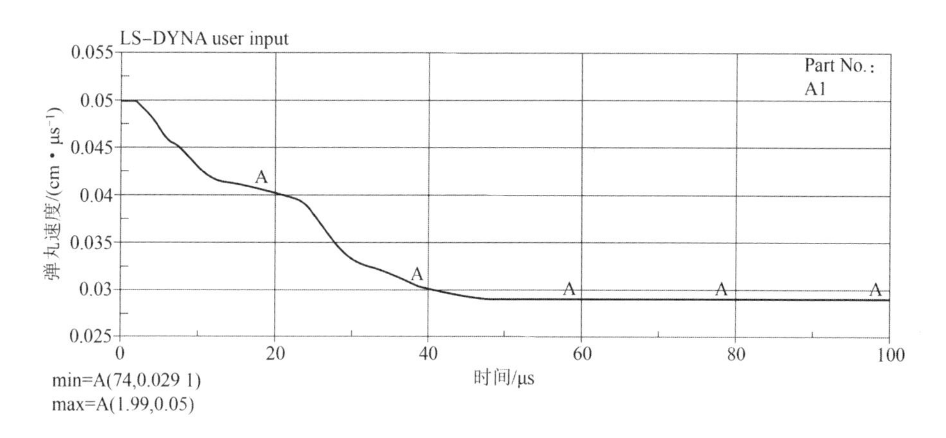

图 4-26　弹丸速度—时间曲线

5 自适应 FEM-SPH 算法

5.1 方法简介

高速冲击涉及材料的大变形、破碎和飞溅等现象,应用基于网格的方法对其进行数值模拟存在困难。Lagrange 网格方法会遭遇单元畸变而使计算终止;单元侵蚀技术可以克服畸变问题,但会导致能量损失并且改变物质的几何边界。光滑粒子流体动力学(SPH)作为一种无网格、Lagrange 粒子法,能克服基于网格方法的缺陷。SPH 在处理大变形方面较有限元法(FEM)等 Lagrange 网格方法有优势,但在模拟小变形时的计算精度和效率都不及 FEM,并且 SPH 的边界处理不如 FEM 方便。

基于此,发展了将 SPH 与 FEM 进行耦合的方法,有 FEM-SPH 固定和自适应 FEM-SPH 两种算法。其中,对于 FEM-SPH 固定耦合算法,在模型中变形较大的部分使用 SPH 算法,其余部分使用 FEM,FEM 与 SPH 边界采用接触方式进行连接;有别于固定耦合算法,自适应 FEM-SPH 算法是将失效的 Lagrange 单元自动转换为 SPH 粒子,无须单独创建 SPH 单元。本章先介绍自适应 FEM-SPH 方法的使用,在第 6 章介绍 FEM-SPH 固定耦合算法。

5.2 关键字解释

5.2.1 *DEFINE_ADAPTIVE_SOLID_TO_SPH_{OPTION}

目的:在 Lagrange 实体单元失效的情况下,自适应方法将 Lagrange 实体 Part 或 Part 组转换为 SPH 粒子。每个失效的单元将生成一个或多个 SPH 粒子。这些 SPH 粒子将继承失效单元的所有属性,包括质量、运动学参数和本构属性。

可用选项包括 <BLANK> 和 ID。

卡片格式及参数描述如表 5－1 ~ 表 5－3 所示。

表 5－1　ID 卡片：定义关键字 ID 编号

Optional	1	2	3	4	5	6	7	8
Variable	DID	HEADING						
Type	I/A	A70						
Default	none	none						

表 5－2　*DEFINE_ADAPTIVE_SOLID_TO_SPH_{OPTION}关键字卡片

Card1	1	2	3	4	5	6	7	8
Variable	IPID	ITYPE	NQ	IPSPH	ISSPH	ICPL	IOPT	
Type	I	I	I	I	I	I	I	
Default	none	none	none	none	none	none	none	

表 5－3　*DEFINE_ADAPTIVE_SOLID_TO_SPH_{OPTION}关键字卡片中的参数描述

变量	参数描述
DID	定义 ID 编号，必须唯一
HEADING	标题
IPID	要转换的实体 Part 或 Part 组的编号
ITYPE	IPID 类型。 ＝0：Part 单元 ID； ≠0：Part 组单元 ID
NQ	六面体单元的自适应选项。 ＝1：将一个实体单元转换为 1 个 SPH 粒子； ＝2：将一个实体单元转换为 8 个 SPH 粒子； ＝3：将一个实体单元转换为 27 个 SPH 粒子
IPSPH	赋予新生成的 SPH 单元 Part ID
ISSPH	SPH 单元的截面属性 ID
ICPL	新生成的 SPH 单元与相邻实体单元的耦合。 ＝0：SPH 粒子不与实体单元耦合（碎片模拟）； ＝1：SPH 粒子与实体单元耦合
IOPT	耦合方法（仅适用于 ICPL＝1）。 ＝0：从 0 时刻进行耦合（用于模型原有的 SPH 粒子和固体元素之间的约束）； ＝1：从 Lagrange 单元失效时刻开始耦合

5.2.2 * SECTION_SPH

目的：该关键字定义 SPH 粒子单元属性。

卡片格式及关键字描述如表 5－4 和表 5－5 所示。

表 5－4 * SECTION_SPH 关键字卡片

Card1	1	2	3	4	5	6	7	8
Variable	SECID	CSLH	HMIN	HMAX	SPHINI	DEATH	START	
Type	I/A	F	F	F	F	F	F	
Default	none	1.2	0.2	2.0	0.0	1.e20	0.0	

表 5－5 * SECTION_SPH 关键字参数描述

变量	参数描述
SECID	SECTION 的标识号，和 * PART 关联，必须唯一
CSLH	应用于质点光滑长度的常量，默认为 1.2，适用于大多数问题，取值范围为 1.05～1.3；取值小于 1 是不允许的，取值大于 1.3 将会增加计算时间
HMIN	最小光滑长度的比例因子
HMAX	最大光滑长度的比例因子
SPHINI	自定义的初始光滑长度。如果定义该变量，在初始化阶段，LS-DYNA 不会自动计算光滑长度。在这种情况下，变量 CSLH 不再起作用
DEATH	SPH 近似的失效时间
START	SPH 近似的开始时间

5.2.3 * CONTROL_SPH

目的：该关键字用于设定 SPH 质点计算控制，使用两个数据卡进行定义。其卡片格式及关键字描述如表 5－6 和表 5－7 所示。

表 5－6 * CONTROL_SPH 关键字卡片

Card	1	2	3	4	5	6	7	8
Variable	NCBS	BOXID	DT	IDIM	MEMORY	FORM	START	MAXV
Type	I	I	F	I	I	I	F	F
Default	1	0	1.e20	none	150	0	0.0	1.e15

表 5-7 *CONTROL_SPH 关键字参数描述

变量	参数描述
NCBS	粒子点分类间搜索的循环次数
BOXID	指定 BOX 内的 SPH 粒子参与计算。当某个 SPH 粒子位于 BOX 之外时,该粒子失效。通过消除某些不再与结构发生作用的粒子,可以节省计算时间
DT	失效时间
IDIM	SPH 粒子的空间维数。不指定该变量时,LS-DYNA 自动判断问题的空间维数。 =3:3D 问题; =2:平面应变问题; = -2:轴对称问题
MEMORY	定义每个粒子的初始相邻粒子的数量,该变量只是在初始化阶段调整内存分配,默认值适用于大部分问题
FORM	粒子近似理论,只适用于 IDIM≠ -2 时。 =0:默认公式; =1:重归一化近似法; =2:对称公式; =3:对称重归一化近似法; =4:张量公式; =5:流体粒子近似法; =6:流体粒子与重归一化近似; =7:总 Lagrange 公式; =8:带重归一化的总 Lagrange 公式
START	质点近似开始时间。当分析时间到达所设定的值时,质点近似将开始计算
MAXV	SPH 质点速度的最大值,如果速度超过该值,质点将失效

5.2.4 *BOUNDARY_SPH_SYMMETRY_PLANE

目的:该关键字用来定义 SPH 质点的对称平面,应用于使用 SPH 单元建模的连续域。其卡片格式及关键字描述如表 5-8 和表 5-9 所示。

表 5-8 * BOUNDARY_SPH_SYMMETRY_PLANE 关键字卡片

Card	1	2	3	4	5	6	7	8
Variable	VTX	VTY	VTZ	VHX	VHY	VHZ		
Type	F	F	F	F	F	F		
Default	0	0	0	0	0	0		

表 5-9 * BOUNDARY_SPH_SYMMETRY_PLANE 关键字参数描述

变量	参数描述
VTX	对称边界面的法向向量尾的 X 坐标。向量尾起始于对称平面,向量头指向 SPH 粒子点内部
VTY	法向向量尾的 Y 坐标
VTZ	法向向量尾的 Z 坐标
VHX	法向向量头的 X 坐标
VHY	法向向量头的 Y 坐标
VHZ	法向向量头的 Z 坐标

5.3 数值计算模型

这里依旧采用第4 章中弹丸侵彻双层靶板为计算模型,如图 5-1 所示。弹丸头部为半球形,直径为 1 cm,整体长度为 1.5 cm,单块靶板为 8 cm×8 cm×0.3 cm 的矩形板,两块相平行的靶板间距为 0.5 cm;弹丸以 500 m/s 的速度侵彻双层靶板,垂直撞击,撞击点为靶板中心,弹丸材料为 40Cr 钢,靶板材料为 45 号钢。

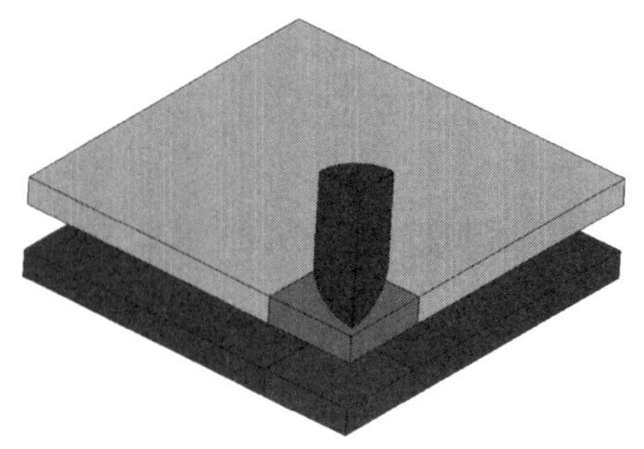

图 5-1 弹丸侵彻双层靶板模型示意

(自适应 FEM-SPH 算法)

由于模型具有对称性,因此为减小计算量,采用对称算法,建立 1/4 对称模型,在对称边界处施加几何对称边界。计算模型使用三维实体 SOLID164 单元进行划分,靶板和弹丸直接作用区域进行网格加密,弹丸和靶板之间采用面面侵蚀接触算法。利用 * DEFINE_ADAPTIVE_SOLID_TO_SPH关键字将失效的 Lagrange 实体单元自动转化为 SPH 粒子。模型采用 g、cm、μs 单位制建立。

5.4 建模步骤

第一步,设置工作目录和模型文件。

(1)在磁盘 E 中创建“3D-FEM-SPH”文件夹,用于存储模型文件和计算文件;

(2)启动 ANSYS 16.0,在启动界面进行建模环境的设置,在 Simulation Environment 下拉菜单中选择 ANSYS,在 License 下拉菜单中选择 ANSYS LS-DYNA;

(3)单击 File Management 选项卡,弹出工作目录和工作文件设置窗口,单击 Working Directory 右侧的 Browse 按钮,选择 E 盘新建文件夹“3D-FEM-SPH”,在 Job Name 文本框中输入“3Dimpact”作为模型文件名,如图 5 -2 所示;

(4)单击 Run 按钮,进入 ANSYS 建模界面。

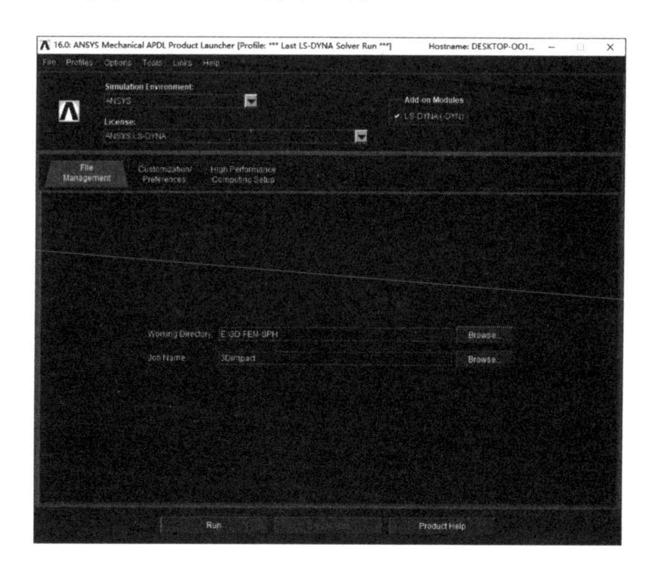

图 5 -2 ANSYS LS -DYNA 建模环境设置

第二步,单元类型设置。

(1)选择 Main Menu > Preprocessor > Element Type > Add/Edit/Delete 选项,弹出 Element Types 单元类型对话框;

(2)单击 Add 按钮,弹出 Library of Element Types 对话框,选择 LS-DYNA Explicit 右侧列表框中的 3D Solid 164,单击 OK 按钮,关闭对话框,此时已经将编号为 1 的单元类型设置完成;

(3)按照步骤(2)中的操作,继续完成剩余 4 个单元类型的设置,如图 5-3 所示,单击 Close 按钮,关闭对话框。

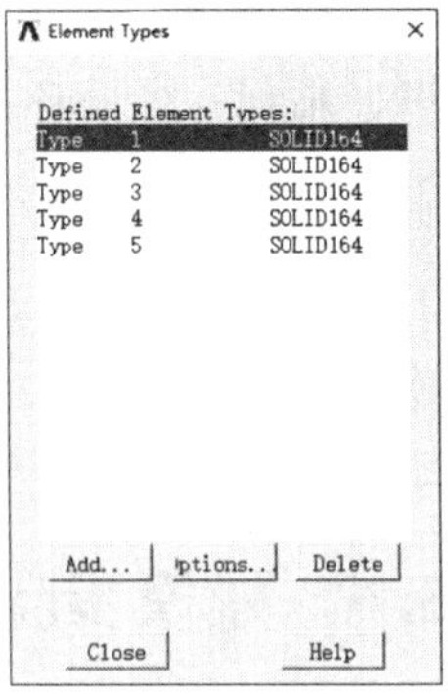

图 5-3 Element Types 对话框

第三步,材料参数设置。

(1)选择 Main Menu > Preprocessor > Material Props > Material Models 选项,弹出 Define Material Model Behavior 对话框;

(2)在该对话框左侧的 Material Models Defined 设置栏中已自动生成编号为 1 的材料,在右侧 Material Models Available 设置栏中依次选择 LS-DYNA > Equation of State > Gruneisen > Johnson-Cook 选项,如图 5-4 所示;

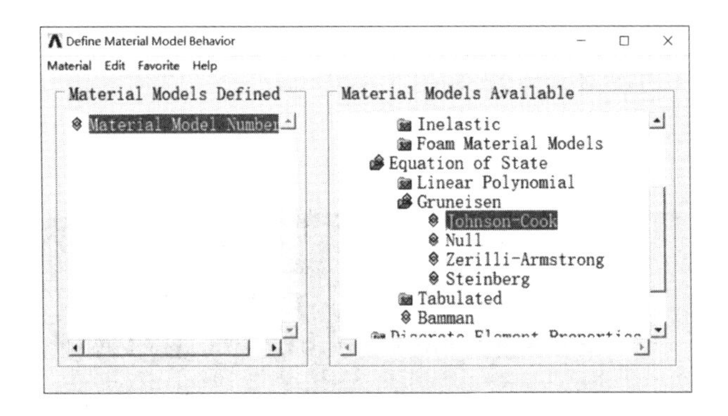

图 5-4 Define Material Model Behavior 对话框

(3)弹出 Johnson-Cook Properties for Material Number 1 对话框,设置 DENS 参数为 7.85,其余参数可以不用设置,单击 OK 按钮,退出对话框,此时已将编号为 1 的材料设置完成;

(4)在 Define Material Model Behavior 对话框中选择 Material > New Model 选项,弹出 Define Material ID 对话框,新建编号为 2 的材料,如图 5-5 所示,单击 OK 按钮,关闭对话框,此时已创建完成编号为 2 的材料;

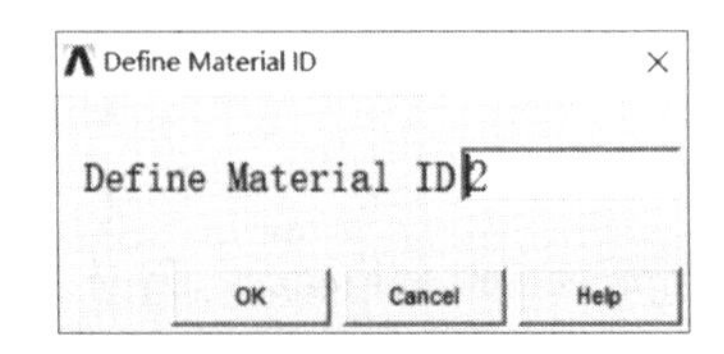

图 5-5 Define Material ID 对话框

(5)重复步骤(2)~步骤(4)的操作,完成其余4种材料本构和状态方程的设置;

(6)执行 Material > Exit 命令,退出材料窗口,这就完成了5种材料的定义,如图5-6所示。

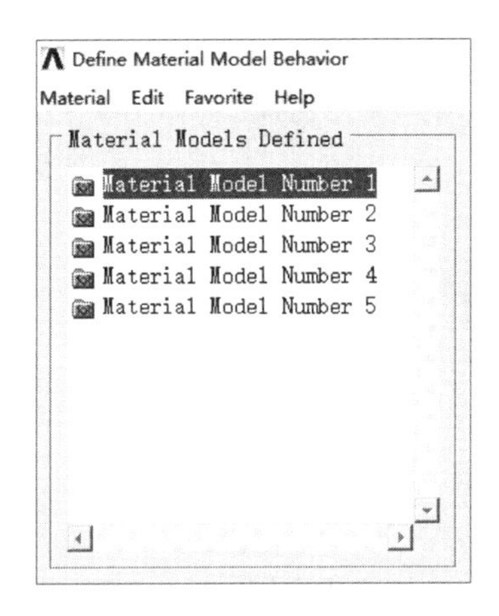

图5-6　Define Material Model Behavior 对话框

第四步,创建弹丸几何模型。

(1)选择 Main Menu > Preprocessor > Modeling > Create > Areas > Circle > By Dimensions 选项,弹出 Circular Area by Dimensions 对话框;

(2)在 RAD1 Outer radius 右侧文本框中输入0.5(弹头半径为0.5cm),在 THETA1 Starting angle(degrees)右侧文本框中输入0,在 THETA2 Ending angle(degrees)文本框中输入-90;

(3)选择 Main Menu > Preprocessor > Modeling > Create > Rectangle > By Dimensions 选项,弹出 Create Rectangle by Dimensions 对话框,在 X1,X2 X-coordinates 右侧文本框中分别输入0、0.5;在 Y1,Y2 Y-coordinates 右侧文本框中分别输入0、1;单击 OK 按钮,关闭对话框;

(4)选择 Main Menu > Preprocessor > Modeling > Operate > Booleans > Glue > Areas 选项,弹出 Glue Areas 对话框,在视图区域依次单击子圆和矩形,单击 OK 按钮,关闭对话框;

(5)选择 Main Menu > Preprocessor > Modeling > Operate > Extrude > Areas > about Axis 选项,弹出 Sweep Areas about Axis 对话框;

(6)单击 Pick All 按钮,弹出旋转轴定义面板,依次选取图5-7中的1、2两点,单击 OK 按钮;

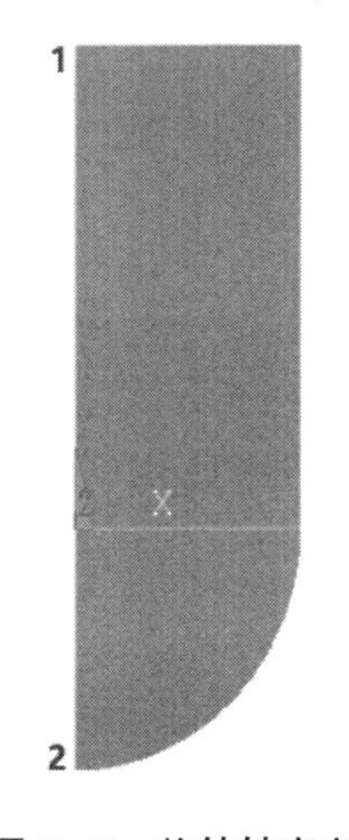

图5-7　旋转轴定义

注:通过选择两点确定旋转轴的方向,依次单击1、2,旋转轴的方向由1指向2,即Y轴负方向,按照右手螺旋准则,就可以判

定模型的旋转方向。

(7)弹出 Sweep Areas about Axis 对话框,在 ARC Arc length in degrees 右侧文本框中输入 90,如图 5-8 所示;

(8)单击 OK 按钮,生成 1/4 弹丸几何模型,如图 5-9 所示。

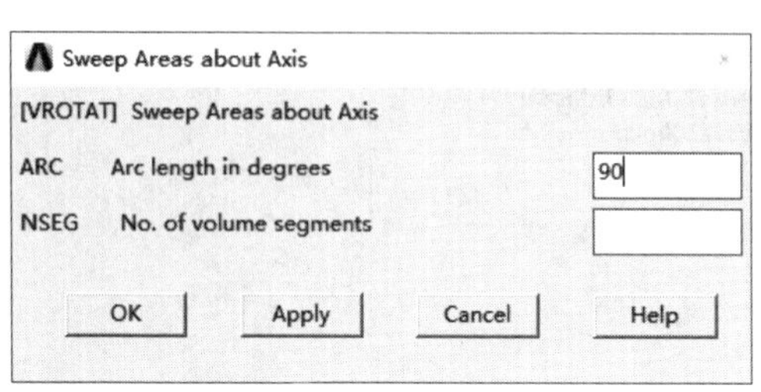
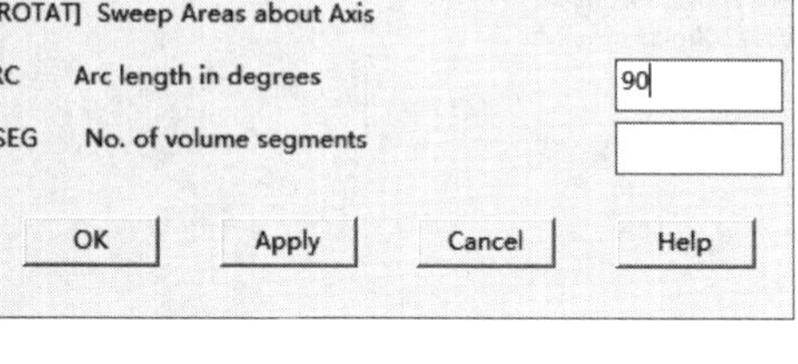

图 5-8 Sweep Areas about Axis 对话框

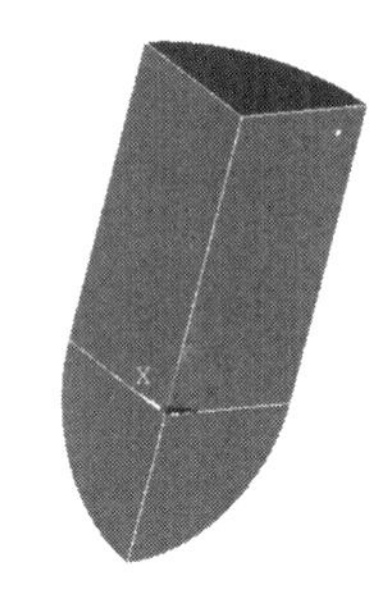

图 5-9 1/4 弹丸几何模型

第五步,创建双层靶板几何模型。

(1)执行 Main Menu > Preprocessor > Modeling > Create > Volumes > Block > By Dimensions 命令,弹出 Create Block by Dimensions 对话框;

(2)在 X1,X2 X-coordinates 右侧文本框中分别输入 0、4;在 Y1,Y2 Y-coordinates 右侧文本框中分别输入 -0.6、-0.9;在 Z1,Z2 Z-coordinates 右侧文本框中分别输入 0、4,如图 5-10 所示;单击 OK 按钮,关闭对话框,就创建完成第一层靶板;

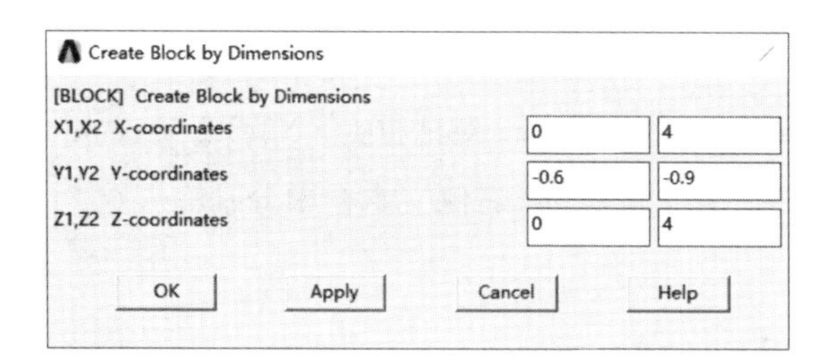

图 5-10 Create Block by Dimensions 对话框

(3)按照第一层靶板相同的操作,创建第二层靶板,参数设置如图 5-11 所示;

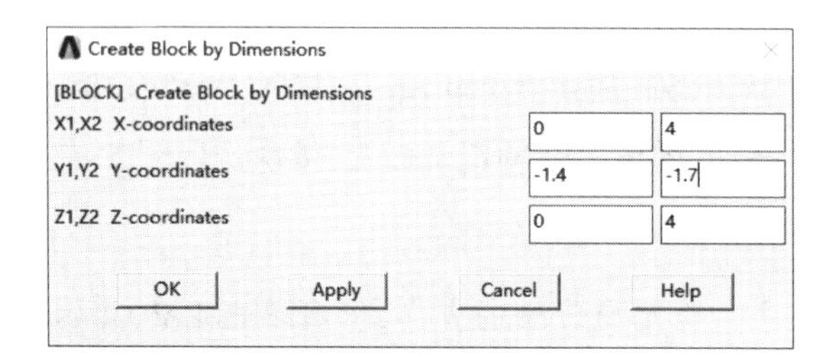

图 5-11 Create Block by Dimensions 对话框

(4)选择 Utility Menu > Select > Entities... 选项,弹出 Select Entities 对话框,依次单击下拉菜单并选择 Volumes 和 By Num/Pick,点选中 Unselect 选项,单击 OK 按钮,弹出 Unselect Volumes 面板,在视图区选择弹丸模型,单击 OK 按钮,隐藏弹丸模型,如图 5-12 所示;

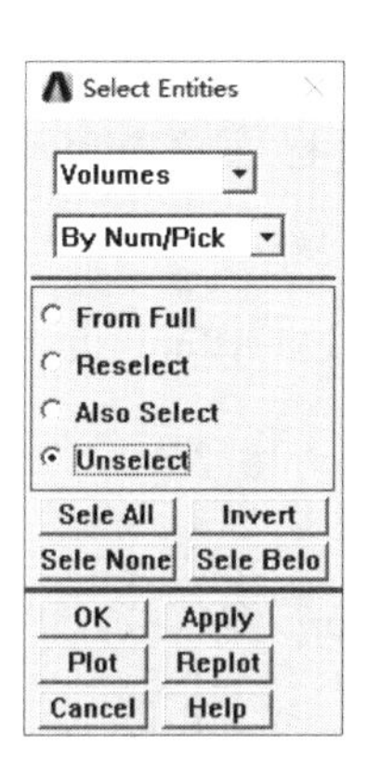

图 5-12 Select Entities 对话框

(5)执行 Utility Menu > WorkPlane > Offset WP by Increments 命令,弹出 Offset WP 面板,在 X,Y,Z Offsets 文本框中输入(0,0,1),单击 OK 按钮,将工作平面向 Z 轴正方向移动 1 cm;

(6)选择 Main Menu > Preprocessor > Modeling > Operate > Booleans > Divide > Volu by WorkPlane 选项,弹出 Divide Vol by WorkPlane 窗口,单击 Pick All 按钮,靶板被 XOY 平面切分,如图 5-13 所示;

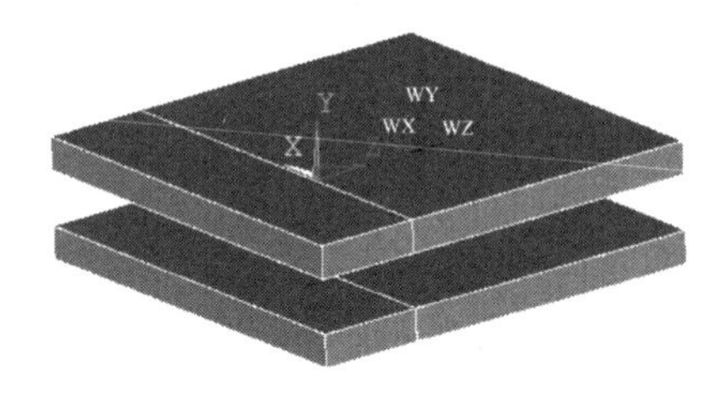

图 5-13 靶板被 XOY 平面切分

(7)选择 Utility Menu > WorkPlane > Offset WP by Increments 选项,弹出 Offset WP 面板,在 X,Y,Z Offsets 文本框中输入(1,0,0),单击 Apply 按钮,将工作平面向 X 轴正方向移动 1 cm;

注:这是在当前局部坐标系下对坐标进行的移动,而不是在全局坐标系下。

(8)在 Offset WP 面板中将 Degrees 滑动条数值滑动至 90;单击 [+Y] 按钮,将工作平面以 Y 轴旋转 90°,单击 OK 按钮,关闭 Offset WP 面板;

(9)选择 Main Menu > Preprocessor > Modeling > Operate > Booleans > Divide > Volu by WorkPlane 选项,弹出 Divide Vol by WorkPlane 窗口,单击 Pick All 按钮,靶板被 XOY 平面切分,如图 5-14 所示;

(10)选择 Utility Menu > WorkPlane > Align WP with > Global Cartesian 选项,将坐标轴转换为初始位置;

(11)选择 Utility Menu > Select > Everything 选项,显示所有几何元素。

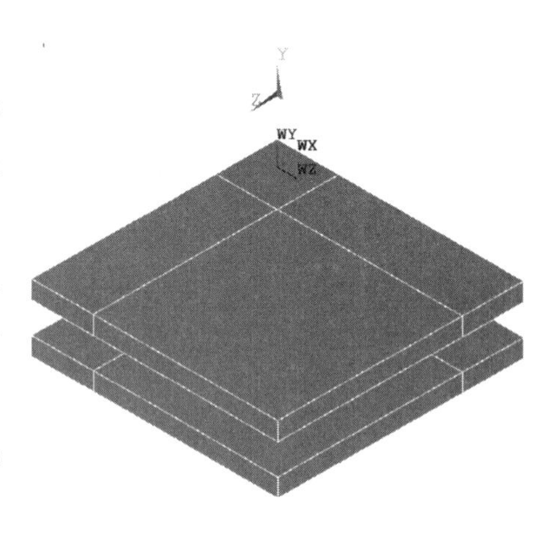

图 5-14 靶板被 XOY 平面切分

第六步,网格划分。

(1)选择 Main Menu > Preprocessor > Meshing > MeshTool 选项,弹出 MeshTool 面板;

(2)在 MeshTool 面板中单击 Element Attributes 选择栏右侧的 Set 按钮,弹出 Meshing Attributes 对话框,在[TYPE] Element type number 右侧下拉菜单中选择 1 SOLID164,在[MAT]Material number 右侧下拉菜单中选择 1,单击 OK 按钮,关闭对话框;

(3)在 Size 面板中单击 Global 选择栏右侧的 Set 按钮,弹出 Global Element Sizes 对话框;在 SIZE Element edge length 文本框中输入 0.025,单击 OK 按钮,关闭对话框;

(4)在 MeshTool 面板的 Mesh 下拉菜单中选择 Volumes,点选中 Hex 和 Mapped 选项,单击 Mesh 按钮,弹出 Mesh Volumes 面板;

(5)在视图区拾取弹丸模型,单击 OK 按钮,进行映射网格划分,如图 5-15 所示;

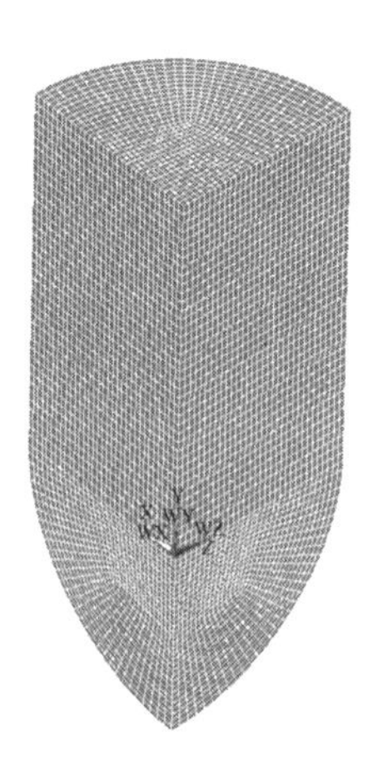

图 5-15 1/4 弹丸模型的网格划分

(6)选择 Plot > Volumes 选项,显示体;

(7)选择[TYPE] 2 SOLID164 和[MAT] 2 对第一层靶板中心部分进行网格划分,网格大小为 0.025 cm；

(8)选择[TYPE] 3 SOLID164 和[MAT] 3 对第二层靶板中心部分进行网格划分，网格大小为 0.025 cm；

(9)选择[TYPE] 4 SOLID164 和[MAT] 4 对第一层靶板除中心部分进行网格划分，网格大小为 0.1 cm；

(10)选择[TYPE] 5 SOLID164 和[MAT] 5 对第二层靶板除中心部分进行网格划分，网格大小为 0.1 cm。

第七步，创建模型 Part 信息。

(1)选择 Main Menu > Preprocessor > LS-DYNA Options > Parts Options 选项，弹出 Parts Data Written for LS-DYNA 对话框；

(2)在 Option 选择栏中点选中 Create all parts 选项，单击 OK 按钮，关闭对话框；弹出 EDPART Command 信息窗口，返回所创建的 Part 具体信息；

(3)有限元模型如图 5－16 所示，共 5 个 Part。

第八步，定义侵蚀接触。

(1)选择 Main Menu > Preprocessor > LS-DYNA Options > Contact > Define Contact 选项，弹出 Contact Parameter Definitions 对话框；

(2)在 Contact Type 右侧菜单列表中选择 Surface to Surface 和 Eroding(ESS)选项，单击 OK 按钮，弹出 Contact Options 对话框；

(3)在 Contact Component or Part no. 下拉菜单中选择 1，在 Target Component or Part no. 下拉菜单中选择 2，单击 Apply 按钮，完成弹丸和第一层靶板之间的侵蚀接触定义，如图 5－17 所示；

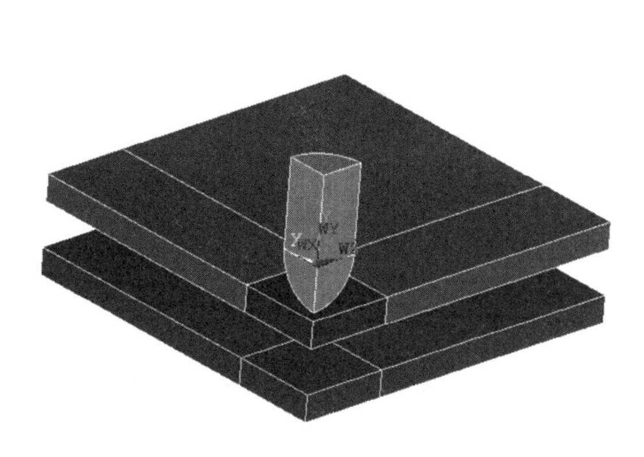

图 5－16 1/4 弹丸侵彻双层靶板数值有限元模型

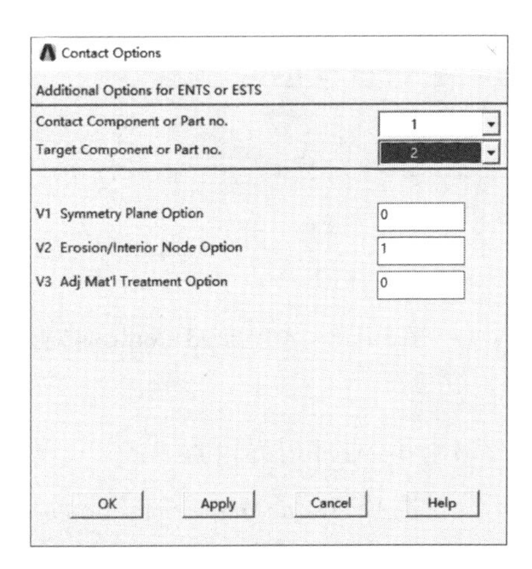

图 5－17 Contact Options 对话框

注：侵蚀接触算法的其余参数没有设置，可在 K 文件中进行修改和设置；侵蚀接触中需要选定主面和从面，一般是以网格大小来区分，这里弹丸和靶板接触部分的网格尺寸相同，因此未进行主、从面的区分。

(4)按照相同的方法，定义 Part 1 和 Part 3、Part 2 和 Part 3 的侵蚀接触算法；

(5)选择 Main Menu > Preprocessor > LS-DYNA Options > Contact > Advanced Controls 选项，弹出 Advanced Controls 对话框；

(6)在 Contact Stiffness Scale Factor 文本框中输入 0. 1，单击 OK 按钮，关闭对话框，如图 5 – 18 所示。

注：设置接触罚函数采用默认值 0. 1，具体的参数可以在 K 文件中进行修改。

第九步，靶板固定边界设置。

(1)选择 Main Menu > Preprocessor > LS-DYNA Options > Constraints > Apply > On Areas 选项；

(2)弹出 Apply U，ROT on Areas 对话框，拾取靶板边界处的 8 个面，单击 OK 按钮，关闭对话框；

(3)弹出 Apply U，ROT on Areas 对话框，在 DOFs to be constrained 菜单列表中选择 All DOF，约束靶板边界的移动和转动，如图 5 – 19 所示。

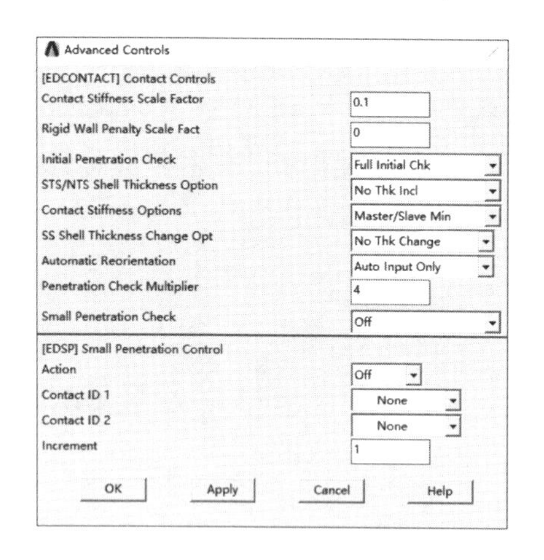

图 5 – 18　Advanced Controls 对话框

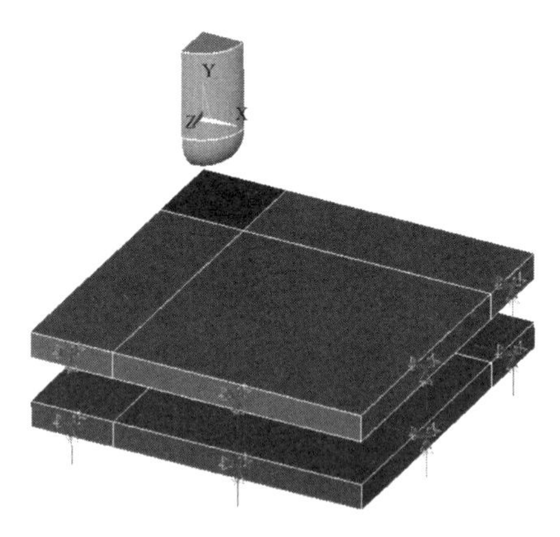

图 5 – 19　靶板固定边界设置

第十步，对称边界设置。

(1)选择 Main Menu > Preprocessor > LS-DYNA Options > Constraints > Apply > On Areas 选项；

(2)弹出 Apply U，ROT on Areas 对话框，拾取模型 XOY 平面上的 6 个面，单击 OK 按

钮,关闭对话框;

(3)弹出 Apply U,ROT on Areas 对话框,在 DOFs to be constrained 菜单栏中选择 UZ,约束模型 Z 方向上的位移,如图 5－20 所示;

(4)同理,约束模型 YOZ 平面上的 6 个面在 X 方向上的位移,如图 5－21 所示。

图 5－20　UZ 对称边界设置

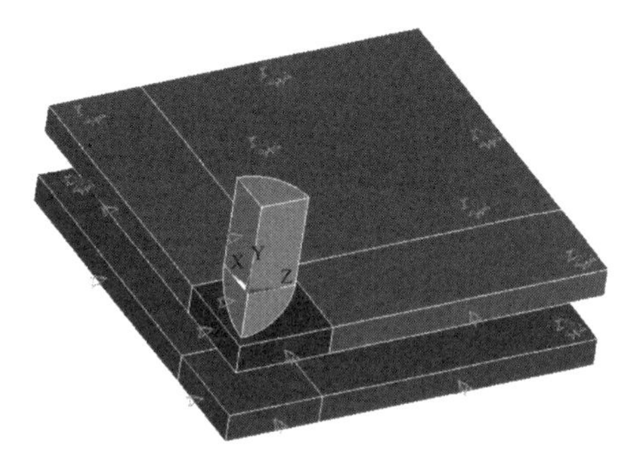

图 5－21　UX 对称边界设置

第十一步,分析步设置。

(1)选择 Main Menu > Solution > Analysis Options > Energy Options 选项,弹出 Energy Options 对话框,勾选中 Stonewall Energy、Hourglass Energy 和 Sliding Interface 选项;

(2)选择 Main Menu > Solution > Analysis Options > Bulk Viscosity 选项,弹出 Bulk Viscosity 对话框,保持默认值[Quadratic Viscosity Coefficient(二阶黏性系数)为 1.5,Linear Viscosity Coefficient(线性黏性系数)为 0.06]。

第十二步,求解时间和时间步设置。

(1)选择 Main Menu > Solution > Time Controls > Solution Time 选项,弹出 Solution Time for LS-DYNA Explicit 对话框,在[TIME]Terminate at Time 右侧文本框中输入 100,单击 OK 按钮,确认输入;

(2)选择 Main Menu > Solution > Time Controls > Time Step Ctrls 选项,弹出 Specify Time Step Scaling for LS-DYNA Explicit 对话框,在 Time step scale factor 右侧文本框中输入 0.67,单击 OK 按钮,确认输入。

第十三步,设置输出类型和数据输出时间间隔。

(1)选择 Main Menu > Solution > Output Controls > Output File Types 选项,弹出 Specify Output File Types for LS-DYNA Solver 对话框,在 File options 下拉菜单中选择 Add,在 Produce output for... 下拉菜单中选择 LS-DYNA,单击 OK 按钮,关闭对话框;

(2)选择 Main Menu > Solution > Output Controls > File Output Freq > Time Step Size 选项,弹出 Specify File Output Frequency 对话框,在[EDRST]Specify Results File Output

Interval:Time Step Size 右侧文本框中输入 2,在[EDHTIME]Specify Time - History Output Interval:Time Step Size 文本框中输入 2,单击 OK 按钮,关闭对话框,随后弹出 Waring 信息,单击 Close 按钮,关闭弹窗。

第十四步,输出 K 文件。

(1)选择 Main Menu > Solution > Write Jobname. k 选项,弹出 Input files to be Written for LS-DYNA 对话框;

(2)在 Write results files for... 下拉菜单中选择 LS-DYNA,在 Write input files to... 文本框中输入 impact-3D. k,单击 OK 按钮,将在工作文件中生成 impact-3D. k 的文件。

注:K 文件的名字可以不用设置,输出的 K 文件默认以 file. k 命名。

5.5 K 文件的修改和编辑

(1)用 UltraEdit 软件打开工作目录下的 impact-3D. k 文件。

(2)将原有的 impact-3D. k 拆分为两个 K 文件。其中一个为 mesh. k 文件,为模型的节点和单元信息;另一个为 main. k 文件,为计算模型控制关键字文件。

(3)对照 main. k 文件,对控制关键字文件作如下修改:

①使用 * INCLUDE 关键字,在 main. k 文件中添加 mesh. k 文件;

②添加 * SECTION_SPH 关键字,定义 SPH 粒子单元属性;

③修改 * MAT_JOHNSON_COOK 材料本构和 * EOS_GRUNEISEN 状态方程参数,要保持材料本构 ID 和状态方程 ID 编号相对应;

④添加 * PART 关键字,并完善 Part 信息;

⑤添加 * BOUNDARY_SPH_SYMMETRY_PLANE 关键字,定义 SPH 粒子对称边界;

⑥修改侵蚀接触算法 * CONTACT_ERODING_SURFACE_TO_SURFACE 关键字;

⑦添加 * CONTACT_AUTOMATIC_NODES_TO_SURFACE 关键字,定义 SPH 粒子和 Lagrange 单元的侵蚀接触算法;

⑧添加 * DEFINE_ADAPTIVE_SOLID_TO_SPH_ID 关键字,定义 FEM 自适应 SPH 粒子;

⑨添加 * CONTROL_SPH 关键字;

⑩添加弹丸初速关键字 * INITIAL_VELOCITY_GENERATION;

⑪修改接触刚度控制关键字 * CONTROL_CONTACT;

⑫删除关键字 * CONTROL_SHELL。

5.6 控制关键字文件讲解

关键字文件有两个，分别为网格文件 mesh. k 和控制文件 main. k。控制文件 main. k 的内容及相关讲解如下：

```
$首行*KEYWORD 表示输入文件采用的是关键字输入格式
*KEYWORD
*TITLE

$
$为二进制文件定义输出格式,0 表示输出的是 LS - DYNA 数据库格式
*DATABASE_FORMAT
         0
$读入节点 K 文件
*INCLUDE
mesh.k
$$$$$$$$$$$$$$$$$$$$$$$$$$$$$$$$$$$$$$$$$$$$$$$$$$$$$$$$$$$$$$$$$$$$$$$$$$$$$$$$$$
$                              SECTION DEFINITIONS                               $
$$$$$$$$$$$$$$$$$$$$$$$$$$$$$$$$$$$$$$$$$$$$$$$$$$$$$$$$$$$$$$$$$$$$$$$$$$$$$$$$$$
$
*SECTION_SOLID
         1         1
*SECTION_SOLID
         2         1
*SECTION_SOLID
         3         1
*SECTION_SOLID
         4         1
*SECTION_SOLID
         5         1
*SECTION_SPH
         6    1.2        0.2       2.0         0.0        1.e20   0.0
*SECTION_SPH
         7    1.2        0.2       2.0         0.0        1.e20   0.0
$$$$$$$$$$$$$$$$$$$$$$$$$$$$$$$$$$$$$$$$$$$$$$$$$$$$$$$$$$$$$$$$$$$$$$$$$$$$$$$$$$
$                              MATERIAL DEFINITIONS                              $
$$$$$$$$$$$$$$$$$$$$$$$$$$$$$$$$$$$$$$$$$$$$$$$$$$$$$$$$$$$$$$$$$$$$$$$$$$$$$$$$$$
$
*MAT_JOHNSON_COOK
         1      7.83       0.77
7.920E-03 5.100E-03    0.260      0.014     1.030     1793     293   1.0E-06
0.383E-05  -9.00E+00    3.00       0.0       0.05      3.44     -2.12  0.002
    1.61
*EOS_GRUNEISEN
```

```
      1   0.4569     1.49     0.00     0.00     2.17    0.46    0.0
   1.00
*MAT_JOHNSON_COOK
       2  7.83000      0.770
0.350E-02 3.000E-03  0.260  0.140E-01  1.03  0.176E+04  294.  0.100E-05
0.452E-05 -9.00E+00  3.00      0.0      0.8  0.00       0.00 0.00
  0.00
*EOS_GRUNEISEN
        2    0.4569     1.49      0       0      2.17     0.46     0
     1.0
*MAT_JOHNSON_COOK
       3  7.83000    0.770
0.350E-02 3.000E-03  0.260  0.140E-01  1.03  0.176E+04  294.  0.100E-05
0.452E-05 -9.00E+00  3.00      0.0      0.8    0.00      0.00     0.00
  0.00
*EOS_GRUNEISEN
        3    0.4569     1.49      0       0      2.17     0.46     0
     1.0
$
*MAT_JOHNSON_COOK
        4  7.83000    0.770
0.350E-02 3.000E-03  0.260  0.140E-01  1.03  0.176E+04  294.  0.100E-05
0.452E-05 -9.00E+00  3.00      0.0      0.8  0.00       0.00     0.00
  0.00
*EOS_GRUNEISEN
        4    0.4569     1.49      0       0      2.17     0.46     0
     1.0
$
*MAT_JOHNSON_COOK
        5  7.83000    0.770
0.350E-02 3.000E-03  0.260  0.140E-01  1.03  0.176E+04  294.  0.100E-05
0.452E-05 -9.00E+00  3.00      0.0      0.8    0.00      0.00 0.00
  0.00
*EOS_GRUNEISEN
        5    0.4569     1.49      0       0      2.17     0.46     0
     1.0
$
*MAT_JOHNSON_COOK
        6  7.83000    0.770
0.350E-02 3.000E-03  0.260  0.140E-01  1.03  0.176E+04  294.  0.100E-05
0.452E-05 -9.00E+00  3.00      0.0      0.8    0.00      0.00     0.00
  0.00
*EOS_GRUNEISEN
        6    0.4569     1.49      0       0      2.17     0.46     0
     1.0
*MAT_JOHNSON_COOK
        7  7.83000    0.770
```

```
0.350E-02 3.000E-03  0.260  0.140E-01  1.03  0.176E+04  294.  0.100E-05
0.452E-05 -9.00E+00  3.00       0.0      0.8     0.00      0.00     0.00
 0.00
*EOS_GRUNEISEN
        7   0.4569      1.49        0         0     2.17      0.46        0
     1.0

$$$$$$$$$$$$$$$$$$$$$$$$$$$$$$$$$$$$$$$$$$$$$$$$$$$$$$$$$$$$$$$$$$$$$$$$$$$$$$$$
$                              PARTS DEFINITIONS                               $
$$$$$$$$$$$$$$$$$$$$$$$$$$$$$$$$$$$$$$$$$$$$$$$$$$$$$$$$$$$$$$$$$$$$$$$$$$$$$$$$
$
$
*PART
Part         1 for Mat         1 and Elem Type         1
        1            1         1           1         0         0         0
$
*PART
Part         2 for Mat         2 and Elem Type         2
        2            2         2           2         0         0         0
$
*PART
Part         3 for Mat         3 and Elem Type         3
        3            3         3           3         0         0         0
$
*PART
Part         4 for Mat         4 and Elem Type         4
        4            4         4           4         0         0         0
$
*PART
Part         5 for Mat         5 and Elem Type         5
        5             5      5           5         0         0         0
$
*PART
Part         6 for Mat         6 and Elem Type         6
        6            6         6           6         0         0         0
$
*PART
Part         7 for Mat         7 and Elem Type         7
        7            7         7           7         0         0         0
$$$$$$$$$$$$$$$$$$$$$$$$$$$$$$$$$$$$$$$$$$$$$$$$$$$$$$$$$$$$$$$$$$$$$$$$$$$$$$$$
$                            BOUNDARY DEFINITIONS                              $
$$$$$$$$$$$$$$$$$$$$$$$$$$$$$$$$$$$$$$$$$$$$$$$$$$$$$$$$$$$$$$$$$$$$$$$$$$$$$$$$
$
*BOUNDARY_SPC_SET
       1         0         1         0         1         0         0         0
*BOUNDARY_SPC_SET
       2         0         1         0         0         0         0         0
```

```
*BOUNDARY_SPC_SET
         3         0         0         0         1         0         0         0
*BOUNDARY_SPC_SET
         4         0         1         1         1         0         0         0
$
$

$$$$$$$$$$$$$$$$$$$$$$$$$$$$$$$$$$$$$$$$$$$$$$$$$$$$$$$$$$$$$$$$$$$$$$$$$$$$$$$$
$                              CONTACT DEFINITIONS                             $
$$$$$$$$$$$$$$$$$$$$$$$$$$$$$$$$$$$$$$$$$$$$$$$$$$$$$$$$$$$$$$$$$$$$$$$$$$$$$$$$
$定义弹丸与靶板之间的侵蚀接触
*CONTACT_ERODING_SURFACE_TO_SURFACE
         1         2         3         3         0         0         0         0
0.000     0.000     0.000     0.000     0.000              0 0.000    0.1000E+08
1.000     1.000     0.000     0.000     1.000     1.000     1.000     1.000
         1         1         1
*CONTACT_ERODING_SURFACE_TO_SURFACE
         1         3         3         3         0         0         0         0
0.000     0.000     0.000     0.000     0.000              0 0.000  0.1000E+08
1.000     1.000     0.000     0.000     1.000     1.000     1.000     1.000
         1         1         1
*CONTACT_ERODING_SURFACE_TO_SURFACE
         2         3         3         3         0         0         0         0
0.000     0.000     0.000     0.000     0.000              0 0.000  0.1000E+08
1.000     1.000     0.000     0.000     1.000     1.000     1.000     1.000
         1         1         1
$定义 SPH 粒子与弹丸之间的接触
*CONTACT_AUTOMATIC_NODES_TO_SURFACE
         6         1         3         3         0         0         0         0
0.000     0.000     0.000     0.000     0.000              0 0.000   0.1000E+08
1.000     1.000     0.000     0.000     1.000     1.000     1.000     1.000
*CONTACT_AUTOMATIC_NODES_TO_SURFACE
         7         1         3         3         0         0         0         0
0.000     0.000     0.000     0.000     0.000              0 0.000   0.1000E+08
1.000     1.000     0.000     0.000     1.000     1.000     1.000     1.000
$$$$$$$$$$$$$$$$$$$$$$$$$$$$$$$$$$$$$$$$$$$$$$$$$$$$$$$$$$$$$$$$$$$$$$$$$$$$$$$$
$                              CONTROL OPTIONS                                 $
$$$$$$$$$$$$$$$$$$$$$$$$$$$$$$$$$$$$$$$$$$$$$$$$$$$$$$$$$$$$$$$$$$$$$$$$$$$$$$$$
$创建 SPH 粒子 YOZ 对称平面
*BOUNDARY_SPH_SYMMETRY_PLANE
$  VTX      VTY        VTZ        VHX       VHY        VHZ
     0        0        0        1        0        0
$创建 SPH 粒子 YOX 对称平面
*BOUNDARY_SPH_SYMMETRY_PLANE
$  VTX      VTY        VTZ        VHX       VHY        VHZ
     0        0        0        0        0        1
$定义 Part2转换为 SPH 粒子,新 Part ID 为6
*DEFINE_ADAPTIVE_SOLID_TO_SPH_ID
```

```
$  DID
    1
$  IPID    ITYPE      NQ      IPSPH     ISSPH     ICPL      IOPT
    2        0        1         6         6         1         1
$定义 Part3转换为 SPH 粒子,新 Part ID 为7
*DEFINE_ADAPTIVE_SOLID_TO_SPH_ID

$  DID
   2
$  IPID    ITYPE      NQ      IPSPH     ISSPH     ICPL      IOPT
   3        0        1         7         7         1         1
$速度加载设置
$ID 为弹丸 Part 编号
$STYP 为 Part 类型,=2为 Part
$VY = -0.05
*INITIAL_VELOCITY_GENERATION
$    ID       STYP       OMEGA     VX       VY         VZ         IVATN
     1         2                           -0.05
$    XC        YC        ZC         NX        NY         NZ        PHASE

*CONTROL_ENERGY
         2         2         2         1
*CONTROL_SPH
$    NCBS     BOXID      DT      IDIM     MEMORY     FORM      START     MAXV
       1         0     1e20      3       150         0         0       1e15
*CONTROL_BULK_VISCOSITY
  1.50    0.600E-01
*CONTROL_CONTACT
  0.80000   0.00000         2         0         1         1         1
         0         0        10         0   4.00
*CONTROL_TIMESTEP
  0.0000    0.6700         0  0.00        0.00
*CONTROL_TERMINATION
  100.         0   0.00000   0.00000   0.00000
$
$$$$$$$$$$$$$$$$$$$$$$$$$$$$$$$$$$$$$$$$$$$$$$$$$$$$$$$$$$$$$$$$$$$$$$$$$$$$$$$$
$                                TIME HISTORY                                  $
$$$$$$$$$$$$$$$$$$$$$$$$$$$$$$$$$$$$$$$$$$$$$$$$$$$$$$$$$$$$$$$$$$$$$$$$$$$$$$$$
$
*DATABASE_BINARY_D3PLOT
2.000
*DATABASE_BINARY_D3THDT
2.000
$

$$$$$$$$$$$$$$$$$$$$$$$$$$$$$$$$$$$$$$$$$$$$$$$$$$$$$$$$$$$$$$$$$$$$$$$$$$$$$$$$
$                             DATABASE OPTIONS                                 $
$$$$$$$$$$$$$$$$$$$$$$$$$$$$$$$$$$$$$$$$$$$$$$$$$$$$$$$$$$$$$$$$$$$$$$$$$$$$$$$$
```

```
$
*DATABASE_EXTENT_BINARY
       0         0         3         1         0         0         0         0
       0         0         4         0         0         0
*END
```

5.7 计算结果

计算结束后，用 LS-PREPOST 软件打开工作目录下的 d3plot 文件，读入结果输出文件。输出不同时刻的弹丸侵彻过程如图 5-22 所示，弹丸速度—时间曲线如图 5-23 所示。将 Lagrange 算法与之对比，弹丸穿过双层靶板后，自适应 FEM-SPH 算法弹丸速度由 500 m/s 衰减至 286 m/s，而采用 Lagrange 方法的弹丸速度衰减至 307 m/s。由此可见，不同算法之间的计算结果存在差异。

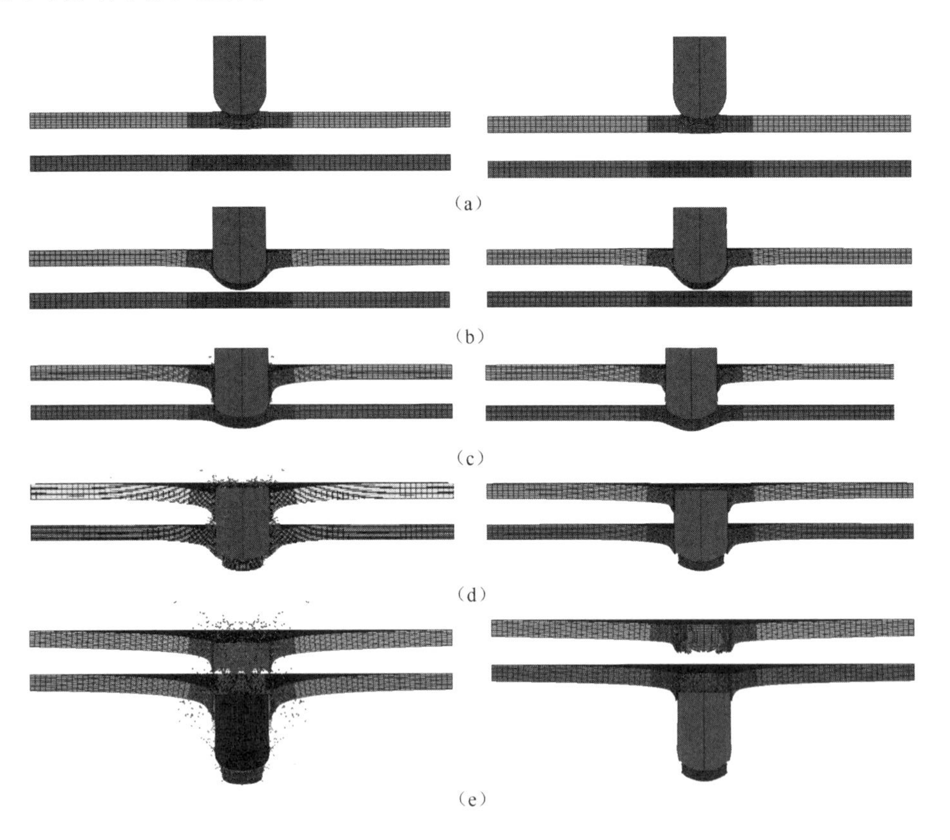

图 5-22 不同时刻的弹丸侵彻过程（左：自适应 FEM-SPH 算法；右：Lagrange 算法）

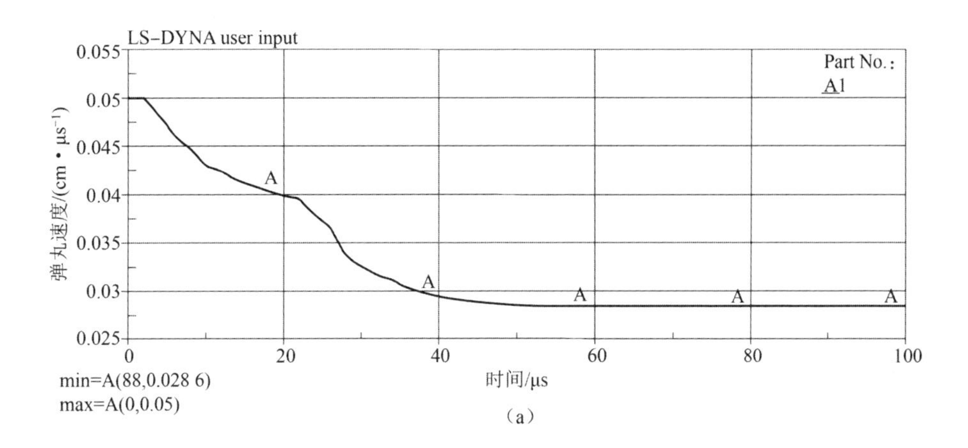

(a)

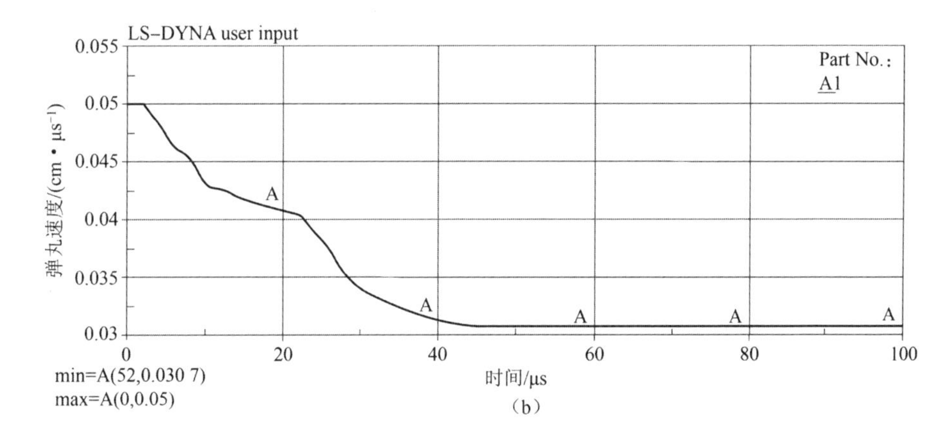

(b)

图 5-23　弹丸速度—时间曲线

(a)自适应 FEM-SPH 算法;(b)Lagrange 算法

6　FEM-SPH 固定耦合算法

6.1　模型描述

依旧采用第 4 章中弹丸侵彻双层靶板为计算模型，只是将靶板中心区域替换为 SPH 粒子，如图 6－1 所示。弹丸头部为半球形，直径为 1 cm，整体长度为1.5 cm，单块靶板为 8 cm×8 cm×0.3 cm 的矩形板，两块相平行的靶板间距为0.5 cm；弹丸以 500 m/s 的速度侵彻双层靶板，垂直撞击，撞击点为靶板中心，弹丸材料为 40Cr 钢，靶板材料为 45 号钢。

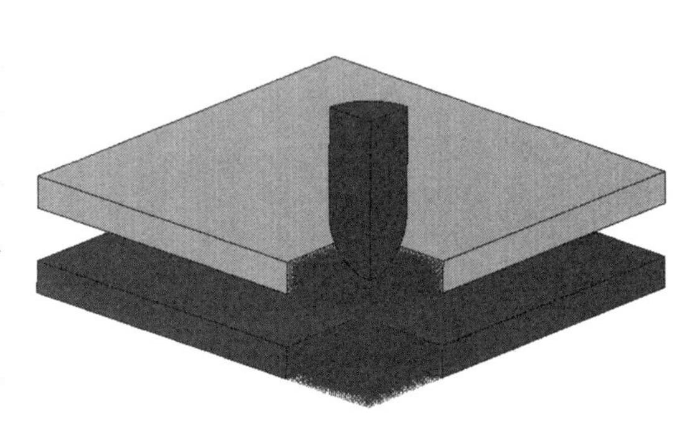

图 6－1　弹丸侵彻双层靶板 FEM-SPH 固定耦合模型

弹丸与靶板接触部分，靶板采用 SPH 粒子，分两步创建模型，先在前处理建模中建立靶板的 FEM 网格，随后在 LS-PrePost 软件中将靶板中心区域的 FEM 转换为 SPH，并建立 FEM 网格与 SPH 粒子的固连耦合，采用 * CONTACT_ERODING_NODES_TO_SURFACE 关键字定义 SPH 粒子与 FEM 单元之间的侵蚀接触算法，采用 * CONTACT_TIED_NODES_TO_SURFACE_OFFSET 关键字定义 SPH 粒子与 FEM 单元之间的固定连接。模型采用 g、cm、μs 单位制建立。

6.2　建模步骤

模型分为两个步骤进行创建：第一步是建立弹丸侵彻双层靶板的 FEM 模型；第二步是建立弹丸侵彻双层靶板的 FEM-SPH 模型。具体建模步骤如下。

6.2.1　弹丸侵彻双层靶板的 FEM 模型建模步骤

弹丸侵彻双层靶板的 FEM 模型建模步骤和方法与 5.4 节相同，这里不再赘述。

6.2.2 建立弹丸侵彻双层靶板的 FEM-SPH 模型

第一步,LS-Prepost 打开 K 文件。

(1)运行 LS-Prepost,选择 File > Import > LS-DYNA Keyword 选项,导入工作目录下的 impact-3D. k 文件;

(2)按键 F11,将 LS-Prepost 界面转换至几何建模界面,如图 6 - 2 所示。

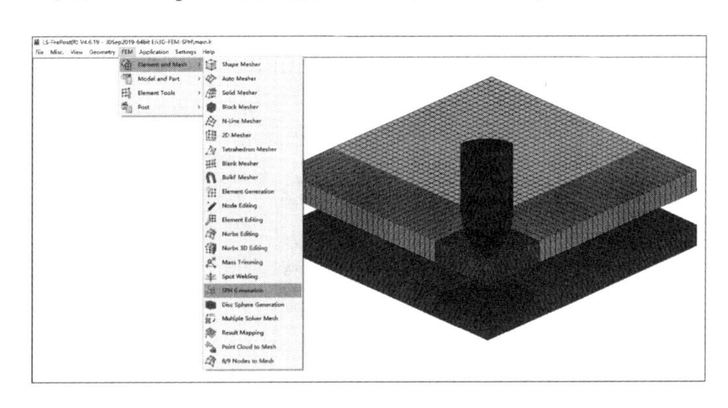

图 6 - 2 LS-Prepost 导入 impact-3D. k 文件

第二步,创建 SPH 粒子。

(1)选择 FEM > Element and Mesh > SPH Generation 选项,弹出 SPH Generation 对话框;

(2)点选中 Create,选择 Method 选项卡,在弹出的下拉菜单中选择 Solid Nodes 选项,勾选 Del Old Parts,在视图区单击 Part2;

(3)将 Filling Property 栏下的 Ratio(%)设置为 100,Density 设置为 7.83;

(4)勾选 Same Para 选项,单击 Set Params 按钮;

(5)再依次单击 Create 按钮、Accept 按钮和 Done 按钮,生成 Part ID 为 6 的 SPH 粒子单元,如图 6 - 3 所示;

(6)按照相同的操作,将 Lagrange 单元 Part3 转换为 Part ID 为 7 的 SPH 粒子单元,FEM-SPH 模型如图 6 - 4 所示。

注:将 FEM 转换为 SPH,同时删掉 FEM 部件,即在删除 Part2 和 Part3 的同时生成新的 Part6 和 Part7。

第三步,创建 Segment 组。

(1)按键 F11,转换至选项卡式界面;

(2)选择第 1 页,选择 SelPar 选项,显示 Part4 和 Part5;

(3)选择第 5 页,单击 SetD 按钮,弹出 Set Data 界面;

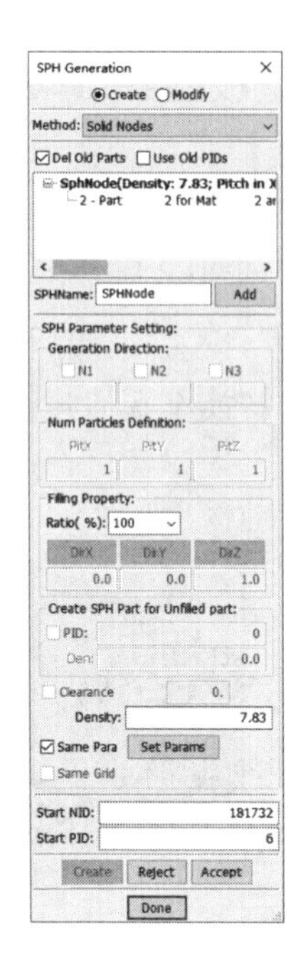

图 6-3　SPH 粒子创建

(4)点选中 Create 选项,单击下拉菜单按钮,选择操作对象类型为 * SET_SEGM,如图 6-5 所示;

(5)点选中 Pick、ByElem,勾选 Prop、Adap,利用鼠标选中如图 6-6 所示的 Part4 中箭头所指位置,单击 Apply 按钮创建 Segment 组 1;

(6)按照相同的方法,在 Part5 中相同位置创建 Segment 组 2。

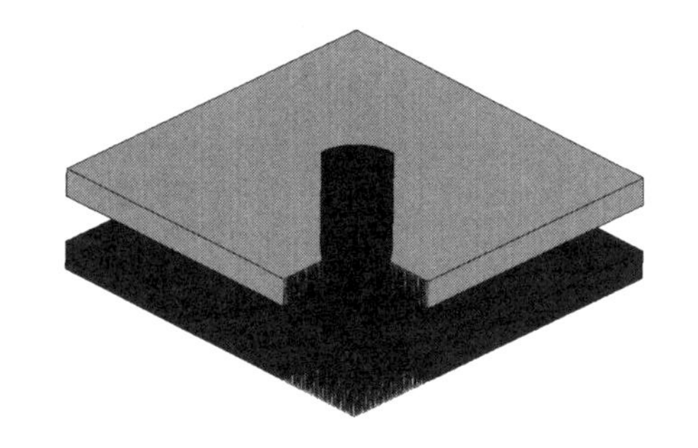

图 6-4　弹丸侵彻双层靶板的 FEM-SPH 固定耦合模型

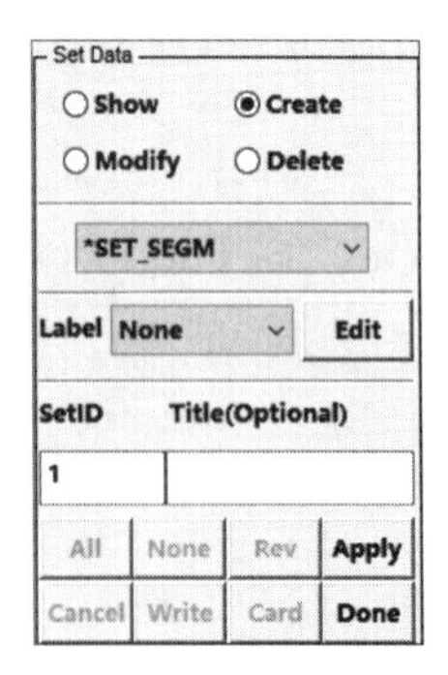

图 6-5　Set Data 界面设置

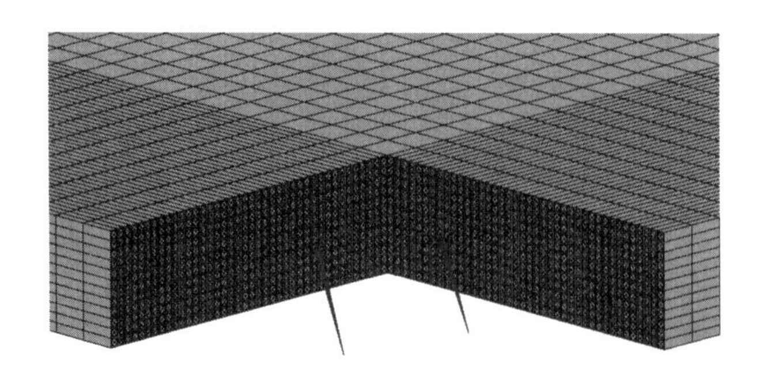

图 6-6　创建 Segment 组 1

第四步,生成 FEM-SPH. k 文件。

(1)选择 File > Save As > Save Keyword as... 选项,弹出 Save Keyword 对话框;

(2)输入文件名为 FEM-SPH. k,单击 Save 按钮,保存修改后的 K 文件。

6.3 K 文件的修改和编辑

(1)用 UltraEdit 软件打开工作目录下的 FEM-SPH. k 文件。

(2)将原有的 FEM-SPH. k 拆分为两个 K 文件。其中一个为 mesh. k 文件,为模型的节点和单元信息;另一个为 main. k 文件,为计算模型控制关键字文件。

(3)对照 main. k 文件,对控制关键字文件作如下修改:

①添加 *INCLUDE 关键字,在 main. k 文件中添加 mesh. k 文件;

②删除 ID 编号为 2 和 3 的 *SECTION_SOLID 关键字;

③添加 *SECTION_SPH 关键字,定义 SPH 粒子单元属性;

④修改 *MAT_JOHNSON_COOK 材料本构和 *EOS_GRUNEISEN 状态方程参数,要保持材料本构 ID 与状态方程 ID 编号相对应;

⑤添加 *PART 关键字,并完善 Part 信息;

⑥添加 *BOUNDARY_SPH_SYMMETRY_PLANE 关键字,定义 SPH 粒子对称边界;

⑦删除侵蚀接触算法 *CONTACT_ERODING_SURFACE_TO_SURFACE 关键字;

⑧添加 *CONTACT_ERODING_NODES_TO_SURFACE 关键字,定义 SPH 粒子和 Lagrange 单元的侵蚀接触算法;

⑨添加 *CONTACT_TIED_NODES_TO_SURFACE_OFFSET 关键字,定义靶板 SPH 粒子单元和 FEM 单元的固定连接;

⑩添加 *CONTROL_SPH 关键字;

⑪添加 *CONTROL_HOURGLASS 关键字;

⑫添加 *INITIAL_VELOCITY_GENERATION 关键字;

⑬修改接触刚度控制关键字 *CONTROL_CONTACT;

⑭修改 *CONTROL_TIMESTEP 关键字;

⑮删除 *CONTROL_SHELL 关键字。

6.4 控制关键字文件讲解

关键字文件有两个:网格文件 mesh. k 和控制文件 main. k。控制文件 main. k 的内容及相关讲解如下：

```
$首行*KEYWORD 表示输入文件采用的是关键字输入格式
*KEYWORD
*TITLE

$
$为二进制文件定义输出格式,0表示输出的是 LS-DYNA 数据库格式
*DATABASE_FORMAT
         0
$读入节点 K 文件
*INCLUDE
mesh.k
$$$$$$$$$$$$$$$$$$$$$$$$$$$$$$$$$$$$$$$$$$$$$$$$$$$$$$$$$$$$$$$$$$$$$$$$$$$$$$$$$
$                              SECTION DEFINITIONS                              $
$$$$$$$$$$$$$$$$$$$$$$$$$$$$$$$$$$$$$$$$$$$$$$$$$$$$$$$$$$$$$$$$$$$$$$$$$$$$$$$$$
$
*SECTION_SOLID
         1         1
*SECTION_SOLID
         4         1
*SECTION_SOLID
         5         1
*SECTION_SPH
         6     1.2       0.2       2.0       0.0       1.e20   0.0
*SECTION_SPH
         7     1.2       0.2       2.0       0.0       1.e20   0.0
$$$$$$$$$$$$$$$$$$$$$$$$$$$$$$$$$$$$$$$$$$$$$$$$$$$$$$$$$$$$$$$$$$$$$$$$$$$$$$$$$
$                              MATERIAL DEFINITIONS                             $
$$$$$$$$$$$$$$$$$$$$$$$$$$$$$$$$$$$$$$$$$$$$$$$$$$$$$$$$$$$$$$$$$$$$$$$$$$$$$$$$$
$
*MAT_JOHNSON_COOK
         1      7.83      0.77
7.920E-03 5.100E-03    0.260     0.014     1.030       1793      293   1.0E-06
0.383E-05  -9.00E+00     3.00       0.0      0.05       3.44    -2.12     0.002
     1.61
*EOS_GRUNEISEN
       1   0.4569      1.49      0.00      0.00      2.17     0.46      0.0
     1.00
$
*MAT_JOHNSON_COOK
         4  7.83000     0.770
0.350E-02 3.000E-03  0.260  0.140E-01  1.03  0.176E+04  294.  0.100E-05
0.452E-05  -9.00E+00  3.00         0.0        0.8  0.00          0.00  0.00
   0.00
*EOS_GRUNEISEN
         4    0.4569      1.49          0          0       2.17      0.46         0
      1.0
```

```
$
*MAT_JOHNSON_COOK
       5  7.83000      0.770
0.350E-02 3.000E-03  0.260  0.140E-01  1.03  0.176E+04  294.  0.100E-05
0.452E-05  -9.00E+00  3.00    0.0      0.8   0.00       0.00 0.00
  0.00
*EOS_GRUNEISEN
       5    0.4569      1.49        0         0       2.17       0.46         0
      1.0
$
*MAT_JOHNSON_COOK
       6  7.83000         0.770
0.350E-02 3.000E-03  0.260  0.140E-01  1.03  0.176E+04  294.  0.100E-05
0.452E-05 -9.00E+00 3.00        0.0      0.8    0.00     0.00     0.00
  0.00
*EOS_GRUNEISEN
       6    0.4569      1.49        0         0       2.17       0.46         0
      1.0
$
*MAT_JOHNSON_COOK
       7  7.83000         0.770
0.350E-02 3.000E-03  0.260  0.140E-01  1.03  0.176E+04  294.  0.100E-05
0.452E-05  -9.00E+00  3.00      0.0        0.8  0.00      0.00  0.00
  0.00
*EOS_GRUNEISEN
       7    0.4569      1.49        0         0       2.17       0.46         0
      1.0
$$$$$$$$$$$$$$$$$$$$$$$$$$$$$$$$$$$$$$$$$$$$$$$$$$$$$$$$$$$$$$$$$$$$$$$$$$$$$$$$
$                             PARTS DEFINITIONS                                $
$$$$$$$$$$$$$$$$$$$$$$$$$$$$$$$$$$$$$$$$$$$$$$$$$$$$$$$$$$$$$$$$$$$$$$$$$$$$$$$$
$
$
*PART
Part          1 for Mat          1 and Elem Type         1
         1         1         1         1         0         0         0
$
*PART
Part          4 for Mat          4 and Elem Type         4
         4         4         4         4         0         0         0
$
*PART
Part          5 for Mat          5 and Elem Type         5
         5         5         5         5         0         0         0
$
*PART
Part          6 for Mat          6 and Elem Type         6
         6         6         6         6         0         0         0
$
```

```
*PART
Part          7 for Mat          7 and Elem Type        7
         7             7        7           7         0         0         0
$$$$$$$$$$$$$$$$$$$$$$$$$$$$$$$$$$$$$$$$$$$$$$$$$$$$$$$$$$$$$$$$$$$$$$$$$$$$$$$$
$                              BOUNDARY DEFINITIONS                             $
$$$$$$$$$$$$$$$$$$$$$$$$$$$$$$$$$$$$$$$$$$$$$$$$$$$$$$$$$$$$$$$$$$$$$$$$$$$$$$$$
$
*BOUNDARY_SPC_SET
         1         0         1         0         1         0         0         0
*BOUNDARY_SPC_SET
         2         0         1         0         0         0         0         0
*BOUNDARY_SPC_SET
         3         0         0         0         1         0         0         0
*BOUNDARY_SPC_SET
         4         0         1         1         1         0         0         0
$
$创建 SPH 粒子 YOZ 对称平面
*BOUNDARY_SPH_SYMMETRY_PLANE
$   VTX      VTY         VTZ        VHX        VHY        VHZ
     0       0        0         1        0        0
$创建 SPH 粒子 YOX 对称平面
*BOUNDARY_SPH_SYMMETRY_PLANE
$   VTX      VTY         VTZ        VHX        VHY        VHZ
     0       0       0         0        0        1
$
$$$$$$$$$$$$$$$$$$$$$$$$$$$$$$$$$$$$$$$$$$$$$$$$$$$$$$$$$$$$$$$$$$$$$$$$$$$$$$$$
$                               CONTACT DEFINITIONS                             $
$$$$$$$$$$$$$$$$$$$$$$$$$$$$$$$$$$$$$$$$$$$$$$$$$$$$$$$$$$$$$$$$$$$$$$$$$$$$$$$$
$定义弹丸与靶板之间的侵蚀接触
*CONTACT_ERODING_NODES_TO_SURFACE
         6         1         3         3
     0.000     0.000     0.000     0.000     0.000         1
   1.000     1.000     0.000     0.000     1.000     1.000     1.000     1.000
   1               1           1
   1
*CONTACT_ERODING_NODES_TO_SURFACE
         7         1         3         3
     0.000     0.000     0.000     0.000     0.000         1
   1.000     1.000     0.000     0.000     1.000     1.000     1.000     1.000
   1               1           1
   1
*CONTACT_TIED_NODES_TO_SURFACE_OFFSET
         6         1        3         0
     0.000     0.000     0.000     0.000     0.000         1
   1.000     1.000     0.000     0.000     1.000     1.000     1.000     1.000
*CONTACT_TIED_NODES_TO_SURFACE_OFFSET
         7         2           3         0
     0.000     0.000     0.000     0.000     0.000         1
```

```
  1.000       1.000      0.000      0.000      1.000      1.000      1.000      1.000
$$$$$$$$$$$$$$$$$$$$$$$$$$$$$$$$$$$$$$$$$$$$$$$$$$$$$$$$$$$$$$$$$$$$$$$$$$$$$$$$
$                            CONTROL OPTIONS                                    $
$$$$$$$$$$$$$$$$$$$$$$$$$$$$$$$$$$$$$$$$$$$$$$$$$$$$$$$$$$$$$$$$$$$$$$$$$$$$$$$$
$速度加载设置
$ID 为弹丸 Part 编号
$STYP 为 Part 类型, =2为 Part
$VY = -0.05
*INITIAL_VELOCITY_GENERATION
$    ID      STYP      OMEGA      VX        VY        VZ        IVATN
      1         2                          -0.05
$    XC        YC        ZC        NX        NY        NZ        PHASE

*CONTROL_ENERGY
         2         2         2         1
*CONTROL_SPH
$    NCBS     BOXID      DT       IDIM     MEMORY     FORM      START     MAXV
       1         0    1e20        3      150         0         0     1e15
*CONTROL_HOURGLASS
  1        0.15
*CONTROL_BULK_VISCOSITY
 1.50    0.600E-01
*CONTROL_CONTACT
  2.00000  0.00000         2         0         1         1         1
         0         0        10         0  4.00
*CONTROL_TIMESTEP
   0.0000  0.6700         0  0.00      0.00
*CONTROL_TERMINATION
 100.          0  0.00000   0.00000   0.00000
$
$$$$$$$$$$$$$$$$$$$$$$$$$$$$$$$$$$$$$$$$$$$$$$$$$$$$$$$$$$$$$$$$$$$$$$$$$$$$$$$$
$                              TIME HISTORY                                    $
$$$$$$$$$$$$$$$$$$$$$$$$$$$$$$$$$$$$$$$$$$$$$$$$$$$$$$$$$$$$$$$$$$$$$$$$$$$$$$$$
$
*DATABASE_BINARY_D3PLOT
2.000
*DATABASE_BINARY_D3THDT
2.000
$
$$$$$$$$$$$$$$$$$$$$$$$$$$$$$$$$$$$$$$$$$$$$$$$$$$$$$$$$$$$$$$$$$$$$$$$$$$$$$$$$
$                            DATABASE OPTIONS                                   $
$$$$$$$$$$$$$$$$$$$$$$$$$$$$$$$$$$$$$$$$$$$$$$$$$$$$$$$$$$$$$$$$$$$$$$$$$$$$$$$$
$
*DATABASE_EXTENT_BINARY
         0         0         3         1         0         0         0         0
         0         0         4         0         0         0
*END
```

6.5 计算结果

计算结束后，用 LS-PREPOST 软件打开工作目录下的 d3plot 文件，读入结果输出文件。输出不同时刻的弹丸侵彻过程图，将计算结果与自适应 FEM-SPH 算法进行对比，如图 6－7 所示，弹丸速度—时间曲线如图 6－8 所示。弹丸穿过双层靶板后，自适应 FEM-SPH 算法的弹丸速度由 500 m/s 衰减至 286 m/s，而 FEM-SPH 固定耦合算法的弹丸速度衰减至 350 m/s。

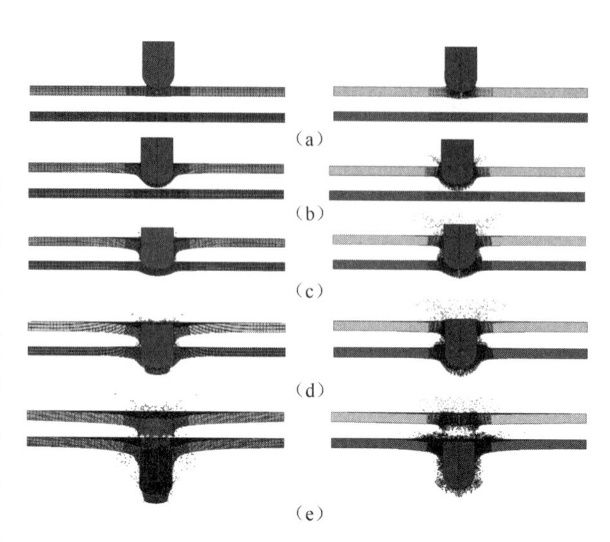

图 6－7　弹丸侵彻过程(左：自适应 FEM-SPH 算法；右：FEM-SPH 固定耦合算法)

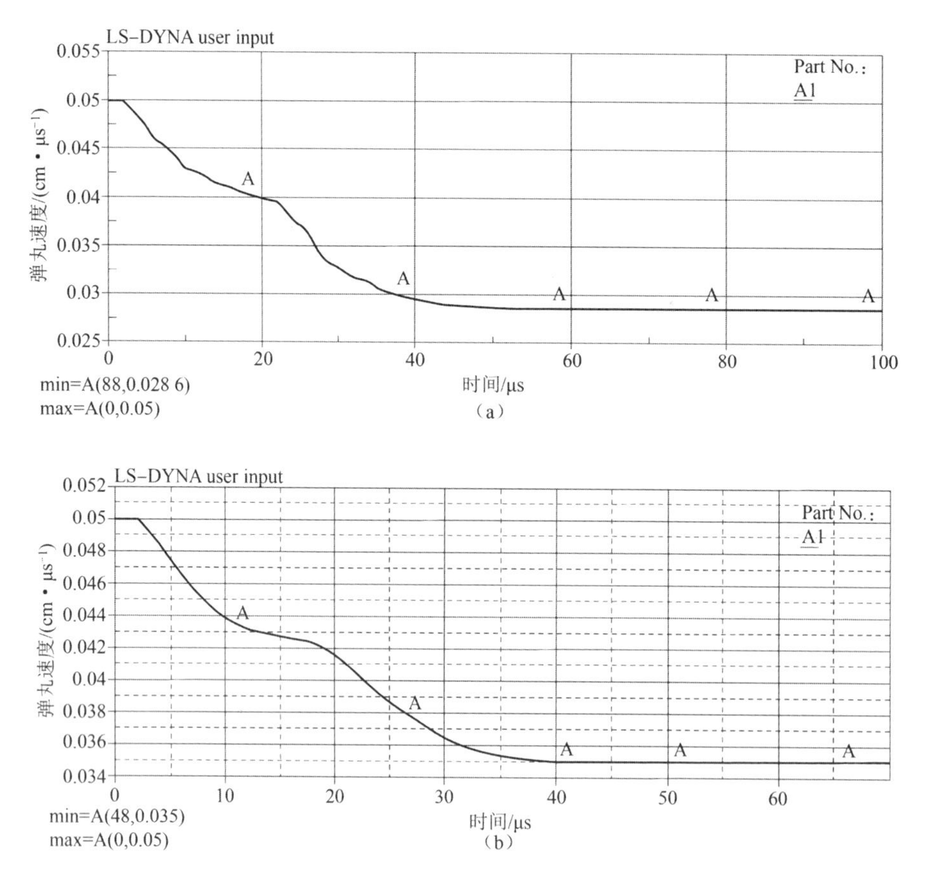

图 6－8　弹丸速度—时间曲线

(a)自适应 FEM-SPH 算法；(b)FEM-SPH 固定耦合算法

第三部分

LS-DYNA 爆炸效应计算

LS-DYNA 模拟炸药爆炸及对结构作用的计算方法①有以下十三种。

(1)传统 ALE 法。炸药和结构等共节点,均采用 ALE 算法。炸药可采用 *EOS_JWL、*EOS_IGNITION_AND_GROWTH_OF_REACTION_IN_HE 和 *EOS_PROPELLANT_DEFLAGRATION 状态方程。也有人尝试采用其他类型状态方程,如 *EOS_LINEAR_POLYNOMIAL 或 *INITIAL_EOS_ALE,替之以与炸药能量和体积相等的气体,这种方法计算出的炸药附近冲击波压力严重偏低,中远场则与实际较为符合。

(2)Lagrange 算法。炸药和结构共节点或采用滑移接触,主要考虑爆轰产物的作用,仅适用于近距离接触爆炸。

(3)流固耦合算法。炸药等采用 ALE 算法,结构采用 Lagrange 算法,在二者之间定义流固耦合关系。

(4)采用 *LOAD_BLAST(不考虑地面反射)、*LOAD_BRODE(不考虑地面反射)或 *LOAD_BLAST_ENHANCED(考虑地面反射)关键字,将空中爆炸载荷直接施加在结构上,适用于结构之间没有相互遮挡的工况。

(5)结合使用 *LOAD_BLAST_ENHANCED、*SECTION_SOLID 中的 ELFORM = 11 和 AET = 5 等关键字,计算爆炸及其对结构的作用,可用于结构之间有相互遮挡的工况。

(6)采用 *LOAD_SSA 关键字计算远场水下爆炸对结构的毁伤。

(7)采用声固耦合算法计算远场水下爆炸对结构的毁伤。

(8)采用 USA 模块计算远场水下爆炸对结构的毁伤。

(9)PBM 爆炸粒子法。采用 *PARTICLE_BLAST 关键字模拟近距离爆炸作用,如地雷爆炸对装甲车辆的毁伤。

(10) *INITIAL_IMPULSE_MINE。用于模拟地下埋藏地雷对装甲车辆的毁伤。

(11)CESE + Chemistry + FSI。从化学反应层面模拟爆燃/爆炸对结构的破坏。

(12) *CESE_BOUNDARY_BLAST_LOAD + *LOAD_BLAST_ENHANCED + FSI。模拟爆燃/爆炸对结构的破坏,可用于结构之间有相互遮挡的工况。

(13)SPH、DEM、EFG 或 SPG 方法。做法有两种:第一种为流固耦合算法,炸药等采用 ALE 算法,结构采用 SPH、DEM、EFG 或 SPG 方法,二者之间通过 *ALE_COUPLING_NODAL_DRAG、*ALE_COUPLING_NODAL_PENALTY 等定义流固耦合关系;第二种为接触方法,主要用于模拟接触爆炸。需要说明的是,如果炸药采用 SPH 方法、结构体单元采用 Lagrange 方法,当结构局部发生失效后,各类接触均无法重新建立新的接触界面,很快就出现了接触渗透。

---

① 辛春亮,薛再清,涂建,等. TrueGrid 和 LS-DYNA 动力学数值计算详解[M]. 北京:机械工业出版社,2019.

7 炸药空爆冲击波压力分布一维计算

7.1 计算模型

球形炸药在空气自由场中爆炸具有球对称属性，为节约计算成本，可采用一维球对称算法对球形炸药自由场的爆炸进行模拟。LS-DYNA 程序提供了用于描述 1D 单元 ALE 算法的关键字，即 * SECTION_ALE1D。其建模思路如下。

采用一维梁单元（BEAM161）建立模型，如图 7－1 所示。由于在一维计算模型中无法在边界处施加压力透射边界，因此采用增加计算域的方法消除边界压力反射对计算结果的影响（增加计算域仍然存在压力边界反射问题，只是在反射压力到来前就停止计算）。计算域空气半径为 60 m，采用多物质 ALE 算法，网格大小为 0.1 cm。建模采用 g、cm、μs 单位制。为了监测冲击波的传播过程，采用 * DATABASE_TRACER 关键字，在距起爆中心 1 ~ 6 m 处等间距取 6 个压力监测点。

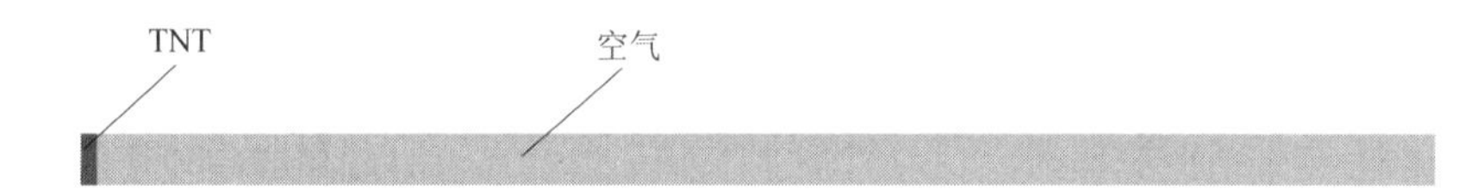

图 7－1　球形 TNT 炸药一维球对称数值计算模型

7.2 关键字解释

7.2.1 * SECTION_ALE1D

目的：定义 1D ALE 单元的截面属性。

卡片定义及关键字描述见表 7－1 ~ 表 7－3。

表 7－1　* SECTION_ALEID 关键字卡片 1

Card1	1	2	3	4	5	6	7	8
Variable	SECID	ALEFORM	AET	ELFORM				
Type	I/A	I	I	I				
Default	none	none	0	none				

表 7-2 *SECTION_ALEID 关键字卡片 2

Card2	1	2	3	4	5	6	7	8
Variable	THICK	THICK						
Type	F	F						
Default	none	none						

表 7-3 *SECTION_ALEID 关键字参数描述

变量	参数描述
SECID	单元算法 ID。SECID 被 * Part 卡片引用,可为数字或字符,但其 ID 必须唯一
ALEFORM	ALE 算法。 =11:多物质 ALE 算法
AET	环境单元类型。 =4:压力流入
ELFORM	单元算法。 =7:平面应变; =8:轴对称(每弧度); = -8:球对称(单位角度)
THICK	节点厚度。对于球对称单元算法,节点厚度虽然没有意义,但是必须定义一个大于 0 的数

7.2.2 *DATABASE_TRACER_OPTION

目的:示踪粒子将材料点或空间点的历史记录保存到一个 ASCII 文件中,即 TRHIST 文件。该历史记录包括位置、速度和应力部分。*DATABASE_TRHIST 必须被定义,适用于 ALE、SPH 和 DEM 问题。OPTION 指定离散单元的示踪,设置为 DE。

卡片定义及关键字描述如表 7-4 和表 7-5 所示。

表 7-4 *DATABASE_TRACER_OPTION 关键字卡片

Card1	1	2	3	4	5	6	7	8
Variable	TIME	TRACK	X	Y	Z	AMMGID	NID	RADIUS
Type	F	I	F	F	F	I	I	F
Default	0.0	0	0	0	0	0	0	0.0

表 7-5 *DATABASE_TRACER_OPTION 关键字参数描述

变量	参数描述
TIME	示踪粒子的启动时间
TRACK	示踪方式选项。 =0:示踪点伴随材料运动; =1:示踪点固定在空间
X	初始 X 坐标
Y	初始 Y 坐标
Z	初始 Z 坐标
AMMGID	在一个多物质 ALE 单元中被追踪材料的 AMMG (ALE Multi-Material Group) ID
NID	一个可选的节点 ID,定义示踪粒子的初始位置。如果定义了,其坐标将覆盖上面的 X、Y、Z 坐标。这个功能只适用于 TRACK =0,并且可以应用于 ALE 示踪和 DE 示踪
RADIUS	半径仅用于 DE 选项,表示是示踪单个离散元素还是多个离散元素 >0:示踪取半径 = RADIUS 的球体内的所有离散元素的平均结果,该球体保持在 DE 示踪的中心; <0:使用最接近追踪点的离散元素。在这种情况下,RADIUS 的大小是不重要的

7.3 建模步骤

第一步,设置工作目录和模型文件。

(1)在磁盘 E 中创建“airblast1D”文件夹,用于存储模型文件和计算文件;

(2)启动 ANSYS 16.0,在启动界面进行建模环境的设置,在 Simulation Environment 下拉菜单中选择 ANSYS,在 License 下拉菜单中选择 ANSYS LS-DYNA;

(3)单击 File Management 选项卡,弹出工作目录和工作文件设置窗口,单击 Working Directory 后面的 Browse 按钮,选择 E 盘文件夹“airblast1D”,在 Job Name 右侧文本框中输入“airblast”作为模型文件名,如图 7-2 所示;

(4)单击 Run 按钮,进入 ANSYS 建模界面。

第二步,单元类型设置。

(1)选择 Main Menu > Preprocessor > Element Type > Add/Edit/Delete 选项,弹出

Element Types 单元类型对话框;

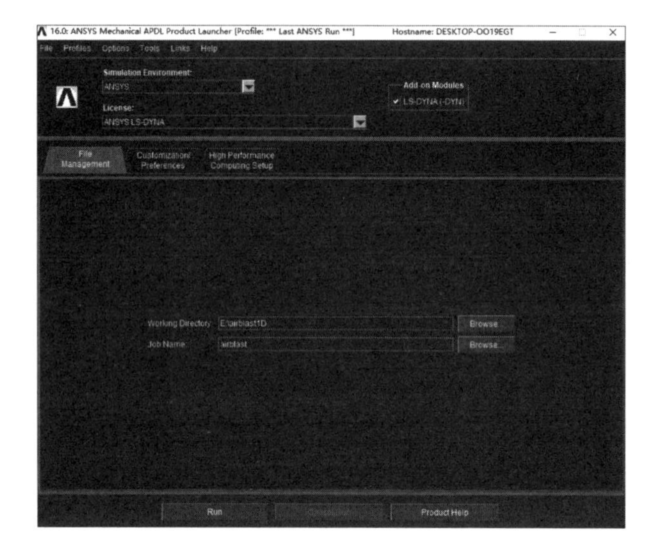

图 7-2 ANSYS/LS-DYNA 建模环境设置

(2)单击 Add 按钮,弹出 Library of Element Types 对话框,选择 LS-DYNA Explicit 右侧列表框中的 3D BEAM161 选项,单击 OK 按钮,关闭对话框,此时编号为 1 的单元类型设置完毕;

(3)按照步骤(2)中的操作,继续完成单元类型 2 的设置;

(4)单击 Close 按钮,关闭对话框,如图 7-3 所示。

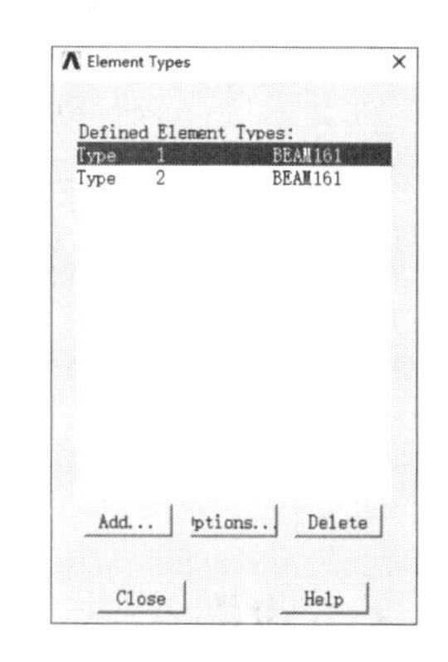

图 7-3 Element Types 对话框

第三步,单元实常数设置。

(1)依次选择 Main Menu > Preprocessor > Real Constants 选项,弹出 Real Constants 单元类型对话框,如图 7-4 所示;

(2)单击 Add 按钮,弹出 Element Type for Real Constants 对话框,如图 7-5 所示,选择 Type 1 BEAM161,单击 OK 按钮,弹出 Real Constant Set Number 1,for BEAM161 对话框,如图 7-6 所示;

(3)在 Real Constant Set No. 右侧文本框中输入 1,单击 OK 按钮,弹出 Real Constant Set Number 1,for BEAM161 对话框;

(4)默认 Real Constant Set Number 1,for BEAM161 对话框中的参数设置,单击 OK 按钮,关闭对话框,如图 7-7 所示,此时已经完成编号为 1 的参数设置;

注:梁单元实常数在前处理中不用具体设置,可在后续 K 文件中进行详细设置,

请读者知悉。

(5)按照相同的方法,选择 Type 2 BEAM161,完成编号为 2 的实常数设置,如图 7－8 所示。

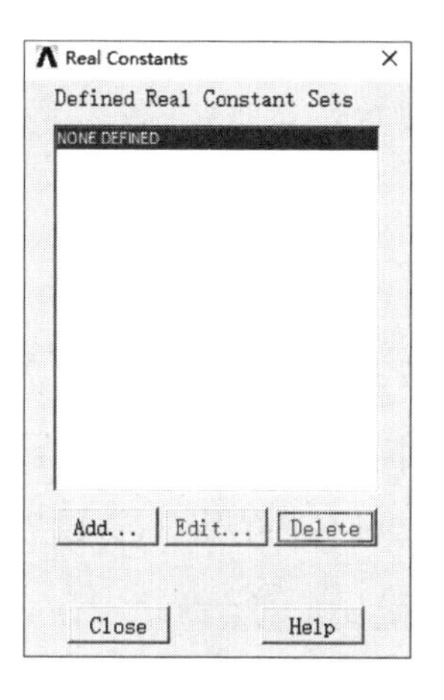

图 7－4 Real Constants 对话框

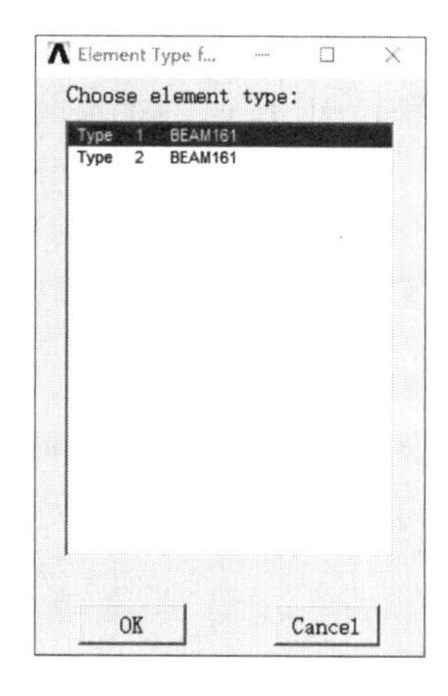

图 7－5 Element Type for Real Constants 对话框

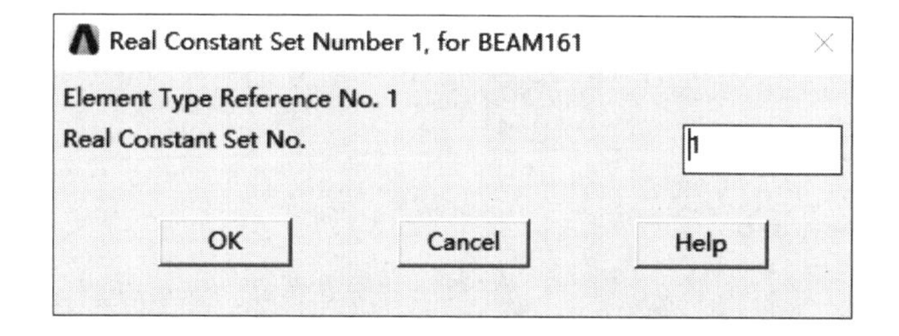

图 7－6 Real Constant Set Number 1,for BEAM161 对话框

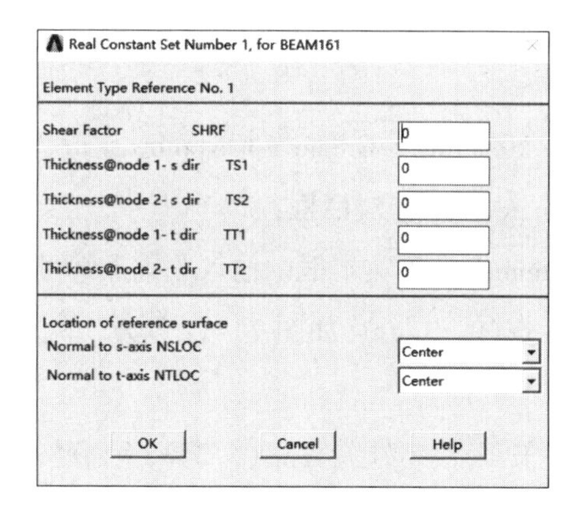

图 7－7 Real Constant Set Number 1,for BEAM161 对话框

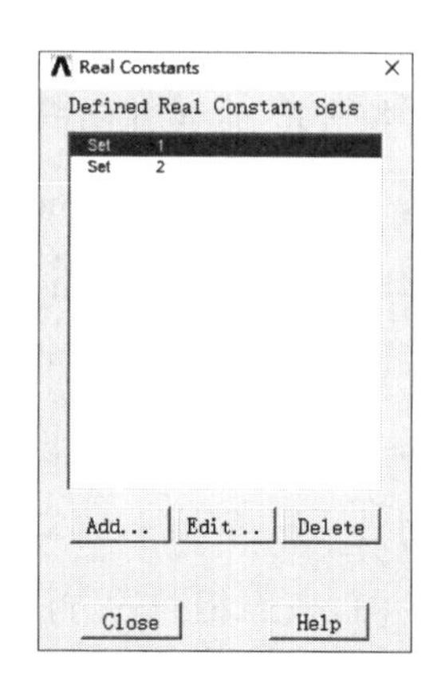

图 7－8 Real Constants 对话框

第四步,材料参数设置。

(1)依次选择 Main Menu > Preprocessor > Material Props > Material Models 选项,弹出

Define Material Model Behavior 对话框;

(2)此时 Material Models Defined 中已自动生成材料编号为 1 的材料,在 Material Models Available 对话栏中依次选择 LS-DYNA > Equation of State > Gruneisen > Null;

(3)弹出 Null Properties for Material Number 1 对话框,设置 DENS 参数为 1,其余参数保持默认,单击 OK 按钮,关闭对话框,即完成材料 1 的设置;

注:材料参数可在 K 文件中进行详细的设置。

(4)在 Define Material Model Behavior 对话框中选择 Material > New Model 命令,弹出 Define Material ID 对话框,新建编号为 2 的材料,单击 OK 按钮,关闭对话框,如图 7-9 所示;

(5)重复步骤(2)和步骤(3)的操作,完成 2 号材料本构和状态方程的设置;

(6)选择 Material > Exit 命令,退出材料窗口,即完成两种材料的定义,如图 7-10 所示。

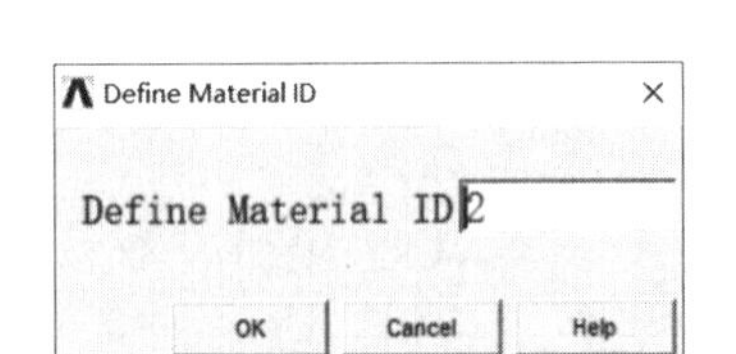

图 7-9 Define Material ID 对话框

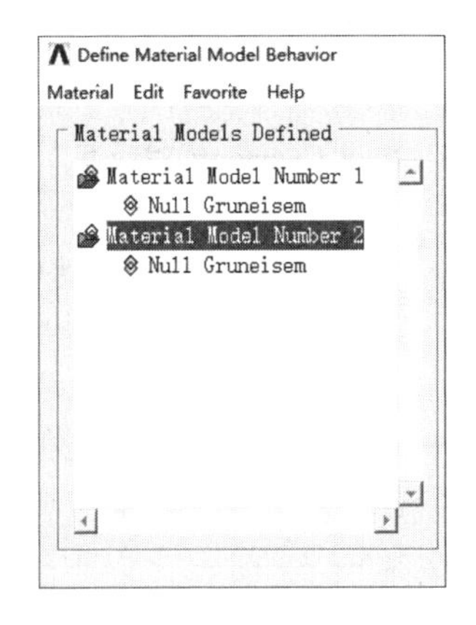

图 7-10 Define Material Model Behavior 对话框

第五步,创建几何模型。

(1)选择 Main Menu > Preprocessor > Modeling > Create > Keypoints > In Active CS 选项,弹出 Create Keypoints in Active Coordinate System 对话框;

(2)在该对话框中的 NPT Keypoint number 右侧文本框中输入关键点编号 1,在 X,Y,Z Location in active CS 设置栏中输入坐标点(0, 0, 0),如图 7-11 所示,单击 OK 按钮,关闭对话框,完成 1 号关键点的创建;

(3)按照相同的方法,分别创建 3 个关键点:2 号关键点(5.272, 0, 0)、3 号关键点(6000, 0, 0)、4 号关键点(6050, 0, 0);

(4)选择 Main Menu > Preprocessor > Modeling > Create > Lines > Lines > Straight Line 选项,弹出 Create Straight Line 对话框;

(5)依次拾取关键点 1 和关键点 2,单击 OK 按钮,创建直线段 L1;

(6)依次拾取关键点 2 和关键点 3,单击 OK 按钮,创建直线段 L2;

(7)在标题栏中选择 Plot > Lines 选项,显示线框。

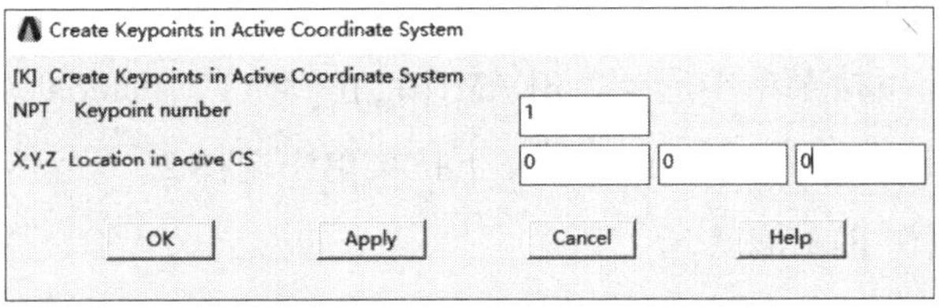

图 7-11 Create Keypoints in Active Coordinate System 对话框

第六步,给梁单元指定初始方向点。

(1)选择 Main Menu > Preprocessor > Meshing > Mesh Attributes > Picked Lines 选项,弹出 Line Attributes 对话框;

(2)在视图区中拾取直线段 L1,单击 OK 按钮,弹出 Line Attributes 对话框;

(3)在[MAT] Material number 下拉菜单中选择 1,在[REAL] Real constant set number 下拉菜单中选择 1,在[TYPE] Element type number 下拉菜单中选择 1 BEAM161,在 Pick Orientation Keypoint(s)栏下点选中 Yes,单击 OK 按钮,弹出 Line Attributes 对话框;

(4)拾取关键点 4,单击 OK 按钮,关闭对话框;

(5)按照相同的操作方法,给直线段 L2 指定初始关键点 4,在[MAT] Material number 下拉菜单中选择 2,在[REAL] Real constant set number 下拉菜单中选择 2,在[TYPE] Element type number 下拉菜单中选择 2 BEAM161。

注: 必须给梁单元指定初始原点,否则无法对线段进行网格划分,在其他前处理软件中可能不需要这一操作,请读者视情况而定。

第七步,网格划分。

(1)选择 Main Menu > Preprocessor > Meshing > MeshTool 选项,弹出 MeshTool 面板;

(2)在 MeshTool 面板中单击 Element Attributes 选择栏右侧的 Set 按钮,弹出 Meshing Attributes 对话框,在[TYPE] Element type number 右侧下拉菜单中选择 1 BEAM161,在[MAT]Material number 右侧下拉菜单中选择 1,在[REAL] Real constant set number 下拉菜单中选择 1,单击 OK 按钮,关闭对话框,如图 7-12 所示;

(3)在 Size 面板中单击 Global 单击栏右侧的 Set 按钮,弹出 Global Element Sizes 对话框;在[SIZE] Element edge length 右侧文本框中输入 0.05,单击 OK 按钮,关闭对话框;

(4)在 MeshTool 面板的 Mesh 下拉菜单中选择 Lines,单击 Mesh 按钮,弹出 Mesh Lines 面板;

(5)在视图区拾取直线段 L1，单击 OK 按钮，进行线段网格划分；

(6)选择 Plot > Lines 选项，显示线；

(7)按照相同的步骤，对直线段 L2 进行网格划分，网格尺寸为 0.05 cm，在[TYPE] Element type number 下拉菜单中选择 2 BEAM161，在[MAT] Material number 下拉菜单中选择 2，在[REAL] Real constant set number 下拉菜单中选择 2。

第八步，创建模型 Part 信息。

(1)选择 Main Menu > Preprocessor > LS-DYNA Options > Parts Options 命令，弹出 Parts Data Written for LS-DYNA 对话框；

(2)在 Option 选择栏中点选中 Create all parts 选项，单击 OK 按钮，关闭对话框；弹出 EDPART Command 信息窗口，返回所创建的 Part 具体信息。

第九步，分析步设置。

(1)选择 Main Menu > Solution > Analysis Options > Energy Options 选项，弹出 Energy Options 对话框，勾选中 Stonewall Energy、Hourglass Energy 和 Sliding Interface 选项；

(2)选择 Main Menu > Solution > Analysis Options > Bulk Viscosity 选项，弹出 Bulk Viscosity 对话框，保持默认值[Quadratic Viscosity Coefficient(二阶黏性系数)为 1.5，Linear Viscosity Coefficient(线性黏性系数)为 0.06]。

第十步，ALE 控制算法设置。

(1)选择 Main Menu > Solution > Analysis Options > ALE Options > Define 选项，弹出 Define Global ALE Settings for LS－DYNA Explicit 对话框；

(2)在 Cycles between advection 右侧文本框中输入 1，在 Advection Method 栏下点选中 Van Leer，在[AFAC] Simple Avg Weight Factor 右侧文本框中输入 －1，如图 7－13 所示；

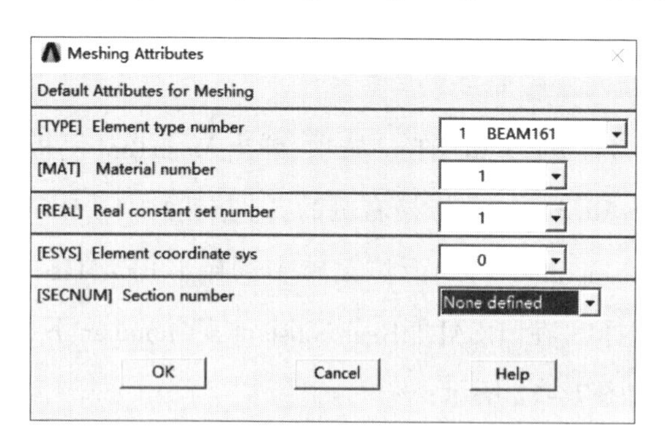

图 7－12 Meshing Attributes 对话框

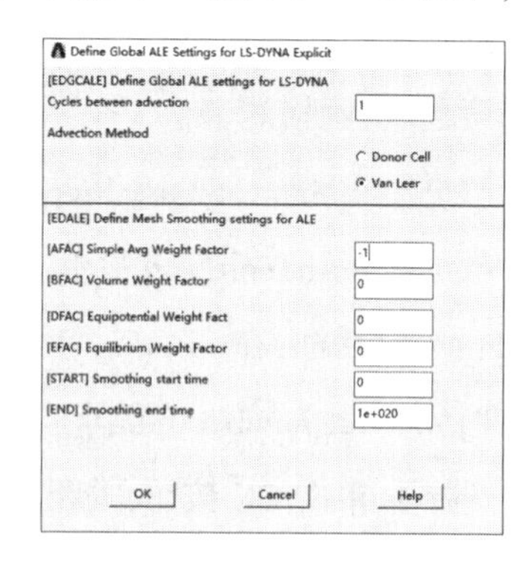

图 7－13 Define Global ALE Settings for LS-DYNA Explicit 对话框

(3)单击 OK 按钮，关闭对话框，弹出 EDALE Command 窗口，返回 ALE 参数设置信息,关闭窗口。

第十一步,求解时间和时间步设置。

(1)选择 Main Menu > Solution > Time Controls > Solution Time 选项,弹出 Solution Time for LS-DYNA Explicit 对话框,在[TIME]Terminate at Time 右侧文本框中输入 2000,单击 OK 按钮,确认输入;

(2)选择 Main Menu > Solution > Time Controls > Time Step Ctrls 选项,弹出 Specify Time Step Scaling for LS-DYNA Explicit 对话框,在 Time step scale factor 右侧文本框中输入 0.9,单击 OK 按钮,确认输入。

第十二步,设置输出类型和数据输出时间间隔。

(1)选择 Main Menu > Solution > Output Controls > Output File Types 选项,弹出 Specify Output File Types for LS-DYNA Solver 对话框,在 File options 下拉菜单中选择 Add,在 Produce output for... 下拉菜单中选择 LS-DYNA,单击 OK 按钮,关闭对话框;

(2)选择 Main Menu > Solution > Output Controls > File Output Freq > Time Step Size 选项,弹出 Specify File Output Frequency 对话框,在[EDRST]Specify Results File Output Interval:Time Step Size 右侧文本框中输入 1000,在[EDHTIME]Specify Time-History Output Interval:Time Step Size 文本框中输入 1000,单击 OK 按钮,关闭对话框,随后弹出 Waring 信息,单击 Close 按钮,关闭弹窗。

第十三步,输出 K 文件。

(1)选择 Main Menu > Solution > Write Jobname.k 命令,弹出 Input files to be Written for LS-DYNA 对话框;

(2)在 Write results files for... 下拉菜单中选择 LS-DYNA,在 Write input files to... 右侧文本框中输入 airblast.k,单击 OK 按钮,即在工作文件中生成 airblast.k 的文件;

(3)弹出 EDWRITE Command 窗口,列出模型中的关键信息。

7.4 K 文件的修改和编辑

(1)用 UltraEdit 软件打开工作目录下的 airblast.k 文件。

(2)将原有的 airblast.k 拆分为两个 K 文件。其中一个为 mesh.k 文件,为模型的节点和单元信息;另一个为 main.k 文件,为计算模型控制关键字文件。

(3)对照 main.k 文件,对控制 K 文件进行如下修改:

①添加 *INCLUDE 关键字,在 main.k 文件中添加 mesh.k 文件;

②删除梁单元算法 *SECTION_BEAM 关键字;

③添加 * SECTION_ALE1D 关键字；

④添加多物质材料组定义 * ALE_MULTI - MATERIAL_GROUP 关键字；

⑤添加起爆点定义 * INITIAL_DETONATION 关键字；

⑥修改空气和炸药材料参数；

⑦删除 * CONTROL_SHELL 关键字；

⑧修改 ALE 算法控制的 * CONTROL_ALE 关键字；

⑨修改 * CONTROL_TERMINATION 关键字；

⑩添加示踪粒子 * DATABASE_TRACER 关键字；

⑪添加 * DATABASE_TRHIST 关键字。

7.5 求解

(1)启动 ANSYS 16.0,在启动界面进行求解环境设置,在 Simulation Environment 下拉菜单中选择 LS-DYNA Solver,在 License 下拉菜单中选择 ANSYS LS-DYNA,在 Analysis Type 栏中选中 Typical LS-DYNA Analysis 选项；

(2)单击 File Management 选项卡,弹出工作目录和工作文件设置窗口,单击 Working Directory 后面的 Browse 按钮,选择 E 盘文件夹"airblast1D",在 Keyword Input File 下拉菜单中选择修改后的 main. k 文件；

(3)单击 Customization/Preferences 选项卡,在 Memory(words)文本框中输入 2 100 000 000,在 Number of CPUs 文本框中输入 8；

(4)单击 Run 按钮,进入 LS-DYNA971R7 程序进行求解,求解时间到达后,界面返回 Normal termination。

7.6 控制关键字文件讲解

关键字文件有两个,分别为网格文件 mesh. k 和控制文件 main. k。控制文件 main. k 的内容及相关讲解如下：

```
$首行*KEYWORD 表示输入文件采用的是关键字输入格式
*KEYWORD
*TITLE

$为二进制文件定义输出格式,0表示输出的是 LS-DYNA 数据库格式
*DATABASE_FORMAT
0
```

```
$读入节点 K 文件
*INCLUDE
mesh.k
$
$$$$$$$$$$$$$$$$$$$$$$$$$$$$$$$$$$$$$$$$$$$$$$$$$$$$$$$$$$$$$$$$$$$$$$$$$$$$$$$$
$                          SECTION DEFINITIONS                                  $
$$$$$$$$$$$$$$$$$$$$$$$$$$$$$$$$$$$$$$$$$$$$$$$$$$$$$$$$$$$$$$$$$$$$$$$$$$$$$$$$
$
$*SECTION_ALE1D 为1D ALE 单元定义单元算法
$SECID 指定单元算法 ID,可为数值或符号,但是必须唯一,在*Part 卡片中被引用
$ALEFORM =11,表示采用多物质 ALE 算法
$ELFORM = -8,表示采用球对称模型,对于球对称模型而言,THICK 的值没有任何意义,但是必须定义一个大于0的任意数
*SECTION_ALE1D
$  SECID    ALEFORM      AET     ELFORM
     1       11                -8
$  THICK    THICK
    0.1     0.1
$
*SECTION_ALE1D
$  SECID    ALEFORM      AET     ELFORM
    2        11                -8
$  THICK    THICK
   0.1     0.1
$
$炸药点火控制,采用单点起爆方式
$PID 为采用*MAT_HIGH_EXPLOSIVE_BURN 材料本构的 Part ID 值
*INITIAL_DETONATION
$   PID       X         Y          Z         LT
    1        0         0          0          0
$定义 ALE 多物质材料组 AMMG
$ELFORM =11必须定义该关键字卡片
*ALE_MULTI-MATERIAL_GROUP
$   SID     IDTYPE
     1        1
     2        1
$
$$$$$$$$$$$$$$$$$$$$$$$$$$$$$$$$$$$$$$$$$$$$$$$$$$$$$$$$$$$$$$$$$$$$$$$$$$$$$$$$
$                          MATERIAL DEFINITIONS                                 $
$$$$$$$$$$$$$$$$$$$$$$$$$$$$$$$$$$$$$$$$$$$$$$$$$$$$$$$$$$$$$$$$$$$$$$$$$$$$$$$$
$
$TNT 材料参数
*MAT_HIGH_EXPLOSIVE_BURN
$       MID     RO        D        Pcj       BETA        K         G        SIGY
         1 1.630000 0.6930000 0.2100000 0.0000000 0.0000000 0.0000000 0.0000000
*EOS_JWL
$   EOSID        A         B        R1         R2        OMEG       E0       V0
         1 3.71200 0.032310 4.1500000 0.950000 0.3000000 0.070000 1.0000000
```

```
$
$空气材料参数
*MAT_NULL
$    MID     RO
       2  1.293E-3      0.00      0.00      0.00      0.00      0.00    0.00
*EOS_LINEAR_POLYNOMIAL
$    EOSID  C0          C1      C2       C3       C4       C5       C6
       2  0.00      0.00    0.00      0.00      0.40      0.40    0.00
$  E0       V0
2.500E-06    1.00
$
$
$$$$$$$$$$$$$$$$$$$$$$$$$$$$$$$$$$$$$$$$$$$$$$$$$$$$$$$$$$$$$$$$$$$$$$$$$$$$$$$$
$                              PARTS DEFINITIONS                                 $
$$$$$$$$$$$$$$$$$$$$$$$$$$$$$$$$$$$$$$$$$$$$$$$$$$$$$$$$$$$$$$$$$$$$$$$$$$$$$$$$
$
$定义炸药 Part,引用定义的单元算法、材料模型和状态方程,PID 必须唯一
*PART
Part          1 for Mat         1 and Elem Type         1
         1              1        1          1         0         0         0
$
$定义空气 Part,引用定义的单元算法、材料模型和状态方程,PID 必须唯一
*PART
Part          2 for Mat         2 and Elem Type         2
         2              2        2          2         0         0         0
$
$$$$$$$$$$$$$$$$$$$$$$$$$$$$$$$$$$$$$$$$$$$$$$$$$$$$$$$$$$$$$$$$$$$$$$$$$$$$$$$$
$                              CONTROL OPTIONS                                   $
$$$$$$$$$$$$$$$$$$$$$$$$$$$$$$$$$$$$$$$$$$$$$$$$$$$$$$$$$$$$$$$$$$$$$$$$$$$$$$$$
$
*CONTROL_ENERGY
         2         2         2         2
*CONTROL_BULK_VISCOSITY
  1.50   0.600E-01
$*CONTROL_ALE 为 ALE 算法设置全局控制参数
$针对爆炸问题,采用交错输运逻辑,DCT=-1
$NADV=1,表示每两物质输运步之间有一 Lagrange 步计算
$METH=-2,表示采用带有 HIS 的 Van Leer 物质输运算法
$PREF=1.01e-6表示环境大气压力
*CONTROL_ALE
$    DCT       NADV       METH       AFAC       BFAC      CFAC       DFAC       EFAC
        -1         1        -2   -1.00      0.00      0.00      0.00      0.00
$   START      END        AAFAC      VFACT      PRIT      EBC       PREF     NSIDEBC
  0.00      0.100E+21  1.00       0.00       0.00            0  1.01e-6
$计算时间步长控制
$TSSFAC=0.9为计算时间步长缩放因子
*CONTROL_TIMESTEP
$  DTINIT     TSSFAC     ISDO     TSLIMT     DT2MS     LCTM       ERODE      MS1ST
    0.0000     0.9000        0   0.00       0.00
```

```
$ENDTIM 定义计算结束时间
*CONTROL_TERMINATION
$ ENDTIM    ENDCYC     DTMIN     ENDENG     ENDMAS     NOSOL
0.230E+05       0  0.00000   0.00000   0.00000
$
$
$$$$$$$$$$$$$$$$$$$$$$$$$$$$$$$$$$$$$$$$
$                              TIME HISTORY                              $
$$$$$$$$$$$$$$$$$$$$$$$$$$$$$$$$$$$$$$$$
$
$定义二进制文件 D3PLOT 的输出
$DT=1000 μs,表示输出时间间隔
*DATABASE_BINARY_D3PLOT
1000.000
$定义二进制文件 D3THDT 的输出
$DT=1 000 μs,表示输出时间间隔
*DATABASE_BINARY_D3THDT
1000.000
$
$定义示踪粒子,将物质点的时间历程数据记录在 ASCII 文件中
$TIME 为示踪粒子数据开始记录时间
$TRACK=0,表示示踪粒子跟随物质材料运动
$TRACK=1,表示示踪粒子不随物质材料运动
$X,Y,Z 表示示踪粒子初始位置坐标
$AMMGID 为被跟踪的多物质 ALE 单元内的 AMMG 组编号
$如果 AMMGID=0,就按照多物质 ALE 单元内全部 AMMG 组的体积分数加权
$平均输出压力
*DATABASE_TRACER
$ TIME    TRACK      X         Y         Z       AMMGID    NID       RADIUS
    0        1     100        0         0        2
*DATABASE_TRACER
$ TIME    TRACK      X         Y         Z       AMMGID    NID       RADIUS
    0        1     200        0         0        2
*DATABASE_TRACER
$ TIME    TRACK      X         Y         Z       AMMGID    NID       RADIUS
    0        1     300        0         0        2
*DATABASE_TRACER
$ TIME    TRACK      X         Y         Z       AMMGID    NID       RADIUS
    0        1     400        0         0        2
*DATABASE_TRACER
$ TIME    TRACK      X         Y         Z       AMMGID    NID       RADIUS
    0        1     500        0         0        2
*DATABASE_TRACER
$ TIME    TRACK      X         Y         Z       AMMGID    NID       RADIUS
    0        1     600        0         0        2
$示踪粒子数据输出时间间隔,数据存储在 TRHIST 文件中
$DT=1 μs,表示数据输出间隔
*DATABASE_TRHIST
```

```
$  DT
  1
$
$$$$$$$$$$$$$$$$$$$$$$$$$$$$$$$$$$$$$$$$$$$$$$$$$$$$$$$$$$$$$$$$$$$$$$$$$$$$$$$$
$                              DATABASE OPTIONS                                  $
$$$$$$$$$$$$$$$$$$$$$$$$$$$$$$$$$$$$$$$$$$$$$$$$$$$$$$$$$$$$$$$$$$$$$$$$$$$$$$$$
$
*DATABASE_EXTENT_BINARY
        0       0       3       1       0       0       0       0
        0       0       4       0       0       0
$*END 表示关键字文件的结束,LS-DYNA 将忽略后面的内容
*END
```

7.7 计算结果

计算结束后,用 LS-PREPOST 软件打开工作目录下的 d3plot 文件,读入结果输出文件。显示压力检测点的压力—时间曲线,详细的操作步骤如下:

(1)选择右侧工具栏中的 Page1 > ASCII 选项;

(2)在 ASCII File Operation 下拉列表中选取 trhist,然后单击左侧按钮 Load,读入 trhist 文件;

(3)在 Trhist Data 下拉列表中选取 15-Pressure,然后单击 Plot 按钮,即可绘制出压力监测点的压力—时间曲线。

距爆心不同比例距离处冲击波的压力—时间曲线如图 7-14 所示。由于爆轰产物的脉动,造成了冲击波压力曲线存在着多个峰值点,压力值大于大气压的区间为正压区间 p_+,所对应的时间为正压时间 t_+。

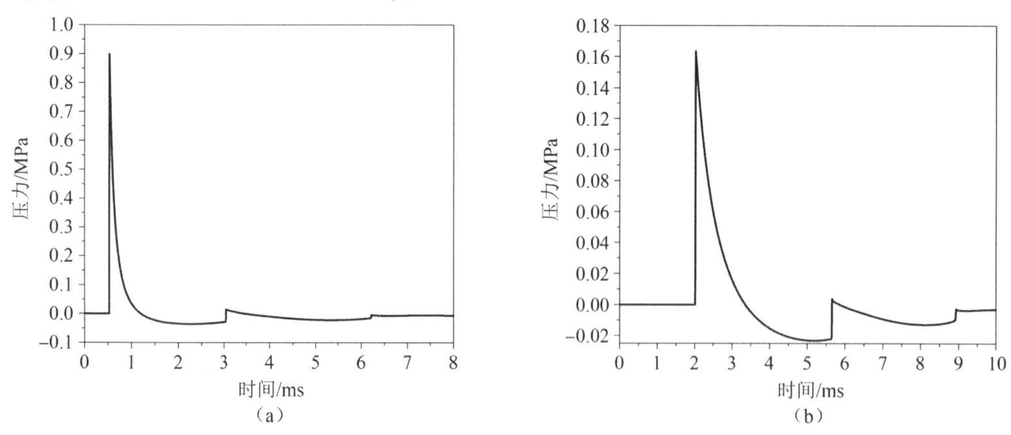

图 7-14 距爆心不同比例距离处冲击波的压力—时间曲线

(a)比例距离 1 m/kg$^{1/3}$;(b)比例距离 2 m/kg$^{1/3}$

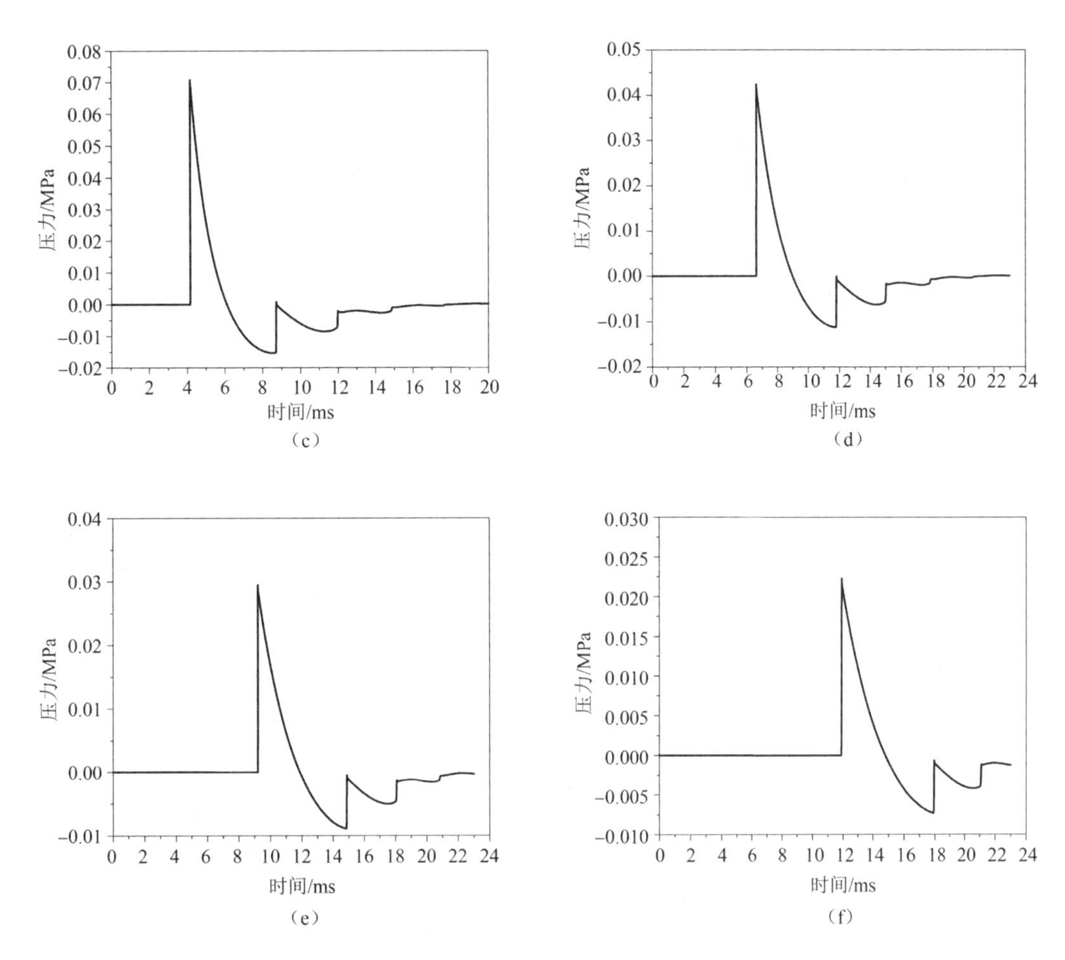

图 7-14 距爆心不同比例距离处冲击波的压力—时间曲线(续)

(c)比例距离 3 $m/kg^{1/3}$;(d)比例距离 4 $m/kg^{1/3}$;(e)比例距离 5 $m/kg^{1/3}$;(f)比例距离 6 $m/kg^{1/3}$

8 炸药空爆冲击波压力分布二维计算

8.1 计算模型

球形或柱形炸药在空气中自由爆炸具有轴对称性。为了降低计算量,可以采用二维轴对称算法进行模拟。在新版本中使用 * SECTION_ALE2D 关键字定义二维单元 ALE 算法,用以取代旧版本中使用 * SECTION_SHELL 关键字定义二维单元的 ALE 算法。

计算模型采用二维实体 SOLID162 单元进行网格划分,采用轴对称算法,为了减少计算量,在 XOY 平面(X >0,Y >0)内建立半径为 10 m 的1/4 圆,对称边分别与 X 和 Y 轴重合,且在对称轴处分别添加对称约束。对于二维模型,可采用 * BOUNDARY_NON_REFLECTING_2D(施加于 * SET_NODE_LIST 组)关键字施加非反射边界条件。采用多物质 2D ALE 算法,网格大小为 0.1 cm。建模采用 g、cm、μs 单位制,如图 8 -1 所示,球形炸药采用体积填充的方法在空气域中创建。为了监测冲击波的传播过程,采用 * DATABASE_TRACER 关键字,在距起爆中心 1 ~6 m 处等间距地取 6 个压力监测点(与 X 轴重合的边上取监测点)。

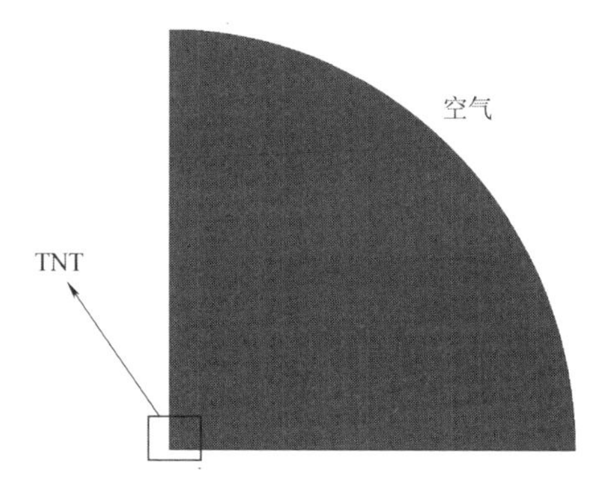

图 8 -1 球形 TNT 炸药二维数值计算模型

8.2 关键字解释

8.2.1 * SECTION_ALE2D

目的:定义 2D ALE 单元的截面属性。取代了旧版本中通过 * SECTION_SHELL 关键字定义 2D ALE 单元的截面属性。

关键字卡片及参数描述见表 8 -1 和表 8 -2。

表 8－1　* SECTION_ALE2D 关键字卡片

Card1	1	2	3	4	5	6	7	8
Variable	SECID	ALEFORM	AET	ELFORM				
Type	I/A	I	I	I				
Default	none	none	0	none				

表 8－2　* SECTION_ALE2D 关键字参数描述

变量	参数描述
SECID	单元算法 ID。SECID 被 * PART 卡片引用，可为数字或字符，但其 ID 必须唯一
ALEFORM	ALE 算法。 =6：单物质 Eulerian 算法； =11：多物质 ALE 算法
AET	PART 类型标识。 =4：压力流入； =5：仅用于 * LOAD_BLAST_ENHANCED 和 ALEFORM = 11 时
ELFORM	单元算法。 =13：平面应变（X－Y 平面）； =14：轴对称（X－Y 平面、Y 轴为对称轴）—面积加权

8.2.2　* INITIAL_VOLUME_FRACTION_GEOMETRY

目的：该关键字是一个体积填充命令，用于定义各种 ALE 多物质材料组（AMMG）的体积分数。

卡片 1：该关键字仅适用于 * SECTION_ALE2D 中的 ALEFORM = 11、* SECTION_SOLID 中的 ELFORM = 11 和 ELFORM = 12。对于 ELFORM = 12，AMMGID 2 是空材料［详见下文中(7)的备注 2］。

卡片 1 定义及参数描述见表 8－3 和表 8－4。

表 8－3　* INITIAL_VOLUME_FRACTION_GEOMETRY 关键字卡片 1：定义背景 ALE 网格

Card 1	1	2	3	4	5	6	7	8
Variable	FMSID	FMIDTYP	BAMMG	NTRACE				
Type	I	I	I	I				
Default	none	0	0	3				

表 8-4　* INITIAL_VOLUME_FRACTION_GEOMETRY 关键字参数描述(一)

变量	描述
FMSID	背景 ALE 流体网格 SID,将被初始化或用于填充各种 AMMG。 其中的 ID 是指一个或多个 ALE Part
FMIDTYP	背景 ALE 网格组的 ID 类型。 =0:Part 组; =1:Part
BAMMG	背景流体组 ID 或 ALE 多物质材料组 ID(AMMGID),最初填充由 FMSID 定义的所有 ALE 网格区域
NTRACE	体积填充检测的采样点数量,通常 NTRACE 的范围是 3~10(或更高)

卡片 2:定义容器类型,每个容器包含一个容器卡(卡 a)和一个几何卡(卡 b#,“#”是 CNTTYP 值),根据需要,可包含尽可能多的容器卡。以下一个关键字(“ * ”)卡片结束(见表 8-5 和表 8-6)。

表 8-5　* INITIAL_VOLUME_FRACTION_GEOMETRY 关键字卡片 2:定义容器类型

Card a	1	2	3	4	5	6	7	8
Variable	CNTTYP	FILLOPT	FAMMG	VX	VY	VZ		
Type	I	I	I	F	F	F		
Default	none	0	none	0	0	0		

表 8-6　* INITIAL_VOLUME_FRACTION_GEOMETRY 关键字参数描述(二)

变量	参数描述
CNTTYP	容器定义了一个由 Lagrange 表面边界确定的空间区域,AMMG 将填满其内部(或外部)。CNTTYP 定义此表面边界(或壳体结构)的几何形状。 =1:容器几何形状由 Part ID 或 Part SET ID 定义,其中 Part 由壳单元定义(参见 * PART 或 * SET_PART) =2:容器几何形状通过建立一个段组进行定义(参见 SGSID) =3:容器几何形状通过平面进行定义,需要确定平面上的一个点和平面的法线方向 =4:容器几何形状通过圆锥表面进行定义,需要定义圆锥的上下两个端点和对应的半径(对于 2D 计算模型,参阅下文(7)的备注 6) =5:容器几何形状通过长方体表面或矩形盒进行定义,需要定义两个最小和最大的对立端点坐标 =6:容器几何形状通过球体表面进行定义,需要指定球体中心和半径

续表

变量	参数描述
FILLOPT	用于指定 AMMG 应填充容器表面的那一侧的标识。容器表面/面段的“头”侧被定义为段的法线方向的头部所指向的一侧;“尾”侧指的是与“头”侧相反的方向[见下文(7)的备注 5]。 =0:在上面定义的几何体“头部”一侧充满流体(默认); =1:在上面定义的几何体“尾部”一侧充满流体
FAMMG	定义了将填充由容器定义的空间内部(或外部)的流体组 ID 或 ALE 多物质组 ID (AMMGID)。AMMGID 的顺序取决于它们在 * ALE_MULTI - MATERIAL_GROUP 卡片中的排列顺序。例如, * ALE_MULTI - MATERIAL_GROUP 卡片中的第一个数据卡定义 ID 为 AMMGID = 1 的多材料组,第二个数据卡定义 AMMGID = 2 等
VX	定义的 AMMGID 在全局坐标中 X 方向上的初始速度
VY	定义的 AMMGID 在全局坐标中 Y 方向上的初始速度
VZ	定义的 AMMGID 在全局坐标中 Z 方向上的初始速度

(1)CNTTYP = 1(PART/PART SET 容器卡,仅适用于壳单元)(见表 8 - 7 和表 8 - 8)。

表 8 - 7　PART/PART SET 容器卡

Card b1	1	2	3	4	5	6	7	8
Variable	SID	STYPE	NORMDIR	XOFFST				
Type	I	I	I	F				
Default	none	0	0	0.0				
Remark				obsolete				

表 8 - 8　PART/PART SET 容器卡参数描述

变量	参数描述
SID	定义填充容器的 Lagrange 壳单元的 Part ID(PID)或 Part SET ID(PSID)
STYPE	ID 类型。 =0:容器 SID 是 Lagrange Part SET ID(PSID); =1:容器 SID 是 Lagrange Part ID(PID)
NORMDIR	已废弃不用

续表

变量	参数描述
XOFFST	将流体界面从名义流体界面偏移的绝对长度;否则,默认定义。该参数仅适用于 CNTTYP = 1(第 4 列)和 CNTTYP = 3(第 3 列);适用于容器内含有高压流体的情况,偏移量允许 LS-DYNA 程序有时间防止泄漏。通常,XOFFST 可设置为 ALE 单元宽度的 5% ~10% 。只有当 ILEAK 打开以使程序有时间“捕捉”泄漏时,才有可能起作用。如果 ILEAK 未打开,则不需要该选项

(2)CNTTYP = 2(SEGMENT 组容器卡)(见表 8 -9 和表 8 -10)。

表 8 -9 SEGMENT 组容器卡

Card b2	1	2	3	4	5	6	7	8
Variable	SGSID	NORMDIR	XOFFST					
Type	I	I	I					
Default	none	0	0.0					
Remark		obsolete						

表 8 -10 SEGMENT 组容器卡参数描述

变量	参数描述
SGSID	定义容器的面段 Segment Set ID
NORMDIR	已废弃不用[参见下文(7)的备注 7]
XOFFST	将流体界面从名义流体界面偏移的绝对长度;否则,默认定义。该参数仅适用于 CNTTYP = 1(第 4 列)和 CNTTYP = 3(第 3 列);适用于容器内含有高压流体的情况,偏移量允许 LS - DYNA 程序有时间防止泄漏。通常,XOFFST 可设置为 ALE 单元宽度的 5% ~10% 。只有当 ILEAK 打开以使程序有时间“捕捉”泄漏时,才有可能起作用。如果 ILEAK 未打开,则不需要该选项

(3)CNTTYP = 3(平面容器卡)(见表 8 -11 和表 8 -12)。

表 8 -11 平面容器卡

Card b3	1	2	3	4	5	6	7	8
Variable	X0	Y0	Z0	XCOS	YCOS	ZCOS		
Type	F	F	F	F	F	F		
Default	none	none	none	none	none	none		

表 8-12 平面容器卡参数描述

变量	参数描述
X0、Y0、Z0	平面空间点的 X、Y、Z 坐标
XCOS	平面法线方向的 X 方向余弦,将在平面法线矢量一侧填充(或者“头部”一侧填充)
YCOS	平面法线方向的 Y 方向余弦,将在平面法线矢量一侧填充(或者“头部”一侧填充)
ZCOS	平面法线方向的 Z 方向余弦,将在平面法线矢量一侧填充(或者“头部”一侧填充)

(4)CNTTYP = 4(圆柱/圆锥容器卡)(见表 8-13 和表 8-14)。

表 8-13 圆柱/圆锥容器卡

Card b4	1	2	3	4	5	6	7	8
Variable	X0	Y0	Z0	X1	Y1	Z1	R1	R2
Type	F	F	F	F	F	F	F	F
Default	none	none	none	none	none	none	none	none

表 8-14 圆柱/圆锥容器卡参数描述

变量	参数描述
X0、Y0、Z0	第一个圆底中心的 X、Y、Z 坐标
X1、Y1、Z1	第二个圆底中心的 X、Y、Z 坐标
R1	圆锥第一个底的半径
R2	圆锥第二个底的半径

(5)CNTTYP = 5(长方体容器卡)(见表 8-15 和表 8-16)。

表 8-15 长方体容器卡

Card b5	1	2	3	4	5	6	7	8
Variable	X0	Y0	Z0	X1	Y1	Z1	LCSID	
Type	F	F	F	F	F	F	I	
Default	none	none	none	none	none	none	none	

表 8-16　长方体容器卡参数描述

变量	参数描述
X0、Y0、Z0	长方体最小的 X、Y、Z 坐标
X1、Y1、Z1	长方体最大的 X、Y、Z 坐标
LCSID	局部坐标系 ID。如果有定义,则该长方体与局部坐标系对齐,而不是全局坐标系

(6)CNTTYP=6(球形容器卡)(见表 8-17 和表 8-18)。

表 8-17　球形容器卡

Card b5	1	2	3	4	5	6	7	8
Variable	X0	Y0	Z0	R0				
Type	F	F	F	F				
Default	none	none	none	none				

表 8-18　球形容器卡参数描述

变量	参数描述
X0、Y0、Z0	球心的 X、Y、Z 坐标
R0	球体的半径

(7)备注。

备注 1:数据卡的结构。在卡 1 定义了由特定流体组(AMMGID)填充的基本网格后,每个填充动作将需要两个额外的输入行(卡 a 和卡 b#)。该命令至少需要三张卡片(卡 1、卡 a 和卡 b#)用于一次填充动作。

备注 2:该命令的每个实例可以有一个或多个填充动作。填充动作按照指定的顺序进行,且具有累计效果,之后的填充动作将覆盖以前的填充动作。因此,对于复杂的填充,需要提前规划填充逻辑。例如,以下卡片序列使用两个填充动作。

```
*INITIAL_VOLIME_FRACION_GEOMTRY
[Card 1]
[Card a,CNTTYP=1]
[Card b1]
[Card a,CNTTYP=3]
[Card b3]
```

这一系列卡片规定了背景 ALE 网格要执行两个填充动作。第一个是填充 CNTTYP=1,

第二个是填充 CNTTYP =3。

备注 3:所有容器几何类型(CNTTYP)都需要卡 a。卡 b#定义容器的实际几何形状,并对应于每个 CNTTYP 选项。

备注 4:如果使用 ELFORM =12,则 SECTION_SOLID 中采用单物质和空材料单元算法。其中非空材料默认为 AMMG =1,空材料为 AMMG =2。即使没有 * ALE_MULTI-MATERIAL_GROUP 卡,这些多材料组也有隐含定义。

备注 5:一个简单的 ALE 背景网格(如长方体网格)可以由一些 Lagrange 壳体结构(或容器)包围构造而成。该 Lagrange 壳体容器内的 ALE 区域可以填充一个多物质材料组(AMMG1),外部区域填充另一个多物质材料组(AMMG2)。这种方法简化了具有复杂几何形状的 ALE 材料 Part 的网格划分。

备注 6:默认 NTRACE =3,在这种情况下,每个 ALE 单元的细分总数是:

$$(2 \times NTRACE + 1)^3 = 7^3$$

这意味着 ALE 单元被细化分为 7 ×7 ×7 个区域,每个都要填充适当的 AMMG。此应用的例子是将多层 Lagrange 安全气囊壳体单元之间的初始气体充满相同的 ALE 单元。

备注 7:容器内/外部填充设置。

①定义具有内外法线方向的壳体(或面段 SEGMENT)容器。

②对于容器内部填充,设置卡片 a 上的 FILLOPT =0,对应于法线的头部。

③对于容器外部填充,设置卡片 a 上的 FILLOPT =1,对应于法线的尾部。

备注 8:如果 ALE 模型是 2D(采用 * SECTION_ALE2D 而不是 * SECTION_SOLID),则 CNTTYP =4 将定义一个四边形。此时在 3D 模型中定义的锥体字段将被用来定义沿着顺时针顺序的四边形(向内法线)顶点坐标,原先的 X0、Y0、Z0、X1、Y1、Z1、R1 和 R2 将被 X1、Y1、X2、Y2、X3、Y3、X4 和 Y4 取代。CNTTYP =6 将用于一个圆的填充。

8.3 建模步骤

第一步,设置工作目录和模型文件。

(1)在磁盘 E 中创建"explosive_2D_ALE"文件夹,用于模型文件和计算文件的存放;

(2)启动 ANSYS 16.0,在启动界面进行建模环境的设置,在 Simulation Environment 下拉菜单中选择 ANSYS,在 License 下拉菜单中选择 ANSYS LS-DYNA;

(3)单击 File Management 选项卡,弹出工作目录和工作文件设置窗口,单击 Working Directory 后面的 Browse 按钮,选择 E 盘新建文件夹"explosive_2D_ALE",在 Job Name 框中输入"explosive_2D_ALE"作为模型文件名,如图 8 -2 所示;

(4)单击 Run 按钮,进入 ANSYS 建模界面。

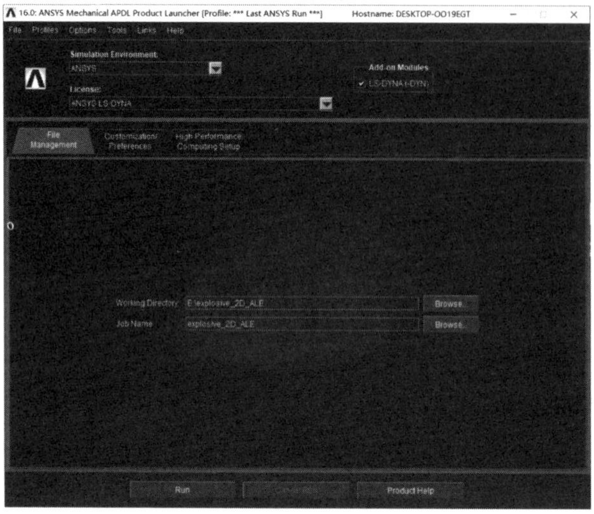

图 8-2　ANSYS/LS-DYNA 建模环境设置

第二步,单元类型设置。

(1)选择 Main Menu > Preprocessor > Element Type > Add/Edit/Delete 选项,弹出 Element Types 单元类型对话框;

(2)单击 Add 按钮,弹出 Library of Element Types 对话框,选择 LS-DYNA Explicit 右侧列表框中的 2D Solid 162 选项,单击 OK 按钮,关闭对话框。编号为 1 的单元类型就设置完成了,如图 8-3 所示。

图 8-3　Element Types 对话框

注:单元算法的定义可在 ANSYS 前处理阶段进行,也可以直接修改 K 文件。

第三步,材料参数设置。

(1)选项 Main Menu > Preprocessor > Material Props > Material Models 选项,弹出 Define Material Model Behavior 对话框;

(2)在该对话框左侧的 Material Models Defined 设置栏中已自动生成编号为 1 的材料,在右侧 Material Models Available 设置栏中依次执行 LS-DYNA > Equation of State > Gruneisen > Null 命令;

(3)弹出 Null Properties for Material Number 1 对话框,设置 DENS 参数为 1,其余参数保持默认,即将编号为 1 的材料设置完成,如图 8-4 所示;

(4)执行 Material > Exit 命令,退出材料设置窗口。

注:ANSYS 前处理中的材料参数无须完整设置,可以任意选择材料本构和参数设置,在 K 文件中进行修改。

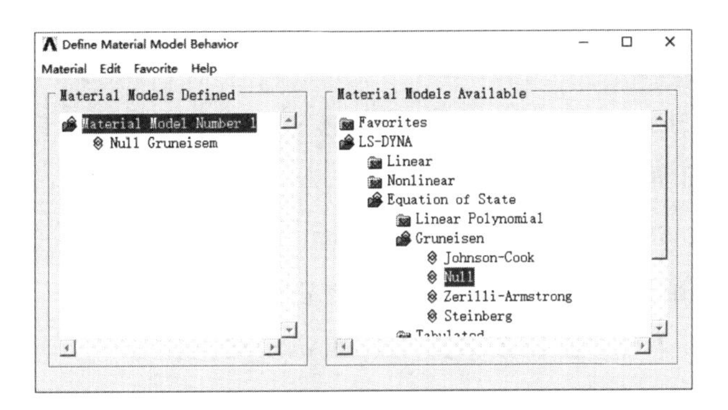

图 8-4　Define Material Model Behavior 对话框

第四步,创建几何模型。

(1)选择 Main Menu > Preprocessor > Modeling > Create > Areas > Circle > By Dimensions 选项,弹出 Circular Area by Dimensions 对话框;

(2)在 RAD1 Outer radius 右侧文本框中输入 1000,在 THETA1 Starting angle (degrees)右侧文本框中输入 0,在 THETA2 Ending angle(degrees)右侧文本框中输入 90,如图 8-5 所示;

(3)选择 Main Menu > Preprocessor > Modeling > Create > Areas > Circle > By Dimensions 选项,弹出 Circular Area by Dimensions 对话框;

(4)在 RAD1 Outer radius 文本框中输入 400,在 THETA1 Starting angle(degrees)文本框中输入 0,在 THETA2 Ending angle(degrees)文本框中输入 90,如图 8-6 所示;

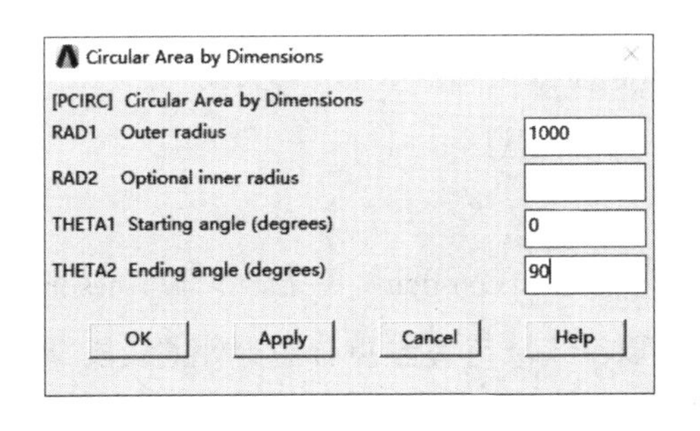

图 8-5　Circular Area by Dimensions 对话框

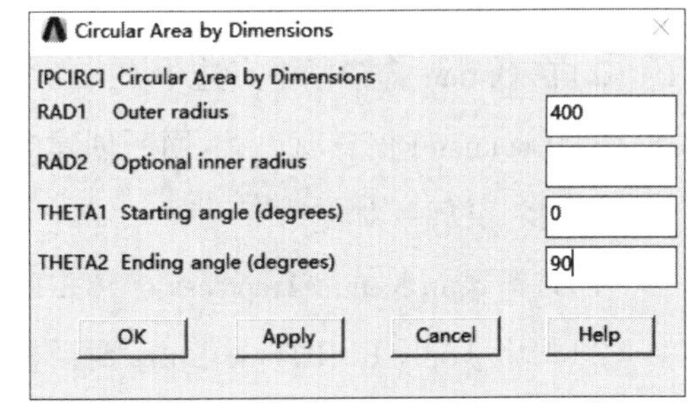

图 8-6　Circular Area by Dimensions 对话框

(5)选择 Main Menu > Preprocessor > Modeling > Operate > Booleans > Overlap > Aears

选项,弹出 Overlap Areas 对话框;

(6)在视图区分别拾取两个 1/4 圆,单击 OK 按钮,完成对两个 1/4 圆重叠部分进行布尔运算,以达到共节点的目的,如图 8-7 所示。

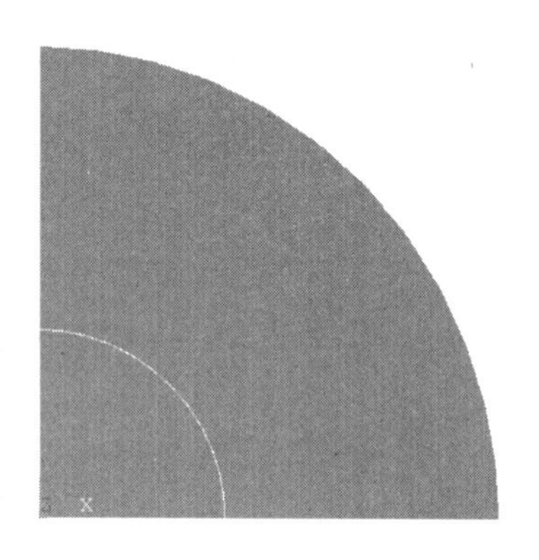

图 8-7　1/4 圆空气域几何模型

第五步,网格划分。

(1)选择 Main Menu > Preprocessor > Meshing > MeshTool 选项,弹出 MeshTool 面板;

(2)在 MeshTool 面板中单击 Element Attributes 选择栏右侧的 Set 按钮,弹出 Meshing Attributes 对话框,在[TYPE] Element type number 右侧下拉菜单中选择 1 PLANE162,在[MAT] Material number 右侧下拉菜单中选择 1,单击 OK 按钮,关闭对话框;

(3)在 Size 面板中单击 Global 选择栏右侧的 Set 按钮,弹出 Global Element Sizes 对话框;在 SIZE Element edge length 右侧文本框中输入 0.8,单击 OK 按钮,关闭对话框;

(4)在 MeshTool 面板的 Mesh 下拉菜单中选择 Areas,点选中 Quad 和 Mapped 选项,单击 Mesh 按钮,弹出 Mesh Areas 面板;

(5)在视图区拾取半径为 400 的空气域模型,单击 OK 按钮,进行映射网格划分;

(6)单击 Plot > Areas,显示面;

(7)同理,选择 1 PLANE162 和[MAT] 1,给剩余的空气域划分网格,网格尺寸为 2 cm。

注:采取控制全局网格尺寸的方法并按照先内后外的顺序进行网格划分。

第六步,创建模型 Part 信息。

(1)选择 Main Menu > Preprocessor > LS-DYNA Options > Parts Options 命令,弹出 Parts Data Written for LS-DYNA 对话框;

(2)在 Option 选择栏中点选中 Create all parts 选项,单击 OK 按钮,关闭对话框;弹出 EDPART Command 信息窗口,返回所创建的 Part 具体信息。

第七步,空气域对称约束设置。

(1)选择 Main Menu > Preprocessor > LS-DYNA Options > Constraints > Apply > On Lines 命令;

(2)弹出 Apply U,ROT on Lines 对话框,拾取空气域与 X 轴重合边界处的线段,单击 OK 按钮,关闭对话框;

(3)弹出 Apply U,ROT on Lines 对话框,在 DOFs to be constrained 菜单列表中选择 UY,单击 OK 按钮,关闭对话框,设置模型 Y 方向的约束;

(4)同理,拾取空气域与 Y 轴重合边界处的线段,设置模型 X 方向的约束,如图 8－8 所示。

图 8－8　对称边界 UX、UY 的设置

第八步,分析步设置。

(1)选择 Main Menu > Solution > Analysis Options > Energy Options 选项,弹出 Energy Options 对话框,勾选中 Stonewall Energy、Hourglass Energy 和 Sliding Interface 选项;

(2)选择 Main Menu > Solution > Analysis Options > Bulk Viscosity 选项,弹出 Bulk Viscosity 对话框,保持默认值[Quadratic Viscosity Coefficient(二阶黏性系数)为 1.5,Linear Viscosity Coefficient(线性黏性系数)为 0.06]。

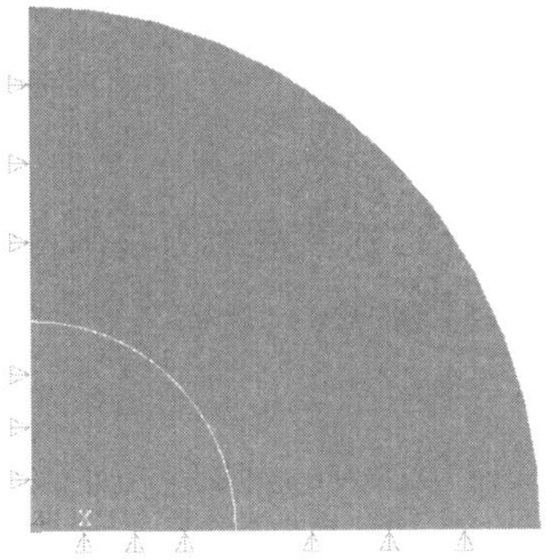

第九步,ALE 算法设置。

(1)选择 Main Menu > Solution > Analysis Options > ALE Options > Define 选项,弹出 Define Global ALE Settings for LS-DYNA Explicit 对话框;

(2)在 Cycles between advection 文本框中输入 1,在 Advection Method 选中 Van Leer,在[AFAC] Simple Avg Weight Factor 文本框中输入 －1.0;

(3)单击 OK 按钮,关闭对话框,弹出 EDALE Command 窗口,返回 ALE 参数设置信息,关闭窗口。

第十步,求解时间和时间步设置。

(1)选择 Main Menu > Solution > Time Controls > Solution Time 选项,弹出 Solution Time for LS-DYNA Explicit 对话框,在[TIME]Terminate at Time 右侧文本框中输入 5000,单击 OK 按钮,确认输入;

(2)选择 Main Menu > Solution > Time Controls > Time Step Ctrls 选项,弹出 Specify Time Step Scaling for LS-DYNA Explicit 对话框,在 Time step scale factor 右侧文本框中输入 0.9,单击 OK 按钮,确认输入。

第十一步,设置输出类型和数据输出时间间隔。

(1)选择 Main Menu > Solution > Output Controls > Output File Types 选项,弹出 Specify Output File Types for LS-DYNA Solver 对话框,在 File options 下拉菜单中选择 Add,在 Produce output for... 下拉菜单中选择 LS-DYNA,单击 OK 按钮,关闭对话框;

(2)选择 Main Menu > Solution > Output Controls > File Output Freq > Time Step Size 命令,弹出 Specify File Output Frequency 对话框,在[EDRST] Specify Results File Output Interval:Time Step Size 右侧文本框中输入 500,在[EDHTIME] Specify Time-History Output

Interval:Time Step Size 文本框中输入 500,单击 OK 按钮,关闭对话框,随后弹出 Waring 信息,单击 Close 按钮,关闭弹窗。

第十二步,输出 K 文件。

(1)选择 Main Menu > Solution > Write Jobname. k 命令,弹出 Input files to be Written for LS-DYNA 对话框;

(2)在 Write results files for... 下拉菜单中选择 LS-DYNA,在 Write input files to... 文本框中输入 explosive_2D_ALE. k,单击 OK 按钮,将在工作文件中生成 explosive_2D_ALE. k 的文件;

(3)弹出 EDWRITE Command 窗口,列出模型中的关键信息。

8.4 空气域非反射边界设置

二维计算模型的非反射边界是通过 * BOUNDARY_NON_REFLECTING_2D 关键字施加在 * SET_NODE_LIST 节点组中的,但是要求节点组中的节点按照逆时针顺序排布,在 ANSYS 前处理中,通过添加边界约束的方式无法满足节点逆时针排布的要求,因此需要在 LS-PrePost 软件创建逆时针排布的 * SET_NODE_LIST 节点组。

第一步,LS-PrePost 打开 K 文件。

(1)运行 LS-PrePost,单击 File > Import > LS-DYNA Keyword,导入工作目录下的 explosive_2D_ALE. k 文件;

(2)单击 F11 键,将 LS-PrePost 界面转换至页面(Pages)选项卡式界面,如图 8-9 所示。

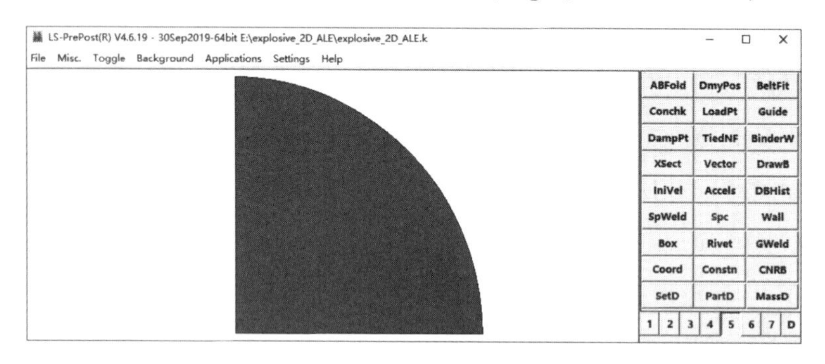

图 8-9 LS-PrePost 页面选项卡式界面

第二步,非反射节点组设置。

(1)单击 Page5 进入页面 5,单击 SetD 按钮,弹出 Set Data 设置对话框;

(2)点选中 Create 选项,单击下拉菜单,选择操作对象类型为 * SET_NODE,如图 8-10 所示;

(3)分别点选中 Pick、ByEdge 选项,勾选 Prop、Adap,选中空气域边界,如图 8-11 箭头所示位置,单击 Apply 创建 * SET_NODE_LIST 节点组 4。

注:空气域边界一定要从图 8-11 所示箭头位置第一个网格处拾取,生成的节点组才能按逆时针排布。

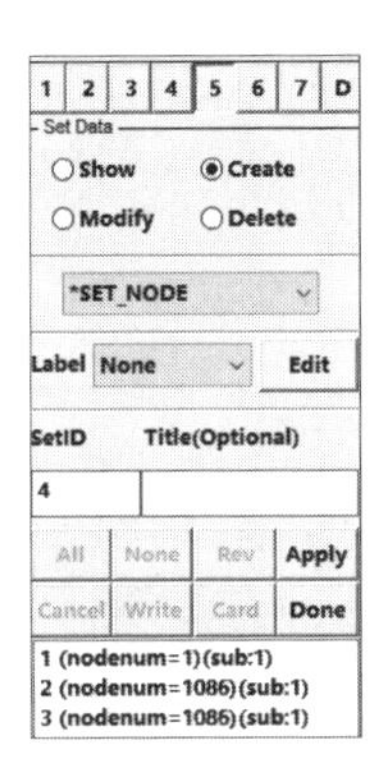

图 8-10　Set Data 设置对话框

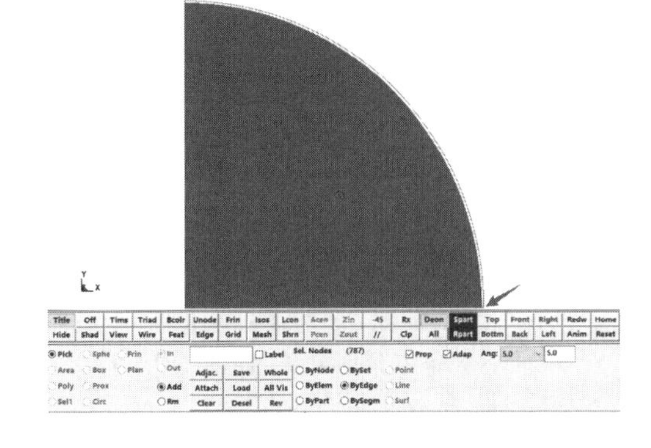

图 8-11　* SET_NODE_LIST 节点组设置

第三步,生成关键字文件。

(1)选择 File > Save As > Save Keyword as... 选项,弹出 Save Keyword 对话框;

(2)输入文件名为 explosive_2D_ALE1.k,单击 Save 按钮,保存修改后的关键字文件。

8.5　K 文件的修改和编辑

(1)用 UltraEdit 软件打开工作目录下的 explosive_2D_ALE1.k 文件。

(2)将原有的 explosive_2D_ALE1.k 拆分为两个 K 文件。其中一个为 mesh.k 文件,为模型的节点和单元信息;另一个为 main.k 文件,为计算模型控制关键字文件。

(3)对照 main.k 文件,对控制关键字文件作如下修改:

①使用 * INCLUDE 关键字,在 main.k 文件中添加 mesh.k 文件;

②删除 * SECTION_SHEEL 关键字;

③添加 * SECTION_ALE2D 关键字;

④添加 * ALE_MULTI-MATERIAL_GROUP 关键字;

⑤添加 * INITIAL_VOLUME_FRACTION_GEOMETRY 关键字;

⑥添加 * INITIAL_DETONATION 关键字;

⑦修改材料参数,用 * MAT_NULL 本构和 * EOS_LINEAR_POLYNOMIAL 状态方程描述空气,用 * MAT_HIGH_EXPLOSIVE_BURN 本构和 * EOS_JWL 状态方程描述炸药,

对照修改参数；

⑧添加 * PART 关键字，并完善 Part 信息；

⑨添加 * BOUNDARY_NON_REFLECTING_2D 关键字；

⑩修改 * CONTROL_ALE 关键字；

⑪添加 * DATABASE_TRACER 关键字；

⑫添加 * DATABASE_TRHIST 关键字。

8.6 控制关键字文件讲解

关键字文件有两个，分别为网格文件 mesh. k 和控制文件 main. k。控制文件 main. k 的内容及相关讲解如下：

```
$首行*KEYWORD 表示输入文件采用的是关键字输入格式
*KEYWORD
*TITLE

$为二进制文件定义输出格式,0表示输出的是 LS - DYNA 数据库格式
*DATABASE_FORMAT
0
$读入节点 K 文件
*INCLUDE
mesh.k
$
$
$$$$$$$$$$$$$$$$$$$$$$$$$$$$$$$$$$$$$$$$$$$$$$$$$$$$$$$$$$$$$$$$$$$$$$$$$$$$$$$$
$                              SECTION DEFINITIONS                              $
$$$$$$$$$$$$$$$$$$$$$$$$$$$$$$$$$$$$$$$$$$$$$$$$$$$$$$$$$$$$$$$$$$$$$$$$$$$$$$$$
$
$*SECTION_ALE2D 为2D ALE 单元定义单元算法
$SECID 指定单元算法 ID,可为数值或符号,但是必须唯一,在*Part 卡片中被引用
$ALEFORM =11,表示采用多物质 ALE 算法
$ELFORM =14,表示面积加权轴对称算法
*SECTION_ALE2D
$   SECID    ALEFORM       AET     ELFORM
        1        11         0        14
$
*SECTION_ALE2D
$   SECID    ALEFORM       AET     ELFORM
        2        11         0        14
$定义 ALE 多物质材料组 AMMG
$ELFORM =11必须定义该关键字卡片
*ALE_MULTI -MATERIAL_GROUP
```

```
$空气
        1        1
$炸药
        2        1
$利用*INITIAL_VOLUME_FRACTION_GEOMETRY在ALE背景网格中填充多物质材料
$FMSID为背景ALE网格Part ID
$FMIDTYP=1,表示FMSID为PART
$BAMMG=1,表示背景网格在AMMG中的ID为1
$NTRACE=3,表示ALE网格的细分数
$CNTTYP=6,表示用球体方式进行填充,X0、Y0、Z0是球心坐标,R0是球体半径
$FILLOPT=0,表示在球体内部进行填充
$FAMMG=2,表示填充体在AMMG中的ID为2
*INITIAL_VOLUME_FRACTION_GEOMETRY
$  FMSID     FMIDTYP     BAMMG     NTRACE
    1         1        1         3
$ CNTTYP     FILLOPT     FAMMG        VX         VY         VZ
    6         0          2
$   X0         Y0          Z0         R0
    0         0           0       5.272
$炸药点火控制,采用单点起爆方式
$PID为采用*MAT_HIGH_EXPLOSIVE_BURN材料本构的Part ID值
*INITIAL_DETONATION
$  PID         X          Y          Z         LT
       2         0         0          0          0
$
$
$$$$$$$$$$$$$$$$$$$$$$$$$$$$$$$$$$$$$$$$$$$$$$$$$$$$$$$$$$$$$$$$$$$$$$$$$$$$$$$$
$                              MATERIAL DEFINITIONS                            $
$$$$$$$$$$$$$$$$$$$$$$$$$$$$$$$$$$$$$$$$$$$$$$$$$$$$$$$$$$$$$$$$$$$$$$$$$$$$$$$$
$
$空气材料参数
*MAT_NULL
$     MID      RO
        1   1.225E-3      0.00       0.00      0.00      0.00       0.00      0.00
*EOS_LINEAR_POLYNOMIAL
$     EOSID   C0         C1        C2         C3        C4       C5        C6
        1   0.00       0.00    0.00       0.00      0.40     0.40    0.00
$  E0            V0
2.500E-06       1.00
$TNT材料参数
*MAT_HIGH_EXPLOSIVE_BURN
$      MID      RO        D            Pcj       BETA      K         G          SIGY
         2 1.630000 0.6930000   0.2100000 0.0000000 0.0000000 0.0000000 0.0000000
*EOS_JWL
$   EOSID      A          B            R1         R2        OMEG         E0          V0
        2 3.71200   0.032310    4.1500000 0.990000   0.3000000   0.070000 1.0000000
$
$
```

```
$$$$$$$$$$$$$$$$$$$$$$$$$$$$$$$$$$$$$$$$$$$$$$$$$$$$$$$$$$$$$$$$$$$$$$$$$$$$$$$$
$                              PARTS DEFINITIONS                               $
$$$$$$$$$$$$$$$$$$$$$$$$$$$$$$$$$$$$$$$$$$$$$$$$$$$$$$$$$$$$$$$$$$$$$$$$$$$$$$$$
$
$定义空气 Part,引用定义的单元算法、材料模型和状态方程,PID 必须唯一
*PART
Part          1 for Mat        1 and Elem Type         1
         1           1         1           1         0         0         0
$定义炸药 Part,引用定义的单元算法、材料模型和状态方程,PID 必须唯一
*PART
Part          2 for Mat        2 and Elem Type         2
         2           2         2           2         0         0         0
$
$
$$$$$$$$$$$$$$$$$$$$$$$$$$$$$$$$$$$$$$$$$$$$$$$$$$$$$$$$$$$$$$$$$$$$$$$$$$$$$$$$
$                            BOUNDARY DEFINITIONS                              $
$$$$$$$$$$$$$$$$$$$$$$$$$$$$$$$$$$$$$$$$$$$$$$$$$$$$$$$$$$$$$$$$$$$$$$$$$$$$$$$$
$对称边界
*BOUNDARY_SPC_SET
$#    nsid       cid      dofx      dofy      dofz     dofrx     dofry     dofrz
           1         0         1         1         0         0         0         0
*BOUNDARY_SPC_SET
$#    nsid       cid      dofx      dofy      dofz     dofrx     dofry     dofrz
           2           0         1         0         0         0         0           0
*BOUNDARY_SPC_SET
$#    nsid       cid      dofx      dofy      dofz     dofrx     dofry     dofrz
             3         0         0         1         0         0         0         0
$非反射边界
*BOUNDARY_NON_REFLECTING_2D
         4
$$$$$$$$$$$$$$$$$$$$$$$$$$$$$$$$$$$$$$$$$$$$$$$$$$$$$$$$$$$$$$$$$$$$$$$$$$$$$$$$
$                              CONTROL OPTIONS                                $
$$$$$$$$$$$$$$$$$$$$$$$$$$$$$$$$$$$$$$$$$$$$$$$$$$$$$$$$$$$$$$$$$$$$$$$$$$$$$$$$
$
*CONTROL_ENERGY
         2         2         2         2
*CONTROL_BULK_VISCOSITY
  1.50     0.600E-01
$*CONTROL_ALE 为 ALE 算法设置全局控制参数
$针对爆炸问题,采用交错输运逻辑,DCT = -1
$NADV =1,表示每两物质输运步之间有一 Lagrange 步计算
$METH =2,表示采用带有 HIS 的 Van Leer 物质输运算法
$PREF =1.01e-6表示环境大气压力
*CONTROL_ALE
$    DCT      NADV      METH      AFAC      BFAC      CFAC      DFAC      EFAC
        -1         1         2 -1.00  0.00      0.00      0.00      0.00
$  START       END     AAFAC     VFACT      PRIT       EBC      PREF   NSIDEBC
  0.00   0.100E+21  1.00  0.00      0.00                         0  1.01e-6
```

```
$计算时间步长控制
$TSSFAC=0.9为计算时间步长缩放因子
*CONTROL_TIMESTEP
   0.0000  0.9000          0  0.00       0.00
$ENDTIM 定义计算结束时间
*CONTROL_TERMINATION
  20000.       0  0.00000  0.00000  0.00000
$
$$$$$$$$$$$$$$$$$$$$$$$$$$$$$$$$$$$$$$$$$$$$$$$$$$$$$$$$$$$$$$$$$$$$$$$$$$$$$$$$$
$                             TIME HISTORY                                      $
$$$$$$$$$$$$$$$$$$$$$$$$$$$$$$$$$$$$$$$$$$$$$$$$$$$$$$$$$$$$$$$$$$$$$$$$$$$$$$$$$
$
$
$定义示踪粒子,将物质点的时间历程数据记录在 ASCII 文件中
$TIME 为示踪粒子数据开始记录时间
$TRACK=0,表示示踪粒子跟随物质材料运动
$TRACK=1,表示示踪粒子不随物质材料运动
$X,Y,Z 表示示踪粒子初始位置坐标
$AMMGID 为被跟踪的多物质 ALE 单元内的 AMMG 组编号
$如果 AMMGID=0,就按照多物质 ALE 单元内全部 AMMG 组的体积分数加权
$平均输出压力
*DATABASE_TRACER
$ TIME     TRACK      X       Y         Z       AMMGID    NID      RADIUS
    0        1       100      0         0         0        0
*DATABASE_TRACER
$ TIME     TRACK      X       Y         Z       AMMGID    NID      RADIUS
    0        1      200      0         0        0         0
*DATABASE_TRACER
$ TIME     TRACK      X       Y         Z       AMMGID    NID      RADIUS
    0        1       300      0         0         0       0
*DATABASE_TRACER
$ TIME     TRACK      X       Y         Z       AMMGID    NID      RADIUS
    0        1      400      0         0         0        0
*DATABASE_TRACER
$ TIME     TRACK      X       Y         Z       AMMGID    NID      RADIUS
    0        1    500      0         0        0          0
*DATABASE_TRACER
$ TIME     TRACK      X       Y         Z       AMMGID    NID      RADIUS
    0        1    600      0         0        0          0
$示踪粒子数据输出时间间隔,数据存储在 TRHIST 文件中
$DT=1 μs,表示数据输出间隔
*DATABASE_TRHIST
$   DT
  1.00
$定义二进制文件 d3plot 的输出
$DT=500 μ+s,表示输出时间间隔
*DATABASE_BINARY_d3plot
  500.000
```

```
$定义二进制文件 D3THDT 的输出
$DT =500 μs,表示输出时间间隔
*DATABASE_BINARY_D3THDT
 500.000
$
$$$$$$$$$$$$$$$$$$$$$$$$$$$$$$$$$$$$$$$$$$$$$$$$$$$$$$$$$$$$$$$$$$$$$$$$$$$$$$$$$
$                              DATABASE OPTIONS                                  $
$$$$$$$$$$$$$$$$$$$$$$$$$$$$$$$$$$$$$$$$$$$$$$$$$$$$$$$$$$$$$$$$$$$$$$$$$$$$$$$$$
$
*DATABASE_EXTENT_BINARY
         0         0         3         1         0         0         0         0
         0         0         4         0         0         0
$*END 表示关键字文件的结束,LS-DYNA 将忽略后面的内容
*END
```

8.7 计算结果

计算结束后,用 LS-PREPOST 软件打开工作目录下的 d3plot 文件,读入结果输出文件。图 8-12 所示为 1 kg 球形 TNT 装药爆炸后冲击波的形成和传播过程。由图可知,球

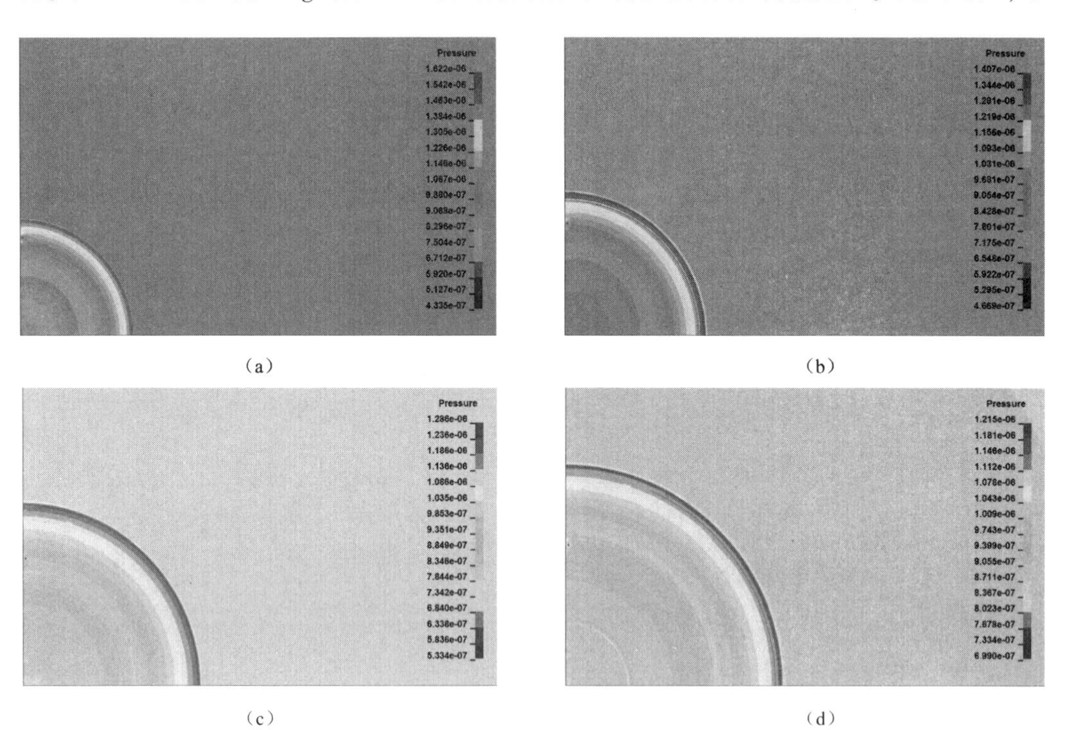

(a) (b)

(c) (d)

图 8-12　1 kg 球形 TNT 装药爆炸后冲击波的形成和传播过程

(a) T=5 ms;(b) T=7 ms;(c) T=10 ms;(d) T=13 ms

形装药形成的冲击波以球面波的形式向四周传播。显示压力检测点的压力—时间曲线。详细的操作步骤如下：

（1）单击右侧工具栏中的 Page1 > ASCII；

（2）在 ASCII File Operation 下拉列表中选择 trhist，然后单击左侧按钮 Load，读入 trhist 文件；

（3）在 Trhist Data 下拉列表中选择 15-Pressure，然后单击 Plot 按钮，即可绘制出压力监测点的压力—时间曲线。

距爆心不同比例距离处冲击波的压力—时间曲线如图 8－13 所示。由于爆轰产物的脉动，造成了冲击波压力曲线存在着多个峰值点，压力值大于大气压的区间为正压区间 P_+，所对应的时间为正压时间 t_+。

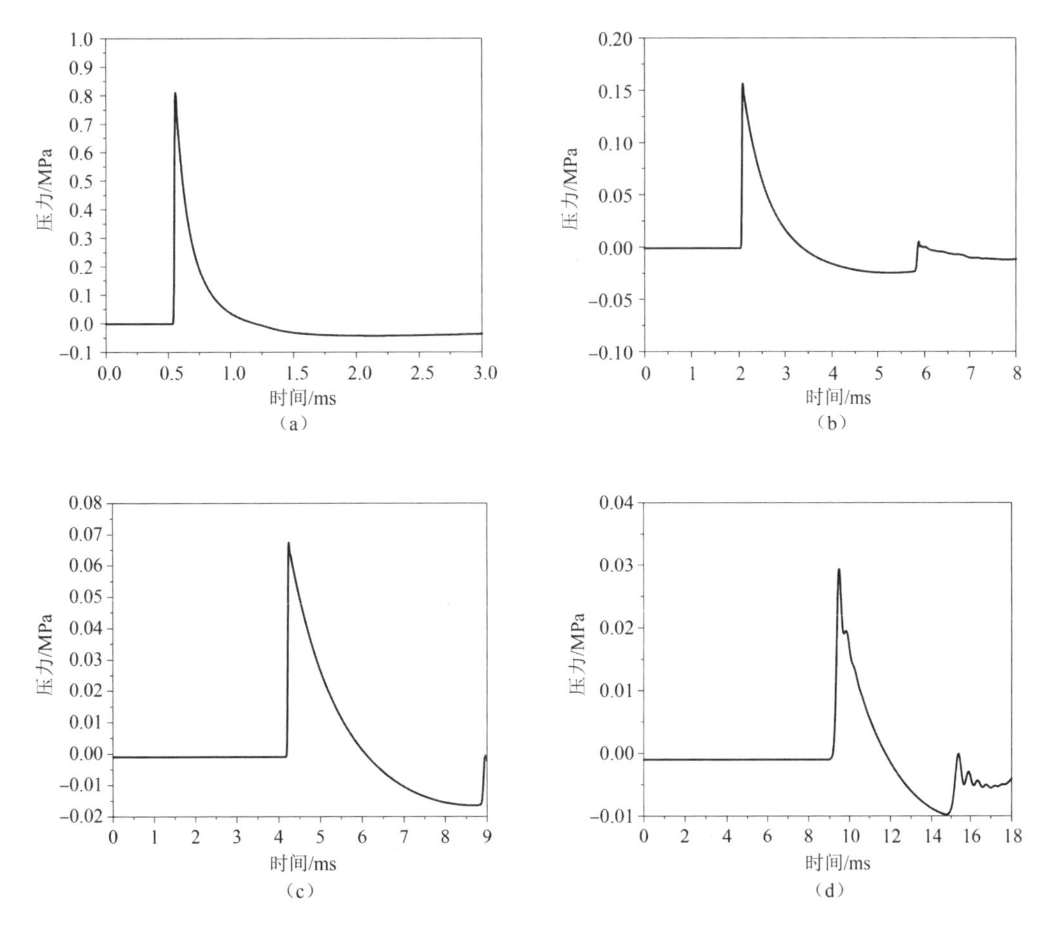

图 8－13　距爆心不同比例距离处冲击波的压力—时间曲线

（a）比例距离 1 m/kg$^{1/3}$；（b）比例距离 2 m/kg$^{1/3}$；（c）比例距离 3 m/kg$^{1/3}$；（d）比例距离 5 m/kg$^{1/3}$

9 炸药空爆载荷对靶板的破坏效应计算

9.1 模型描述

计算 700 g 球形 TNT 药包在炸高为 47 cm 的条件下对尺寸为 50 cm × 50 cm × 0.2 cm 钢板的毁伤，如图 9 - 1 所示。为降低计算规模，建立 1/4 对称模型，网格大小为 0.1 cm，靶板采用固定约束，模型采用 g、cm、μs 单位制建立。炸药、空气采用 ALE 算法，靶板采用 Lagrange 算法，采用 * CONSTRAINED_LAGRANGE_IN_SOLID 关键字进行流固耦合。球形炸药采用 * INITIAL_VOLUME_FRACTION_GEOMETRY 关键字进行体积填充的方式在空气网格进行创建，因此在前处理中不用创建球形炸药的几何模型。

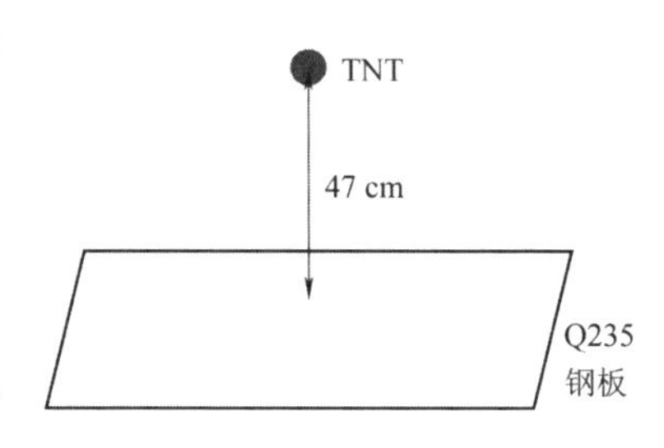

图 9 - 1　球形 TNT 药包空爆载荷对靶板的破坏示意

注： 采用 * INITIAL_VOLUME_FRACTION_GEOMETRY 关键字在空气域中进行球形炸药的填充，不仅能够简化建模流程，而且可使网格不受球形炸药几何形状的约束。读者可自行尝试先在空气域中建立球形炸药几何体，再进行网格划分的方法，并对比这两种方法的优缺点。

9.2 建模步骤

第一步，设置工作目录和模型文件。

(1) 在磁盘 E 中创建"airblast-on-steel"文件夹，用于存储模型文件和计算文件；

(2) 启动 ANSYS 16.0，在启动界面进行建模环境的设置，在 Simulation Environment 下拉菜单中选择 ANSYS，在 License 下拉菜单中选择 ANSYS LS-DYNA；

(3) 单击 File Management 选项卡，弹出工作目录和工作文件设置窗口，单击 Working Directory 后面的 Browse 按钮，选择 E 盘文件夹 airblast-on-steel，在 Job Name 框中输入 airblast 作为模型文件名；

(4)单击 Run 按钮,进入 ANSYS 建模界面。

第二步,单元类型设置。

(1)选择 Main Menu > Preprocessor > Element Type > Add/Edit/Delete 选项,弹出 Element Types 单元类型对话框;

(2)单击 Add 按钮,弹出 Library of Element Types 对话框,选择 LS-DYNA Explicit 右侧列表框中的 3D Solid 164 选项,单击 OK 按钮,关闭对话框,即将编号为 1 的单元类型设置完成;

(3)按照步骤(2)中的操作,继续完成单元类型 2 的设置;

(4)单击 Close 按钮,关闭对话框。

第三步,材料参数设置。

(1)选择 Main Menu > Preprocessor > Material Props > Material Models 选项,弹出 Define Material Model Behavior 对话框;

(2)在该对话框左侧的 Material Models Defined 设置栏中已自动生成编号为 1 的材料,在右侧 Material Models Available 设置栏中依次执行 LS-DYNA > Equation of State > Gruneisen > Johnson-Cook 命令;

(3)弹出 Johnson-Cook Properties for Material Number 1 对话框,设置 DENS 参数为 7.85,其余参数可以不用设置,而是在 K 文件中进行修改,即将编号为 1 的材料设置完成;

(4)在 Define Material Model Behavior 对话框中执行 Material > New Model 命令,弹出 Define Material ID 对话框,新建编号为 2 的材料,单击 OK 按钮,关闭对话框,即可创建编号为 2 的材料,如图 9-2 所示;

(5)重复步骤(2)和步骤(3)的操作,完成 2 号材料本构和状态方程的设置,空气采用 Gruneisen 状态方程和 Null 本构模型;

(6)执行 Material > Exit 命令,退出材料窗口,即完成了对靶板和空气材料的定义,如图 9-3 所示。

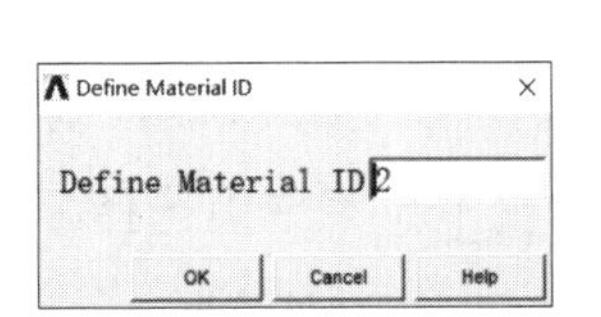

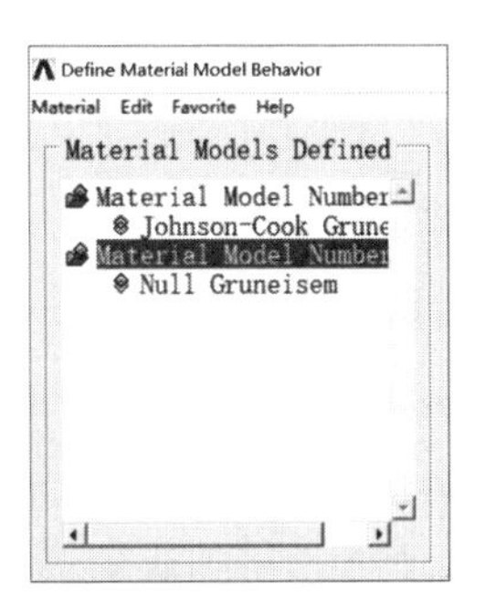

图 9-2 Define Material ID 对话框 **图 9-3 Define Material Model Behavior 对话框**

第四步，创建靶板几何模型。

(1) 执行 Main Menu > Preprocessor > Modeling > Create > Volumes > Block > By Dimensions 命令，弹出 Create Block by Dimensions 对话框；

(2) 在 X1, X2 X-coordinates 右侧文本框中分别输入 0、25，在 Y1, Y2 Y-coordinates 右侧文本框中分别输入 0、25，在 Z1, Z2 Z-coordinates 右侧文本框中分别输入 0、-0.2，单击 OK 按钮，关闭对话框。这就创建好了靶板的 1/4 实体模型，如图 9-4 所示。

第五步，创建空气域几何模型。

(1) 执行 Main Menu > Preprocessor > Modeling > Create > Volumes > Block > By Dimensions 命令，弹出 Create Block by Dimensions 对话框；

(2) 在 X1, X2 X-coordinates 右侧文本框中分别输入 0、30，在 Y1, Y2 Y-coordinates 右侧文本框中分别输入 0、30，在 Z1, Z2 Z-coordinates 文本框中分别输入 55、-10，单击 OK 按钮，关闭对话框。

注：这里建立的是立方体空气域，空气域几何形状的选择没有特殊要求，但对尺寸有要求，需要满足冲击波载荷对目标的加载作用。

靶板和空气域几何模型创建完成后的效果如图 9-5 所示。

图 9-4　靶板的 1/4 实体模型

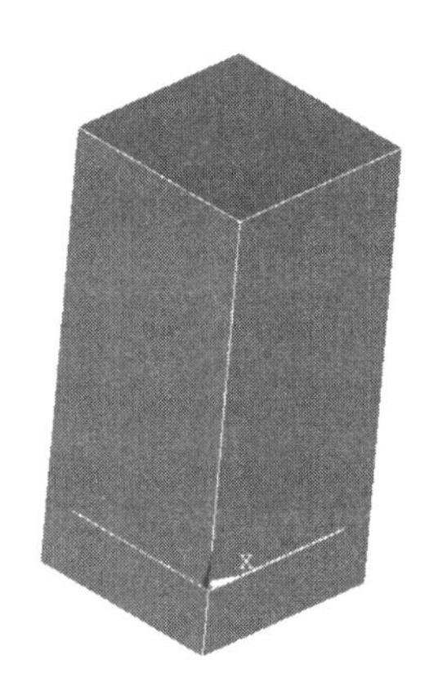

图 9-5　靶板和空气域几何模型创建完成后的效果

第六步，网格划分。

(1) 执行 Main Menu > Preprocessor > Meshing > MeshTool 命令，弹出 MeshTool 面板；

(2) 在 MeshTool 面板中单击 Element Attributes 选择栏右侧的 Set 按钮，弹出 Meshing Attributes 对话框，在 [TYPE] Element type number 右侧下拉菜单中选择 1 SOLID164，在 [MAT] Material number 下拉菜单中选择 1，单击 OK 按钮，关闭对话框；

(3) 在 Size 面板中单击 Global 选择栏右侧的 Set 按钮，弹出 Global Element Sizes 对话

框。在 SIZE Element edge length 右侧文本框中输入 0.1,单击 OK 按钮,关闭对话框;

(4)在 MeshTool 面板 Mesh 下拉菜单中选择 Volumes,点选中 Hex 和 Mapped 选项,单击 Mesh 按钮,弹出 Mesh Volumes 对话框;

(5)在视图区拾取靶板模型,单击 OK 按钮,进行映射网格划分;

(6)执行 Plot > Volumes 命令,显示体;

(7)选择 2 SOLID164 和[MAT] 2,给空气域划分网格,网格尺寸为 0.5cm。

注:空气域网格和靶板网格尺寸的大小对计算结果有影响,读者可试着划分不同尺寸的网格。

第七步,创建模型 Part 信息。

(1)执行 Main Menu > Preprocessor > LS – DYNA Options > Parts Options 命令,弹出 Parts Data Written for LS – DYNA 对话框;

(2)在 Option 选择栏中点选中 Create all parts 选项,单击 OK 按钮,关闭对话框,弹出 EDPART Command 信息窗口,返回所创建的 Part 具体信息。

第八步,靶板固定边界设置。

(1)执行 Main Menu > Preprocessor > LS – DYNA Options > Constraints > Apply > On Areas 命令;

(2)弹出 Apply U,ROT on Areas 对话框,拾取靶板边界处的两个面,单击 OK 按钮,关闭对话框;

(3)弹出 Apply U,ROT on Areas 对话框,在 DOFs to be constrained 菜单列表中选择 All DOF,约束靶板边界的移动和转动,如图 9 – 6 所示。

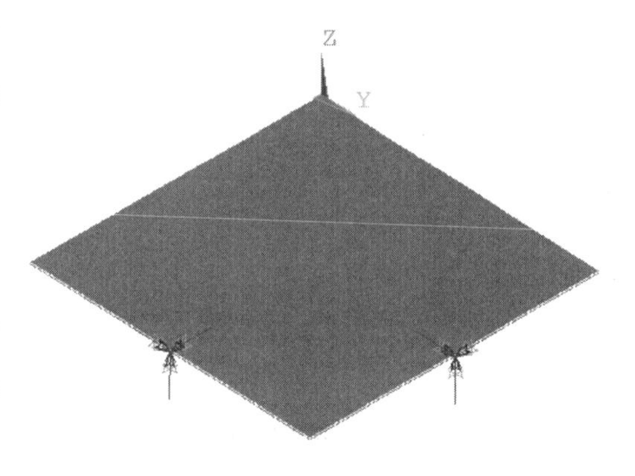

图 9 – 6　靶板固定边界设置

第九步,对称边界设置。

(1)执行 Main Menu > Preprocessor > LS-DYNA Options > Constraints > Apply > On Areas 命令;

(2)弹出 Apply U,ROT on Areas 对话框,拾取模型 YOZ 平面上的两个面,单击 OK 按钮,关闭对话框;

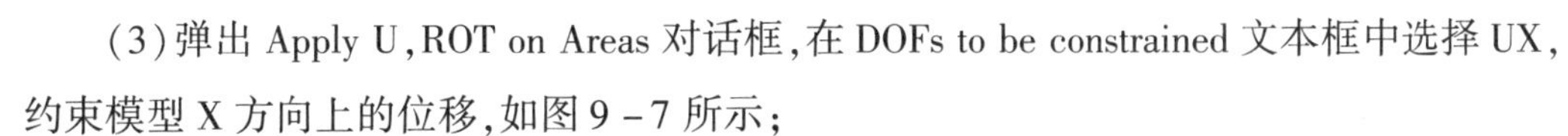

(3)弹出 Apply U,ROT on Areas 对话框,在 DOFs to be constrained 文本框中选择 UX,约束模型 X 方向上的位移,如图 9 – 7 所示;

(4)同理,约束模型XOZ平面上的6个面在Y方向上的位移,如图9-8所示。

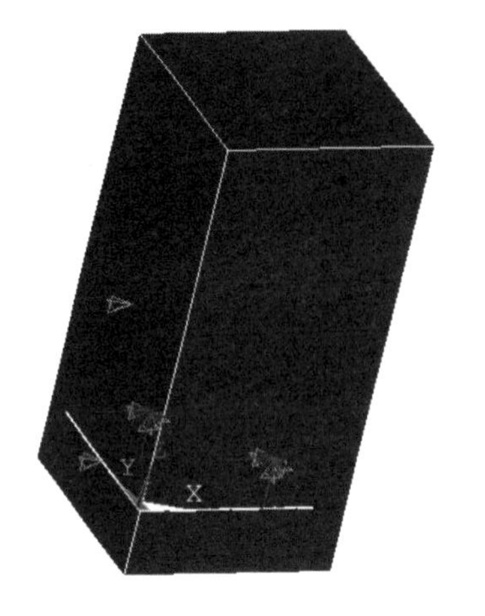

图9-7　UX对称边界设置

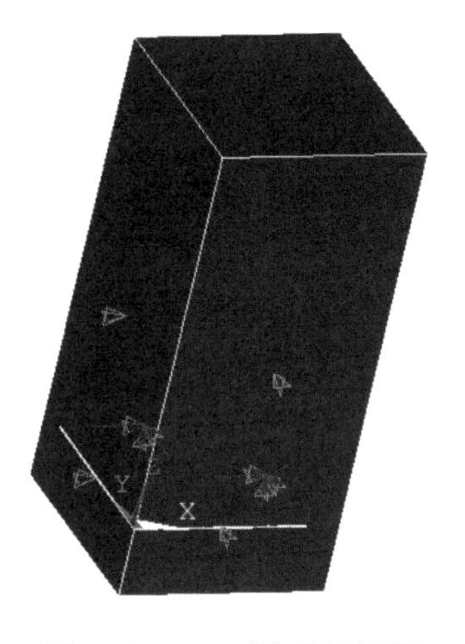

图9-8　UY对称边界设置

第十步,空气域非反射边界设置。

(1)执行Utility Menu > Select > Entities命令,将Select Entities对话框按图9-9所示设置,单击Apply按钮;

(2)在视图区中拾取空气域非对称面上的4个面(空气域外表面),单击OK按钮,关闭对话框,滚动鼠标滚轮刷新视图区,检查拾取面是否正确,如图9-10所示;

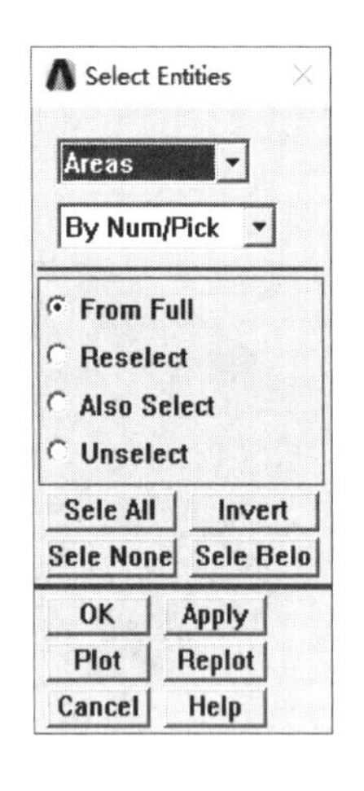

图9-9　Select Entities对话框

图9-10　拾取空气域外边界

(3)执行Utility Menu > Select > Entities命令,在Select Entities对话框中选择Nodes,属性选择Attached to,点选中Areas,all,如图9-11所示,单击OK按钮,关闭对话框;

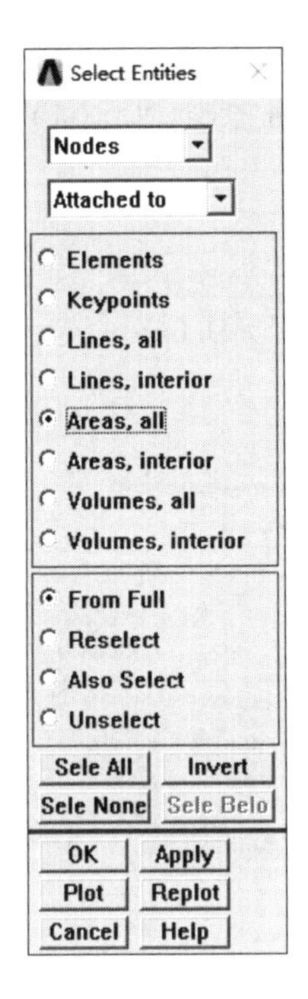

图 9－11　Select Entities 对话框

(4) 执行 Utility Menu > Select > Comp/Assemble > Create Component 命令，弹出 Create Component 对话框，在 Cname Component name 右侧文本框中输入 nonref，在 Entity Component is made of 右侧的下拉菜单中选择 Nodes，单击 OK 按钮，关闭对话框，如图 9－12 所示；

注：nonref 只是非反射边界节点组的名称，无固定形式。

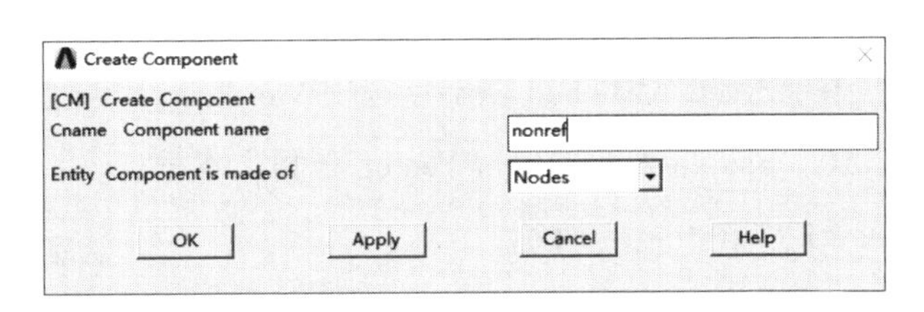

图 9－12　Create Component 对话框

(5) 选择 Main Menu > Preprocessor > LS-DYNA Options > Constraints > Apply > Non-Refl Bndry 选项，弹出 Non-reflecting boundary for LS-DYNA Explicit 对话框，在 Option 单选框中点选中 Add，在 Component 右侧的下拉菜单中选择 NONREF，单击 OK 按钮，关闭对话框，如图 9－13 所示；

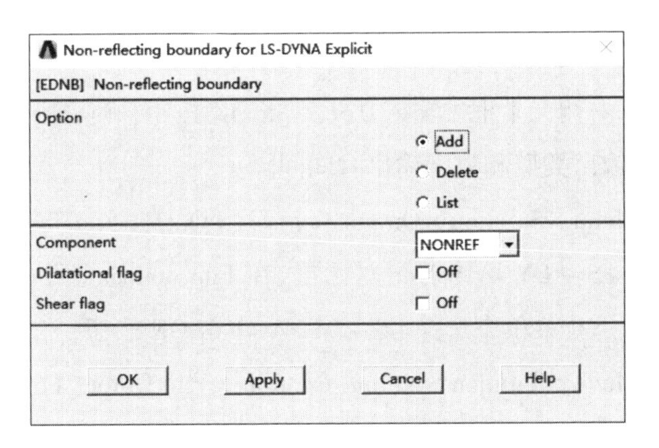

图 9－13　Non-reflecting boundary for LS-DYNA Explicit 对话框

(6) 执行 Utility Menu > Plot > Volumes 命令，显示体；

(7) 执行 Utility Menu > Select > Everything 命令，显示所有体。

第十一步，分析步设置。

(1) 执行 Main Menu > Solution > Analysis Options > Energy Options 命令，弹出 Energy Options 对话框，点选中 Stonewall Energy、Hourglass Energy 和 Sliding Interface 选项；

（2）执行 Main Menu > Solution > Analysis Options > Bulk Viscosity 命令，弹出 Bulk Viscosity 对话框，保持默认值［Quadratic Viscosity Coefficient（二阶黏性系数）为 1.5，Linear Viscosity Coefficient（线性黏性系数）为 0.06］。

第十二步，ALE 算法设置。

（1）执行 Main Menu > Solution > Analysis Options > ALE Options > Define 命令，弹出 Define Global ALE Settings for LS－DYNA Explicit 对话框；

（2）在 Cycles between advection 右侧文本框中输入 1，在 Advection Method 栏下点选中 Van Leer，在［AFAC］ Simple Avg Weight Factor 右侧文本框中输入 －1，如图 9－14 所示；

（3）单击 OK 按钮，关闭对话框，弹出 EDALE Command 窗口，返回 ALE 参数设置信息，关闭窗口。

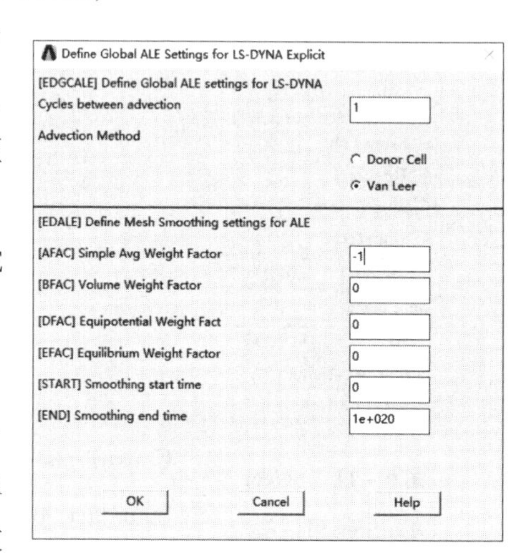

图 9－14　Define Global ALE Settings for LS-DYNA Explicit 对话框

第十三步，求解时间和时间步设置。

（1）执行 Main Menu > Solution > Time Controls > Solution Time 命令，弹出 Solution Time for LS-DYNA Explicit 对话框，在［TIME］Terminate at Time 右侧文本框中输入 1000，单击 OK 按钮，确认输入；

（2）选择 Main Menu > Solution > Time Controls > Time Step Ctrls 选项，弹出 Specify Time Step Scaling for LS－DYNA Explicit 对话框，在 Time step scale factor 右侧文本框中输入 0.9，单击 OK 按钮，确认输入。

第十四步，设置输出类型和数据输出时间间隔。

（1）选择 Main Menu > Solution > Output Controls > Output File Types 选项，弹出 Specify Output File Types for LS－DYNA Solver 对话框，在 File options 下拉菜单中选择 Add，在 Produce output for... 下拉菜单中选择 LS－DYNA，单击 OK 按钮，关闭对话框；

（2）选择 Main Menu > Solution > Output Controls > File Output Freq > Time Step Size 选项，弹出 Specify File Output Frequency 对话框，在［EDRST］Specify Results File Output Interval：Time Step Size 右侧文本框中输入 2，在［EDHTIME］Specify Time－History Output Interval：Time Step Size 文本框中输入 2，单击 OK 按钮，关闭对话框，随后弹出 Waring 信息，单击 Close 按钮，关闭弹窗。

第十五步，输出 K 文件。

（1）选择 Main Menu > Solution > Write Jobname. k 选项，弹出 Input files to be Written for LS-DYNA 对话框；

(2)在 Write results files for... 下拉菜单中选择 LS-DYNA,在 Write input files to... 文本框中输入 airblast,单击 OK 按钮,将在工作文件中生成 airblast. k 的文件;

(3)弹出 EDWRITE Command 窗口,列出模型中的关键信息。

9.3 K 文件的修改和编辑

(1)用 UltraEdit 软件打开工作目录下的 airblast. k 文件。

(2)将原有的 airblast. k 拆分为两个 K 文件。其中一个为 mesh. k 文件,为模型的节点和单元信息;另一个为 main. k 文件,为计算模型控制关键字文件。

(3)对照 main. k 文件,对控制 K 文件进行如下修改:

①使用 * INCLUDE 关键字,在 main. k 文件中添加 mesh. k 文件;

②修改定义空气和炸药单元算法的 * SECTION_SOLID_ALE 关键字;

③添加多物质材料组定义 * ALE_MULTI-MATERIAL_GROUP 关键字;

④添加起爆点定义 * INITIAL_DETONATION 关键字;

⑤添加炸药填充 * INITIAL_VOLUME_FRACTION_GEOMETRY 关键字;

⑥设置 * SET_PART_LIST 关键字;

⑦添加 * CONSTRAINED_LAGRANGE_IN_SOLID 流固耦合关键字;

⑧修改靶板、空气和炸药材料参数;

⑨修改炸药的 * PART 信息;

⑩删除 * CONTROL_SHELL 关键字;

⑪修改 ALE 算法控制的 * CONTROL_ALE 关键字。

9.4 求解

(1)启动 ANSYS 16.0,在启动界面进行求解环境设置,在 Simulation Environment 下拉菜单中选择 LS-DYNA Solver,在 License 下拉菜单中选择 ANSYS LS-DYNA,在 Analysis Type 栏中选择 Typical LS-DYNA Analysis;

(2)单击 File Management 选项卡,弹出工作目录和工作文件设置窗口,单击 Working Directory 后面的 Browse 按钮,选择 E 盘文件夹"airblast-on-steel",在 Keyword Input File 下拉菜单中选择修改后的 main. k 文件;

(3)单击 Customization/Preferences 选项卡,在 Memory(words)文本框中输入 2 100 000 000,在 Number of CPUs 文本框中输入 8;

(4)单击 Run 按钮,进入 LS-DYNA971R7 程序进行求解,求解时间到达后,界面返回 Normal termination。

9.5 控制关键字文件讲解

关键字文件有两个,分别为网格文件 mesh. k 和控制文件 main. k。控制文件 main. k 的内容及相关讲解如下:

```
$首行*KEYWORD 表示输入文件采用的是关键字输入格式
*KEYWORD
*TITLE

$
*DATABASE_FORMAT
        0
$
$读入节点 K 文件
*INCLUDE
mesh.k
$$$$$$$$$$$$$$$$$$$$$$$$$$$$$$$$$$$$$$$$$$$$$$$$$$$$$$$$$$$$$$$$$$$$$$$$$$$$$$$$$
$                              SECTION DEFINITIONS                              $
$$$$$$$$$$$$$$$$$$$$$$$$$$$$$$$$$$$$$$$$$$$$$$$$$$$$$$$$$$$$$$$$$$$$$$$$$$$$$$$$$
*SECTION_SOLID
       1         1
*SECTION_SOLID_ALE
       2        11

*SECTION_SOLID_ALE
       3        11


$
*ALE_MULTI - MATERIAL_GROUP
        2         1
        3         1
$
$炸药点火点设置
*INITIAL_DETONATION
$    PID          X        Y          Z         LT
       3          0        0         47          0
$球形炸药填充
$利用*INITIAL_VOLUME_FRACTION_GEOMETRY 在 ALE 背景网格中填充多物质材料
$FMSID 为背景 ALE 网格 Part ID
$FMIDTYP =1,表示 FMSID 为 PART
$BAMMG =1,表示背景网格在 AMMG 中的 ID 为1
$NTRACE =3,表示 ALE 网格的细分数
```

```
$CNTTYP = 6,表示用球体方式进行填充,X0、Y0、Z0是球心坐标,R0是球体半径
$FILLOPT = 0,表示在球体内部进行填充
$FAMMG = 2,表示填充体在 AMMG 中的 ID 为2
*INITIAL_VOLUME_FRACTION_GEOMETRY
$  FMSID     FMIDTYP     BAMMG     NTRACE
   2          1          1          3
$ CNTTYP     FILLOPT     FAMMG          VX          VY          VZ
    6          0          2
$  X0          Y0          Z0          R0
    0          0          47          4.681
$Lagrange Part 组设置
*SET_PART_LIST
         1     0.0000     0.0000     0.0000     0.0000
         1
$Euler Part 组设置
*SET_PART_LIST
         2     0.0000     0.0000     0.0000     0.0000
         2  3
$ Lagrange 单元和 Euler 单元进行耦合
*CONSTRAINED_LAGRANGE_IN_SOLID
         1          2          0          0          0          5          3          0
         0          0       0.10        0.0        0.5          0          0        0.0
       0.0                              0        0.1
$$$$$$$$$$$$$$$$$$$$$$$$$$$$$$$$$$$$$$$$$$$$$$$$$$$$$$$$$$$$$$$$$$$$$$$$$$$$$$$$
$                             MATERIAL DEFINITIONS                             $
$$$$$$$$$$$$$$$$$$$$$$$$$$$$$$$$$$$$$$$$$$$$$$$$$$$$$$$$$$$$$$$$$$$$$$$$$$$$$$$$
$靶板材料
*MAT_JOHNSON_COOK
$      MID        RO          G          E         PR        DTF         VP
         1   7.830      0.818
$        A          B          N          C          M         TM         TR       EPSO
2.35E-03  2.75E-03  0.360    0.0220      1.030      1630        300   0.100E-05
$       CP         PC       SPAL         IT         D1         D2         D3         D4
0.440E-05  -9.00E+00 3.00    0.00       0.05       3.44      -2.12   0.002
$   D5
  1.61
*EOS_GRUNEISEN
$   EOSID   C          S1         S2         S3        GAMAO          a         E0
         1  0.4569     1.49       0.00       0.00       2.17       0.46       0.00
$   V0
  1.00
$空气材料
*MAT_NULL
$     MID     RO
        2   1.293E-3       0.00       0.00       0.00       0.00       0.00       0.00
*EOS_LINEAR_POLYNOMIAL
$    EOSID   C0          C1         C2         C3         C4         C5         C6
        2   0.00       0.00       0.00       0.00       0.40       0.40       0.00
```

```
$  E0          V0
2.500E-06    1.00
$TNT 材料
*MAT_HIGH_EXPLOSIVE_BURN
$       MID   RO       D            Pcj          BETA         K          G          SIGY
        3 1.630000 0.6930000  0.2100000 0.0000000 0.0000000 0.0000000 0.0000000
*EOS_JWL
$   EOSID       A          B            R1           R2          OMEG          E0        V0
      3 3.71200  0.032310  4.1500000 0.950000  0.3000000  0.070000  1.0000000
$
$$$$$$$$$$$$$$$$$$$$$$$$$$$$$$$$$$$$$$$$$$$$$$$$$$$$$$$$$$$$$$$$$$$$$$$$$$$$$$$$
$                              PARTS DEFINITIONS                                $
$$$$$$$$$$$$$$$$$$$$$$$$$$$$$$$$$$$$$$$$$$$$$$$$$$$$$$$$$$$$$$$$$$$$$$$$$$$$$$$$
$
$靶板 Part 信息
*PART
Part           1 for Mat          1 and Elem Type          1
         1            1         1            1         0         0         0
$空气 Part 信息
*PART
Part           2 for Mat          2 and Elem Type          2
         2            2         2            2         0         0         0
$炸药 Part 信息
*PART
Part           3 for Mat          3 and Elem Type          3
         3            3         3            3         0         0         0
$$$$$$$$$$$$$$$$$$$$$$$$$$$$$$$$$$$$$$$$$$$$$$$$$$$$$$$$$$$$$$$$$$$$$$$$$$$$$$$$
$                            BOUNDARY DEFINITIONS                               $
$$$$$$$$$$$$$$$$$$$$$$$$$$$$$$$$$$$$$$$$$$$$$$$$$$$$$$$$$$$$$$$$$$$$$$$$$$$$$$$$
$对称边界定义
*BOUNDARY_SPC_SET
       1       0         1         1         1         0         0         0
*BOUNDARY_SPC_SET
       2       0         1         1         0         0         0         0
*BOUNDARY_SPC_SET
       3       0         1         0         0         0         0         0
*BOUNDARY_SPC_SET
       4       0         0         1         0         0         0         0
$非反射边界条件定义
*BOUNDARY_NON_REFLECTING
         1         0         0
$$$$$$$$$$$$$$$$$$$$$$$$$$$$$$$$$$$$$$$$$$$$$$$$$$$$$$$$$$$$$$$$$$$$$$$$$$$$$$$$
$                              CONTROL OPTIONS                                  $
$$$$$$$$$$$$$$$$$$$$$$$$$$$$$$$$$$$$$$$$$$$$$$$$$$$$$$$$$$$$$$$$$$$$$$$$$$$$$$$$
$
*CONTROL_ENERGY
         2       2       2       2
*CONTROL_BULK_VISCOSITY
  1.50      0.600E-01
```

```
$*CONTROL_ALE 为 ALE 算法设置全局控制参数
$针对爆炸问题,采用交错输运逻辑,DCT = -1
$NADV =1,表示每两种物质输运步之间有一 Lagrange 步计算
$METH =-2,表示采用带有 HIS 的 Van Leer 物质输运算法
*CONTROL_ALE
      -1         1        -2 -1.00       0.00       0.00       0.00       0.00
  0.00   0.100E+21  1.00      0.00      0.00           0
$计算时间步长控制
$TSSFAC =0.9为计算时间步长缩放因子
*CONTROL_TIMESTEP
   0.0000  0.9000         0  0.00       0.00
$ENDTIM 定义计算结束时间
*CONTROL_TERMINATION
0.150E+04     0   0.00000   0.00000   0.00000
$
$$$$$$$$$$$$$$$$$$$$$$$$$$$$$$$$$$$$$$$$$$$$$$$$$$$$$$$$$$$$$$$$$$$$$$$$$$$$$$$$
$                              TIME HISTORY                                    $
$$$$$$$$$$$$$$$$$$$$$$$$$$$$$$$$$$$$$$$$$$$$$$$$$$$$$$$$$$$$$$$$$$$$$$$$$$$$$$$$
$
$定义二进制文件 D3PLOT 的输出
$DT =10 μs,表示输出时间间隔
*DATABASE_BINARY_D3PLOT
10.000
$定义二进制文件 D3THDT 的输出
$DT =10 μs,表示输出时间间隔
*DATABASE_BINARY_D3THDT
10.000
$
$$$$$$$$$$$$$$$$$$$$$$$$$$$$$$$$$$$$$$$$$$$$$$$$$$$$$$$$$$$$$$$$$$$$$$$$$$$$$$$$
$                           DATABASE OPTIONS                                   $
$$$$$$$$$$$$$$$$$$$$$$$$$$$$$$$$$$$$$$$$$$$$$$$$$$$$$$$$$$$$$$$$$$$$$$$$$$$$$$$$
$
*DATABASE_EXTENT_BINARY
        0         0         3         1         0         0         0         0
        0         0         4         0         0         0
$*END 表示关键字文件的结束,LS - DYNA 将忽略后面的内容
*END
```

9.6 计算结果

计算结束后,用 LS-PREPOST 软件打开工作目录下的 d3plot 文件,读入结果输出文件。输出不同时刻冲击波传播过程如图 9 - 15 所示,球形炸药由中心点起爆后,冲击波以球形向四周传播,遇到靶板后形成反射波。在冲击波的作用下,靶板中心变形量最大,中心点最大位移为 5.4 cm,如图 9 - 16 所示。

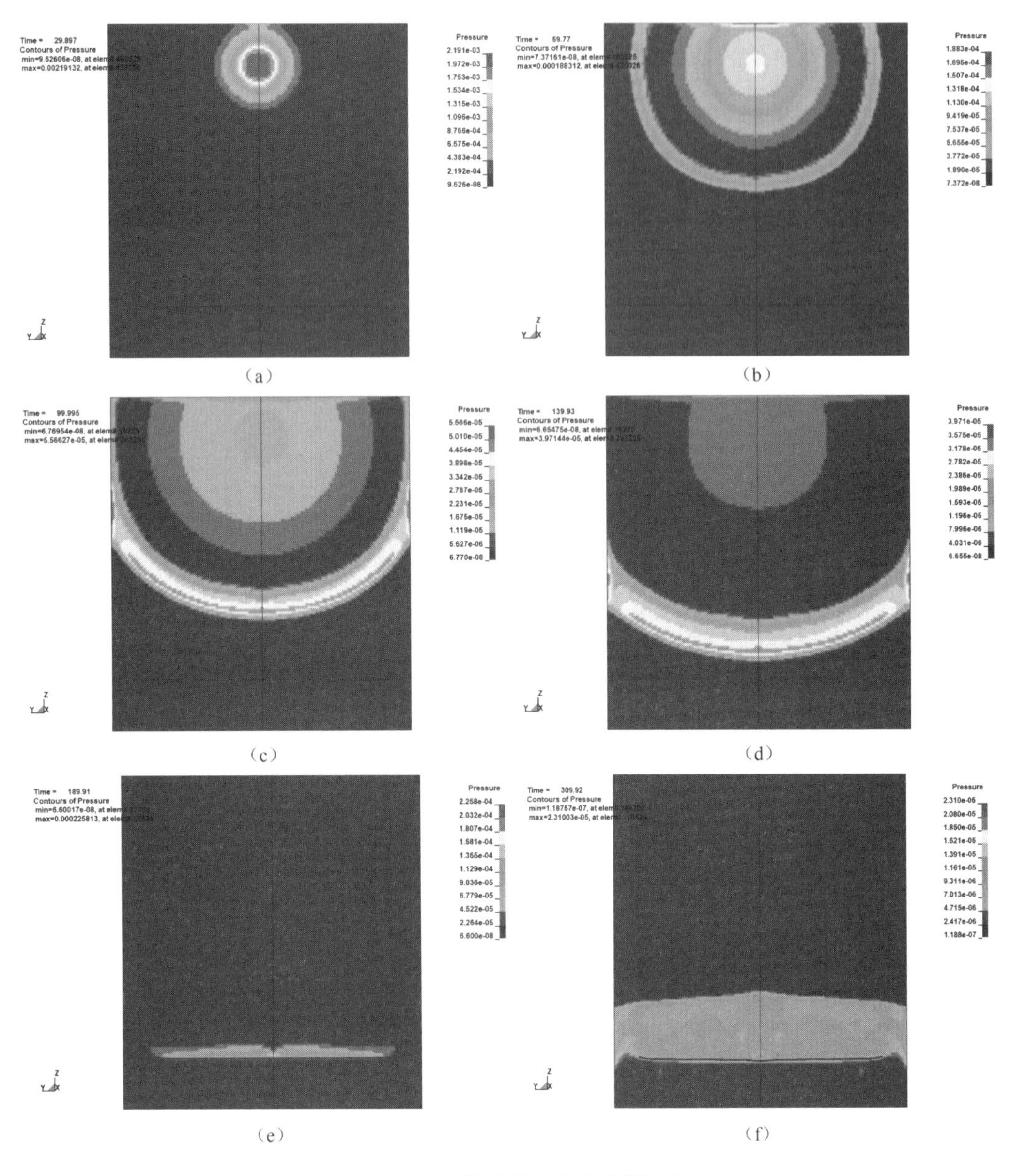

图 9-15　不同时刻冲击波传播过程

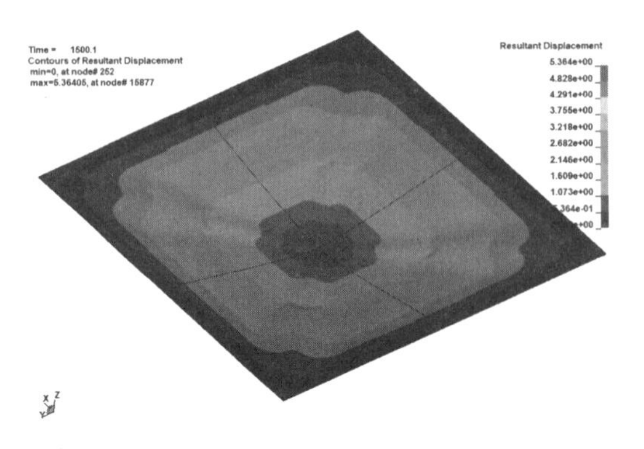

图 9-16　靶板位移云图

10 空爆载荷对结构毁伤的工程计算方法

在 LS-DYNA 程序中通常采用"FSI"算法评估炸药在空气中爆炸后对目标的毁伤效果,在该算法中炸药和空气采用 ALE 算法,目标采用 Lagrange 算法,二者之间通过 * CONSTRAINED_LAGRANGE_IN_SOLID 关键字进行流固耦合关系定义。此种方法运用最为广泛,可以有效解决大部分问题,但是对于爆炸远场问题,计算域过大将导致计算时间的增加,降低计算结果的时效性。为了解决此问题,LS-DYNA 程序嵌入了用于空爆载荷作用于目标的工程计算方法,包括 LB、LBE 和 IIM 三种工程计算方法。本章分别对这三种工程计算方法的运用进行详细介绍。

10.1 * LOAD_BLAST 工程算法

10.1.1 * LOAD_BLAST 关键字解释

目的:用于定义来自普通炸药爆炸后的压力载荷。该功能是基于 Randers-Pehrson 和 Bannister 在 1997 年的研究报告,报告中提出该模型足以用于车辆在地雷爆炸载荷作用下的工程响应研究。当与关键字 * LOAD_SEGMENT、* LOAD_SEGMENT_SET 或 * LOAD_SHELL 结合使用时,此关键字可以确定压力载荷的值。

卡片及参数描述见表 10－1 ~ 表 10－4。

表 10－1 * LOAD_BLAST 关键字卡片 1

Card 1	1	2	3	4	5	6	7	8
Variable	WGT	XB0	YB0	ZB0	TB0	IUNIT	ISURF	
Type	F	F	F	F	F	I	I	
Default	none	0.0	0.0	0.0	0.0	2	2	

表 10－2 * LOAD_BLAST 关键字参数描述 1

变量	参数描述
WGT	等效质量的球形 TNT 药包

续表

变量	参数描述
XB0	起爆点的 X 坐标值
YB0	起爆点的 Y 坐标值
ZB0	起爆点的 Z 坐标值
TB0	炸药起爆零时刻
IUNIT	单位换算。 =1:feet, pound-mass,seconds,psi 单位制; =2:meters,kilograms,seconds,pascals 单位制(默认单位制); =3:inch,dozens of slugs,seconds,psi 单位制; =4:centimeters,grams,microseconds,megabars 单位制; =5:使用用户自定义的单位换算因子(见卡片 2)
ISURF	爆炸类型。 =1:表面爆炸——炸药位于地面或近地面; =2:空爆——球形炸药(默认)

表 10-3　* LOAD_BLAST 关键字卡片 2

Card 2	1	2	3	4	5	6	7	8
Variable	CFM	CFL	CFT	CFP	DEATH			
Type	F	F	F	F	F			
Default	0.0	0.0	0.0	0.0	0.0			

表 10-4　* LOAD_BLAST 关键字参数描述 2

变量	参数描述
CFM	单位换算因子:每 LS-DYNA 单位质量对应的英镑值
CFL	单位换算因子:每 LS-DYNA 单位长度对应的英尺值
CFT	单位换算因子:每 LS-DYNA 单位时间对应的毫秒值
CFP	单位换算因子:每 LS-DYNA 单位压力对应的帕斯卡值
DEATH	结束时间,爆炸压力在此时刻无效

10.1.2　* LOAD_SEGMENT_SET 关键字解释

目的:将压力载荷均匀地分布在 * SET_SEGMENT 段集中的每个 SEGMENT 上,详见

* LOAD_SEGMENT 对常规压力信号的描述。

表 10－5　* LDAD_SEGMENT_SET 关键字卡片

Card 1	1	2	3	4	5	6	7	8
Variable	SSID	LCID	SF	AT				
Type	I	I	F	F				
Default	none	none	1.0	0.0				
Remarks		1	2	3				

表 10－6　* LDAD_SEGMENT_SET 关键字参数描述

变量	参数描述
SSID	压力加载段的编号，与 * SET_SEGMENT 对应
LCID	压力载荷曲线 ID 号；如果值为－2，则载荷曲线由爆炸载荷 * LOAD_BLAST 提供
SF	载荷曲线缩放因子（系数）
AT	爆炸压力到达时间。如果设置为 0，则按正常炸药起爆冲击波传播计算；如果设置为－X，则在冲击波正常到达时间减去 X

10.1.3　计算模型

计算 700 g 球形 TNT 药包在炸高为47 cm 的条件下对尺寸为 50 cm×50 cm×0.2 cm 靶板的毁伤，如图 10－1 所示。该方法是将爆炸载荷曲线加载在目标表面，因此在计算模型中只需建立靶板的模型，另外模型迎爆面表面建立 * SET_SEGMENT 段集，用于冲击波压力载荷曲线的加载。建立 1/4 对称靶板模型，网格大小为 0.1 cm，在对称面处施加对称约束，靶板边界处施加固定约束。模型采用 g、cm、μs 单位制建立。

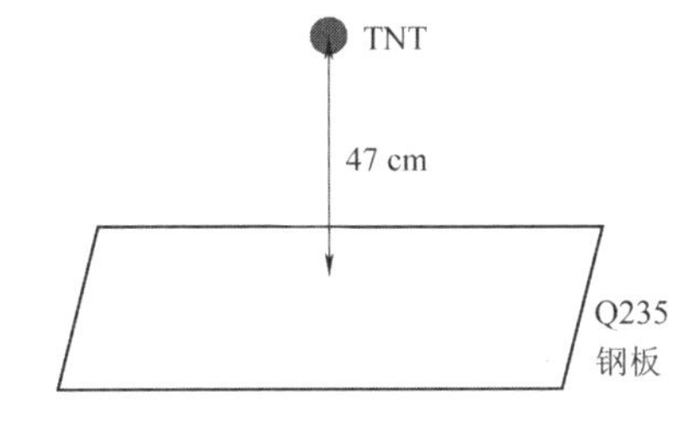

图 10－1　球形 TNT 炸药对靶板的毁伤模型

10.1.4 建模步骤

第一步,设置工作目录和模型文件。

(1)在磁盘 E 中创建“LOAD_BLAST”文件夹,用于存储模型文件和计算文件;

(2)启动 ANSYS 16.0,在启动界面进行建模环境的设置,在 Simulation Environment 下拉菜单中选择 ANSYS,在 License 下拉菜单中选择 ANSYS LS-DYNA;

(3)单击 File Management 选项卡,弹出工作目录和工作文件设置窗口,单击 Working Directory 后面的 Browse 按钮,选择 E 盘文件夹“LOAD_BLAST”,在 Job Name 框中输入“LB”作为模型文件名;

(4)单击 Run 按钮,进入 ANSYS 建模界面。

第二步,单元类型设置。

(1)执行 Main Menu > Preprocessor > Element Type > Add/Edit/Delete 命令,弹出 Element Types 单元类型对话框;

(2)单击 Add 按钮,弹出 Library of Element Types 对话框,选择 LS-DYNA Explicit 列表框中的 3D Solid 164,单击 OK 按钮,关闭对话框,如图 10-2 所示。

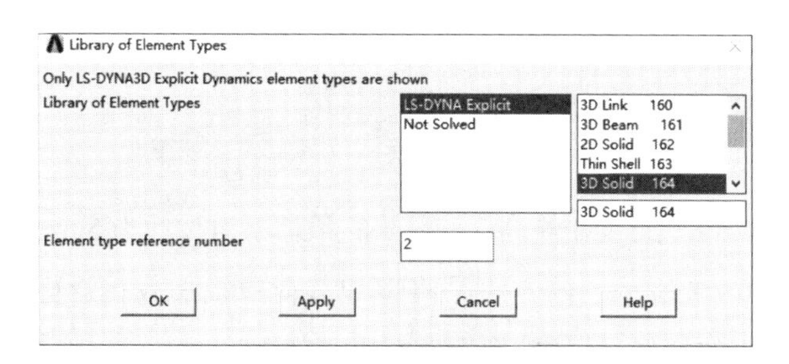

图 10-2 Library of Element Types 对话框

第三步,材料参数设置。

(1)选择 Main Menu > Preprocessor > Material Props > Material Models 选项,弹出 Define Material Model Behavior 对话框;

(2)在该对话框左侧的 Material Models Defined 设置栏中已自动生成编号为 1 的材料,在 Material Models Available 设置栏中依次执行 LS-DYNA > Equation of State > Gruneisen > Johnson-Cook 命令,如图 10-3 所示;

(3)弹出 Johnson-Cook Properties for Material Number 1 对话框,设置 DENS 参数为 7.85,其余参数可以不用设置,即编号为 1 的材料设置完成。

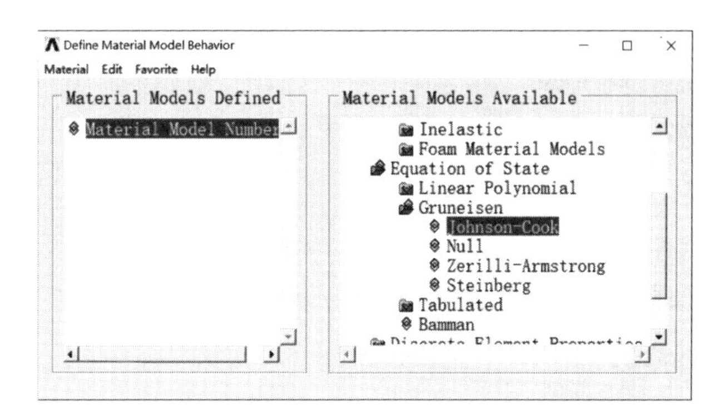

图 10－3　Define Material Model Behavior 对话框

第四步,创建靶板几何模型。

(1) 选择 Main Menu > Preprocessor > Modeling > Create > Volumes > Block > By Dimensions 选项,弹出 Create Block by Dimensions 对话框;

(2)在 X1,X2 X-coordinates 右侧文本框中分别输入 0、25,在 Y1,Y2 Y-coordinates 右侧文本框中分别输入 0、25,在 Z1,Z2 Z-coordinates 右侧文本框中分别输入 0、0.2,单击 OK 按钮,关闭对话框,如图 10－4 所示。

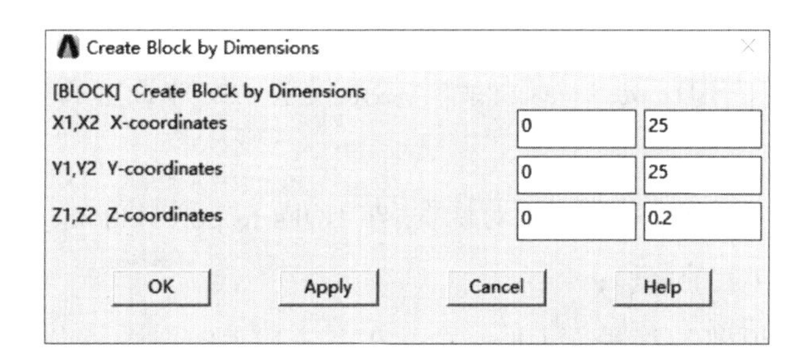

图 10－4　Create Block by Dimensions 对话框

第五步,网格划分。

(1)选择 Main Menu > Preprocessor > Meshing > MeshTool 选项,弹出 MeshTool 面板;

(2)在 MeshTool 面板中单击 Element Attributes 选择栏右侧的 Set 按钮,弹出 Meshing Attributes 对话框,在[TYPE] Element type number 右侧下拉菜单中选择 1 SOLID164,在[MAT]Material number 右侧下拉菜单中选择 1,单击 OK 按钮,关闭对话框;

(3)在 Size 面板中单击 Global 选择栏右侧的 Set 按钮,弹出 Global Element Sizes 对话框;在 SIZE Element edge length 右侧文本框中输入 0.1,单击 OK 按钮,关闭对话框;

(4)在 MeshTool 面板的 Mesh 下拉菜单中选择 Volumes,点选中 Hex 和 Mapped 选项,单击 Mesh 按钮,弹出 Mesh Volumes 对话框;

(5)在视图区拾取靶板模型,单击 OK 按钮,进行映射网格划分;

(6)执行 Plot > Volumes 命令,显示体。

第六步,创建模型 Part 信息。

(1)执行 Main Menu > Preprocessor > LS-DYNA Options > Parts Options 命令,弹出 Parts Data Written for LS-DYNA 对话框;

(2)在 Option 选择栏中点选中 Create all parts 选项,单击 OK 按钮,关闭对话框,弹出 EDPART Command 信息窗口,返回所创建的 Part 具体信息。

第七步,固定边界设置。

(1)执行 Main Menu > Preprocessor > LS-DYNA Options > Constraints > Apply > On Areas 命令;

(2)弹出 Apply U,ROT on Areas 对话框,拾取靶板边界处的两个面,单击 OK 按钮,关闭对话框;

(3)弹出 Apply U,ROT on Areas 对话框,在 DOFs to be constrained 菜单列表中选择 All DOF,约束靶板边界的移动和转动,如图 10-5 所示。

第八步,对称边界设置。

(1)执行 Main Menu > Preprocessor > LS-DYNA Options > Constraints > Apply > On Areas 命令;

(2)弹出 Apply U,ROT on Areas 对话框,拾取模型 YOZ 平面上的一个面,单击 OK 按钮,关闭对话框;

(3)弹出 Apply U,ROT on Areas 对话框,在 DOFs to be constrained 菜单列表中选择 UX,约束模型 X 方向上的位移;

(4)同理,约束模型 XOZ 平面上的一个面在 Y 方向上的位移,如图 10-6 所示。

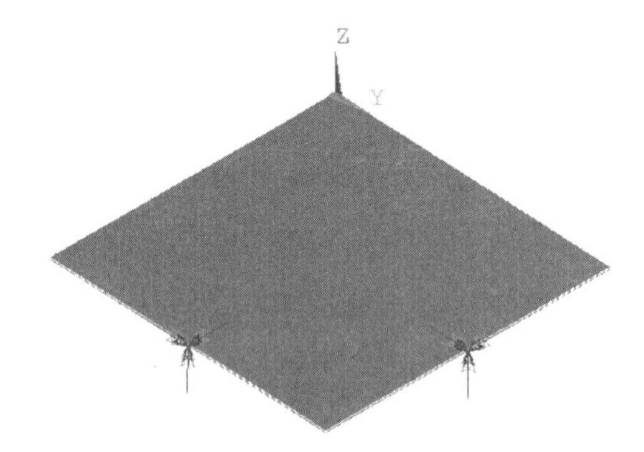

图 10-5　靶板固定边界设置

图 10-6　靶板 UX、UY 对称边界设置

第九步，建立 Segment 组。

注：Segment 组的建立有两种方法：(1)在 ANSYS 前处理中按照非反射边界创建步骤，生成 Segment 组，随后对 K 文件进行修改；(2)利用 LS-PrePost 前、后处理软件，生成 Segment 组。这里选择方法 1 进行创建 Segment 组。

(1)选择 Utility Menu > Select > Entities 命令，弹出 Select Entities 对话框，参数设置如图 10 - 7 所示，设置完成后单击 Apply 按钮；

(2)在视图区中拾取靶板下表面(与 XOY 平面重合)，单击 OK 按钮，关闭对话框，滚动鼠标滚轮刷新视图区，检查拾取面是否正确；

(3)执行 Utility Menu > Select > Entities 命令，在弹出的 Select Entities 对话框的下拉菜单中分别选择 Nodes，属性选择 Attached to，点选中 Areas，all，如图 10 - 8 所示，单击 OK 按钮，关闭对话框；

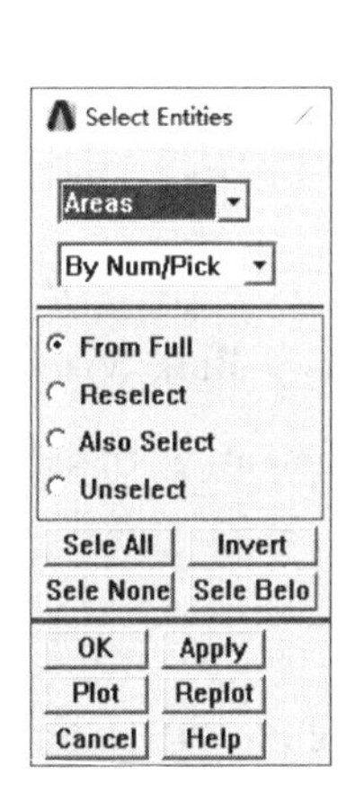

图 10 - 7 Select Entities 对话框

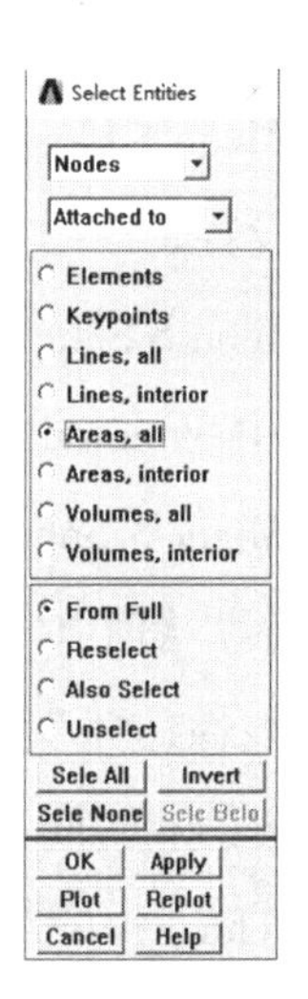

图 10 - 8 Select Entities 对话框

(4)选择 Utility Menu > Select > Comp/Assemble > Create Component 选项，弹出 Create Component 对话框，在 Cname Component name 文本框中输入 nonref，在 Entity Component is made of 的下拉菜单中选择 Nodes，单击 OK 按钮，关闭对话框，如图 10 - 9 所示；

注：nonref 只是非反射边界节点组的名称，无固定形式，不包含中文就行。

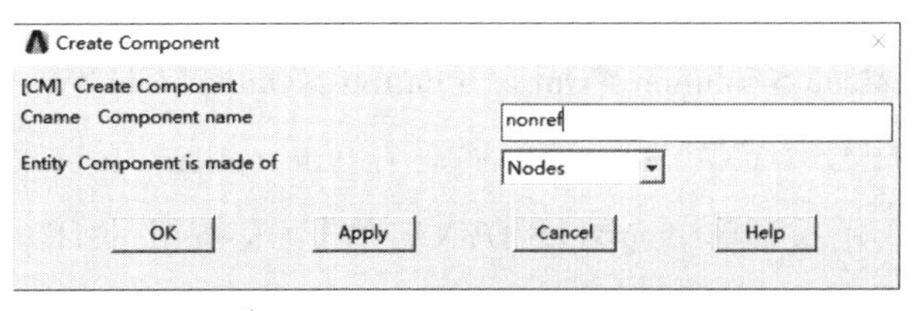

图 10 - 9 Create Component 对话框

(5)选择 Main Menu > Preprocessor > LS-DYNA Options > Constraints > Apply > Non-Refl Bndry 选项，弹出 Non-reflecting boundary for LS-DYNA Explicit 对话框，在 Option 单选框中选择 Add 项，在 Component 右侧的下拉菜单中选择 NONREF，单击 OK 按钮，关闭对话框，如图 10－10 所示；

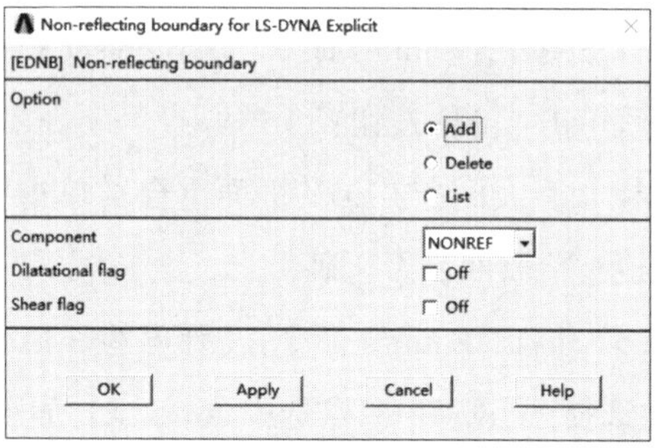

图 10－10 Non-reflecting boundary for LS-DYNA Explicit 对话框

(6)执行 Utility Menu > Plot > Volumes 命令，显示体。

第十步，分析步设置。

(1)执行 Main Menu > Solution > Analysis Options > Energy Options 命令，弹出 Energy Options 对话框，勾选中 Stonewall Energy、Hourglass Energy 和 Sliding Interface 选项；

(2)执行 Main Menu > Solution > Analysis Options > Bulk Viscosity 命令，弹出 Bulk Viscosity 对话框，保持默认值[Quadratic Viscosity Coefficient(二阶黏性系数)为 1.5，Linear Viscosity Coefficient(线性黏性系数)为 0.06]。

第十一步，求解时间和时间步设置。

(1)选择 Main Menu > Solution > Time Controls > Solution Time 选项，弹出 Solution Time for LS-DYNA Explicit 对话框，在[TIME]Terminate at Time 右侧文本框中输入 1000，单击 OK 按钮，确认输入；

(2)选择 Main Menu > Solution > Time Controls > Time Step Ctrls 选项，弹出 Specify Time Step Scaling for LS-DYNA Explicit 对话框，在 Time step scale factor 右侧文本框中输入 0.9，单击 OK 按钮，确认输入。

第十二步，设置输出类型和数据输出时间间隔。

(1)执行 Main Menu > Solution > Output Controls > Output File Types 命令，弹出 Specify Output File Types for LS-DYNA Solver 对话框，在 File options 下拉菜单中选择 Add，在 Produce output for... 下拉菜单中选择 LS-DYNA，单击 OK 按钮，关闭对话框；

(2)选择 Main Menu > Solution > Output Controls > File Output Freq > Time Step Size 选

项,弹出 Specify File Output Frequency 对话框,在[EDRST]Specify Results File Output Interval:Time Step Size 右侧文本框中输入 5,在[EDHTIME]Specify Time-History Output Interval:Time Step Size 文本框中输入 5,单击 OK 按钮,关闭对话框,随后弹出 Waring 信息,单击 Close 按钮,关闭弹窗。

第十三步,输出 K 文件。

(1)选择 Main Menu > Solution > Write Jobname. k 选项,弹出 Input files to be Written for LS-DYNA 对话框;

(2)在 Write results files for... 下拉菜单中选择 LS-DYNA,在 Write input files to... 文本框中输入 airblast. k,单击 OK 按钮,将在工作文件中生成 LB. k 的文件;

(3)弹出 EDWRITE Command 窗口,列出模型中的关键信息。

10.1.5 K 文件的修改和编辑

(1)用 UltraEdit 软件打开工作目录下的 LB. k 文件。

(2)将原有的 LB. k 文件拆分为两个 K 文件。其中一个为 mesh. k 文件,为模型的节点和单元信息;另一个为 main. k 文件,为计算模型控制关键字文件。

(3)对照 main. k 文件,对控制 K 文件进行如下修改:

①使用 * INCLUDE 关键字,在 main. k 文件中添加 mesh. k 文件;

②修改靶板材料本构和状态方程模型参数;

③删除 * BOUNDARY_NON_REFLECTING 关键字;

④设置 * LOAD_BLAST 关键字;

⑤设置 * LOAD_SEGMENT_SET 关键字;

⑥添加 * DEFINE_CURVE 关键字,定义两条载荷曲线;

⑦删除 * CONTROL_SHELL 关键字;

⑧修改 * CONTROL_TERMINATION 关键字。

10.1.6 控制关键字文件讲解

关键字文件有两个,分别为网格文件 mesh. k 和控制文件 main. k。控制文件 main. k 的内容及相关讲解如下:

```
$首行*KEYWORD 表示输入文件采用的是关键字输入格式
*KEYWORD
*TITLE
```

```
$为二进制文件定义输出格式,0表示输出的是 LS - DYNA 数据库格式
*DATABASE_FORMAT
   0
$读入节点 K 文件
*INCLUDE
  mesh.k
$
$*SECTION_SOLID 定义常应力体单元算法
*SECTION_SOLID
$# secid  elform      aet
      1       1         0
$
$采用*MAT_JOHNSON_COOK 材料模型,定义 Q235靶板材料模型参数
*MAT_JOHNSON_COOK
$      MID      RO          G         E          PR        DTF       VP
         1  7.830   0.818   2.0988E+00   0.280
$        A        B          N         C          M         TM        TR       EPSO
2.35E-03  2.75E-03    0.940   0.0360      1.030      1630      300   0.100E-05
$       CP        PC       SPAL        IT         D1        D2        D3        D4
0.440E-05 -9.00E+00    3.00      0.00      0.05      3.44      -2.12   0.002
$ D5
  1.61
*EOS_GRUNEISEN
$  EOSID   C          S1          S2          S3       GAMAO        a         E0
       1  0.4578   1.33        0.00        0.00    1.67      0.43      0.00
$   V0
  1.00
$
$
$*LOAD_BLAST 爆炸载荷加载关键字
$WGT =700,定义700 g 球形 TNT 炸药
$XB0 =0、YB0 =0、ZB0 = -47,定义起爆点在(0,0,-47)坐标点处
$TB0 =0,零时刻起爆
$IUNIT =4,选用 g、cm、μs 单位制
$ISURF =2,定义无限空爆类型
*LOAD_BLAST
$     WGT        XB0       YB0         ZB0        TB0       IUNIT      ISURF
      700     0      0          -47          0            4          2
$     CFM        CFL        CFT        CFP        DEATH
0.0        0.0       0.0        0.0
$*LOAD_SEGMENT_SET 定义压力载荷加载段
$SSID =1,将压力时间载荷加载在*SET_SEGMENT 编号为1的段上
$LCID = -2,定义压力载荷由*LOAD_BLAST 提供
$SF =1,定义载荷曲线缩放系数为1
$AT =0,定义压力载荷起始时刻
*LOAD_SEGMENT_SET
$   SSID      LCID       SF         AT
       1        -2         1          0
```

```
$完全重启动分析,对空曲线1重新进行定义
$*CHANGE_CURVE_DEFINITION
$    1
$定义空曲线1,无意义,但是必须进行定义
*DEFINE_CURVE
         1              0      1.000       1.000       0.000       0.000
   0.000000000000E+00  0.000000000000E+00
   1.000000000000E+00  1.000000000000E+00
$完全重启动分析,对空曲线2重新进行定义
$*CHANGE_CURVE_DEFINITION
$    2
$定义空曲线2,无意义,但是必须进行定义
*DEFINE_CURVE
         2              0      1.000       1.000       0.000       0.000
   0.000000000000E+00  0.000000000000E+00
   1.000000000000E+00  1.000000000000E+00
$
$定义靶板 Part,引用定义的单元算法、材料模型和状态方程,PID 必须唯一
*PART
Part             1 for Mat           1 and Elem Type          1
         1              1         1           1         0         0         0
$
*CONTROL_ENERGY
         2         2         2         2
*CONTROL_BULK_VISCOSITY
   1.50  0.600E-01
$计算时间步长控制
$TSSFAC=0.9为计算时间步长缩放因子
*CONTROL_TIMESTEP
    0.0000  0.9000              0  0.00        0.00
$ENDTIM 定义计算结束时间
*CONTROL_TERMINATION
   3000.         0  0.00000   0.00000   0.00000
$定义二进制文件 d3plot 的输出
$DT=5 μs,表示输出时间间隔
*DATABASE_BINARY_D3PLOT
   5.000
$定义二进制文件 D3THDT 的输出
$DT=5μs,表示输出时间间隔
*DATABASE_BINARY_D3THDT
   5.000
*DATABASE_EXTENT_BINARY
         0         0         3         1         0         0         0         0
         0         0         4         0         0         0
$*END 表示关键字文件的结束,LS-DYNA 将忽略后面的内容
*END
```

10.1.7 计算结果

计算结束后，用 LS-PREPOST 软件打开工作目录下的 d3plot 文件，读入结果输出文件。靶板的位移云图和靶板中心位置处的位移—时间曲线如图 10－11 和图 10－12 所示。由图可知，在爆炸载荷作用下，靶板变形形状呈四棱锥，几何中心为棱锥顶点，变形量最大，最大变形量为 7.4 cm，试验测得的最大位移结果为 7.9 cm，误差为 －6.33%。

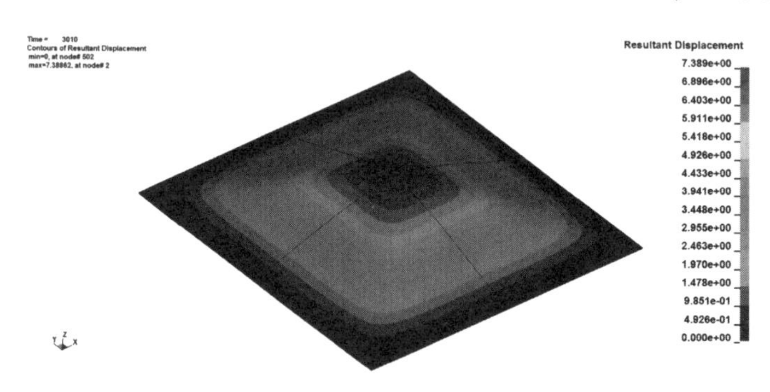

图 10－11 靶板的位移云图

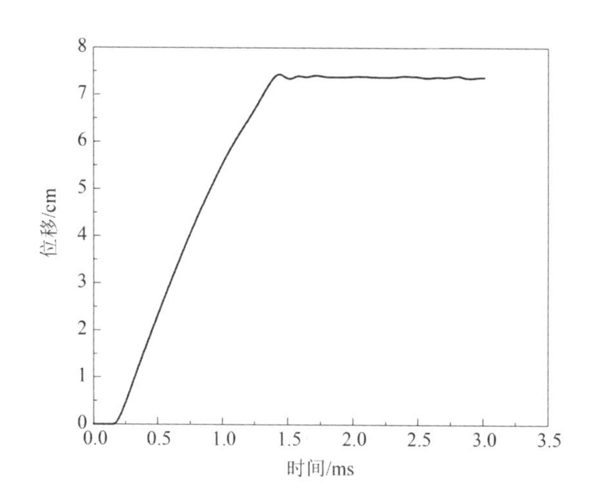

图 10－12 靶板中心点处的位移—时间曲线

10.2 ＊LOAD_BLAST_ENHANCED 工程算法

10.2.1 ＊LOAD_BLAST_ENHANCED 关键字解释

目的：用于定义来自常规炸药爆炸后的压力载荷。除了与＊LOAD_BLAST 具有相同特点以外，还具有地面反射冲击波、运动的战斗部和多爆炸源的模拟。通过定义

* LOAD_BLAST_SEGMENT 将载荷加载于表面,爆炸压力—时间曲线通过 * DATABASE_BINARY_BLSTFOR 关键字输出。

卡片及参数描述见表 10 - 7 ~ 表 10 - 14。

表 10 - 7　* LOAD_BLAST_ENHANCED 关键字卡片 1

Card 1	1	2	3	4	5	6	7	8
Variable	BID	M	XB0	YB0	ZB0	TB0	UNIT	BLAST
Type	I	F	F	F	F	F	I	I
Default	none	0.0	0.0	0.0	0.0	0.0	2	2
Remarks		1				3	4	7

表 10 - 8　* LOAD_BLAST_ENHANCED 关键字参数描述 1

变量	参数描述
BID	载荷 ID
M	等效 TNT 质量
XB0	起爆点的 X 坐标值
YB0	起爆点的 Y 坐标值
ZB0	起爆点的 Z 坐标值
TB0	炸药起爆零时刻
UNIT	单位换算 =1:feet,pound - mass,seconds,psi 单位制; =2:meters,kilograms,seconds,pascals 单位制(默认单位制); =3:inch,dozens of slugs,seconds,psi 单位制; =4:centimeters,grams,microseconds,megabars 单位制; =5:使用用户自定义的单位换算因子; =6:kilogram, millimeter, millisecond, GPa; =7:metric ton, millimeter, second, MPa; =8:gram, millimeter, millisecond, MPa
BLAST	爆炸源类型。 =1:半球形表面爆炸——炸药位于地表或非常靠近地表; =2:球形空气爆炸(默认)——不考虑地面反射对冲击波的加强; =3:空爆——运动的非球形战斗部; =4:考虑地面反射的空爆——初始冲击波传播至地面产生马赫反射增强冲击波

表 10-9 *LOAD_BLAST_ENHANCED 关键字卡片 2

Card 2	1	2	3	4	5	6	7	8
Variable	CFM	CFL	CFT	CFP	NIDBO	DEATH	NEGPHS	
Type	F	F	F	F	I	F	I	
Default	0.0	0.0	0.0	0.0	none	1.e+20	0	

表 10-10 *LOAD_BLAST_ENHANCED 关键字参数描述 2

变量	描述
CFM	单位换算因子：每 LS-Dyna 质量单位对应的英镑数
CFL	单位换算因子：每 LS-Dyna 长度单位对应的英尺数
CFT	单位换算因子：每 LS-Dyna 长度单位对应的毫秒数
CFP	单位换算因子：每 LS-Dyna 压力单位对应的帕斯卡数
NIDBO	可选择的节点 ID，代表炸药中心。必须非零且 XBO、YBO、ZBO 省略
DEATH	结束时间。爆炸压力在此时刻无效
NEGPHS	负压阶段的处理。 =0：负压阶段通过 Friedlander 方程描述； =1：负压阶段被忽略，正如 ConWep 方程一样

表 10-11 *LOAD_BLAST_ENHANCED 关键字卡片 3：运动的非球形战斗部（仅适用于 BLAST=3）

Card 3	1	2	3	4	5	6	7	8
Variable	VEL	TEMP	RATIO	VID				
Type	F	F	F	F				
Default	0.0	70.0	1.0	none				

表 10-12 *LOAD_BLAST_ENHANCED 关键字参数描述 3

变量	参数描述
VEL	战斗部运动速度
TEMP	Ambient 边界层空气温度，华氏温度
RATIO	非球形爆炸冲击波阵面长径比：纵轴半径除以横轴半径。聚能装药和 EFP 战斗部通常具有明显的横向爆炸效应，RATIO < 1。圆柱形装药在纵向产生更多的爆炸能量，因此 RATIO > 1，以一个椭球体描述冲击波前沿更加适合
VID	表示战斗部纵轴线的矢量 ID，详见 *DEFINE_VECTOR。当战斗部速度不等于零时，需要定义，且向量平行于速度

表 10-13　* LOAD_BLAST_ENHANCED 关键字卡片 4:球形炸药考虑地面反射(仅适用于 BLAST=4)

Card 3	1	2	3	4	5	6	7	8
Variable	GNID	GVID						
Type	I	I						
Default	none	none						

表 10-14　* LOAD_BLAST_ENHANCED 关键字参数描述 4

变量	参数描述
GNID	位于地面上的节点 ID 编号
GVID	表示垂直向上的矢量 ID 编号,即垂直于地面(详见 * DEFINE_VECTOR)

10.2.2　* LOAD_BLAST_SEGMENT_SET 关键字解释

目的:在一个段组中的每个段上施加爆炸压力载荷,卡片及参数描述见表 10-15 和表 10-16。

表 10-15　* LOAD_BLAST_SEGMENT_SET 关键字卡片

Card 1	1	2	3	4	5	6	7	8
Variable	BID	SSID	ALEPID	SFNRB	SCALEP			
Type	I	I	I	I	F			
Default	none	none	none	0.0	1.0			

表 10-16　* LOAD_BLAST_SEGMENT_SET 关键字参数描述

变量	参数描述
BID	爆源 ID(参见 * LOAD_BLAST_ENHANCED)
SSID	段组集 ID(参见 * SET_SEGMENT)
ALEPID	将爆炸载荷(详见 * PART 和 * SECTION_SOLID, AET=5)加载到 ALE 边界层 Part 的 ID 编号。此关键字仅适用于爆炸载荷需要耦合到 ALE 空气域时
SFNRB	边界单元非反射边界条件的比例因子。使用此设置可以减弱反射回边界单元的冲击波。1.0 适用于大多数情况
SCALEP	压力缩放系数

10.2.3 计算模型

计算700 g 球形 TNT 药包在炸高为47 cm 的条件下对尺寸为50 cm×50 cm×0.2 cm 的 Q235 靶板的毁伤。采用 LBE 工程方法,需要建立靶板和部分空气域,计算模型如图 10-13 所示,利用对称性建立 1/4 计算模型,网格大小为0.1 cm,在对称面处施加对称约束,靶板边界处施加固定约束,在空气域为对称表面设置非反射边界条件,防止压力在边界处的反射,模型采用 g、cm、μs 单位制建立。

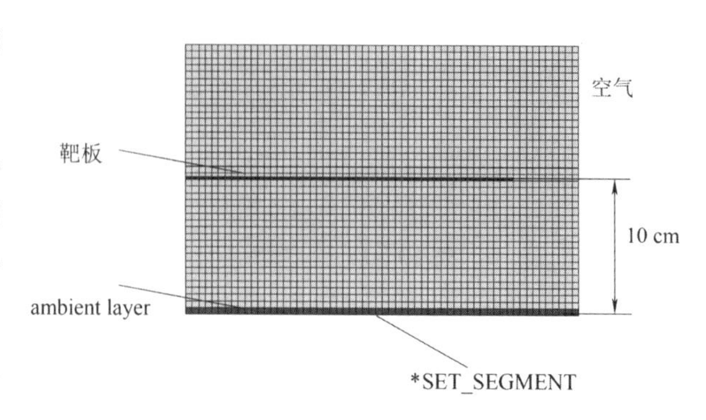

图 10-13 LBE 工程方法数值计算模型

LBE 算法需要建立单层网格的爆炸载荷加载层(Ambient Layer),且载荷加载层必须有唯一的 Part 编号,在爆炸载荷加载层外表面(迎爆面)需要建立 * SET_SEGMENT(段集)压力加载段,主要用于将爆炸冲击波载荷加载到空气网格中。

10.2.4 建模步骤

第一步,设置工作目录和模型文件。

(1)在磁盘 E 中创建"LOAD_BLAST_ENHANCED"文件夹,用于模型文件和计算文件的存放;

(2)启动 ANSYS 16.0,在启动界面进行建模环境的设置,在 Simulation Environment 下拉菜单中选择 ANSYS,在 License 下拉菜单中选择 ANSYS LS-DYNA;

(3)单击 File Management 选项卡,弹出工作目录和工作文件设置窗口,单击 Working Directory 后面的 Browse 按钮,选择 E 盘文件夹"LOAD_BLAST_ENHANCED",在 Job Name 框中输入"LBE"作为模型文件名;

(4)单击 Run 按钮,进入 ANSYS 建模界面。

第二步,单元类型设置。

(1)选择 Main Menu > Preprocessor > Element Type > Add/Edit/Delete 选项,弹出 Element Types 单元类型对话框;

(2)单击 Add 按钮,弹出 Library of Element Types 对话框,选择 LS-DYNA Explicit 右侧列表框中的 3D Solid 164,单击 OK 按钮,关闭对话框,即将编号为 1 的单元类型设置完成;

(3)按照步骤(2)中的操作,继续完成单元类型 2 和单元类型 3 的设置,即完成 3 种单元类型的设置，如图 10－14 所示，单击 Close 按钮，关闭对话框。

第三步，材料参数设置。

(1)选择 Main Menu > Preprocessor > Material Props > Material Models 选项，弹出 Define Material Model Behavior 对话框，参数设置如图 10－15 所示；

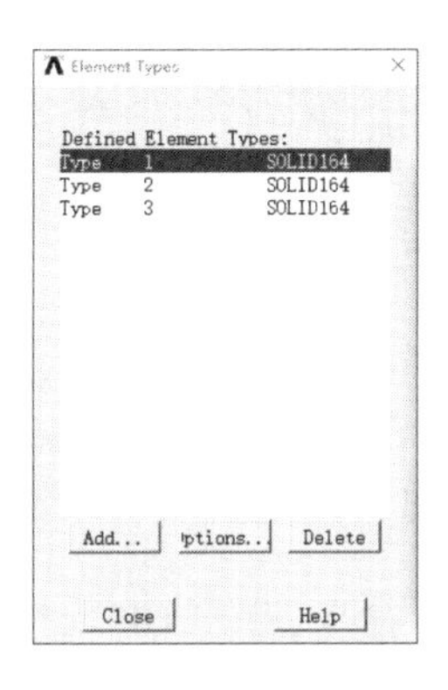

图 10－14　Element Types 对话框

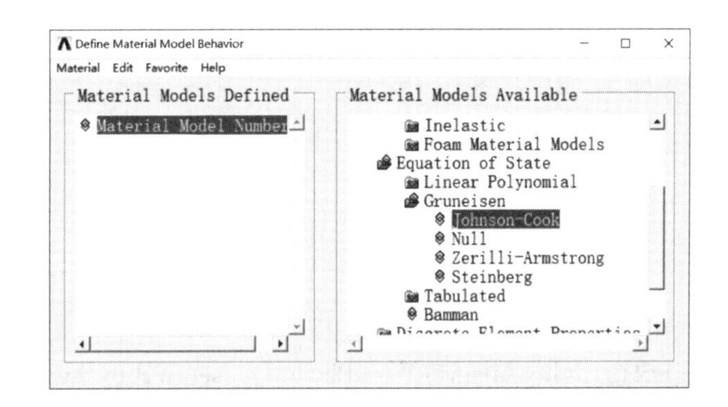

图 10－15　Define Material Model Behavior 对话框

(2)在该对话框左侧的 Material Models Defined 设置栏中已自动生成了编号为 1 的材料，在右侧 Material Models Available 设置栏中选择 LS-DYNA > Equation of State > Gruneisen > Johnson-Cook 选项，弹出 Johnson-Cook Properties for Material Number 1 对话框，设置 DENS 参数为 7.85，其余参数不用设置，可在 K 文件中进行修改，即将编号为 1 的材料设置完成；

(3)在 Define Material Model Behavior 对话框中选择 Material > New Model 选项，弹出 Define Material ID 对话框，新建编号为 2 的材料，单击 OK 按钮，关闭对话框，即创建完成编号为 2 的材料，如图 10－16 所示；

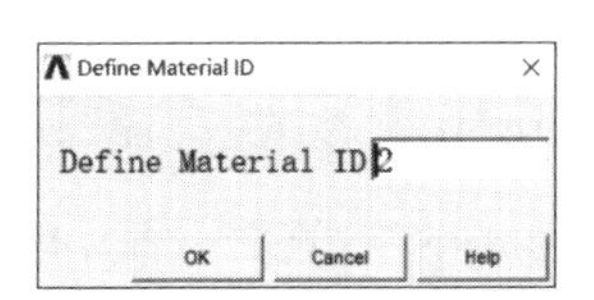

图 10－16　Define Material ID 对话框

(4)重复步骤(2)的操作，完成 2 号材料本构和状态方程的设置；

(5)重复步骤(3)的操作，完成 3 号材料 ID 的设置；

(6)重复步骤(2)的操作，完成 3 号材料本构和状态方程的设置；

(7)选择 Material > Exit 命令，退出材料窗口，即完成了三种材料的定义。

第四步，创建空气域几何模型。

(1)选择 Main Menu > Preprocessor > Modeling > Create > Volumes > Block > By

Dimensions 选项，弹出 Create Block by Dimensions 对话框；

(2)在 X1,X2 X-coordinates 右侧文本框中分别输入 0、30，在 Y1,Y2 Y-coordinates 右侧文本框中分别输入 0、30，在 Z1,Z2 Z-coordinates 右侧文本框中分别输入 0、20，单击 OK 按钮，关闭对话框，如图 10－17 所示；

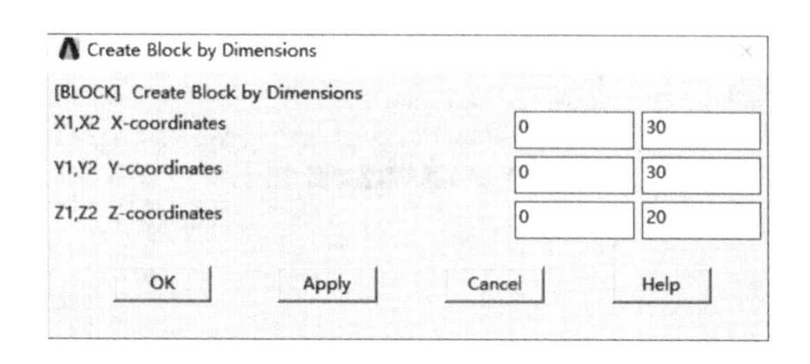

图 10－17　Create Block by Dimensions 对话框

(3)执行 Utility Menu > WorkPlane > Offset WP by Increments 命令，弹出 Offset WP 面板，在 X,Y,Z Offsets 文本框中输入(0,0,0.5)，单击 OK 按钮，将工作平面向 Z 轴正方向移动 0.5 cm；

(4)执行 Main Menu > Preprocessor > Modeling > Operate > Booleans > Divide > Volu by WorkPlane 命令，弹出 Divide Vol by WorkPlane 对话框，单击 Pick All 按钮，靶板被 XOY 平面切分，如图 10－18 所示；

(5)执行 Utility Menu > WorkPlane > Align WP with > Global Cartesian 命令，将坐标轴转换为初始位置。

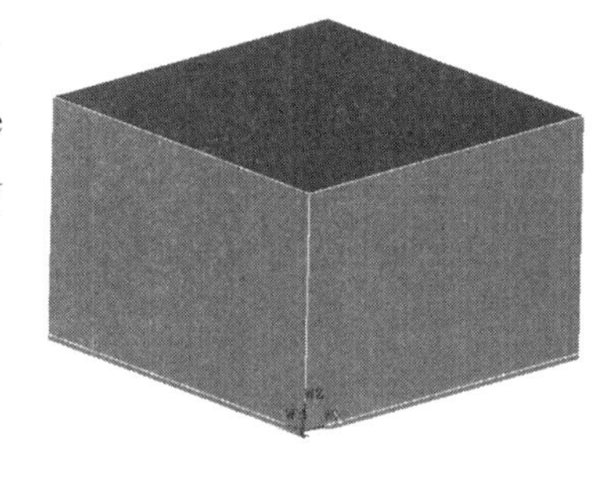

图 10－18　空气模型切分

第五步，创建靶板几何模型。

(1)执行 Main Menu > Preprocessor > Modeling > Create > Volumes > Block > By Dimensions 命令，弹出 Create Block by Dimensions 对话框；

(2)在 X1,X2 X-coordinates 右侧文本框中输入 0、25，在 Y1,Y2 Y-coordinates 右侧文本框中输入 0、25，在 Z1,Z2 Z-coordinates 右侧文本框中输入 10、10.2，单击 OK 按钮，关闭对话框，如图 10－19 所示。

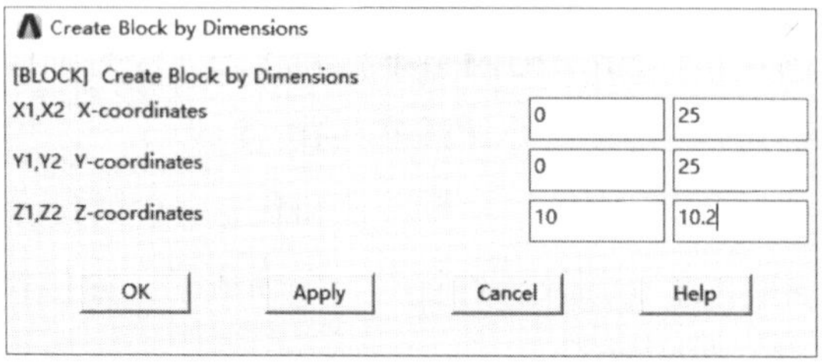

Create Block by Dimensions
[BLOCK] Create Block by Dimensions
X1,X2 X-coordinates　0　25
Y1,Y2 Y-coordinates　0　25
Z1,Z2 Z-coordinates　10　10.2
OK　Apply　Cancel　Help

图 10－19　Create Block by Dimensions 对话框

第六步,网格划分。

(1)执行 Main Menu > Preprocessor > Meshing > MeshTool 命令,弹出 MeshTool 面板;

(2)在 MeshTool 面板中单击 Element Attributes 选择栏右侧的 Set 按钮,弹出 Meshing Attributes 对话框,在[TYPE] Element type number 右侧下拉菜单中选择 1 SOLID164,在[MAT]Material number 右侧下拉菜单中选择 1,单击 OK 按钮,关闭对话框;

(3)在 Size 面板中单击 Global 选择栏右侧的 Set 按钮,弹出 Global Element Sizes 对话框;在 SIZE Element edge length 右侧文本框中输入 0.5,单击 OK 按钮,关闭对话框;

(4)在 MeshTool 面板的 Mesh 下拉菜单中选择 Volumes,点选中 Hex 和 Mapped 选项,单击 Mesh 按钮,弹出 Mesh Volumes 对话框;

(5)在视图区拾取厚度为 0.5 cm 的空气域模型,单击 OK 按钮,进行映射网格划分,如图 10 – 20 所示;

(6)选择 Plot > Volumes 选项,显示体;

(7)选择 2 SOLID164 和 2 号材料对剩余空气域进行网格划分,网格大小为 0.5 cm;

(8)选择 3 SOLID164 和 3 号材料对靶板进行网格划分,网格大小为 0.025 cm。

第七步,创建模型 Part 信息。

(1)执行 Main Menu > Preprocessor > LS – DYNA Options > Parts Options 命令,弹出 Parts Data Written for LS-DYNA 对话框;

(2)在 Option 选择栏中点选中 Create all parts 选项,单击 OK 按钮,关闭对话框,弹出 EDPART Command 信息窗口,返回所创建的 Part 具体信息;

(3)有限元模型如图 10 – 21 所示,共 3 个 Part。

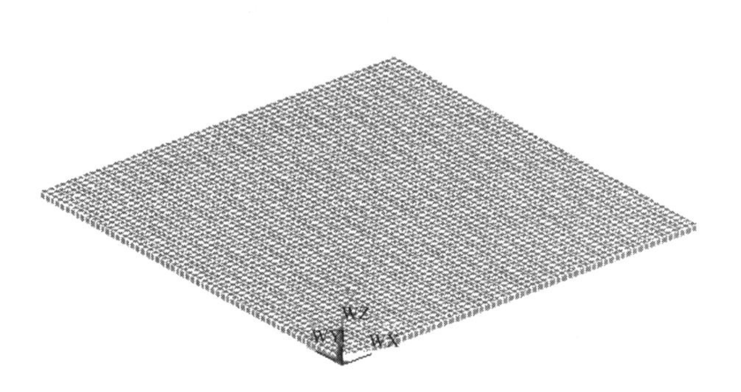

图 10 – 20　空气域网格划分

图 10 – 21　有限元模型

第八步,靶板固定边界设置。

(1)执行 Main Menu > Preprocessor > LS-DYNA Options > Constraints > Apply > On Areas 命令;

(2)弹出 Apply U,ROT on Areas 对话框,拾取靶板边界处的两个面,单击 OK 按钮,关闭对话框;

(3)弹出 Apply U,ROT on Areas 对话框,在 DOFs to be constrained 菜单列表中选择 All DOF,约束靶板边界的移动和转动,如图 10-22 所示。

第九步,对称边界设置。

(1)执行 Main Menu > Preprocessor > LS-DYNA Options > Constraints > Apply > On Areas 命令;

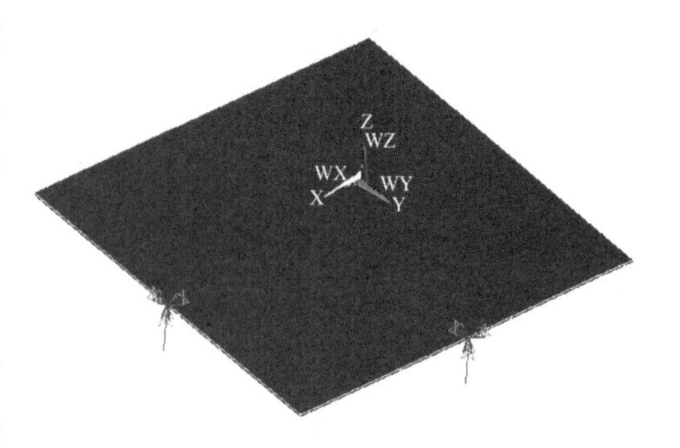

图 10-22　靶板固定边界设置

(2)弹出 Apply U,ROT on Areas 对话框,拾取模型 YOZ 平面上的 3 个面,单击 OK 按钮,关闭对话框;

(3)弹出 Apply U,ROT on Areas 对话框,在 DOFs to be constrained 菜单列表中选择 UX,约束模型 X 方向上的位移,如图 10-23 所示;

(4)同理,约束模型 XOZ 平面上的 3 个面在 Y 方向上的位移,如图 10-24 所示。

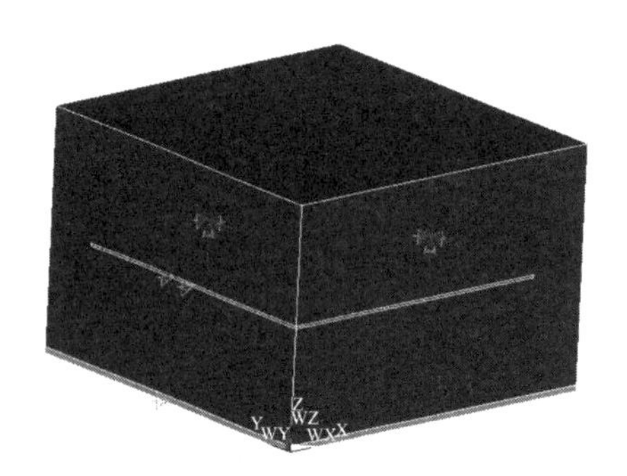

图 10-23　UX 对称边界设置

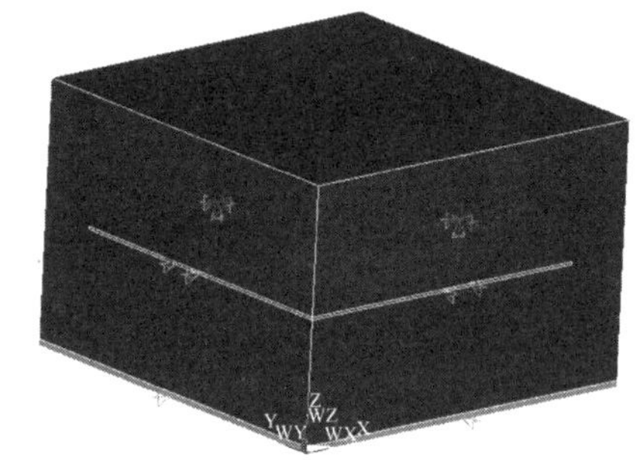

图 10-24　UY 对称边界设置

第十步,空气域非反射边界设置。

(1)执行 Utility Menu > Select > Entities 命令,弹出 Select Entities 对话框,分别选择 Areas、By Num/Pick 和 From Full 选项,如图 10-25 所示,单击 Apply 按钮;

(2)在视图区中拾取空气域非对称面上的 5 个面(空气域外表面),单击 OK 按钮,关闭对话框,滚动鼠标滚轮刷新视图区,检查拾取面是否正确,如图 10-26 所示;

(3)执行 Utility Menu > Select > Entities 命令,在 Select Entities 对话框下拉菜单中选择 Nodes,属性选择 Attached to,选中 Areas, all,如图 10-27 所示,单击 OK 按钮,关闭对话框;

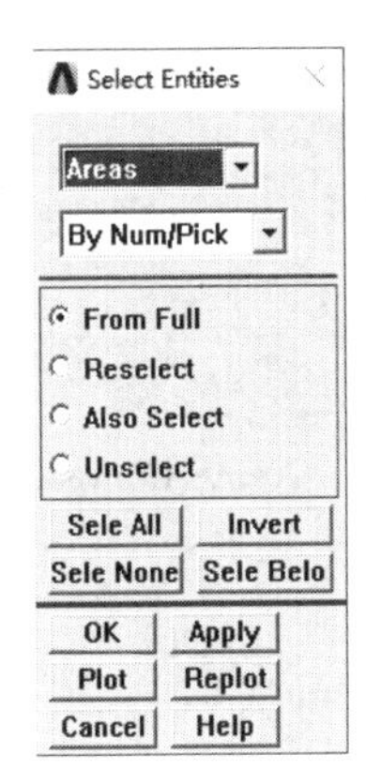

图 10－25 Select Entities 对话框

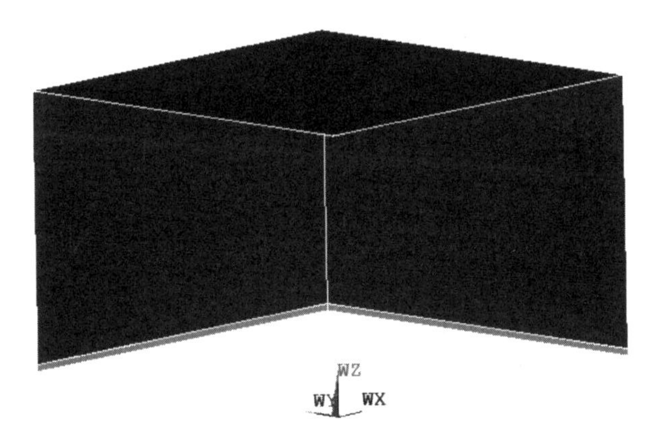

图 10－26 空气域外边界拾取

(4)执行 Utility Menu > Select > Comp/Assemble > Create Component 命令，弹出 Create Component 对话框，在 Cname Component name 右侧的文本框中输入 nonref，在 Entity Component is made of 右侧的下拉菜单中选择 Nodes，单击 OK 按钮，关闭对话框，如图 10－28 所示；

注：nonref 只是非反射边界节点组的名称，无固定形式，读者可自行命名。

(5)选择 Main Menu > Preprocessor > LS-DYNA Options > Constraints > Apply > Non-Refl Bndry 选项，弹出 Non-reflecting boundary for LS-DYNA Explicit 对话框，在 Option 栏中点选中 Add，在 Component 右侧的下拉菜单中选择 NONREF，单击 OK 按钮，关闭对话框，如

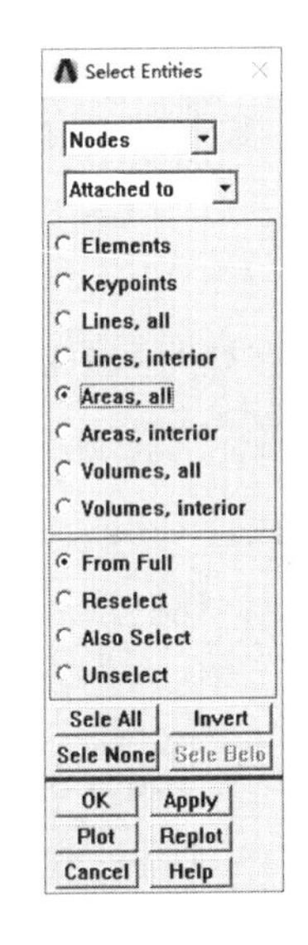

图 10－27 Select Entities 对话框

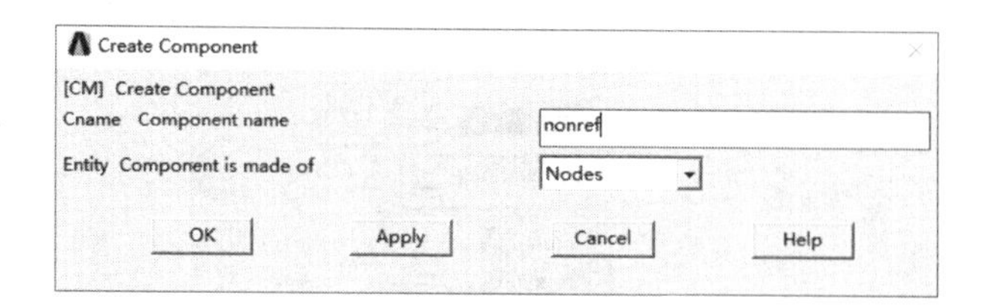

图 10－28　Create Component 对话框

图 10－29 所示；

（6）执行 Utility Menu > Plot > Volumes 命令，显示体；

（7）执行 Utility Menu > Select > Everything 命令，显示所有体。

第十一步，压力载荷边界层 Segment 组设置。

（1）执行 Utility Menu > Select > Entities 命令，弹出 Select Entities 对话框，参数设置如图 10－30 所示，单击 Apply 按钮；

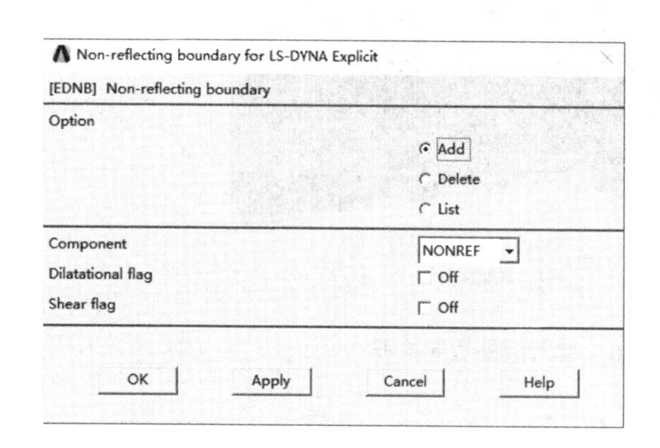

图 10－29　Non-reflecting boundary for LS-DYNA Explicit 对话框

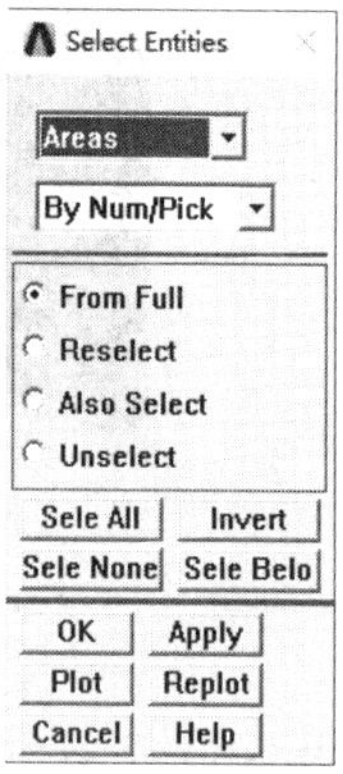

图 10－30　Select Entities 对话框

（2）在视图区中拾取图 10－31 中箭头所指的一个空气域面，单击 OK 按钮，关闭对话框，滚动鼠标滚轮刷新视图区，检查拾取面是否正确；

（3）执行 Utility Menu > Select > Entities 命令，弹出 Select Entities 对话框，分别在下拉菜单中选择 Nodes 种 Attached to，点选中 Areas，all，如图 10－32 所示，单击 OK 按钮，关闭对话框；

（4）执行 Utility Menu > Select > Comp/Assemble > Create Component 命令，弹出 Create Component 对话框，在 Cname Component name 右侧的文本框中输入 nonref1，在 Entity Component is made of 右侧下拉菜单中选择 Nodes，单击 OK 按钮，关闭对话框，如图 10－33 所示；

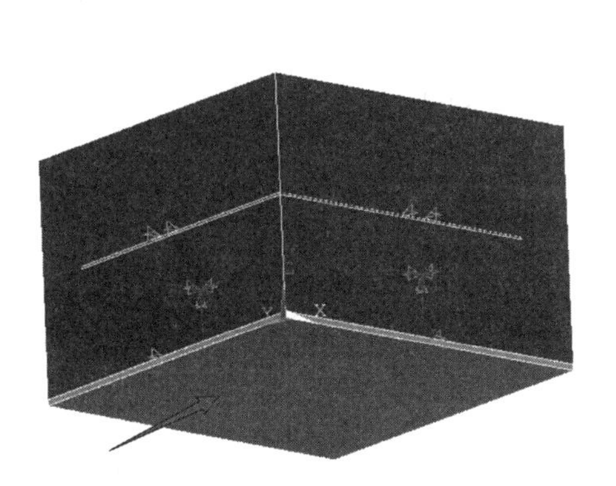

图 10 - 31　压力载荷边界拾取

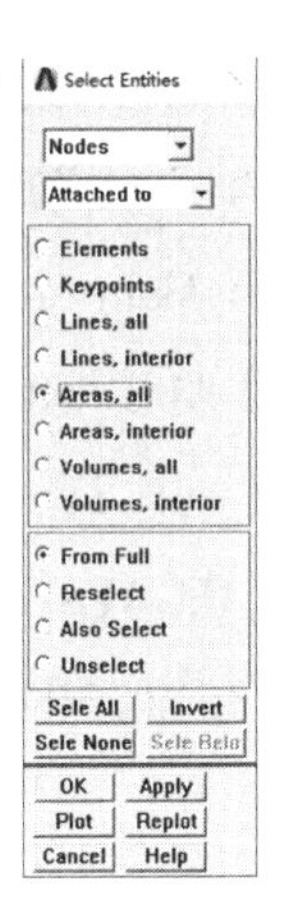

图 10 - 32　Select Entities 对话框

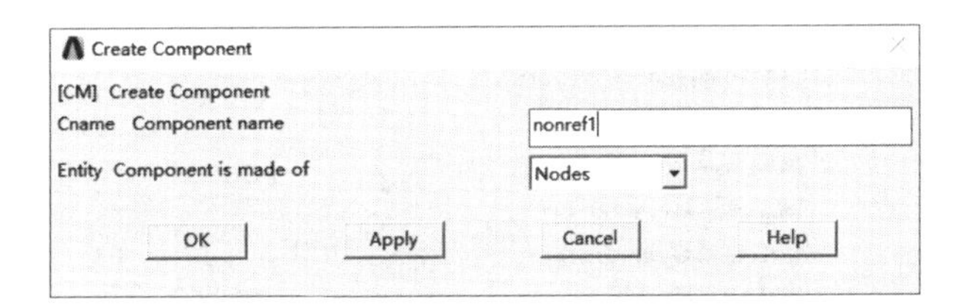

图 10 - 33　Create Component 对话框

(5)执行 Main Menu > Preprocessor > LS-DYNA Options > Constraints > Apply > Non-Refl Bndry 命令，弹出 Non-reflecting boundary for LS-DYNA Explicit 对话框，在 Option 栏中点选中 Add，在 Component 右侧的下拉菜单中选定 NONREF1，单击 OK 按钮，关闭对话框，如图 10 - 34 所示；

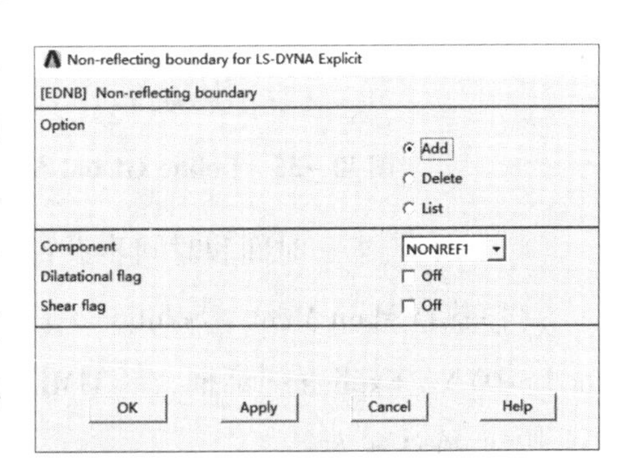

图 10 - 34　Non-reflecting boundary for LS-DYNA Explicit 对话框

(6)执行 Utility Menu > Plot > Volumes 命令，显示体；

(7)执行 Utility Menu > Select > Everything 命令，显示所有体。

第十二步，分析步设置。

(1)执行 Main Menu > Solution > Analysis Options > Energy Options 命令，弹出 Energy Options 对话框，勾选中 Stonewall Energy、Hourglass Energy 和 Sliding Interface 选项；

(2)执行 Main Menu > Solution > Analysis Options > Bulk Viscosity 命令，弹出 Bulk Viscosity 对话框，保持默认值[Quadratic Viscosity Coefficient(二阶黏性系数)为 1.5，Linear

Viscosity Coefficient(线性黏性系数)为 0.06]。

第十三步,ALE 算法设置。

(1)执行 Main Menu > Solution > Analysis Options > ALE Options > Define 命令,弹出 Define Global ALE Settings for LS-DYNA Explicit 对话框;

(2)在 Cycles between advection 右侧文本框中输入 1,在 Advection Method 栏中点选中 Van Leer,在[AFAC]Simple Avg Weight Factor 右侧文本框中输入 -1,如图 10-35 所示;单击 OK 按钮,关闭对话框,弹出 EDALE Command 窗口,返回 ALE 参数设置信息,关闭窗口。

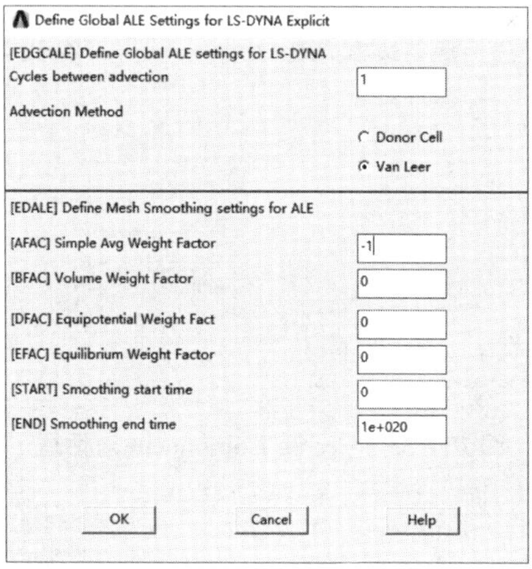

图 10-35 Define Global ALE Settings for LS-DYNA Explicit 对话框

第十四步,求解时间和时间步设置。

(1)执行 Main Menu > Solution > Time Controls > Solution Time 命令,弹出 Solution Time for LS-DYNA Explicit 对话框,在[TIME]Terminate at Time 右侧文本框中输入 1000,单击 OK 按钮,确认输入;

(2)执行 Main Menu > Solution > Time Controls > Time Step Ctrls 命令,弹出 Specify Time Step Scaling for LS-DYNA Explicit 对话框,在 Time step scale factor 右侧文本框中输入 0.9,单击 OK 按钮,确认输入。

第十五步,设置输出类型和数据输出时间间隔。

(1)执行 Main Menu > Solution > Output Controls > Output File Types 命令,弹出 Specify Output File Types for LS-DYNA Solver 对话框,在 File options 下拉菜单中选择 Add,在 Produce output for... 下拉菜单中选择 LS-DYNA,单击 OK 按钮,关闭对话框;

(2)执行 Main Menu > Solution > Output Controls > File Output Freq > Time Step Size 命

令,弹出 Specify File Output Frequency 对话框;

(3)在[EDRST]Specify Results File Output Interval:Time Step Size 右侧文本框中输入5,在[EDHTIME]Specify Time-History Output Interval:Time Step Size 右侧文本框中输入5,单击 OK 按钮,关闭对话框;

(4)弹出 Waring 提示信息,单击 Close 按钮,关闭弹窗。

第十六步,输出 K 文件。

(1)执行 Main Menu > Solution > Write Jobname. k 命令,弹出 Input files to be Written for LS-DYNA 对话框;

(2)在 Write results files for... 下拉菜单中选择 LS-DYNA,在 Write input files to... 右侧文本框中输入 LBE. k,单击 OK 按钮,即在工作文件中生成 LBE. k 的模型文件;

(3)弹出 EDWRITE Command 窗口,列出模型中的关键信息。

10.2.5 K 文件的修改和编辑

(1)用 UltraEdit 软件打开工作目录下的 LBE. k 文件。

(2)将原有的 LBE. k 文件拆分为两个 K 文件。其中一个为 mesh. k 文件,为模型的节点和单元信息;另一个为 main. k 文件,为计算模型控制关键字文件。

(3)对照 main. k 文件,对控制 K 文件进行如下修改:

①使用 * INCLUDE 关键字,在 main. k 文件中添加 mesh. k 文件;

②修改单元算法 * SECTION_SOLID_ALE 关键字;

③修改靶板、空气材料参数;

④修改 ALE 算法控制的 * CONTROL_ALE 关键字;

⑤添加多物质材料组定义 * ALE_MULTI - MATERIAL_GROUP 关键字;

⑥添加 * LOAD_BLAST_ENHANCED 关键字;

⑦添加 * LOAD_BLAST_SEGMENT_SET 关键字;

⑧设置 * SET_PART_LIST 关键字;

⑨添加 * CONSTRAINED_LAGRANGE_IN_SOLID 流固耦合关键字;

⑩删除 * CONTROL_SHELL 关键字;

⑪删除定义第2组 * SET_SEGMENT 的 * BOUNDARY_NON_REFLECTING 非反射关键字。

10.2.6 求解

(1)启动 ANSYS 16.0,在启动界面进行求解环境设置,在 Simulation Environment 下拉菜单中点选中 LS-DYNA Solver 选项,在 License 下拉菜单中选择 ANSYS LS-DYNA,在

Analysis Type 栏中点选中 Typical LS-DYNA Analysis 选项;

(2)单击 File Management 选项卡,弹出工作目录和工作文件设置窗口,单击 Working Directory 右侧的 Browse 按钮,选择 E 盘文件夹“LOAD_BLAST_ENHANCED”,在 Keyword Input File 下拉菜单中选择修改后的 main. k 文件;

(3)单击 Customization/Preferences 选项卡,在 Memory(words)文本框中输入 2 100 000 000,在 Number of CPUs 文本框中输入 8;

(4)单击 Run 按钮,进入 LS-DYNA971R7 程序进行求解,求解时间到达后,界面返回 Normal termination。

10.2.7 控制关键字文件讲解

关键字文件有两个,分别为网格文件 mesh. k 和控制文件 main. k。控制文件 main. k 的内容及相关讲解如下:

```
$首行*KEYWORD 表示输入文件采用的是关键字输入格式
*KEYWORD
*TITLE

$为二进制文件定义输出格式,0表示输出的是 LS-DYNA 数据库格式
*DATABASE_FORMAT
   0
$读入节点 K 文件
*INCLUDE
  mesh.k
$*SECTION_SOLID_ALE 定义 ambient layer 的单元算法
$SECID =1,单元算法定义编号为1
$ELFORM =11,表示采用单点 ALE 多物质算法
$AET =5,表示爆炸载荷的接收者
*SECTION_SOLID_ALE
$   SECID     ELFORM        AET
            1         11         5
$*SECTION_SOLID_ALE 定义空气域的单元算法
$SECID =2,单元算法定义编号为2
$ELFORM =11,表示采用单点 ALE 多物质算法
*SECTION_SOLID_ALE
$   SECID     ELFORM
            2         11

$*SECTION_SOLID 定义常应力体单元算法
$SECID =3,单元算法定义编号为3
*SECTION_SOLID
          3         1
```

```
$
$
$$采用*MAT_NULL 材料模型定义空气
*MAT_NULL
    1  1.290E-03     0.00      0.00     0.00      0.00      0.00     0.00
*EOS_LINEAR_POLYNOMIAL
      1     0.00    0.00      0.00      0.00      0.40      0.40     0.00
  0.25E-05    1.00
$采用*MAT_NULL 材料模型定义空气
*MAT_NULL
    2  1.290E-03     0.00      0.00     0.00      0.00      0.00     0.00
*EOS_LINEAR_POLYNOMIAL
      2     0.00    0.00      0.00      0.00      0.40      0.40     0.00
  0.25E-05    1.00
$采用*MAT_JOHNSON_COOK 材料模型,定义 Q235靶板材料模型参数
*MAT_JOHNSON_COOK
$     MID      RO         G         E         PR       DTF       VP
         3  7.830  0.818   2.0988E+00  0.280
$     A        B         N         C         M         TM         TR       EPSO
 2.35E-03  2.75E-03  0.940  0.0360      1.030      1630    300  0.100E-05
$     CP       PC         SPAL      IT        D1       D2          D3       D4
 0.440E-05 -9.00E+00  3.00      0.00   0.05       3.44     -2.12  0.002
$   D5
   1.61
*EOS_GRUNEISEN
$   EOSID   C          S1         S2       S3       GAMAO      a        E0
         3  0.4578     1.33      0.00     0.00     1.67     0.43     0.00
$   V0
  1.00
$
$*CONTROL_ALE 为 ALE 算法设置全局控制参数
$针对爆炸问题,采用交错输运逻辑,DCT = -1
$NADV =1,表示每两种物质输运步之间有一 Lagrange 步计算
$METH =2,表示采用带有 HIS 的 Van Leer 物质输运算法
$PREF =1.01e-6,表示环境大气压力
*CONTROL_ALE
$     DCT      NADV       METH      AFAC      BFAC      CFAC      DFAC      EFAC
        -1        1          2 -1.00     0.00      0.00      0.00      0.00
$   START     END       AAFAC      VFACT     PRIT      EBC      PREF      NSIDEBC
 0.00      0.100E+21  1.00      0.00      0.00              0  1.01e-6
$
$*LOAD_BLAST_ENHANCED 定义爆炸载荷
$M =700,定义700 g 球形 TNT 炸药
$XB0 =0、YB0 =0、ZB0 = -37,定义起爆点在(0,0,-37)坐标点处
$TB0 =0,零时刻起爆
$IUNIT =4,选用 g、cm、μs 单位制
$ISURF =2,定义无限空爆类型
*LOAD_BLAST_ENHANCED
```

```
$   BID        M        XBO       YBO       ZBO       TBO       UNIT      BLAST
  1       700       0         0         -37       0.00      4         2
$   CFM     CFL       CFT       CFT
  0.0          0.0     0.0      0.0
$*LOAD_BLAST_SEGMENT_SET 定义爆炸载荷加载段
$BID =1,定义爆炸载荷编号为1(*LOAD_BLAST_ENHANCED 编号)
$SSID =2,定义将压力时间载荷加载在*SET_SEGMENT 编号为2的段上
$ALEPID =1,ambient layer Part 编号为1
*LOAD_BLAST_SEGMENT_SET
$   BID       SSID     ALEPID
  1           2        1
$在空气域内,定义 ALE 单元和 Lagrange 单元的流固耦合算法
$SLAVE =1,表示编号为1的 Lagrange 从实体
$MASTER =2,表示编号为2的 ALE 主实体
$SSTYP =0,表示 Lagrange 从段为 Part 组
$MSTYP =0,表示 ALE 主段为 Part 组
*CONSTRAINED_LAGRANGE_IN_SOLID
$  SLAVE     MASTER     SSTYP       MSTYP     NQUAD      CTYPE     DIREC      MCOUP
         1        2         0         0          0          4         2       0
$  START        END       PEAC       FRIC     FRCMIN      NORM     NORMTYP   DAMP
         0        0         0.1      0.0       0.3         0        0        0.0
$   CQ         HMIN       HMAX       ILEAK     PLEAK      LCIDPOR
      0.0                              0         0.1z
$为*CONSTRAINED_LAGRANGE_IN_SOLID 定义 Lagrange 从段 Part 组编号
$SID =1,表示*SET_PART_LIST 编号为1
$PID1 =3,表示 Part 编号为3的单元
*SET_PART_LIST
$     SID       DA1       DA2        DA3       DA4        SOLVER
         1    0.0000    0.0000     0.0000    0.0000
$     PID1      PID2       PID3       PID4      PID5       PID6      PID7       PID8
         3
$为*CONSTRAINED_LAGRANGE_IN_SOLID 定义 ALE 主段 Part 组编号
$SID =2,表示*SET_PART_LIST 编号为2
$PID1 =1,表示 Part 编号为1的单元
$PID2 =2,表示 Part 编号为2的单元
*SET_PART_LIST
$     SID       DA1       DA2        DA3       DA4        SOLVER
         2    0.0000    0.0000     0.0000    0.0000
$     PID1      PID2       PID3       PID4      PID5       PID6      PID7       PID8
           1      2
$定义 ALE 多物质材料组 AMMG
$ELFORM =11必须定义该关键字卡片
*ALE_MULTI - MATERIAL_GROUP
       1          1
       2          1
$
$
$定义 ambient layer Part,引用定义的单元算法、材料模型和状态方程,PID 必须唯一
```

```
$
*PART
Part          1 for Mat          1 and Elem Type          1
         1             1         1           1         0         0         0
$定义空气 Part,引用定义的单元算法、材料模型和状态方程,PID 必须唯一
*PART
Part          2 for Mat          2 and Elem Type          2
         2             2         2           2         0         0         0
$定义靶板 Part,引用定义的单元算法、材料模型和状态方程,PID 必须唯一
*PART
Part          3 for Mat          3 and Elem Type          3
         3             3         3           3         0         0         0
$
*CONTROL_ENERGY
         2           2         2           2
*CONTROL_BULK_VISCOSITY
   1.50  0.600E-01
$计算时间步长控制
$TSSFAC=0.9,为计算时间步长缩放因子
*CONTROL_TIMESTEP
    0.0000  0.9000         0  0.00       0.00
$ENDTIM 定义计算结束时间
*CONTROL_TERMINATION
   20000.         0  0.00000   0.00000   0.00000
$定义二进制文件 d3plot 的输出
$DT=5 μs 表示输出时间间隔
*DATABASE_BINARY_D3PLOT
   5.000
$定义二进制文件 D3THDT 的输出
$DT=5 μs 表示输出时间间隔
*DATABASE_BINARY_D3THDT
   5.000
*DATABASE_EXTENT_BINARY
         0         0         3         1         0         0         0         0
         0         0         4         0         0         0
$*END 表示关键字文件的结束,LS-DYNA 将忽略后面的内容
*END
```

10.2.8 计算结果

计算结束后,用 LS-PREPOST 软件打开工作目录下的 d3plot 文件,读入结果输出文件。爆炸冲击波与靶板相互作用云图、靶板的位移云图和靶板中心位置处的位移—时间曲线分别如图 10-36 ~ 图 10-38 所示。由图可知,在爆炸载荷作用下,靶板变形形状呈四棱锥,几何中心为棱锥顶点,变形量最大,最大变形量为 8.4 cm,试验测得的最大位移结果为 7.9 cm,误差为 6.33%。

图 10-36　爆炸冲击波与靶板相互作用云图

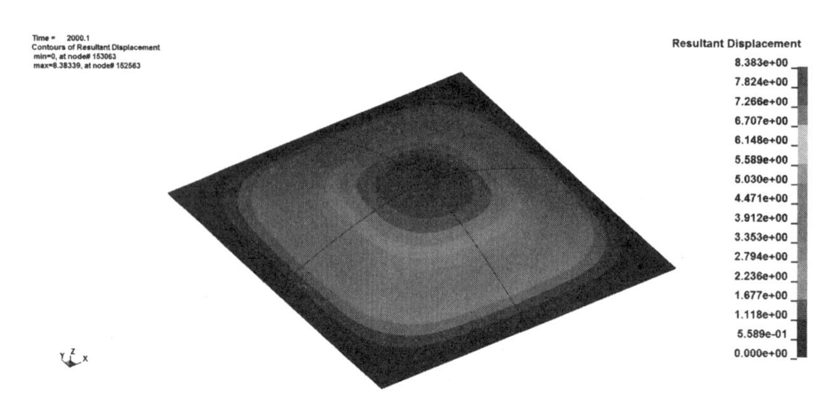

图 10-37　靶板的位移云图

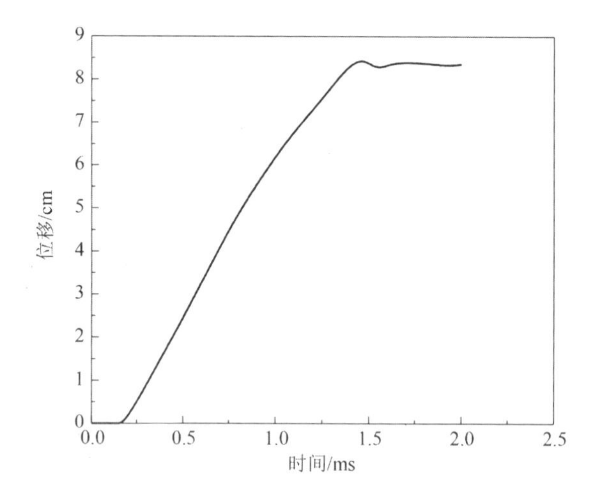

图 10-38　靶板中心位置处的位移—时间曲线

10.3 *INITIAL_IMPULSE_MINE 工程算法

10.3.1 *INITIAL_IMPULSE_MINE 关键字解释

目的:将初始速度加载在结构节点上用以模拟土壤中地雷爆炸形成的冲击载荷,这一特征是基于[Tremblay 1998]开发的经验模型。其卡片及参数描述见表 10-17 ~ 表 10-20。

表 10-17 *INITIAL_IMPULSE_MINE 关键字卡片 1

Card 1	1	2	3	4	5	6	7	8
Variable	SSID	M	RHOS	DEPTH	AREA	SCALE	not used	UNIT
Type	I	F	F	F	F	F		I
Default	none	0.0	0.0	0.0	0.0	1.0		1
Remarks	1	2						

表 10-18 *INITIAL_IMPULSE_MINE 关键字参数描述 1

变量	参数描述
SSID	Segment 组 ID 编号(详见 *SET_SEGMENT)
M	等效 TNT 质量
RHOS	覆盖爆炸物的泥土密度
DEPTH	埋置深度是从地表面到地雷中心的距离,这个值必须为正数
AREA	地雷的横截面面积
SCALE	冲量的缩放系数
UNIT	单位系统。这必须与有限元模型中的单位相匹配。 =1:inch, dozen slugs (i. e. , lbf - s2/in), second, psi (default); =2:meter, kilogram, second, Pascal; =3:centimeter, gram, microsecond, megabar; =4:millimeter, kilogram, millisecond, GPa; =5:millimeter, metric ton, second, MPa; =6:millimeter, gram, millisecond, MPa

表 10 - 19　* INITIAL_IMPULSE_MINE 关键字卡片 2

Card2	1	2	3	4	5	6	7	8
Variable	X	Y	Z	NIDMC	GVID	TBIRTH	PSID	SEARCH
Type	F	F	F	I	I	F	F	I
Default	0.0	0.0	0.0	0	none	0.0	0	0.0

表 10 - 20　* INITIAL_IMPULSE_MINE 关键字参数描述 2

变量	参数描述
X、Y、Z	地雷中心点的 X、Y、Z 坐标点
NIDMC	地雷中心点的节点 ID 编号(详见 * NODE),如果此字段被定义,那么 X、Y、Z 中心点坐标将被忽略
GVID	垂直向上的矢量 ID 编号,即地表面的法线方向,详见 * DEFINE_VECTOR
TBIRTH	点火时间,冲量在此时被激活
PSID	定义受地雷爆炸影响部件的 Part ID,详见 * SET_PART,如果 PSID 被设置为 0,受地雷影响的部分默认为由段集的节点组成的部分
SEARCH	限制进入结构的搜索深度。初始结点速度从该段分布到等于 SEARCH 值的深度;该值必须为正值。如果设置为零,则搜索深度不受限制,并延伸到由 PSID 确定的部分

10.3.2　计算模型

计算药柱在土壤中起爆后对靶板的毁伤效果,计算模型如图 10 - 39 所示。靶板尺寸为 80 cm×80 cm×1 cm,炸药直径为 11.3 cm,药柱高度为 3.7 cm,质量为 625 g,炸药上表面距土壤表面的距离为 5 cm,靶板下表面距土壤上表面的距离为 20 cm。该工程算法是将爆炸载荷加载到结构的 * SET_SEGMENT 组,因此不需要建立土壤和空气模型,有限元模型只需建立靶板模型。

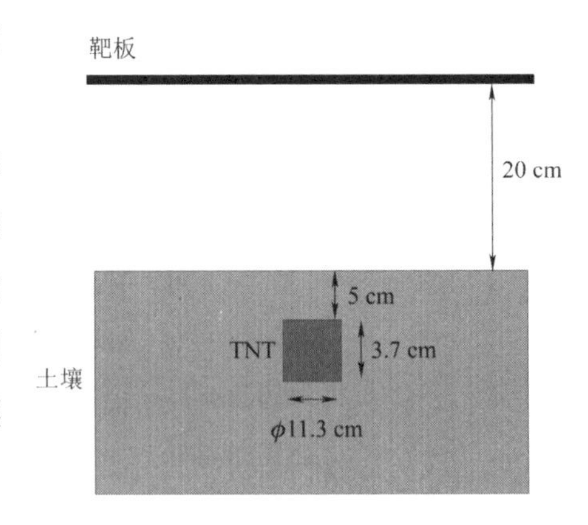

图 10 - 39　地雷对靶板的爆炸冲击工程模型

10.3.3 建模步骤

第一步,设置工作目录和模型文件。

(1)在磁盘 E 中创建“Mine_Blast”文件夹,用于模型文件和计算文件的存放;

(2)启动 ANSYS 16.0,在启动界面进行建模环境的设置,在 Simulation Environment 下拉菜单中选择 ANSYS,在 License 下拉菜单中选择 ANSYS LS-DYNA;

(3)单击 File Management 选项卡,弹出工作目录和工作文件设置窗口,单击 Working Directory 后面的 Browse 按钮,选择 E 盘文件夹“Mine_Blast”,在 Job Name 框中输入“Mine_Blast”作为模型文件名;

(4)单击 Run 按钮,进入 ANSYS 建模界面。

第二步,单元类型设置。

(1)选择 Main Menu > Preprocessor > Element Type > Add/Edit/Delete 选项,弹出 Element Types 单元类型对话框;

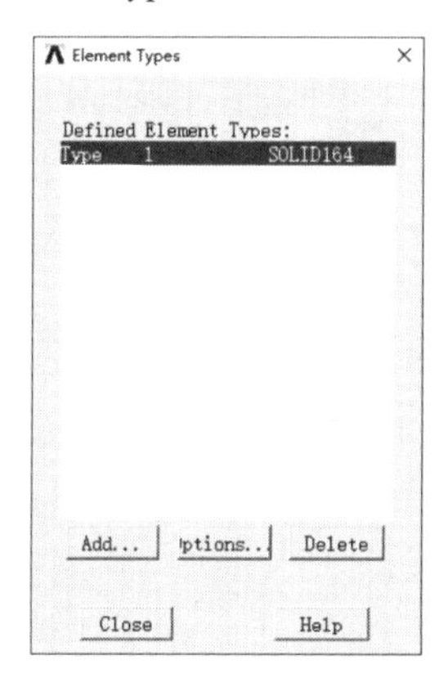

图 10-40 Element Types 对话框

(2)单击 Add 按钮,弹出 Library of Element Types 对话框,选择 LS-DYNA Explicit 右侧列表框中的 3D Solid 164,单击 OK 按钮,关闭对话框,即将编号为 1 的单元类型设置完成,如图 10-40 所示。

第三步,材料参数设置。

(1)选择 Main Menu > Preprocessor > Material Props > Material Models 选项,弹出 Define Material Model Behavior 对话框;

(2)在该对话框左侧的 Material Models Defined 设置栏中已自动生成编号为 1 的材料,在右侧 Material Models Available 设置栏中选择 LS-DYNA > Equation of State > Gruneisen > Null 选项,如图 10-41 所示;

(3)弹出 Null Properties for Material Number 1 对话框,设置 DENS 参数为 1,其余参数保持默认,即将编号为 1 的材料设置完成;

(4)执行 Material > Exit 命令,退出材料设置窗口。

注:ANSYS 前处理中的材料参数无须完整设置,可以任意选择材料本构和参数设置,可在 K 文件中进行修改。

第四步,创建靶板几何模型。

(1)选择 Main Menu > Preprocessor > Modeling > Create > Volumes > Block > By

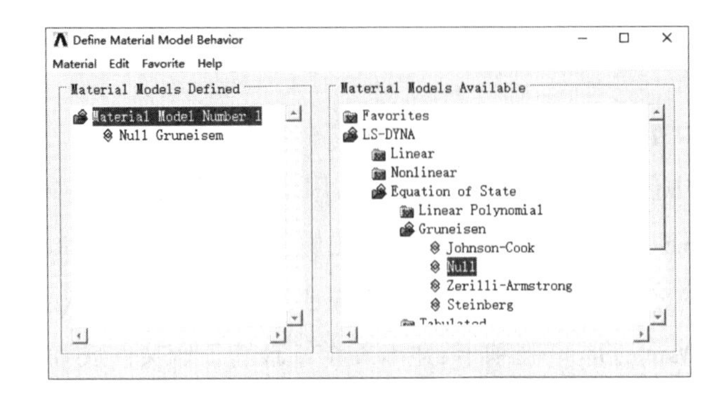

图 10－41　Define Material Model Behavior 对话框

Dimensions 选项,弹出 Create Block by Dimensions 对话框;

(2)在 X1,X2 X-coordinates 右侧文本框中分别输入 0、40,在 Y1,Y2 Y-coordinates 右侧文本框中分别输入 0、40,在 Z1,Z2 Z-coordinates 右侧文本框中分别输入 26.85、27.85,如图 10－42 所示,单击 OK 按钮,关闭对话框。

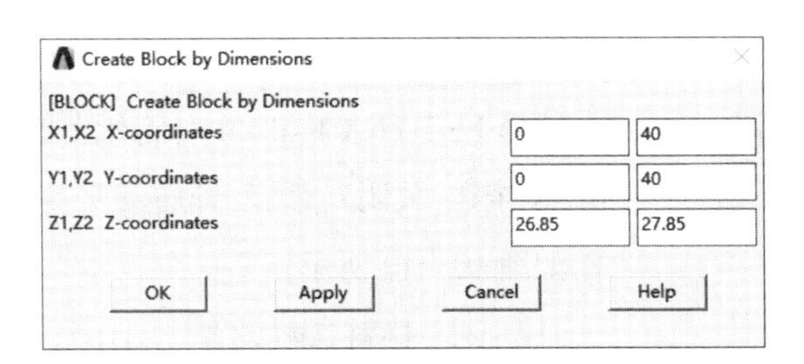

图 10－42　Create Block by Dimensions 对话框

第五步,网格划分。

(1)选择 Main Menu > Preprocessor > Meshing > MeshTool 选项,弹出 MeshTool 面板;

(2)在 MeshTool 面板中单击 Element Attributes 选择栏右侧的 Set 按钮,弹出 Meshing Attributes 对话框,在[TYPE] Element type number 右侧下拉菜单中选择 1 SOLID164,在[MAT]Material number 右侧下拉菜单中选择 1,单击 OK 按钮,关闭对话框;

(3)在 Size 面板中单击 Global 选择栏右侧的 Set 按钮,弹出 Global Element Sizes 对话框;在 SIZE Element edge length 右侧文本框中输入 0.5,单击 OK 按钮,关闭对话框,如图 10－43所示;

(4)在 MeshTool 面板的 Mesh 下拉菜单中选择 Volumes,点选中 Hex 和 Mapped,单击 Mesh 按钮,弹出 Mesh Volumes 对话框;

(5)在视图区拾取弹丸模型,单击 OK 按钮,进行映射网格划分;

(6)执行 Plot > Volumes 命令,显示体。

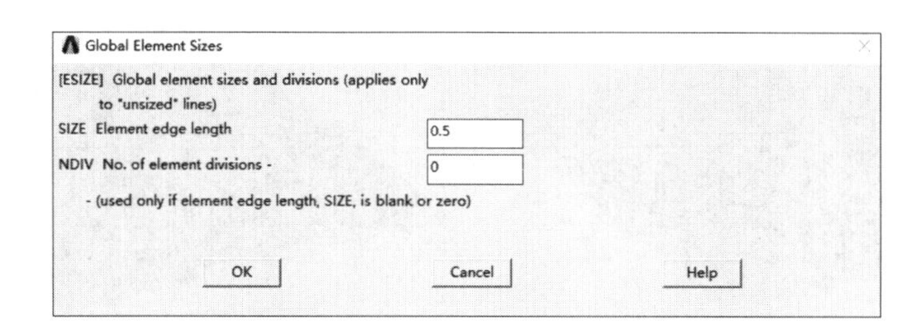

图 10－43 Global Element Sizes 对话框

第六步,创建模型 Part 信息。

(1)选择 Main Menu > Preprocessor > LS-DYNA Options > Parts Options 命令,弹出 Parts Data Written for LS-DYNA 对话框;

(2)在 Option 选择栏中点选中 Create all parts 选项,单击 OK 按钮,关闭对话框,弹出 EDPART Command 信息窗口,返回所创建的 Part 具体信息;

第七步,靶板固定边界设置。

(1)选择 Main Menu > Preprocessor > LS-DYNA Options > Constraints > Apply > On Areas 命令;

(2)弹出 Apply U,ROT on Areas 对话框,拾取靶板边界处的两个面,单击 OK 按钮,关闭对话框;

(3)弹出 Apply U,ROT on Areas 对话框,在 DOFs to be constrained 菜单列表中选择 All DOF,约束靶板边界的移动和转动,如图 10－44 所示。

图 10－44 靶板固定边界设置

第八步,对称边界设置。

(1)执行 Main Menu > Preprocessor > LS-DYNA Options > Constraints > Apply > On Areas 命令;

(2)弹出 Apply U,ROT on Areas 对话框,拾取模型 YOZ 平面上的一个面,单击 OK 按钮,关闭对话框;

(3)弹出 Apply U,ROT on Areas 对话框,在 DOFs to be constrained 菜单列表中选择 UX,约束模型 X 方向上的位移,如图 10－45 所示;

(4)同理,约束模型 XOZ 平面上的一个面在 Y 方向上的位移,如图 10－46 所示。

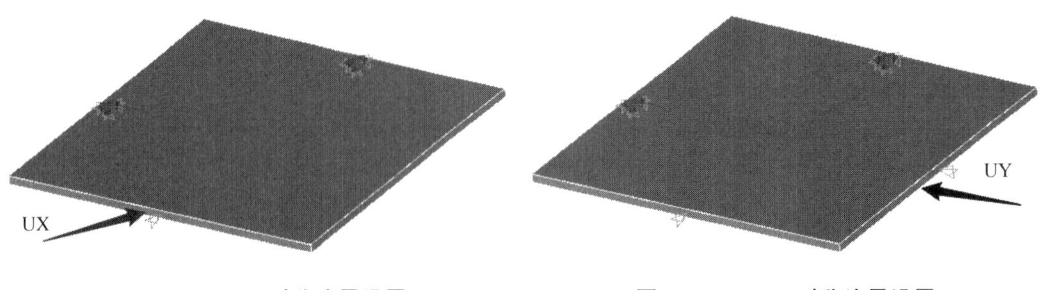

图 10－45　UX 对称边界设置　　　　图 10－46　UY 对称边界设置

第九步，分析步设置。

(1)执行 Main Menu > Solution > Analysis Options > Energy Options 命令，在弹出的 Energy Options 对话框中勾选中 Stonewall Energy、Hourglass Energy 和 Sliding Interface 选项；

(2)执行 Main Menu > Solution > Analysis Options > Bulk Viscosity 命令，弹出 Bulk Viscosity 对话框，保持默认值[Quadratic Viscosity Coefficient(二阶黏性系数)为 1.5，Linear Viscosity Coefficient(线性黏性系数)为 0.06]。

第十步，求解时间和时间步设置。

(1)执行 Main Menu > Solution > Time Controls > Solution Time 命令，弹出 Solution Time for LS-DYNA Explicit 对话框，在[TIME]Terminate at time 右侧文本框中输入 2000，单击 OK 按钮，确认输入；

(2)执行 Main Menu > Solution > Time Controls > Time Step Ctrls 命令，弹出 Specify Time Step Scaling for LS-DYNA Explicit 对话框，在 Time step scale factor 右侧文本框中输入 0.9，单击 OK 按钮，确认输入。

第十一步，设置输出类型和数据输出时间间隔。

(1)执行 Main Menu > Solution > Output Controls > Output File Types 命令，弹出 Specify Output File Types for LS-DYNA Solver 对话框，在 File options 下拉菜单中选择 Add，在 Produce output for... 下拉菜单中选择 LS-DYNA，单击 OK 按钮，关闭对话框；

(2)执行 Main Menu > Solution > Output Controls > File Output Freq > Time Step Size 命令，弹出 Specify File Output Frequency 对话框，在[EDRST]Specify Results File Output Interval:Time Step Size 右侧文本框中输入 5，在[EDHTIME]Specify Time-History Output Interval:Time Step Size 右侧文本框中输入 5，单击 OK 按钮，关闭对话框，随后弹出 Waring 信息，单击 Close 按钮，关闭弹窗。

第十二步，输出 K 文件。

(1)执行 Main Menu > Solution > Write Jobname.k 命令，弹出 Input files to be Written for LS-DYNA 对话框；

(2)在 Write results files for... 下拉菜单中选择 LS-DYNA，在 Write input files to... 文本框中输入 Mine_Blast. k，单击 OK 按钮，将在工作文件中生成 Mine_Blast. k 的文件。

10.3.4　Segment 组的建立

用于冲击载荷加载的 Segment 组由 * SET_SEGMENT 数据块构成，建立 Segment 组有两种方法：一是在 ANSYS 建立有限元模型时通过建立非反射边界的方法建立 * SET_SEGMENT 组，随后删除关键字文件中的非反射 * BOUNDARY_NON_REFLECTING 关键字；二是通过 LS-PrePost 软件直接创建。这里介绍第二种方法创建 Segment 组。

第一步，在 LS-PrePost 软件中打开 K 文件。

(1)运行 LS-PrePost，选择 File > Import > LS-DYNA Keyword 选项，导入工作目录下的 Mine_Blast. k 文件；

(2)单击 F11 键，将 LS - PrePost 界面转换至页面(Pages)选项卡式界面，如图 10 - 47 所示。

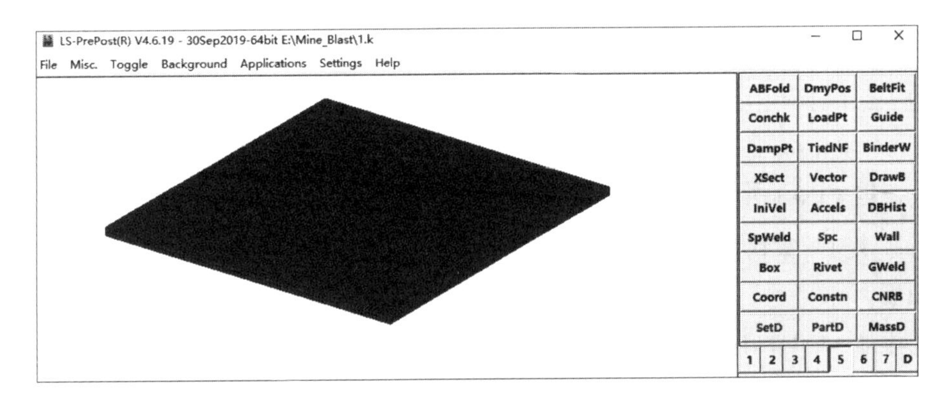

图 10 - 47　LS-PrePost 选项卡式界面

第二步，Segment 组的创建。

(1)单击 Page5 进入页面 5，单击 SetD 按钮，弹出 Set Data 设置面板；

(2)点选中 Create 选项，单击下拉菜单，选择操作对象类型为 * SET_SEGM，如图 10 - 48 所示；

(3)点选中 Pick 和 ByElem，勾选 Prop 和 Adap，选中冲击载荷作用表面，如图 10 - 49 箭头所示位置，单击 Apply 按钮，创建 * SET_SEGMENT 组，编号为 1，即 SSID = 1。

注：冲击载荷作用面为与 XOY 平面平行、Z 轴坐标为 26.85 的平面。

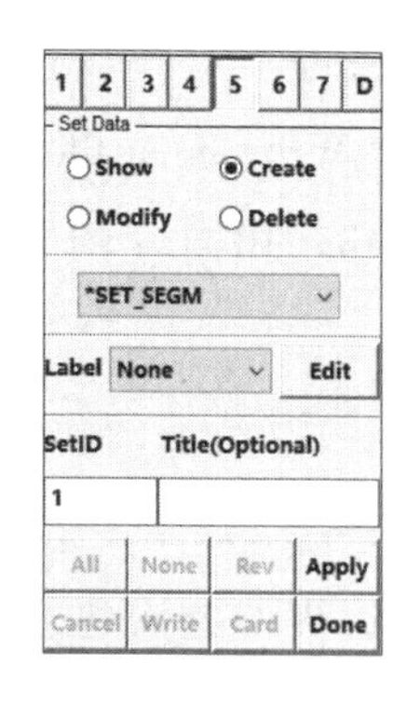

图 10－48　Set Data 设置面板

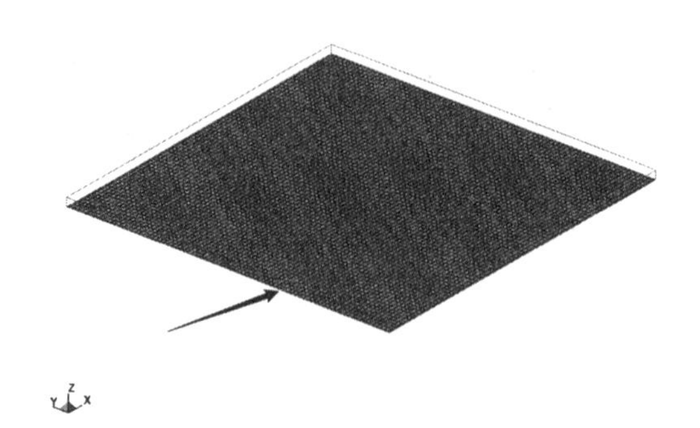

图 10－49　Segment 组设置

第三步，生成关键字文件。

(1)执行 File > Save As > Save Keyword as... 命令，弹出 Save Keyword 对话框；

(2)输入文件名为 Mine_Blast1. k，单击 Save 按钮，保存修改后的关键字文件。

10.3.5　K 文件的修改和编辑

(1)用 UltraEdit 软件打开工作目录下的 Mine_Blast1. k 文件。

(2)将原有的 Mine_Blast1. k 文件拆分为两个 K 文件。其中一个为 mesh. k 文件，为模型的节点和单元信息；另一个为 main. k 文件，为计算模型控制关键字文件。

(3)对照 main. k 文件，对控制 K 文件进行如下修改：

①使用 * INCLUDE 关键字，在 main. k 文件中添加 mesh. k 文件；

②修改材料参数，用 * MAT_JOHNSON_COOK 本构和 * EOS_GRUNEISEN 状态方程描述靶板；

③添加 * INITIAL_IMPULSE_MINE 关键字；

④添加 * DEFINE_VECTOR 关键字。

10.3.6　控制关键字文件讲解

关键字文件有两个，分别为网格文件 mesh. k 和控制文件 main. k。控制文件 main. k 的内容及相关讲解如下：

```
$首行*KEYWORD 表示输入文件采用的是关键字输入格式
*KEYWORD
*TITLE

$为二进制文件定义输出格式，0表示输出的是 LS-DYNA 数据库格式
*DATABASE_FORMAT
   0
```

```
$读入节点 K 文件
*INCLUDE
  mesh.k
$
$
$$$$$$$$$$$$$$$$$$$$$$$$$$$$$$$$$$$$$$$$$$$$$$$$$$$$$$$$$$$$$$$$$$$$$$$$$$$$$$$$
$                           SECTION DEFINITIONS                                $
$$$$$$$$$$$$$$$$$$$$$$$$$$$$$$$$$$$$$$$$$$$$$$$$$$$$$$$$$$$$$$$$$$$$$$$$$$$$$$$$
$
$*SECTION_SOLID 定义常应力体单元算法
*SECTION_SOLID
$#  secid    elform     aet
        1         1       0
$
$
$$$$$$$$$$$$$$$$$$$$$$$$$$$$$$$$$$$$$$$$$$$$$$$$$$$$$$$$$$$$$$$$$$$$$$$$$$$$$$$$
$                          MATERIAL DEFINITIONS                                $
$$$$$$$$$$$$$$$$$$$$$$$$$$$$$$$$$$$$$$$$$$$$$$$$$$$$$$$$$$$$$$$$$$$$$$$$$$$$$$$$
$
$
*MAT_JOHNSON_COOK
$     MID      RO         G         E        PR       DTF       VP
        1.   7.830     0.818 2.0988E+00 0.280
$       A         B         N         C         M        TM        TR      EPSO
  2.35E-03  2.75E-03     0.940    0.0360     1.030      1630       300 0.100E-05
$      CP        PC      SPAL        IT        D1        D2        D3        D4
 0.440E-05 -9.00E+00      3.00      0.00      0.05      3.44     -2.12     0.002
$   D5
  1.61
*EOS_GRUNEISEN
$   EOSID    C         S1         S2         S3       GAMAO       a        E0
        1  0.4578     1.33       0.00       0.00       1.67      0.43      0.00
$   V0
  1.00
$
$
$*INITIAL_IMPULSE_MINE 地雷土壤爆炸后冲击波载荷加载关键字
$载荷加载*SET_SEGMENT 集编号 SSID=1
$M=625,定义625 g 圆柱形 TNT 炸药
$RHOS=1.80,定义土壤的密度
$DEPTH=6.85,定义土壤表面至地雷中心的距离
$AREA=100.28,定义地雷截面面积为100.28 cm²
$UNIT=3,定义采用 g、cm、μs 单位制
$X=0、Y=0、Z=0,定义地雷中心在(0,0,0)坐标点处
$GVID=11,定义由地面向上的矢量编号
$TBIRTH=0,表示计算0时刻起爆,冲量加载时间
*INITIAL_IMPULSE_MINE
```

```
$  SSID      M        RHOS      DEPTH     AREA     SCALE   not used  UNIT
    1       625      1.80       6.85     100.28     1.0                3
$  X         Y         Z        NIDMC     GVID     TBIRTH    PSID    SEARCH
   0         0         0                   11        0        0        0
$*DEFINE_VECTOR 矢量定义
$VID =11,定义矢量编号
$XT =0、YT =0、ZT =0,定义矢量尾部的坐标点(0、0、0)
$XH =0、YH =0、ZH =1,定义矢量头部的坐标点(0、0、1)
*DEFINE_VECTOR
$  VID      XT        YT        ZT        XH        YH        ZH       CID
     11      0.0       0.0       0.0       0.0       0.0       1.0
$
$
$$$$$$$$$$$$$$$$$$$$$$$$$$$$$$$$$$$$$$$$$$$$$$$$$$$$$$$$$$$$$$$$$$$$$$$$$$$$$$$
$                             PARTS DEFINITIONS                               $
$$$$$$$$$$$$$$$$$$$$$$$$$$$$$$$$$$$$$$$$$$$$$$$$$$$$$$$$$$$$$$$$$$$$$$$$$$$$$$$
$
$定义靶板 Part,引用定义的单元算法、材料模型和状态方程,PID 必须唯一
*PART
Part         1 for Mat         1 and Elem Type        1
         1          1          1          1          0          0          0
$
$$$$$$$$$$$$$$$$$$$$$$$$$$$$$$$$$$$$$$$$$$$$$$$$$$$$$$$$$$$$$$$$$$$$$$$$$$$$$$$
$                             CONTROL OPTIONS                                 $
$$$$$$$$$$$$$$$$$$$$$$$$$$$$$$$$$$$$$$$$$$$$$$$$$$$$$$$$$$$$$$$$$$$$$$$$$$$$$$$
$
*CONTROL_ENERGY
         2         2         2         2
*CONTROL_BULK_VISCOSITY
   1.50  0.600E -01
$计算时间步长控制
$TSSFAC =0.9,为计算时间步长缩放因子
*CONTROL_TIMESTEP
  0.0000    0.9000          0  0.00        0.00
$ENDTIM 定义计算结束时间
*CONTROL_TERMINATION
   2000.         0   0.00000   0.00000   0.00000
$
$$$$$$$$$$$$$$$$$$$$$$$$$$$$$$$$$$$$$$$$$$$$$$$$$$$$$$$$$$$$$$$$$$$$$$$$$$$$$$$
$                               TIME HISTORY                                  $
$$$$$$$$$$$$$$$$$$$$$$$$$$$$$$$$$$$$$$$$$$$$$$$$$$$$$$$$$$$$$$$$$$$$$$$$$$$$$$$
$
$定义二进制文件 d3plot 的输出
$DT =10 μs,表示输出时间间隔
*DATABASE_BINARY_D3PLOT
   10.000
$定义二进制文件 D3THDT 的输出
$DT =10 μs,表示输出时间间隔
```

```
*DATABASE_BINARY_D3THDT
  10.000
$
$$$$$$$$$$$$$$$$$$$$$$$$$$$$$$$$$$$$$$$$$$$$$$$$$$$$$$$$$$$$$$$$$$$$$$$$$$$$$$$$
$                              DATABASE OPTIONS                                 $
$$$$$$$$$$$$$$$$$$$$$$$$$$$$$$$$$$$$$$$$$$$$$$$$$$$$$$$$$$$$$$$$$$$$$$$$$$$$$$$$
$
*DATABASE_EXTENT_BINARY
         0         0         3         1         0         0         0         0
         0         0         4         0         0         0
$*END 表示关键字文件的结束,LS-DYNA 将忽略后面的内容
*END
```

10.3.7 计算结果

计算结束后,用 LS-PREPOST 软件打开工作目录下的 d3plot 文件,读入结果输出文件。靶板的位移云图和靶板中心点的位移—时间曲线如图 10－50 和图 10－51 所示。由图可知,在爆炸载荷作用下,靶板变形形状呈四棱锥,几何中心为棱锥顶点,变形量最大,最大变形量为 14.3 cm。

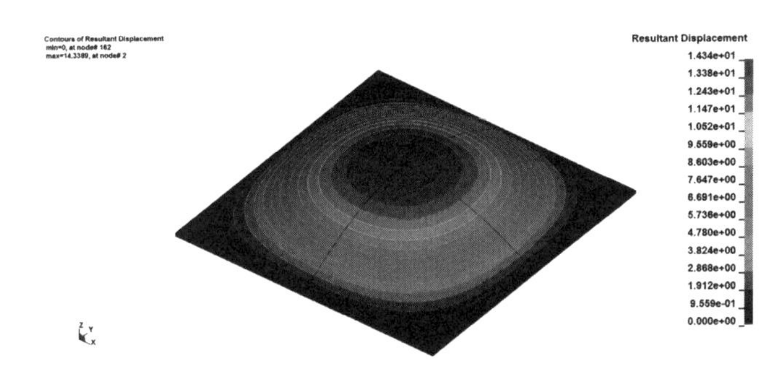

图 10－50 靶板的位移云图

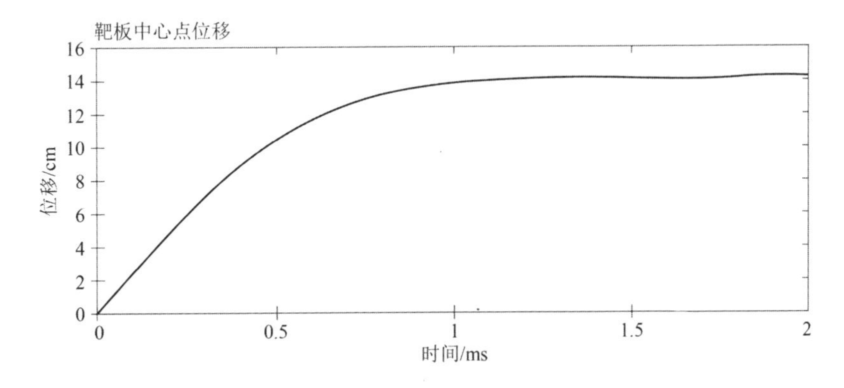

图 10－51 靶板中心点的位移—时间曲线

11　水下爆炸一维计算

11.1　水下爆炸现象

炸药在水中爆炸后的冲击波和气泡的脉动情况是水中兵器毁伤效能主要关注的重点问题。装药在水中爆炸后，形成高温高压的爆轰产物，并且在水中形成了向四周传播的爆炸冲击波。由于水对爆轰产物的约束作用，因此爆轰产物以水中气泡的形式存在，初期气泡内部的压力较周围水介质的静水压力大，气泡不断膨胀，内部压力不断下降。由于惯性导致气泡过度膨胀，当气泡达到最大半径时，内部压力小于周围水介质压力，气泡被反向压缩，内部压力又逐渐增加，压缩到最小半径后又继续重复膨胀，直到能量被完全耗散。这种气泡的多次膨胀收缩现象被称为气泡脉动现象。水下爆炸气泡脉动过程如图 11－1 所示。

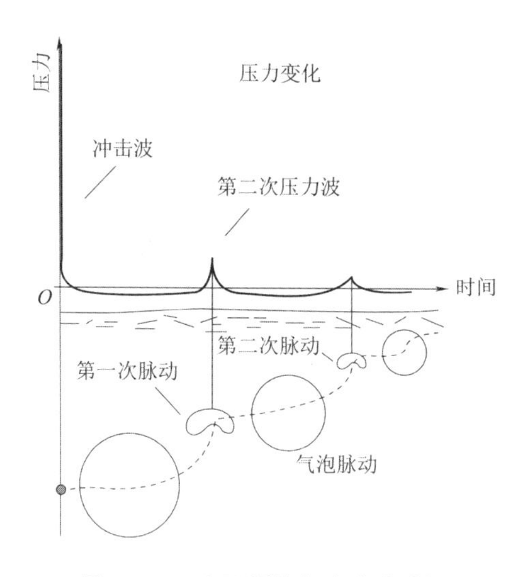

图 11－1　水下爆炸气泡脉动过程

炸药在水下爆炸后会形成爆炸冲击波、压力波和水射流三种主要的毁伤元。其中，爆炸冲击波的峰值很大，但是作用时间短，对目标造成的是局部毁伤；压力波是由气泡脉动形成的，峰值为爆炸冲击波峰值的 10% ～20%，但是作用时间长，冲量大，通常对目标造成一种整体结构的毁伤；水射流依靠气泡收缩时的高速运动，对目标造成冲击破坏。

对于球形 TNT 裸炸药在水下爆炸后，工程上常采用 Cole 和 Zamyshlyayev 半经验公式对其载荷分布情况进行计算，相关计算公式如下：

$$P_m=\begin{cases}44.1\times(W^{1/3}/R)^{1.5} & (6\leqslant R/R_0<12)\\ 52.4\times(W^{1/3}/R)^{1.13} & (12\leqslant R/R_0<240)\end{cases}$$

$$\theta=0.084\times\sqrt[3]{W}(W^{1/3}/R)^{-0.23}$$

$$r_{max}=3.5\times W^{1/3}/(H+10.3)^{1/3}$$

$$T_b=2.11\frac{C^{1/3}}{(H+10.3)^{5/6}}$$

$$E_s=K_1\frac{4\pi R^2}{\rho_w c_w W}\int_{t_a}^{6.7\theta}P^2(t)\mathrm{d}t\quad(\mathrm{MJ/kg})$$

$$E_b=K_2\frac{0.6842P_H^{5/2}T_b^3}{W\rho_w^{3/2}}\quad(\mathrm{MJ/kg})$$

式中，P_m为冲击波峰值压力(MPa)；θ为冲击波衰减时间常数(s)；R为测点距爆炸中心的距离(m)；R_0为炸药半径(m)；H为炸药爆炸深度(m)；W为TNT质量(kg)；r_{max}、T_b分别为气泡脉动最大半径(m)和周期(s)；E_s和E_b分别为冲击波能和气泡能；K_1、K_2为修正系数；ρ_w与c_w分别为水密度(1 000 kg/m^3)和水中声速(1 500 m/s)。

11.2 计算模型

炸药在水下爆炸后，对于气泡脉动形成的压力波，主要关注的是第一次气泡脉动形成的压力波。在第一个周期内，气泡的位置几乎没发生变化。因此为了降低计算成本，可以采用一维球对称算法计算炸药在水下爆炸后的冲击波和气泡脉动情况。前期开展了 1 kg 球形 TNT 装药水下 5 m 爆炸试验，试验现场布置示意如图 11－2 所示。试验中，将药包固定在水池中心距水面 5 m 深的位置，以装药中心为圆心，在水下 5 m 的平面内扇形布置 3 个压电传感器，传感器与装药中心的距离分别为 3 m、5 m、7 m。

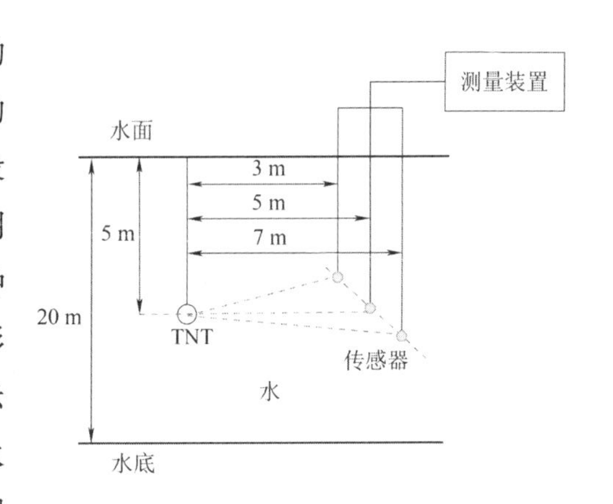

图 11－2 试验现场布置示意

使用一维梁单元建立 1 kg 球形装药水下爆炸数值计算模型，如图 11－3 所示，采用增加计算域的方法消除边界压力反射对计算结果的影响，最终计算水域的半径为 100 m。炸药和水均采用 ALE 多物质算法，网格尺寸为 0.05 cm，模型采用 g、cm、μs 单位制建立。

采用＊DATABASE_TRACER 关键字在距起爆中心 3 m、5 m、7 m 处设置压力监测点，在炸药最大半径处设置气泡半径监测点。在计算中，采用＊MAT_HIGH_EXPLOSIVE_BURN 材料模型和＊EOS_JWL 状态方程描述 TNT 炸药，采用＊MAT_NULL 空白模型和＊EOS_Gruneisen 状态方程描述水中压力、密度以及比内能的关系。

图 11-3　TNT 一维球对称水下爆炸数值计算模型

11.3　静水压力设置方法

数值计算采用＊MAT_NULL 空白材料本构和＊EOS_Gruneisen 状态方程描述水中压力、密度以及比内能的关系。

当水受压时，水中压力为

$$p=\frac{\rho_0 c^2 u\left[1+\left(1-\frac{V_0}{2}\right)u-\frac{a}{2}u^2\right]}{\left[1-(S_1-1)u-S_2\frac{u^2}{u+1}-S_3\frac{u^3}{(u+1)^2}\right]^2}+(\gamma_0+au)E$$

当水受拉时，水中压力为

$$p=\rho_0 c^2 u+(\gamma_0+au)E$$

式中，V_0是水的初始体积；ρ_0是水的初始密度，$u=\rho/\rho_0-1$（$u<0$ 时，水处于受拉状态；$u>0$ 时，水处于受压状态）；c 为水中声速；S_1、S_2、S_3是 u_s-u_p 曲线斜率系数；γ_0是 Gruneisen 系数；a 是对 γ_0的一阶体积修正。目前，可采用调节水介质单位内能的方法来模拟炸药所处沉深的静水压力，其计算方法为

$$E=\frac{\rho g H+p_0}{\rho\gamma_0}$$

式中，H 是炸药几何中心距水面的垂直深度；p_0是大气压力。例如在水下 5 m 处水的初始单位内能为 536.78 J/kg。

11.4　建模步骤

第一步，设置工作目录和模型文件。

(1)在磁盘 E 中创建“waterblast1D”文件夹，用于存储模型文件和计算文件；

(2)启动 ANSYS 16.0,在启动界面进行建模环境的设置,在 Simulation Environment 下拉菜单中选择 ANSYS,在 License 下拉菜单中选择 ANSYS LS-DYNA;

(3)单击 File Management 选项卡,弹出工作目录和工作文件设置窗口,单击 Working Directory 后面的 Browse 按钮,选择 E 盘文件夹"waterblast1D",在 Job Name 框中输入"waterblast"作为模型文件名;

(4)单击 Run 按钮,进入 ANSYS 建模界面,如图 11-4 所示。

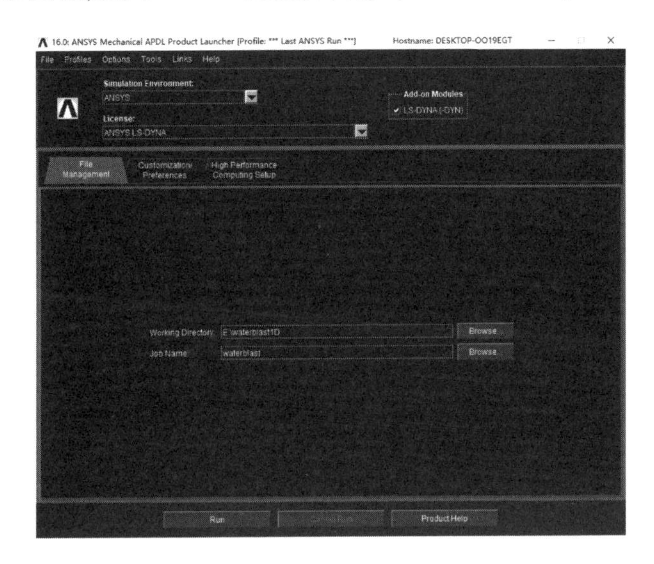

图 11-4 ANSYS/LS-DYNA 建模环境设置

第二步,单元类型设置。

(1)选择 Main Menu > Preprocessor > Element Type > Add/Edit/Delete 选项,弹出 Element Types 单元类型对话框;

(2)单击 Add 按钮,弹出 Library of Element Types 对话框,选择 LS-DYNA Explicit 右侧列表框中的 3D Beam 161 选项,单击 OK 按钮,关闭对话框,即将编号为 1 的单元类型设置完成;

(3)按照步骤(2)中的操作,继续完成单元类型 2 的设置;

(4)单击 Close 按钮,关闭对话框,如图 11-5 所示。

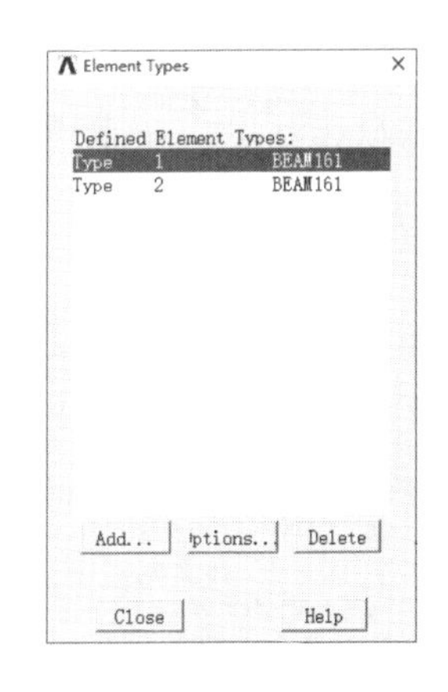

图 11-5 Element Types 对话框

第三步,单元实常数设置。

(1)选择 Main Menu > Preprocessor > Real Constants

选项,弹出 Real Constants 单元类型对话框,如图 11 -6 所示;

(2)单击 Add 按钮,弹出 Element Type for Real Constants 对话框,选择 Type 1 BEAM161,如图 11 -7 所示,单击 OK 按钮,弹出 Real Constant Set Number 1,for BEAM161 对话框,如图 11 -8 所示;

图 11 -6 Real Constants 文本框

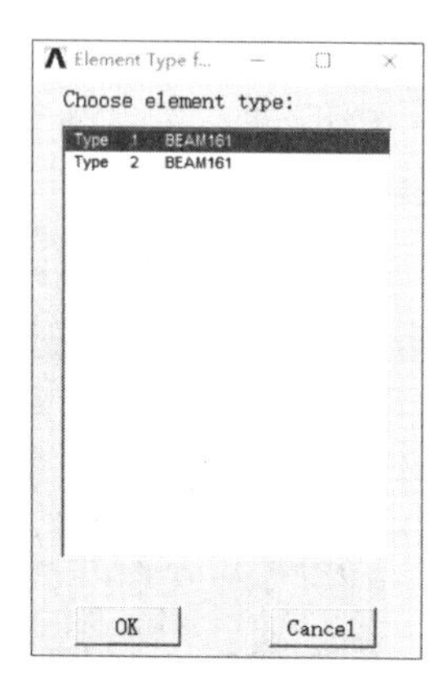

图 11 -7 Element Type for Real Constants 对话框

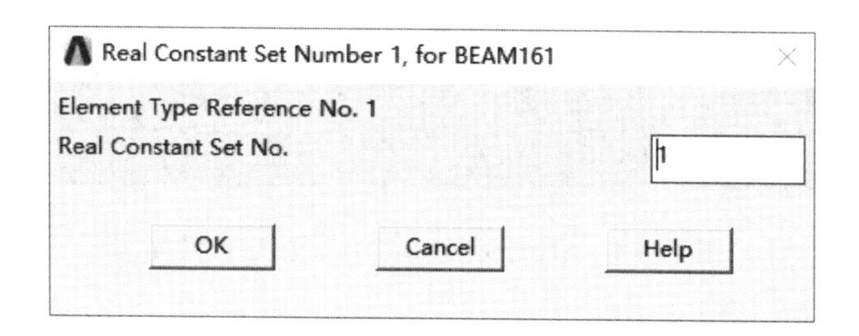

图 11 -8 Real Constant Set Number 1,for BEAM161 对话框

(3)在 Real Constant Set No. 文本框中输入 1,单击 OK 按钮,弹出 Real Constant Set Number 1,for BEAM161 对话框,如图 11 -9 所示;

(4)保持对话框中的默认设置,单击 OK 按钮,关闭对话框,如图 11 -9 所示,即完成了编号为 1 的实常数设置;

注:梁单元实常数在前处理中不用具体设置,可在后续 K 文件修改中进行详细设置,请读者知悉。

(5)按照相同的方法,选择 Type 2 BEAM161,完成编号为 2 的实常数设置,如图 11 -10 所示。

第四步,材料参数设置。

(1)选择 Main Menu > Preprocessor > Material Props > Material Models 选项,弹出 Define Material Model Behavior 对话框;

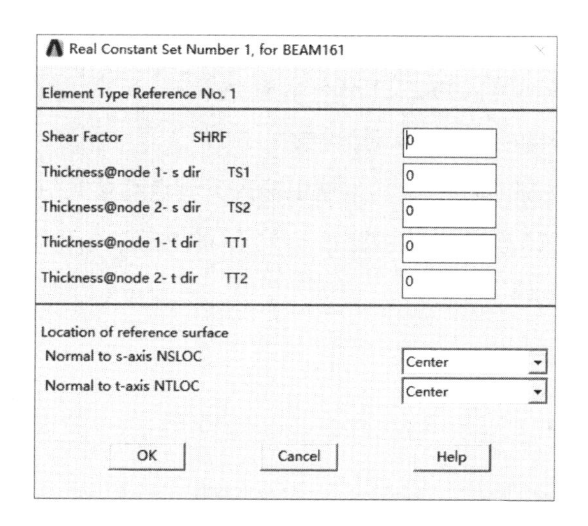

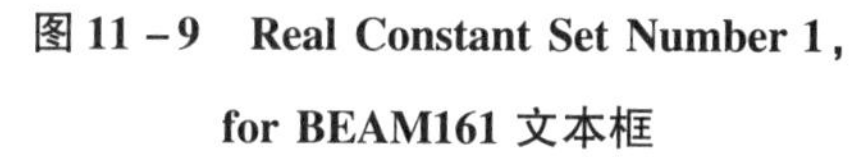
图 11 – 9　Real Constant Set Number 1, for BEAM161 文本框

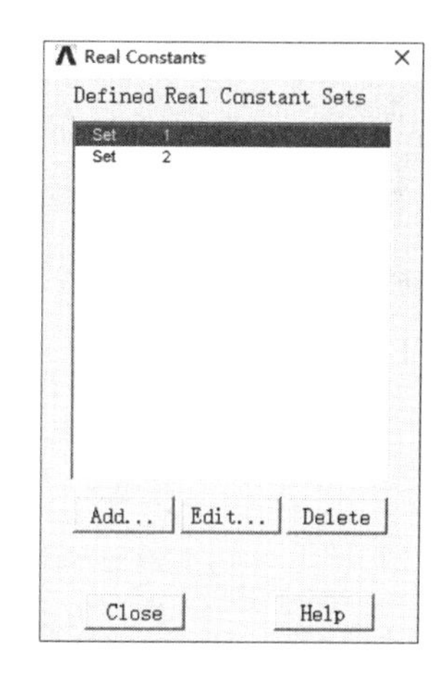

图 11 – 10　Real Constants 对话框

(2)在该对话框左侧的 Material Models Defined 设置栏中已自动生成编号为 1 的材料,在右侧 Material Models Available 设置栏中选择 LS-DYNA > Equation of State > Gruneisen > Null 选项;

(3)弹出 Null Properties for Material Number 1 对话框,设置 DENS 参数为 1,其余参数保持默认,单击 OK 按钮,关闭对话框,这就完成了材料 1 的设置;

注:材料参数可在 K 文件中进行详细的设置。

(4)在 Define Material Model Behavior 对话框中执行 Material > New Model 命令,弹出 Define Material ID 对话框,新建编号为 2 的材料,单击 OK 按钮,关闭对话框,如图 11 – 11 所示;

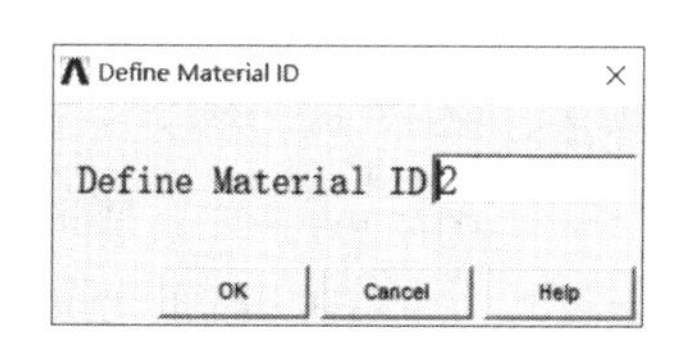

图 11 – 11　Define Material ID 对话框

(5)重复步骤(2)和步骤(3)的操作,完成2 号材料本构和状态方程的设置;

(6)执行 Material > Exit 命令,退出材料窗口,即完成了两种材料的定义,如图 11 – 12 所示。

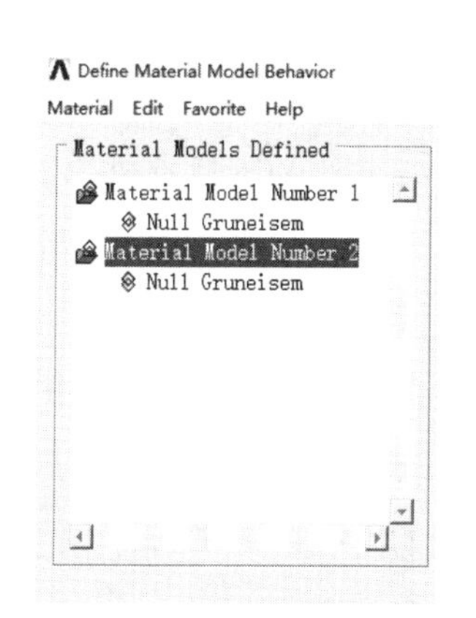

图 11 – 12　两种材料参数的定义

第五步，创建几何模型。

(1)选择 Main Menu > Preprocessor > Modeling > Create > Keypoints > In Active CS 选项，弹出 Create Keypoints in Active Coordinate System 对话框；

(2)在该对话框中的 NPT Keypoint number 右侧文本框中输入关键点编号 1，在 X，Y，Z Location in active CS 文本框中分别输入坐标点(0, 0, 0)，单击 OK 按钮，关闭对话框，如图 11－13 所示，完成 1 号关键点的创建；

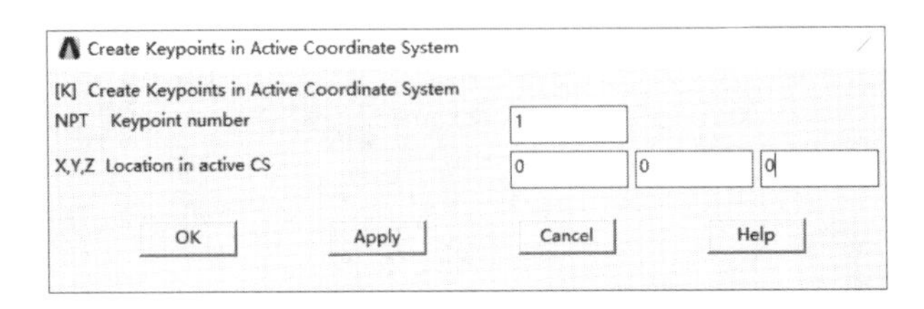

图 11－13　节点设置

(3)按照相同的方法，分别创建 2 号关键点(5.272, 0, 0)、3 号关键点(10000, 0, 0)和 4 号关键点(10050, 0, 0)；

(4)选择 Main Menu > Preprocessor > Modeling > Create > Lines > Straight Line 选项，弹出 Create Straight Line 对话框；

(5)依次拾取关键点 1 和 2，单击 OK 按钮，创建直线段 L1；

(6)依次拾取关键点 2 和 3，单击 OK 按钮，创建直线段 L2；

(7)在标题栏中选择 Plot > Lines 选项，显示线。

第六步，给梁单元指定初始关键点。

(1)选择 Main Menu > Preprocessor > Meshing > Mesh Attributes > Picked Lines 选项，弹出 Line Attributes 对话框；

(2)在视图区中拾取直线段 L1，单击 OK 按钮，弹出 Line Attributes 对话框；

(3)在[MAT] Material number 右侧的下拉菜单中选择 1，[REAL] Real constant set number 右侧的下拉菜单中选择 1，在[TYPE] Element type number 右侧的下拉菜单中选择 1 BEAM161，Pick orientation keypoint(s)中选中 Yes，单击 OK 按钮，弹出 Line Attributes 对话框；

(4)拾取关键点 4，单击 OK 按钮，关闭对话框；

(5)按照相同的操作方法，给直线段 L2 指定初始关键点 4，在[MAT] Material number 右侧的下拉菜单中选择 2，[REAL] Real constant set number 右侧的下拉菜单中选择 2，[TYPE] Element type number 右侧的下拉菜单中选择 2 BEAM161。

注：必须给梁单元指定初始原点；否则，无法对线段进行网格划分。

第七步,网格划分。

(1)执行 Main Menu > Preprocessor > Meshing > MeshTool 命令,弹出 MeshTool 面板;

(2)在 MeshTool 面板中单击 Element Attributes 选择栏,选择 Global,单击右侧的 Set 按钮,弹出 Meshing Attributes 对话框,在[TYPE] Element type number 右侧的下拉菜单中选择 1 BEAM161,在[MAT] Material number 右侧的下拉菜单中选择 1,在[REAL] Real constant set number 右侧的下拉菜单中选择 1,单击 OK 按钮,关闭对话框,如图 11 - 14 所示;

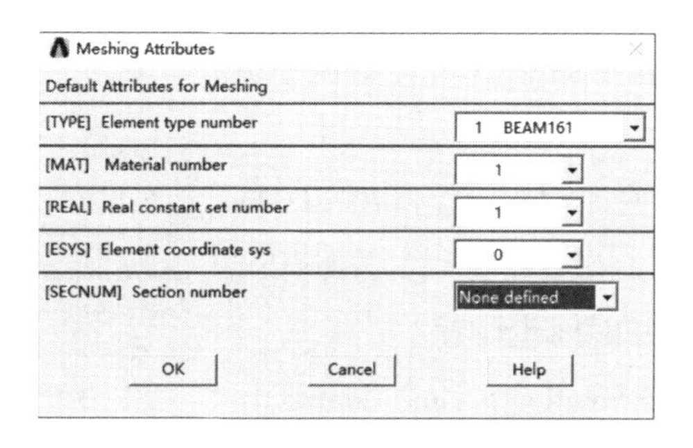

图 11 - 14　Meshing Attributes 对话框

(3)在 Size 面板中单击 Global 选择栏右侧的 Set 按钮,弹出 Global Element Sizes 对话框;在 SIZE Element edge length 右侧文本框中输入 0.05,单击 OK 按钮,关闭对话框;

(4)在 MeshTool 面板中的 Mesh 下拉菜单中选择 Lines,单击 Mesh 按钮,弹出 Mesh Lines 面板;

(5)在视图区拾取直线段 L1,单击 OK 按钮,进行线段网格划分;

(6)执行 Plot > Lines 命令,显示线;

(7)按照相同的步骤,对直线段 L2 进行网格划分,网格尺寸为 0.05 cm,在[TYPE] Element type number 右侧的下拉菜单中选择 2 BEAM161,在[MAT] Material number 右侧的下拉菜单中选择 2,在[REAL] Real constant set number 右侧的下拉菜单中选择 2。

第八步,创建模型 Part 信息。

(1)选择 Main Menu > Preprocessor > LS-DYNA Options > Parts Options 选项,弹出 Parts Data Written for LS-DYNA 对话框;

(2)在 Option 选择栏中点选中 Create all parts 选项,单击 OK 按钮,关闭对话框;弹出 EDPART Command 信息窗口,返回所创建的 Part 具体信息。

第九步,分析步设置。

(1)选择 Main Menu > Solution > Analysis Options > Energy Options 选项,弹出 Energy Options 对话框,勾选中 Stonewall Energy、Hourglass Energy 和 Sliding Interface 选项;

(2)选择 Main Menu > Solution > Analysis Options > Bulk Viscosity 选项,弹出 Bulk

Viscosity 对话框,保持默认值[Quadratic Viscosity Coefficient(二阶黏性系数)为 1.5,Linear Viscosity Coefficient(线性黏性系数)为 0.06]。

第十步,ALE 控制算法设置。

(1)选择 Main Menu > Solution > Analysis Options > ALE Options > Define 选项,弹出 Define Global ALE Settings for LS-DYNA Explicit 对话框;

(2)在 Cycles between advection 右侧文本框中输入 1, 在 Advection Method 选中 Van Leer, 在[AFAC]Simple Avg Weight Factor 右侧文本框中输入 -1,如图 11-15 所示;

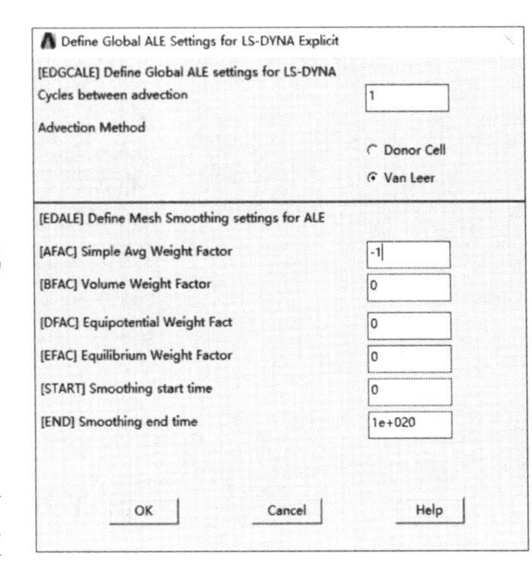

图 11-15 Define Global ALE Settings for LS-DYNA Explicit 对话框

(3)单击 OK 按钮,关闭对话框,弹出 EDALE Command 信息窗口,返回 ALE 参数设置信息,关闭窗口。

第十一步,求解时间和时间步设置。

(1)选择 Main Menu > Solution > Time Controls > Solution Time 选项,弹出 Solution Time for LS-DYNA Explicit 对话框,在[TIME]Terminate at Time 右侧文本框中输入 2000,单击 OK 按钮,确认输入;

(2)选择 Main Menu > Solution > Time Controls > Time Step Ctrls 选项,弹出 Specify Time Step Scaling for LS-DYNA Explicit 对话框,在 Time step scale factor 右侧文本框中输入 0.9,单击 OK 按钮,确认输入。

第十二步,设置输出类型和数据输出时间间隔。

(1)选择 Main Menu > Solution > Output Controls > Output File Types 选项,弹出 Specify Output File Types for LS-DYNA Solver 对话框,在 File options 下拉菜单中选择 Add,在 Produce output for... 下拉菜单中选择 LS-DYNA,单击 OK 按钮,关闭对话框;

(2)选择 Main Menu > Solution > Output Controls > File Output Freq > Time Step Size 选项,弹出 Specify File Output Frequency 对话框,在[EDRST]Specify Results File Output Interval:Time Step Size 右侧文本框中输入 1000,在[EDHTIME]Specify Time-History Output Interval:Time Step Size 右侧文本框中输入 1000,单击 OK 按钮,关闭对话框,随后弹出 Waring 信息,单击 Close 按钮,关闭弹窗。

第十三步,输出 K 文件。

(1)选择 Main Menu > Solution > Write Jobname. k 选项,弹出 Input files to be Written for LS-DYNA 对话框;

(2)在 Write results files for... 下拉菜单中选择 LS-DYNA,在 Write input files to... 文本框中输入 waterblast. k,单击 OK 按钮,将在工作文件中生成 waterblast. k 的文件;

(3)弹出 EDWRITE Command 窗口,列出模型中的关键信息。

11.5 K 文件的修改和编辑

(1)用 UltraEdit 软件打开工作目录下的 waterblast. k 文件。

(2)将原有的 waterblast. k 文件拆分为两个 K 文件。其中一个为 mesh. k 文件,为模型的节点和单元信息;另一个为 main. k 文件,为计算模型控制关键字文件。

(3)对照 main. k 文件,对控制 K 文件进行如下修改:

①使用 * INCLUDE 关键字,在 main. k 文件中添加 mesh. k 文件;

②删除梁单元算法 * SECTION_BEAM 关键字;

③添加 * SECTION_ALE1D 关键字;

④添加多物质材料组定义 * ALE_MULTI - MATERIAL_GROUP 关键字;

⑤添加起爆点定义 * INITIAL_DETONATION 关键字;

⑥修改水和炸药材料参数;

⑦删除 * CONTROL_SHELL 关键字;

⑧修改 ALE 算法控制的 * CONTROL_ALE 关键字;

⑨修改 * CONTROL_TERMINATION 关键字;

⑩添加示踪粒子 * DATABASE_TRACER 关键字;

⑪添加 * DATABASE_TRHIST 关键字。

11.6 求解

(1)启动 ANSYS 16. 0,在启动界面进行求解环境设置,在 Simulation Environment 下拉菜单中点选中 LS-DYNA Solver 选项,在 License 下拉菜单中选择 ANSYS LS-DYNA,在 Analysis Type 栏中点选中 Typical LS-DYNA Analysis 选项;

(2)单击 File Management 选项卡,弹出工作目录和工作文件设置窗口,单击 Working Directory 右侧的 Browse 按钮,选择 E 盘文件夹"waterblast1D",在 Keyword Input File 下拉菜单中选择修改后的 main. k 文件;

(3)单击 Customization/Preferences 选项卡,在 Memory(words)文本框中输入 2 100 000 000,在 Number of CPUs 文本框中输入 8;

(4)单击 Run 按钮,进入 LS-DYNA971R7 程序进行求解,求解时间到达后,界面返回 Normal termination。

11.7 控制关键字文件讲解

关键字文件有两个,分别为网格文件 mesh. k 和控制文件 main. k。控制文件 main. k 的内容及相关讲解如下:

```
$首行*KEYWORD 表示输入文件采用的是关键字输入格式
*KEYWORD
*TITLE

$为二进制文件定义输出格式,0表示输出的是 LS-DYNA 数据库格式
*DATABASE_FORMAT
0
$读入节点 K 文件
*INCLUDE
mesh.k
$
$
$$$$$$$$$$$$$$$$$$$$$$$$$$$$$$$$$$$$$$$$$$$$$$$$$$$$$$$$$$$$$$$$$$$$$$$$$$$$$$$$
$                              SECTION DEFINITIONS                             $
$$$$$$$$$$$$$$$$$$$$$$$$$$$$$$$$$$$$$$$$$$$$$$$$$$$$$$$$$$$$$$$$$$$$$$$$$$$$$$$$
$
$*SECTION_ALE1D 为1D ALE 单元定义单元算法
$SECID 指定单元算法 ID,可为数值或符号,但是必须唯一,在*PART 卡片中被引用
$ALEFORM =11,表示采用多物质 ALE 算法
$ELFORM = -8,表示采用球对称模型,对于球对称模型而言,THICK 的值没有任何意义,但是必须定义一个大于0的任意数
*SECTION_ALE1D
$   SECID   ALEFORM    AET       ELFORM
      1        11                  -8
$  THICK     THICK
    0.1        0.1
$
*SECTION_ALE1D
$   SECID   ALEFORM    AET       ELFORM
      2       11                   -8
$  THICK     THICK
    0.1       0.1
$
$炸药点火控制,采用单点起爆方式
$PID 为采用*MAT_HIGH_EXPLOSIVE_BURN 材料本构的 Part ID 值
*INITIAL_DETONATION
$ PID          X          Y         Z       LT
     1         0          0         0
$定义 ALE 多物质材料组 AMMG
```

```
$ELFORM=11,必须定义该关键字卡片
*ALE_MULTI-MATERIAL_GROUP
$炸药
         1    1
$水
         2    1
$
$$$$$$$$$$$$$$$$$$$$$$$$$$$$$$$$$$$$$$$$$$$$$$$$$$$$$$$$$$$$$$$$$$$$$$$$$$$$$$$
$                          MATERIAL DEFINITIONS                              $
$$$$$$$$$$$$$$$$$$$$$$$$$$$$$$$$$$$$$$$$$$$$$$$$$$$$$$$$$$$$$$$$$$$$$$$$$$$$$$$
$
$TNT 炸药材料参数
*MAT_HIGH_EXPLOSIVE_BURN
$    MID     RO       D          Pcj      BETA        K         G        SIGY
       1 1.583000 0.6880000  0.1940000 0.0000000 0.0000000 0.0000000 0.0000000
*EOS_JWL
$   EOSID    A        B         R1          R2       OMEG       E0        V0
        1 3.07000  0.03898  4.48500000    0.790000  0.3000000  0.069684  1.000000
$水材料参数
$E0=5.3678E-06,设置5 m 深水内能值,模拟静水压力
*MAT_NULL
$    MID       RO
        2    1.025      0.00     0.00      0.00      0.00      0.00     0.000
*EOS_GRUNEISEN
$   EOSID     C       S1      S2      S3     GAMAO      a       E0
        2    0.152    1.92   0.00    0.00    0.28     0.00  5.3678E-06
$     V0
     0.00
$
$
$$$$$$$$$$$$$$$$$$$$$$$$$$$$$$$$$$$$$$$$$$$$$$$$$$$$$$$$$$$$$$$$$$$$$$$$$$$$$$$
$                           PARTS DEFINITIONS                               $
$$$$$$$$$$$$$$$$$$$$$$$$$$$$$$$$$$$$$$$$$$$$$$$$$$$$$$$$$$$$$$$$$$$$$$$$$$$$$$$
$
$
$定义炸药 Part,引用定义的单元算法、材料模型和状态方程,PID 必须唯一
*PART
Part          1 for Mat          1 and Elem Type          1
        1         1         1         1         0         0         0
$
$定义水 Part,引用定义的单元算法、材料模型和状态方程,PID 必须唯一
*PART
Part          2 for Mat          2 and Elem Type          2
        2         2         2         2         0         0         0
$
$
```

```
$$$$$$$$$$$$$$$$$$$$$$$$$$$$$$$$$$$$$$$$$$$$$$$$$$$$$$$$$$$$$$$$$$$$$$$$$$$$$$$$
$                              CONTROL OPTIONS                                 $
$$$$$$$$$$$$$$$$$$$$$$$$$$$$$$$$$$$$$$$$$$$$$$$$$$$$$$$$$$$$$$$$$$$$$$$$$$$$$$$$
$
*CONTROL_ENERGY
       2         2         2         2
*CONTROL_BULK_VISCOSITY
  1.50  0.600E-01
$*CONTROL_ALE 为 ALE 算法设置全局控制参数
$针对爆炸问题,采用交错输运逻辑,DCT = -1
$NADV =1,表示每两种物质输运步之间有一 Lagranian 步计算
$METH = -2,表示采用带有 HIS 的 Van Leer 物质输运算法
$PREF =1.503E-06,表示炸药爆炸中心处的静水压力
*CONTROL_ALE
$    DCT      NADV      METH      AFAC      BFAC      CFAC      DFAC      EFAC
      -1         1        -2     -1.00      0.00      0.00      0.00      0.00
$  START       END     AAFAC     VFACT      PRIT       EBC      PREF   NSIDEBC
    0.00  0.100E+21     1.00      0.00      0.00          0 1.503E-06
$计算时间步长控制
$TSSFAC =0.9为计算时间步长缩放因子
*CONTROL_TIMESTEP
$ DTINIT    TSSFAC      ISDO    TSLIMT     DT2MS      LCTM     ERODE     MS1ST
  0.0000    0.9000         0      0.00      0.00
$ENDTIM 定义计算结束时间
*CONTROL_TERMINATION
$ ENDTIM    ENDCYC     DTMIN    ENDENG    ENDMAS     NOSOL
 0.600E+06       0   0.00000   0.00000   0.00000
$
$
$$$$$$$$$$$$$$$$$$$$$$$$$$$$$$$$$$$$$$$$$$$$$$$$$$$$$$$$$$$$$$$$$$$$$$$$$$$$$$$$
$                               TIME HISTORY                                   $
$$$$$$$$$$$$$$$$$$$$$$$$$$$$$$$$$$$$$$$$$$$$$$$$$$$$$$$$$$$$$$$$$$$$$$$$$$$$$$$$
$
$定义二进制文件 d3plot 的输出
$DT =10 000 μs,表示输出时间间隔
*DATABASE_BINARY_D3PLOT
10000
$定义二进制文件 D3THDT 的输出
$DT =10 000 μs,表示输出时间间隔
*DATABASE_BINARY_D3THDT
10000
$
$定义示踪粒子,将物质点的时间历程数据记录在 ASCII 文件中
$TIME 为示踪粒子数据开始记录时间
$TRACK =0,表示示踪粒子跟随物质材料运动
$TRACK =1,表示示踪粒子不随物质材料运动
$X,Y,Z 表示示踪粒子初始位置坐标
$AMMGID 为被跟踪的多物质 ALE 单元内的 AMMG 组编号
```

```
$如果 AMMGID = 0，就按照多物质 ALE 单元内全部 AMMG 组的体积分数加权
$气泡半径时间数据
*DATABASE_TRACER
$   TIME     TRACK        X          Y          Z        AMMGID    NID      RADIUS
      0        0        5.272       0          0          2
$输出压力时间数据
*DATABASE_TRACER
$   TIME     TRACK        X          Y          Z        AMMGID    NID      RADIUS
     0        1        300         0          0         2
*DATABASE_TRACER
$   TIME     TRACK        X          Y          Z        AMMGID    NID      RADIUS
     0        1       500         0          0          2
*DATABASE_TRACER
$   TIME     TRACK        X          Y          Z        AMMGID    NID      RADIUS
      0        1       700         0          0          2
$示踪粒子数据输出时间间隔，数据存储在 TRHIST 文件中
$DT = 1 μs，表示数据输出间隔
*DATABASE_TRHIST
$  DT
   1
$
$
$$$$$$$$$$$$$$$$$$$$$$$$$$$$$$$$$$$$$$$$$$$$$$$$$$$$$$$$$$$$$$$$$$$$$$$$$$$$$$$$
$                              DATABASE OPTIONS                                 $
$$$$$$$$$$$$$$$$$$$$$$$$$$$$$$$$$$$$$$$$$$$$$$$$$$$$$$$$$$$$$$$$$$$$$$$$$$$$$$$$
$
$
*DATABASE_EXTENT_BINARY
         0         0         3         1         0         0         0         0
         0         0         4         0         0         0
$*END 表示关键字文件的结束，LS-DYNA 将忽略后面的内容
*END
```

11.8 计算结果

计算结束后，用 LS-PREPOST 软件打开工作目录下的 d3plot 文件，读入结果输出文件。在气泡脉动过程中，气泡半径与气泡膨胀速度随时间变化而变化的曲线如图 11－16 所示。由图可知，速度大于零，对应于气泡膨胀阶段；速度小于零，对应气泡收缩阶段；速度等于零，表示气泡达到最大半径，气泡停止膨胀；当气泡收缩速度的绝对值达到最大时，此时的气泡收缩达到了最小半径。可知 1 kg 球形 TNT 炸药在水下 5 m 处爆炸后，气泡膨胀达到的最大半径为 140.1 cm，气泡收缩的最小半径为 15 cm，气泡脉动周期为 211.87 ms。距离起爆点 3 m 处的冲击波压力—时间曲线如图 11－17 所示，由图可

知,3 m 处的冲击波压力峰值为 14.3 MPa,由气泡脉动形成的第二次压力波峰值为6.85 MPa。通过提取得到的冲击波压力—时间曲线与气泡脉动周期数据,运用公式可以得到1 kg TNT 药包在水下 5 m 处爆炸后的冲击波能为 1.07 MJ/kg,气泡能为 1.81 MJ/kg,总能量为2.87 MJ/kg。

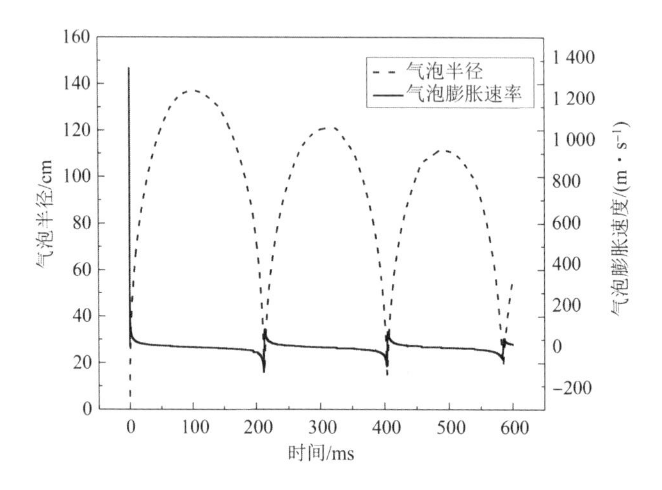

图 11-16　气泡半径与气泡膨胀速度随时间变化而变化的曲线

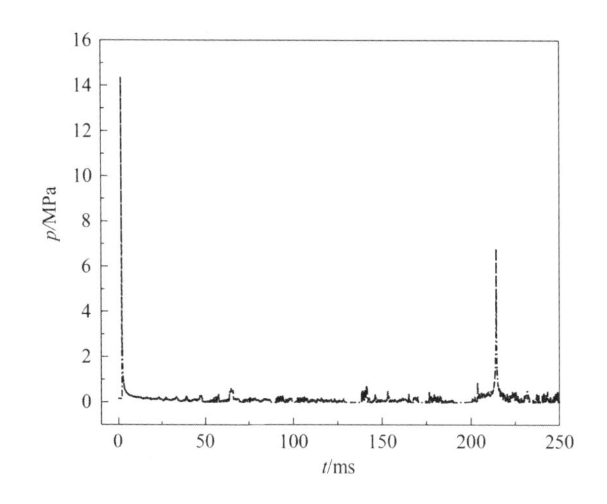

图 11-17　距离起爆点 3 m 处的冲击波压力—时间曲线

将试验中记录的压力—时间曲线进行滤波处理后与数值计算结果进行对比,对比结果如图 11-18 所示。由图可知,冲击波曲线的数值计算结果和试验结果的一致性较好。冲击波压力峰值、气泡脉动周期等参数数值计算值与试验值的对比结果如表 11-1 所示。由表可知,数值计算结果的误差绝对值控制在 6% 以内,说明采用一维球对称模型研究球形炸药水下爆炸是可行的,结果是准确的。

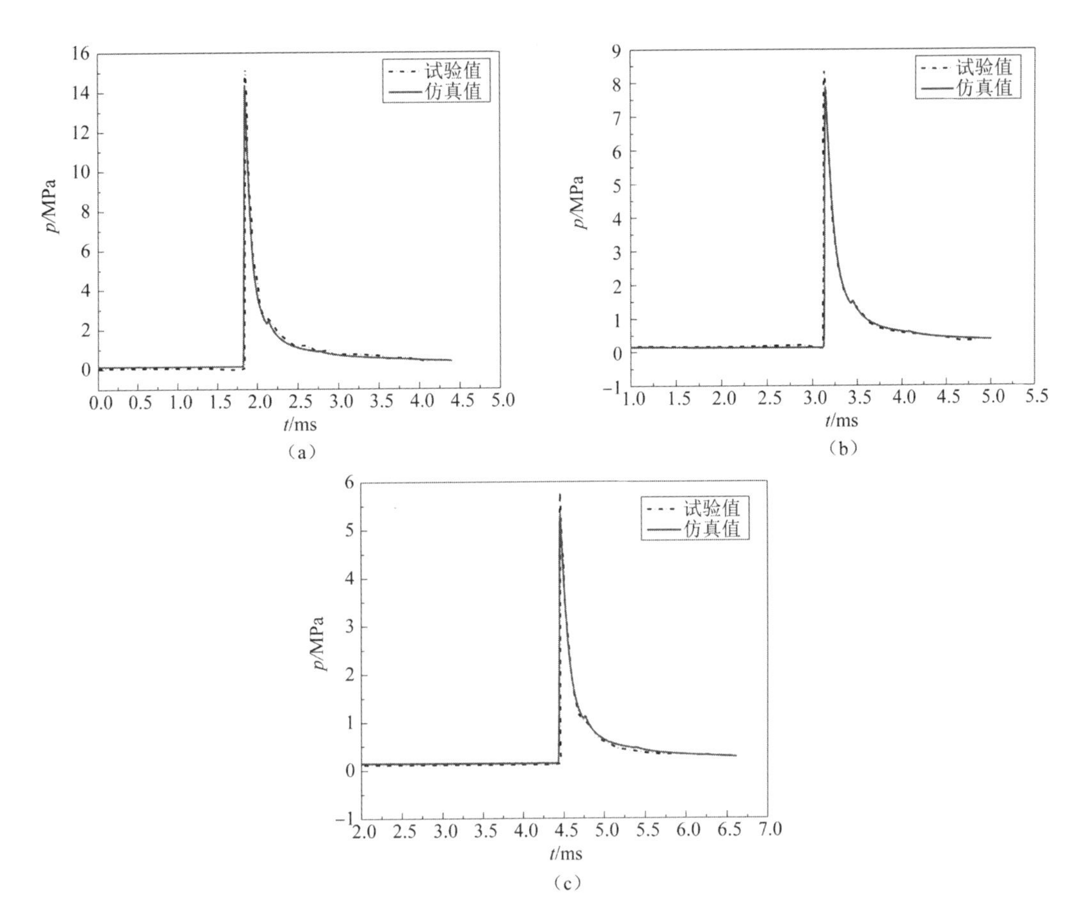

图 11-18　冲击波压力—时间曲线对比

(a) $R=3$ m; (b) $R=5$ m; (c) $R=7$ m

表 11-1　数值计算值与试验数据对比结果

参数	压力峰值/MPa			r_{max}/cm	T_b/ms	E/(MJ·kg^{-1})
	$R=3$ m	$R=5$ m	$R=7$ m			
试验数据	15.1	8.17	5.63	140.1	210	2.96
数值计算值	14.3	7.85	5.32	137	212.32	2.88
误差	-5.3%	-3.92%	-5.5%	-2.2%	1.1%	-2.7%

12　ALE 计算结果映射技术

新版本的 LS-DYNA 程序嵌入了 ALE 计算结果映射技术，即 Mapping 技术。Mapping 可以将低维模型的计算结果映射到高维模型中，或将同维计算结果映射在同维模型中。运用映射技术可在低维模型采用细密网格，在高维模型中采用粗网格，能够有效地降低计算量。Mapping 映射是通过 * INITIAL_ALE_MAPPING 关键字实现一维、二维、三维之间的相互映射。

本章以球形装药在空气中爆炸为例，介绍如何将二维模型的计算结果映射到三维模型。

12.1　关键字解释

12.1.1　* INITIAL_ALE_MAPPING

目的：该卡片使用之前 ALE 运行的最后一个周期数据来初始化当前的 ALE 运行。数据从命令行中由“map =”指定的映射文件中读取，将数据历史（不仅仅是最后一个周期）映射到一个选定的单元区域上（不是所有 ALE 域）。该卡片及参数描述见表 12 – 1 ~ 表 12 – 4。

表 12 – 1　* INITIAL_ALE_MAPPING 卡片 1

Card 1	1	2	3	4	5	6	7	8
Variable	PID	TYP	AMMSID					
Type	I	I	I					
Default	none	none	none					

表 12 – 2　* INITIAL_ALE_MAPPING 参数描述 1

变量	参数描述
PID	单元编号或单元组 ID

续表

变量	参数描述
TYP	单元类型。 =0:Part 组标识号; =1:Part 标识号
AMMSID	ALE 多物质组的编号,在 * SET_MULTI-MATERIAL_GROUP 中定义

表 12-3　* INITIAL_ALE_MAPPING 卡片 2

Card 2	1	2	3	4	5	6	7	8
Variable	X0	Y0	Z0	VECID	ANGLE			
Type	F	F	F	I	F			
Default	0.0	0.0	0.0	none	none			

表 12-4　* INITIAL_ALE_MAPPING 参数描述 2

变量	参数描述
X0	映射点在全局坐标中 X 轴坐标点
Y0	映射点在全局坐标中 Y 轴坐标点
Z0	映射点在全局坐标中 Z 轴坐标点
VECID	旋转对称轴的 ID 编号,通过 * DEFINE_VECTOR 定义
ANGLE	在 3D 映射 3D 中,绕旋转轴转动的角度,3D 映射到 3D 时才需要定义

12.1.2　* DEFINE_VECTOR

目的:在坐标系中通过两个点定义一个向量。其卡片及参数描述见表 12-5 和表 12-6。

表 12-5　* DEFINE_VECTOR 卡片

Card 1	1	2	3	4	5	6	7	8
Variable	VID	XT	YT	ZT	XH	YH	ZH	CID
Type	I	F	F	F	F	F	F	I
Default	0	0.0	0.0	0.0	0.0	0.0	0.0	0
Remarks								

表 12-6　*DEFINE_VECTOR 参数描述

变量	参数描述
VID	向量编号 ID
XT	向量尾部 X 坐标点
YT	向量尾部 Y 坐标点
ZT	向量尾部 Z 坐标点
XH	向量头部 X 坐标点
YH	向量头部 Y 坐标点
ZH	向量头部 Z 坐标点
CID	坐标系 ID,在局部坐标系中定义向量。 =0:全局坐标系(默认)

12.2　映射批处理计算

Mapping 技术的关键是生成结果映射文件,根据映射维度的不同,映射文件有 1dto2dmap、2dto2dmap、2dto3dmap 等形式,而映射文件需要通过批处理计算才能生成。其包含了计算最后一步或单元的节点坐标、节点速度、Part ID、单元的节点相连性、单元中心、密度、体积分数、应力、塑性应变、内能、体积黏性、相对体积的信息。

此模型是将二维映射到三维,映射过程需要分以下两步进行。

第一步,运行二维模型的批处理文件,生成 2dto3dmap 文件。语句形式如下:

```
cd G:\m1
"D:\ansys16\ANSYS Inc\v160\ansys\bin\winx64\LSDYNA160.exe" i=main1.k memory
=2100000000 ncpu=8
map=2dto3dmap
```

第二步,将第一步生成的 2dto3dmap 文件复制至文件 main2. k 所在的 m2 文件夹中,运行计算命令,读入上一步的计算结果。语句形式如下:

```
cd G:\m2
"D:\ansys16\ANSYS Inc\v160\ansys\bin\winx64\LSDYNA160.exe" i=main2.k memory
=2100000000 ncpu=8
map=2dto3dmap
```

注:请读者注意,使用批处理命令调用 LS_DYNA 主程序时,由于每个读者的 ANSYS 安装位置不同,因此命令格式应根据自己的 ANSYS 安装位置做相应的更改。

12.3 计算模型

计算球形炸药在爆炸后的冲击波对靶板的作用，采取 ALE 映射的方法分步完成计算，先由 2D 模型计算球形炸药在爆炸后的冲击波场，再通过映射方法将 2D 计算结果映射到 3D 模型中。2D 模型由两个 Part 组成：Part1 为 1/4 圆空气域；Part2 为 1/4 球形炸药（模型填充方式建立）。2D 模型的建立与第 8 章中炸药空爆载荷相同。3D 模型为 1/4 对称模型，对称面分别添加 X 和 Y 方向上对称边界条件，在其余面添加非反射边界。模型包含空气 Part1、炸药 Part2 和靶板 Part3。其中，靶板 Part3 模型是单独建立的，通过 LS-PrePost 处理后，用 * INCLUDE 关键字进行 K 文件重组。2D 模型和 3D 模型如图 12－1 所示。根据空气域的大小，建立了三种 3D 模型。

通过前面的学习，已经掌握了如何建立计算模型，请读者自行建立此案例的计算模型，这里不再对详细的建模进行描述。

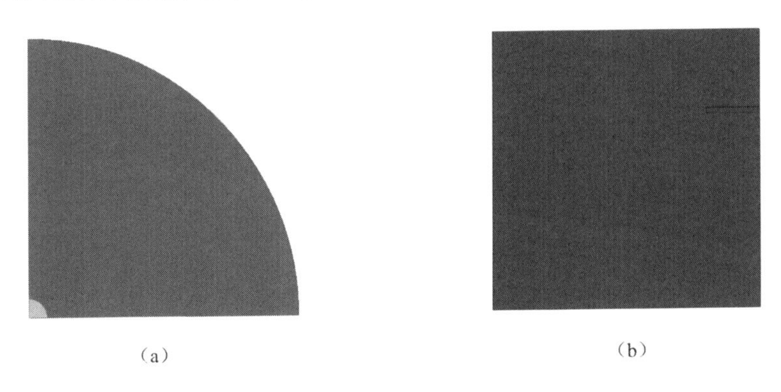

（a）　　　　（b）

图 12－1　2D 模型和 3D 模型

（a）2D 模型；（b）3D 模型

12.4 计算关键字讲解

12.4.1 2D 计算模型的关键字讲解

此关键字文件有两个，分别为网格文件 mesh. k 和控制文件 main. k。二维模型控制文件 main. k 的内容及相关讲解如下：

```
$首行*KEYWORD 表示输入文件采用的是关键字输入格式
*KEYWORD
*TITLE
```

```
$为二进制文件定义输出格式,0表示输出的是 LS-DYNA 数据库格式
*DATABASE_FORMAT
0
$读入节点 K 文件
*INCLUDE
mesh.k
$
$
$$$$$$$$$$$$$$$$$$$$$$$$$$$$$$$$$$$$$$$$$$$$$$$$$$$$$$$$$$$$$$$$$$$$$$$$$$$$$$$$$$$
$                              SECTION DEFINITIONS                                  $
$$$$$$$$$$$$$$$$$$$$$$$$$$$$$$$$$$$$$$$$$$$$$$$$$$$$$$$$$$$$$$$$$$$$$$$$$$$$$$$$$$$
$
$*SECTION_ALE2D 为2D ALE 单元定义单元算法
$SECID 指定单元算法 ID,可为数值或符号,但是必须唯一,在*PART 卡片中被引用
$ALEFORM=11,表示采用多物质 ALE 算法
$ELFORM=14,表示面积加权轴对称算法
*SECTION_ALE2D
$   SECID   ALEFORM      AET    ELFORM
        1       11         0       14
$
*SECTION_ALE2D
$   SECID    ALEFORM      AET    ELFORM
        2       11       0        14
$定义 ALE 多物质材料组 AMMG
$ELFORM=11必须定义该关键字卡片
*ALE_MULTI-MATERIAL_GROUP
$空气
         1         1
$炸药
         2         1
$利用*INITIAL_VOLUME_FRACTION_GEOMETRY 在 ALE 背景网格中填充多物质材料
$FMSID 为背景 ALE 网格 Part ID
$FMIDTYP=1,表示 FMSID 为 Part
$BAMMG=1,表示背景网格在 AMMG 中的 ID 为1
$NTRACE=3,表示 ALE 网格的细分数
$CNTTYP=6,表示用球体方式进行填充,X0、Y0、Z0是球心坐标,R0是球体半径
$FILLOPT=0,表示在球体内部进行填充
$FAMMG=2,表示填充体在 AMMG 中的 ID 为2
*INITIAL_VOLUME_FRACTION_GEOMETRY
$ FMSID      FMIDTYP     BAMMG     NTRACE
   1           1           1          3
$ CNTTYP     FILLOPT      FAMMG          VX          VY          VZ
    6           0           2
$   X0          Y0          Z0          R0
    0           0           0           2
$炸药点火控制,采用单点起爆方式
$PID 为采用*MAT_HIGH_EXPLOSIVE_BURN 材料本构的 Part ID 值
*INITIAL_DETONATION
```

```
$  PID        X          Y         Z       LT
    2        0          0         0        0
$
$
$$$$$$$$$$$$$$$$$$$$$$$$$$$$$$$$$$$$$$$$$$$$$$$$$$$$$$$$$$$$$$$$$$$$$$$$$$$$$$$$
$                           MATERIAL DEFINITIONS                                $
$$$$$$$$$$$$$$$$$$$$$$$$$$$$$$$$$$$$$$$$$$$$$$$$$$$$$$$$$$$$$$$$$$$$$$$$$$$$$$$$
$
$空气材料参数
*MAT_NULL
$    MID     RO
       1   1.225E-3    0.00       0.00     0.00      0.00       0.00      0.00
*EOS_LINEAR_POLYNOMIAL
$    EOSID   C0        C1        C2         C3        C4        C5        C6
       1     0.00     0.00     0.00       0.00      0.40      0.40      0.00
$  E0          V0
  2.500E-06 1.00
$TNT 炸药材料参数
*MAT_HIGH_EXPLOSIVE_BURN
$       MID     RO     D          Pcj        BETA         K           G         SIGY
         2 1.630000 0.6930000  0.2100000 0.0000000 0.0000000 0.0000000 0.0000000
*EOS_JWL
$   EOSID     A         B          R1        R2          OMEG        E0        V0
        2  3.71200   0.032310   4.1500000 0.990000  0.3000000  0.070000 1.0000000
$
$
$$$$$$$$$$$$$$$$$$$$$$$$$$$$$$$$$$$$$$$$$$$$$$$$$$$$$$$$$$$$$$$$$$$$$$$$$$$$$$$$
$                           BOUNDARY DEFINITIONS                                $
$$$$$$$$$$$$$$$$$$$$$$$$$$$$$$$$$$$$$$$$$$$$$$$$$$$$$$$$$$$$$$$$$$$$$$$$$$$$$$$$
$对称边界
*BOUNDARY_SPC_SET
       1    0         0         1         0         0         0         0
*BOUNDARY_SPC_SET
       2    0         1         0         0         0         0         0
*BOUNDARY_SPC_SET
       3    0         1         1         0         0         0         0
$
$$$$$$$$$$$$$$$$$$$$$$$$$$$$$$$$$$$$$$$$$$$$$$$$$$$$$$$$$$$$$$$$$$$$$$$$$$$$$$$$
$                            PARTS DEFINITIONS                                  $
$$$$$$$$$$$$$$$$$$$$$$$$$$$$$$$$$$$$$$$$$$$$$$$$$$$$$$$$$$$$$$$$$$$$$$$$$$$$$$$$
$
$定义空气 Part,引用定义的单元算法、材料模型和状态方程,PID 必须唯一
*PART
Part          1 for Mat          1 and Elem Type          1
       1         1         1         1         0         0         0
$定义炸药 Part,引用定义的单元算法、材料模型和状态方程,PID 必须唯一
*PART
```

```
Part          2 for Mat        2 and Elem Type         2
        2          2        2          2        0         0        0
$
$
$$$$$$$$$$$$$$$$$$$$$$$$$$$$$$$$$$$$$$$$$$$$$$$$$$$$$$$$$$$$$$$$$$$$$$$$$$$$$$$$
$                              CONTROL OPTIONS                                 $
$$$$$$$$$$$$$$$$$$$$$$$$$$$$$$$$$$$$$$$$$$$$$$$$$$$$$$$$$$$$$$$$$$$$$$$$$$$$$$$$
$
*CONTROL_ENERGY
        2         2         2         2
*CONTROL_BULK_VISCOSITY
  1.50  0.600E-01
$*CONTROL_ALE 为 ALE 算法设置全局控制参数
$针对爆炸问题,采用交错输运逻辑,DCT = -1
$NADV =1,表示每两种物质输运步之间有一 Lagrange 步计算
$METH =2,表示采用带有 HIS 的 Van Leer 物质输运算法
$PREF =1.01e-6,表示环境大气压力
*CONTROL_ALE
$    DCT       NADV      METH      AFAC      BFAC      CFAC      DFAC      EFAC
      -1         1     2-1.00      0.00      0.00      0.00      0.00
$  START       END     AAFAC     VFACT      PRIT       EBC      PREF   NSIDEBC
    0.00  0.100E+21     1.00      0.00      0.00         0    1.01e-6
$计算时间步长控制
$TSSFAC =0.9,为计算时间步长缩放因子
*CONTROL_TIMESTEP
   0.0000   0.9000         0  0.00       0.00
$ENDTIM 定义计算结束时间
*CONTROL_TERMINATION
  50.         0  0.00000   0.00000   0.00000
$
$$$$$$$$$$$$$$$$$$$$$$$$$$$$$$$$$$$$$$$$$$$$$$$$$$$$$$$$$$$$$$$$$$$$$$$$$$$$$$$$
$                              TIME HISTORY                                    $
$$$$$$$$$$$$$$$$$$$$$$$$$$$$$$$$$$$$$$$$$$$$$$$$$$$$$$$$$$$$$$$$$$$$$$$$$$$$$$$$
$
$定义二进制文件 d3plot 的输出
$DT =2 μs,表示输出时间间隔
*DATABASE_BINARY_D3PLOT
   2.000
$定义二进制文件 D3THDT 的输出
$DT =2 μs,表示输出时间间隔
*DATABASE_BINARY_D3THDT
   2.000
$
$$$$$$$$$$$$$$$$$$$$$$$$$$$$$$$$$$$$$$$$$$$$$$$$$$$$$$$$$$$$$$$$$$$$$$$$$$$$$$$$
$                              DATABASE OPTIONS                                $
$$$$$$$$$$$$$$$$$$$$$$$$$$$$$$$$$$$$$$$$$$$$$$$$$$$$$$$$$$$$$$$$$$$$$$$$$$$$$$$$
$
```

```
*DATABASE_EXTENT_BINARY
       0       0       3       1       0       0       0       0
       0       0       4       0       0       0
$*END 表示关键字文件的结束,LS-DYNA 将忽略后面的内容
*END
```

12.4.2 3D 计算模型的关键字讲解

此关键字文件有两个,分别为网格文件 mesh.k 和控制文件 main.k。三维模型控制文件 main.k 的内容及相关讲解如下:

```
$首行*KEYWORD 表示输入文件采用的是关键字输入格式
*KEYWORD
*TITLE

$为二进制文件定义输出格式,0表示输出的是 LS-DYNA 数据库格式
*DATABASE_FORMAT
  0
$读入节点 K 文件
*INCLUDE
plate.k
mesh.k
$
$$$$$$$$$$$$$$$$$$$$$$$$$$$$$$$$$$$$$$$$$$$$$$$$$$$$$$$$$$$$$$$$$$$$$$$$$$$$$$$$
$                             SECTION DEFINITIONS                              $
$$$$$$$$$$$$$$$$$$$$$$$$$$$$$$$$$$$$$$$$$$$$$$$$$$$$$$$$$$$$$$$$$$$$$$$$$$$$$$$$
$
$*SECTION_SOLID_ALE 定义 ALE 单元算法
$ELFORM =11,表示采用单点 ALE 多物质算法
$*SECTION_SOLID 定义常应力体单元算法
*SECTION_SOLID_ALE
         1        11

*SECTION_SOLID_ALE
         2        11

*SECTION_SOLID
         3         1
$
$$$$$$$$$$$$$$$$$$$$$$$$$$$$$$$$$$$$$$$$$$$$$$$$$$$$$$$$$$$$$$$$$$$$$$$$$$$$$$$$
$                             MATERIAL DEFINITIONS                             $
$$$$$$$$$$$$$$$$$$$$$$$$$$$$$$$$$$$$$$$$$$$$$$$$$$$$$$$$$$$$$$$$$$$$$$$$$$$$$$$$
$
$采用*MAT_NULL 材料模型定义空气
*MAT_NULL
       1  1.290E-03      0.00      0.00      0.00      0.00      0.00      0.00
```

```
*EOS_LINEAR_POLYNOMIAL
        1    0.00    0.00     0.00     0.00     0.40     0.40     0.00
  0.25E-05    1.00
$TNT 炸药
*MAT_HIGH_EXPLOSIVE_BURN
$      MID     RO      D         Pcj       BETA        K           G          SIGY
         2  1.630000  0.6930000  0.2100000  0.0000000  0.0000000  0.0000000 0.0000000
*EOS_JWL
$   EOSID     A        B         R1          R2          OMEG        E0        V0
         2  3.71200  0.032310  4.1500000  0.950000   0.3000000  0.070000  1.000000
$采用*MAT_JOHNSON_COOK 材料模型,定义靶板材料模型参数

*MAT_JOHNSON_COOK
$      MID      RO         G          E         PR        DTF        VP
         3       7.830    0.818   2.0988    0.280
$       A        B         N        C         M         TM         TR        EPSO
2.35E-03    2.75E-03     0.360    0.0220     1.030     1630       300     0.100E-05
$      CP        PC         SPAL       IT        D1        D2        D3        D4
0.440E-05   -9.00E+00  3.00      0.00       0.05      3.44      -2.12    0.002
$   D5
  1.61
*EOS_GRUNEISEN
$   EOSID   C          S1        S2        S3        GAMAO       a          E0
        3  0.4569    1.49      0.00      0.00        2.17      0.46      0.00
$   V0
   1.00
$$$$$$$$$$$$$$$$$$$$$$$$$$$$$$$$$$$$$$$$$$$$$$$$$$$$$$$$$$$$$$$$$$$$$$$$$$$$$$$$$$
$ALE 映射控制
$将2D 模型中的 Part1和 Part2映射到3D 模型中
*INITIAL_ALE_MAPPING
$   PID       TYP       AMMSID
     100       0          10
$     X0        Y0        Z0       VECID       ANGLE
      0         0          0         1
*SET_PART
$     SID       DA1       DA2       DA3       DA4       SOLVER
     100
$     PID1      PID2      PID3      PID4      PID5      PID6      PID7      PID8
       1         2
*SET_MULTI-MATERIAL_GROUP_LIST
$   AMMSID
    10
$ AMMGID1   AMMGID2
     1         2
$定义旋转轴
*DEFINE_VECTOR
$   VID         XT        YT        ZT        XH        YH        ZH        CID
     1           0         0         0         0         1         0
```

```
$
$定义 ALE 多物质材料组 AMMG
$ELFORM =11必须定义该关键字卡片
*ALE_MULTI-MATERIAL_GROUP
$空气
        1         1
$炸药
        2         1
$
$$$$$$$$$$$$$$$$$$$$$$$$$$$$$$$$$$$$$$$$$$$$$$$$$$$$$$$$$$$$$$$$$$$$$$$$$$$$$$$$$$$$$$$$$$$$$$$$$$$$$$$$$$$$$$$$$$$
$                                   BOUNDARY DEFINITIONS                              $
$$$$$$$$$$$$$$$$$$$$$$$$$$$$$$$$$$$$$$$$$$$$$$$$$$$$$$$$$$$$$$$$$$$$$$$$$$$$$$$$$$$$$$$$$$$$$$$$$$$$$$$$$$$$$$$$$$$
$
*BOUNDARY_NON_REFLECTING
         1         0         0
*BOUNDARY_SPC_SET
$#    nsid       cid      dofx      dofy      dofz     dofrx     dofry     dofrz
         1         0         1         0         0         0         0         0
*BOUNDARY_SPC_SET
$#    nsid       cid      dofx      dofy      dofz     dofrx     dofry     dofrz
         2         0         1         1         0         0         0         0
*BOUNDARY_SPC_SET
$#    nsid       cid      dofx      dofy      dofz     dofrx     dofry     dofrz
         3         0         0         1         0         0         0         0
*BOUNDARY_SPC_SET
$#    nsid       cid      dofx      dofy      dofz     dofrx     dofry     dofrz
         4         0         1         1         1         0         0         0
*BOUNDARY_SPC_SET
$#    nsid       cid      dofx      dofy      dofz     dofrx     dofry     dofrz
         5         0         1         1         0         0         0         0
*BOUNDARY_SPC_SET
$#    nsid       cid      dofx      dofy      dofz     dofrx     dofry     dofrz
         6         0         1         1         0         0         0         0
*BOUNDARY_SPC_SET
$#    nsid       cid      dofx      dofy      dofz     dofrx     dofry     dofrz
         7         0         0         1         0         0         0         0
$$$$$$$$$$$$$$$$$$$$$$$$$$$$$$$$$$$$$$$$$$$$$$$$$$$$$$$$$$$$$$$$$$$$$$$$$$$$$$$$$$$$$$$$$$$$$$$$$$$$$$$$$$$$$$$$$$$$$$$
$在空气域内,定义 ALE 单元和 Lagrange 单元的流固耦合算法
$SLAVE =1,表示编号为1的 Lagrange 从实体
$MASTER =2,表示编号为2的 ALE 主实体
$SSTYP =0,表示 Lagrange 从段为 Part 组
$MSTYP =0,表示 ALE 主段为 Part 组
*CONSTRAINED_LAGRANGE_IN_SOLID
$   SLAVE    MASTER     SSTYP     MSTYP     NQUAD     CTYPE     DIREC     MCOUP
        1         2         0         0         0         5         3         0
$   START       END      PEAC      FRIC    FRCMIN      NORM   NORMTYP      DAMP
        0         0      0.01       0.0       0.3         0         0       0.0
```

```
$   CQ         HMIN     HMAX      ILEAK      PLEAK      LCIDPOR
   0.0                             0          0.1
$为*CONSTRAINED_LAGRANGE_IN_SOLID定义Lagrange从段Part组编号
$SID=1,表示*SET_PART_LIST编号为1
$PID1=1,表示Part编号为1的单元
$PID1=3,表示Part编号为3的单元
*SET_PART_LIST
$     SID      DA1       DA2       DA3       DA4       SOLVER
        1   0.0000    0.0000    0.0000    0.0000
$    PID1     PID2      PID3      PID4      PID5      PID6      PID7      PID8
        3
$为*CONSTRAINED_LAGRANGE_IN_SOLID定义ALE主段Part组编号
$SID=2,表示*SET_PART_LIST编号为2
$PID1=1,表示Part编号为1的单元
$PID2=2,表示Part编号为2的单元
*SET_PART_LIST
$     SID      DA1       DA2       DA3       DA4       SOLVER
        2   0.0000    0.0000    0.0000    0.0000
$    PID1     PID2      PID3      PID4      PID5      PID6      PID7      PID8
        1        2
$
$$$$$$$$$$$$$$$$$$$$$$$$$$$$$$$$$$$$$$$$$$$$$$$$$$$$$$$$$$$$$$$$$$$$$$$$$$$$$$$$
$                               PARTS DEFINITIONS                              $
$$$$$$$$$$$$$$$$$$$$$$$$$$$$$$$$$$$$$$$$$$$$$$$$$$$$$$$$$$$$$$$$$$$$$$$$$$$$$$$$
$
$定义空气Part,引用定义的单元算法、材料模型和状态方程,PID必须唯一
$
*PART
Part           1 for Mat        1 and Elem Type        1
         1         1         1         1         0         0         0
$定义炸药Part,引用定义的单元算法、材料模型和状态方程,PID必须唯一
*PART
Part           2 for Mat        2 and Elem Type        2
         2         2         2         2         0         0         0
$定义靶板Part,引用定义的单元算法、材料模型和状态方程,PID必须唯一
*PART
Part           3 for Mat        3 and Elem Type        3
         3         3         3         3         0         0         0
$
$$$$$$$$$$$$$$$$$$$$$$$$$$$$$$$$$$$$$$$$$$$$$$$$$$$$$$$$$$$$$$$$$$$$$$$$$$$$$$$$
$                               CONTROL OPTIONS                                $
$$$$$$$$$$$$$$$$$$$$$$$$$$$$$$$$$$$$$$$$$$$$$$$$$$$$$$$$$$$$$$$$$$$$$$$$$$$$$$$$
$
$*CONTROL_ALE为ALE算法设置全局控制参数
$针对爆炸问题,采用交错输运逻辑,DCT=-1
$NADV=1,表示每两物质输运步之间有一Lagrange步计算
$METH=2,表示采用带有HIS的Van Leer物质输运算法
$PREF=1.01e-6,表示环境大气压力
```

```
*CONTROL_ALE
$     DCT       NADV       METH        AFAC       BFAC       CFAC       DFAC       EFAC
      -1          1          2        -1.00       0.00       0.00       0.00       0.00
$   START        END      AAFAC       VFACT       PRIT        EBC       PREF    NSIDEBC
     0.00    0.100E+21 1.00         0.00        0.00         0    1.01e-6
*CONTROL_ENERGY
        2         2         2         2
*CONTROL_BULK_VISCOSITY
  1.50     0.600E-01
$计算时间步长控制
$TSSFAC=0.9,为计算时间步长缩放因子
*CONTROL_TIMESTEP
   0.0000   0.9000        0  0.00        0.00
$ENDTIM 定义计算结束时间
*CONTROL_TERMINATION
  500.        0  0.00000   0.00000   0.00000
$
$$$$$$$$$$$$$$$$$$$$$$$$$$$$$$$$$$$$$$$$$$$$$$$$$$$$$$$$$$$$$$$$$$$$$$$$$$$$$$$$
$                                   TIME HISTORY                               $
$$$$$$$$$$$$$$$$$$$$$$$$$$$$$$$$$$$$$$$$$$$$$$$$$$$$$$$$$$$$$$$$$$$$$$$$$$$$$$$$
$
$定义二进制文件 d3plot 的输出
$DT=5 μs,表示输出时间间隔
*DATABASE_BINARY_D3PLOT
    5.000
$定义二进制文件 D3THDT 的输出
$DT=5 μs,表示输出时间间隔
*DATABASE_BINARY_D3THDT
  5.000
$
$$$$$$$$$$$$$$$$$$$$$$$$$$$$$$$$$$$$$$$$$$$$$$$$$$$$$$$$$$$$$$$$$$$$$$$$$$$$$$$$
$                                 DATABASE OPTIONS                               $
$$$$$$$$$$$$$$$$$$$$$$$$$$$$$$$$$$$$$$$$$$$$$$$$$$$$$$$$$$$$$$$$$$$$$$$$$$$$$$$$
$
*DATABASE_EXTENT_BINARY
        0         0         3         1         0         0         0         0
        0         0         4         0         0         0
$*END 表示关键字文件的结束,LS-DYNA 将忽略后面的内容
*END
```

12.5 K 文件对比

表 12-7 所示的是映射前后 K 文件主要关键字的对比情况,供读者加深对 ALE 映射技术的理解。

表 12 –7 映射前后 K 文件主要关键字的对比情况

参数名称	2D 模型	3D 映射模型
单元属性	$ 空气 * SECTION_ALE2D $ 炸药 * SECTION_ALE2D	$ 空气 * SECTION_SOLID $ 炸药 * SECTION_SOLID
多物质材料组 AMMG	* ALE_MULTI-MATERIAL_GROUP 1 1 2 1	* ALE_MULTI-MATERIAL_GROUP 1 1 2 1
点火起爆	* INITIAL_DETONATION	
炸药填充	* INITIAL_VOLUME_FRACTION_GEOMETRY	
材料参数	$ 空气 * MAT_NULL * EOS_LINEAR_POLYNOMIAL $ TNT 炸药 * MAT_HIGH_EXPLOSIVE_BURN * EOS_JWL	$ 空气 * MAT_NULL * EOS_LINEAR_POLYNOMIAL $ TNT 炸药 * MAT_HIGH_EXPLOSIVE_BURN * EOS_JWL
Part 信息	* PART1 * PART2	* PART1 * PART2 * PART3
ALE 算法控制	* CONTROL_ALE	* CONTROL_ALE
* INITIAL_ALE_ MAPPING		* INITIAL_ALE_MAPPING * SET_PART * SET_MULTI-MATERIAL_GROUP_ LIST * DEFINE_VECTOR
流固耦合		* SET_PART_LIST 1 3 * SET_PART_LIST 2 1 2 * CONSTRAINED_LAGRANGE_IN_ SOLID

续表

参数名称	2D 模型	3D 映射模型
批处理文件	cd G:\m1 "D:\ansys16\ANSYS Inc \ v160 \ ansys \ bin \ winx64 \ LSDYNA160. exe" i = main1. k　memory = 2100000000 ncpu = 8 map = 2dto3dmap	cd G:\m2 "D:\ansys16\ANSYS Inc \ v160 \ ansys \ bin \ winx64 \ LSDYNA 160. exe" i = main2. k memory = 2100000000 ncpu = 8 map = 2dto3dmap

12.6　计算结果

三种模型冲击波与靶板的相互作用过程如图 12 – 2 所示。空气域底部的尺寸不同，对冲击波和靶板的相互作用过程影响不大，但是对冲击波在底部界面处的状态有一定影响。由图 12 – 2 可知，模型 3 的影响最小。靶板迎爆面一侧空气域中相同位置处的压力—时间曲线如图 12 – 3 所示。三种模型中，压力峰值的曲线变化趋势不同，入射以及卸载阶段相差不大，且模型 2 和模型 3 之间的差距较小，模型 3 与其余两种模型结果的差距较大。通过自身的对比可知，映射模型中的空气域越大，计算结果越准确。

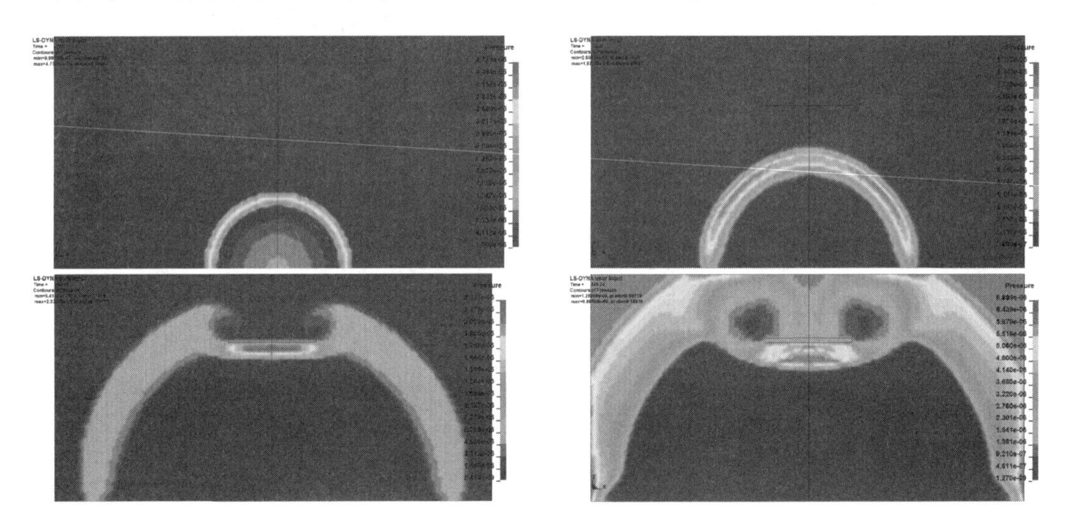

(a) 模型 1

图 12 – 2　三种模型冲击波与靶板的相互作用过程

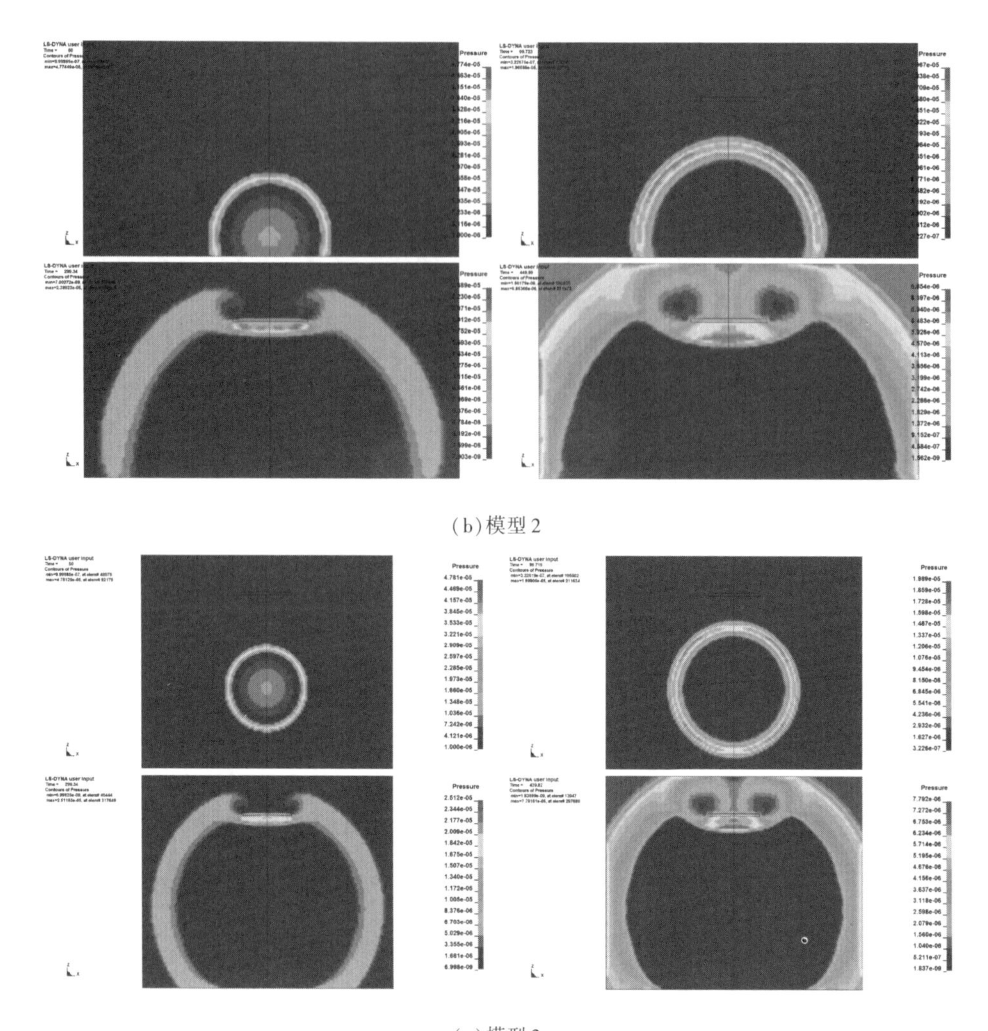

(b)模型 2

(c)模型 3

图 12-2　三种模型冲击波与靶板的相互作用过程(续)

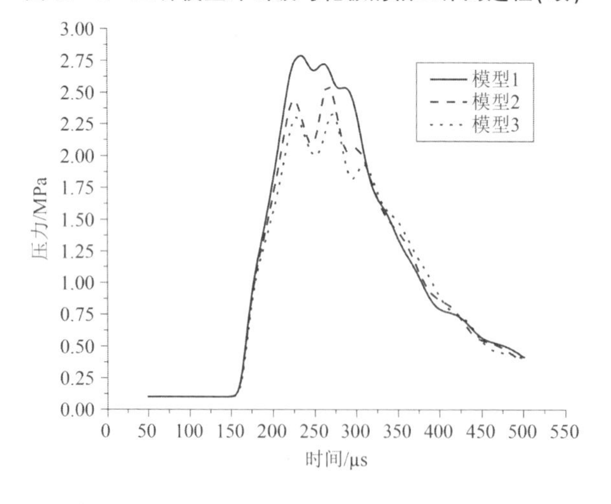

图 12-3　靶板迎爆面一侧空气域中相同位置处的压力—时间曲线

第四部分

LS-DYNA 聚能效应计算

13　爆炸成型弹丸成型及侵彻能力计算

13.1　模型描述

爆炸成型弹丸(Explosively Formed Projectile,EFP)是药型罩翻转闭合后形成的一个具有较高速度和一定形状的弹丸。由于 EFP 是一个整体弹丸,没有速度梯度,适合远距离攻击,因此 EFP 是末敏弹和掠飞弹采用的毁伤元。能够形成 EFP 的主要有大锥角药型罩、球缺型药型罩和弧锥结合药型罩。其中,球缺型药型罩形成的 EFP 属于完全翻转闭合型,径向闭合收缩性能欠佳;大锥角药型罩形成的 EFP 径向收缩性能较好,轴向拉伸较长,而弧锥结合罩具有两种药型罩的优点,形成的 EFP 具有较好的外形形状和速度。

EFP 聚能战斗部结构如图 13 - 1 所示。其中主装药为 TNT,装药直径 $D=7.5$ cm,高度 $H=7.5$ cm;采用球缺罩构型的药型罩为紫铜材质,圆弧外径 $R=5$ cm,壁厚为 0.2 cm。若采用 * INITIAL_VOLUME_FRACTION_GEOMETRY 关键字对药型罩、炸药进行填充,则只需要在计算模型中创建空气域和靶板即可。模型采用 g、cm、μs 单位制建立。

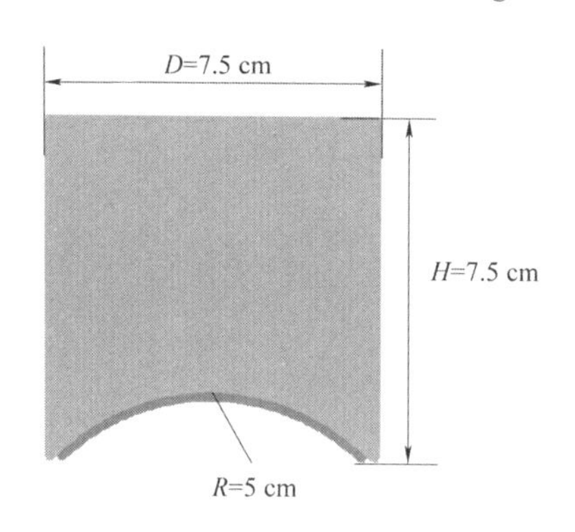

图 13 - 1　爆炸成型弹丸战斗部结构示意

13.2　建模步骤

第一步,设置工作目录和模型文件。

(1)在磁盘 E 中创建“EFP”文件夹,用于存储模型文件和计算文件;

(2)启动 ANSYS 16.0,在启动界面进行建模环境的设置,在 Simulation Environment

下拉菜单中选择 ANSYS,在 License 下拉菜单中选择 ANSYS LS-DYNA;

(3)单击 File Management 选项卡,弹出工作目录和工作文件设置窗口,单击 Working Directory 后面的 Browse 按钮,选择 E 盘文件夹“EFP”,在 Job Name 文本框中输入“EFP”作为模型文件名;

(4)单击 Run 按钮,进入 ANSYS 建模界面。

第二步,单元类型设置。

(1)执行 Main Menu > Preprocessor > Element Type > Add/Edit/Delete 命令,弹出 Element Types 单元类型对话框;

(2)单击 Add 按钮,弹出 Library of Element Types 对话框,选择 LS-DYNA Explicit 右侧列表框中的 2D Solid 162 选项,单击 OK 按钮,关闭对话框,即将编号为 1 的单元类型设置完成;

(3)选择 Element Types 对话框中的 Type 1 PLANE162 单元,单击 Options 按钮,弹出 PLANE162 element type options 对话框,在 Stress/strain options 右侧的下拉菜单中选择 Axisymmetric 选项,在 Material Continuum 栏中点选中 ALE,单击 OK 按钮;

(4)在弹出的 PLANE162 weighting option 对话框中,点选中 Weighting options 栏下的 Volume weighted 选项,单击 OK 按钮,关闭对话框;

(5)重复步骤(1)~步骤(4),完成单元类型 2 的设置,设置 Axisymmetric、Lagrange、Volume weighted 单元算法。

注:单元算法的定义可以在 ANSYS 前处理阶段进行定义,也可以直接修改 K 文件。

第三步,材料参数设置。

(1)执行 Main Menu > Preprocessor > Material Props > Material Models 命令,弹出 Define Material Model Behavior 对话框;

(2)在该对话框左侧的 Material Models Defined 设置栏中已自动生成编号为 1 的材料,在右侧 Material Models Available 设置栏中选择 LS-DYNA > Equation of State > Gruneisen > Johnson-Cook 选项;

(3)弹出 Johnson-Cook Properties for Material Number 1 对话框,设置 DENS 参数为 7.85,其余参数保持默认,即将编号为 1 的材料设置完成;

(4)在 Define Material Model Behavior 对话框中选择 Material > New Model 选项,弹出 Define Material ID 对话框,新建编号为 2 的材料,单击 OK 按钮,关闭对话框;

(5)重复步骤(2)~步骤(4),完成 2 号材料本构和状态方程的设置,空气采用

Gruneisen 状态方程和 Null 本构模型;

(6)执行 Material > Exit 命令,退出材料窗口,完成对钢和空气的材料参数设置,如图 13 - 2 所示。

注:ANSYS 前处理中的材料参数无须完整设置,可以任意选择材料本构和参数设置,也可在 K 文件中进行修改。

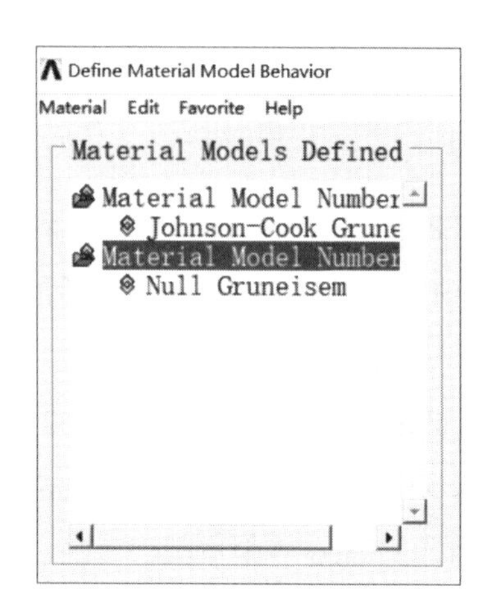

图 13 - 2 Define Material Model Behavior 对话框

第四步,创建几何模型。

(1)执行 Main Menu > Preprocessor > Modeling > Create > Areas > Rectangle > By Dimensions 命令,弹出 Create Rectangle by Dimensions 对话框;

(2)在 X1,X2 X-coordinates 右侧文本框中分别输入 0、10,在 Y1,Y2 Y-coordinates 右侧文本框中分别输入 15、-25,单击 OK 按钮,关闭对话框;

(3)执行 Main Menu > Preprocessor > Modeling > Create > Areas > Rectangle > By Dimensions 命令,弹出 Create Rectangle by Dimensions 对话框;

(4)在 X1,X2 X-coordinates 右侧文本框中分别输入 0、15,在 Y1,Y2 Y-coordinates 右侧文本框中分别输入 -10、-12,单击 OK 按钮,关闭对话框。

第五步,网格划分。

(1)执行 Main Menu > Preprocessor > Meshing > MeshTool 命令,弹出 MeshTool 面板;

(2)在 MeshTool 面板中单击 Element Attributes 选择栏右侧的 Set 按钮,弹出 Meshing Attributes 对话框,在[TYPE] Element type number 右侧下拉菜单中选择 1 PLANE162,在[MAT] Meterial number 右侧下拉菜单中选择 1,单击 OK 按钮,关闭对话框;

(3)在 Size 面板中单击 Global 选择栏右侧的 Set 按钮,弹出 Global Element Sizes 对话框;在 SIZE Element edge length 右侧文本框中输入 0.1,单击 OK 按钮,关闭对话框;

(4)在 MeshTool 面板的 Mesh 下拉菜单中选择 Areas，点选中 Quad 和 Mapped 选项，单击 Mesh 按钮，弹出 Mesh Areas 面板；

(5)在视图区拾取空气域模型，单击 OK 按钮，进行映射网格划分；

(6)选择 Plot > Areas 选项，显示面；

(7)同理，选择 2 PLANE162 和[MAT] 2，给靶板划分网格，网格尺寸为 0.1 cm。

第六步，创建模型 Part 信息。

(1)执行 Main Menu > Preprocessor > LS-DYNA Options > Parts Options 命令，弹出 Parts Data Written for LS-DYNA 对话框；

(2)在 Option 选择栏中点选中 Create all parts 选项，单击 OK 按钮，关闭对话框，弹出 EDPART Command 信息窗口，返回所创建的 Part 具体信息。

第七步，靶板固定边界设置。

(1)执行 Main Menu > Preprocessor > LS-DYNA Options > Constraints > Apply > On Lines 命令；

(2)弹出 Apply U，ROT on Lines 对话框，拾取靶板边界处的线段，单击 OK 按钮，关闭对话框；

(3)弹出 Apply U，ROT on Lines 对话框，在 DOFs to be constrained 菜单列表中选择 All DOF，约束靶板边界的移动和转动，如图 13－3 所示。

图 13－3　靶板固定边界约束

第八步，空气域非反射边界设置。

(1)执行 Main Menu > Preprocessor > LS-DYNA Options > Constraints > Apply > On Lines 命令；

(2)弹出 Apply U，ROT on Lines 对话框，按照图 13－4 所示的 1、2、3 的顺序依次拾取空气域非对称边界处的线段，单击 OK 按钮，关闭对话框；

(3)弹出 Apply U，ROT on Lines 对话框，在 DOFs to be constrained 菜单列表中选择 UY。

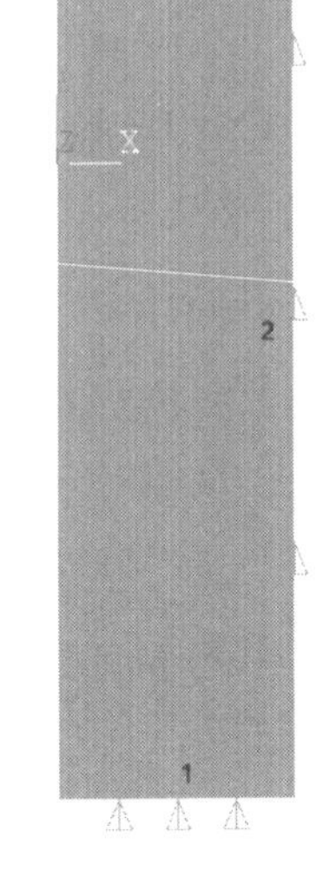

图 13－4　空气域非反射边界节点集设置

注:二维非反射边界是通过设置 Node 节点集的方式进行添加,并且节点按照逆时针的顺序排列,这里采用边界约束的方式,先创建一个逆时针节点集,然后在 K 文件中进行修改,此种方法不能完全控制创建的节点逆时针排列,建议按第 8 章的方法建立。

第九步,分析步设置。

(1)执行 Main Menu > Solution > Analysis Options > Energy Options 命令,在弹出的 Energy Options 对话框中点选中 Stonewall Energy、Hourglass Energy 和 Sliding Interface 选项;

(2)执行 Main Menu > Solution > Analysis Options > Bulk Viscosity 命令,弹出 Bulk Viscosity 对话框,保持默认值[Quadratic Viscosity coefficient(二阶黏性系数)为 1.5,Linear Viscosity Coefficient(线性黏性系数)为 0.06]。

第十步,ALE 算法设置。

(1)执行 Main Menu > Solution > Analysis Options > ALE Options > Define 命令,弹出 Define Global ALE Settings for LS-DYNA Explicit 对话框;

(2)在 Cycles between advection 右侧文本框中输入 1,在 Advection Method 选中 Van Leer,在[AFAC]Simple Avg Weight Factor 右侧文本框中输入 -1;

(3)单击 OK 按钮,关闭对话框,弹出 EDALE Command 信息窗口,返回 ALE 参数设置信息,关闭窗口。

第十一步,求解时间和时间步设置。

(1)执行 Main Menu > Solution > Time Controls > Solution Time 命令,弹出 Solution Time for LS-DYNA Explicit 对话框,在[TIME]Terminate at Time 右侧文本框中输入 100,单击 OK 按钮,确认输入;

(2)执行 Main Menu > Solution > Time Controls > Time Step Ctrls 命令,弹出 Specify Time Step Scaling for LS-DYNA Explicit 对话框,在 Time step scale factor 右侧文本框中输入 0.9,单击 OK 按钮,确认输入。

第十二步,设置输出类型和数据输出时间间隔。

(1)执行 Main Menu > Solution > Output Controls > Output File Types 命令,弹出 Specify Output File Types for LS-DYNA Solver 对话框,在 File options 下拉菜单中选择 Add,在 Produce output for... 下拉菜单中选择 LS-DYNA,单击 OK 按钮,关闭对话框;

(2)执行 Main Menu > Solution > Output Controls > File Output Freq > Time Step Size 命令,弹出 Specify File Output Frequency 对话框,在[EDRST]Specify Results File Output Interval:Time Step Size 右侧文本框中输入 2,在[EDHTIME]Specify Time-History Output

Interval：Time Step Size 右侧文本框中输入 2，单击 OK 按钮，关闭对话框，随后弹出 Waring 信息，单击 Close 按钮，关闭弹窗。

第十三步，输出 K 文件。

（1）执行 Main Menu > Solution > Write Jobname. k 命令，弹出 Input files to be Written for LS-DYNA 对话框；

（2）在 Write results files for... 下拉菜单中选择 LS-DYNA，在 Write input files to... 文本框中输入 EFP. k，单击 OK 按钮，将在工作文件中生成 EFP. k 的文件；

（3）弹出 EDWRITE Command 信息窗口，列出模型中的关键信息。

13.3　K 文件的修改和编辑

（1）用 UltraEdit 软件打开工作目录下的 EFP. k 文件。

（2）将原有的 EFP. k 文件拆分为两个 K 文件。其中一个为 mesh. k 文件，为模型的节点和单元信息；另一个为 main. k 文件，为计算模型控制关键字文件。

（3）对照 main. k 文件，对控制 K 文件进行如下修改：

①使用 *INCLUDE 关键字，在 main. k 文件中添加 mesh. k 文件；

②修改空气、炸药、紫铜 ALE 单元算法的 *SECTION_ALE2D 关键字；

③修改靶板的单元算法 *SECTION_SHELL 关键字；

④添加多物质材料组定义 *ALE_MULTI-MATERIAL_GROUP 关键字；

⑤添加炸药起爆点定义 *INITIAL_DETONATION 关键字；

⑥添加 *INITIAL_VOLUME_FRACTION_GEOMETRY 关键字；

⑦设置 *SET_PART_LIST 关键字；

⑧添加 *CONSTRAINED_LAGRANGE_IN_SOLID 流固耦合关键字；

⑨修改靶板、空气、紫铜和炸药材料参数；

⑩修改 *PART 信息；

⑪添加 *BOUNDARY_NON_REFLECTING_2D 关键字；

⑫修改 ALE 算法控制的 *CONTROL_ALE 关键字。

13.4　求解

（1）启动 ANSYS 16.0，在启动界面进行求解环境设置，在 Simulation Environment 下拉菜单中选择 LS-DYNA Solver，在 License 下拉菜单中选择 ANSYS LS-DYNA，在 Analysis

Type 栏中选择 Typical LS-DYNA Analysis 选项;

(2)单击 File Management 选项卡,弹出工作目录和工作文件设置窗口,单击 Working Directory 后面的 Browse 按钮,选择 E 盘文件夹“EFP”,在 Keyword Input File 下拉菜单中选择修改后的 main. k 文件;

(3)单击 Customization/Preferences 选项卡,在 Memory(words)文本框中输入 2 100 000 000,在 Number of CPUs 文本框中输入 8;

(4)单击 Run 按钮,进入 LS-DYNA971R7 程序进行求解,求解时间到达后,界面返回 Normal termination。

13.5 控制关键字文件讲解

关键字文件有两个,分别为网格文件 mesh. k 和控制文件 main. k。控制文件 main. k 的内容及相关讲解如下:

```
$首行*KEYWORD 表示输入文件采用的是关键字输入格式
*KEYWORD
*TITLE

$为二进制文件定义输出格式,0表示输出的是 LS-DYNA 数据库格式
*DATABASE_FORMAT
0
$读入节点 K 文件
*INCLUDE
 mesh.k
$
$
$$$$$$$$$$$$$$$$$$$$$$$$$$$$$$$$$$$$$$$$$$$$$$$$$$$$$$$$$$$$$$$$$$$$$$$$$$$$$$$$
$                         SECTION DEFINITIONS                                  $
$$$$$$$$$$$$$$$$$$$$$$$$$$$$$$$$$$$$$$$$$$$$$$$$$$$$$$$$$$$$$$$$$$$$$$$$$$$$$$$$
$
$*SECTION_ALE2D 为2D ALE 单元定义单元算法
$SECID 指定单元算法 ID,可为数值或符号,但是必须唯一,在*PART 卡片中被引用
$ALEFORM=11,表示采用多物质 ALE 算法
$ELFORM=14,表示面积加权轴对称算法
*SECTION_ALE2D
$   SECID    ALEFORM      AET    ELFORM
        1       11         0     14
$*SECTION_SHELL 为2D shell 单元定义单元算法
$SECID 指定单元算法 ID,可为数值或符号,但是必须唯一,在*PART 卡片中被引用
$ELFORM=14,表示面积加权轴对称算法
*SECTION_SHELL
$  SECID  ELFORM    SHRF     NIP     PROPT     QR/IRID    ICOMP    SETYP
```

```
    2       14  1.0000    1.0    0.0      0.0       0       1
$  T1     T2      T3     T4      NLOC      MAREA      IDOF     EDGSET
0.00   0.00   0.00    0.00   0.00
$
*SECTION_ALE2D
$  SECID    ALEFORM      AET    ELFORM
      3        11        0     14
$
*SECTION_ALE2D
$  SECID    ALEFORM      AET    ELFORM
      4        11        0     14
$定义 ALE 多物质材料组 AMMG
$ELFORM =11必须定义该关键字卡片
*ALE_MULTI-MATERIAL_GROUP
$空气
      1        1
$炸药
      3        1
$紫铜
      4        1
$利用*INITIAL_VOLUME_FRACTION_GEOMETRY 在 ALE 背景网格中填充多物质材料
$FMSID 为背景 ALE 网格 Part ID
$FMIDTYP =1,表示 FMSID 为 PART
$BAMMG =1,表示背景网格在 AMMG 中的 ID 为1
$NTRACE =3,表示 ALE 网格的细分数
$CNTTYP =4,表示用矩形进行填充
$X0、Y0、Z0、X1、Y1、Z1、R0、R1是按矩形顺时针旋转的点坐标
$CNTTYP =6,表示用球体方式进行填充
$X0、Y0、Z0是球心坐标,R0是球体半径
$FILLOPT =0,表示在球体内部进行填充
$FAMMG =2,表示填充体在 AMMG 中的 ID 为2
*INITIAL_VOLUME_FRACTION_GEOMETRY
$  FMSID    FMIDTYP    BAMMG    NTRACE
   1        1          1       3
$填充炸药
$CNTTYP     FILLOPT    FAMMG       VX          VY        VZ
   4          0          2
$  X0         Y0         Z0         X1          Y1        Z1      R1      R2
   0          7.5        3.75       7.5         3.75      0       0       0
$药型罩填充
$CNTTYP    FILLOPT    FAMMG       VX          VY        VZ
   6          0          3
$X0 Y0        Z0         R0
   0          -3.5       0         5
$药型罩内侧空气填充
$CNTTYP    FILLOPT    FAMMG       VX          VY        VZ
   6          0          1
$  X0         Y0         Z0         R0
```

```
 0        -3.5      0      4.8
$CNTTYP    FILLOPT    FAMMG       VX        VY        VZ
   4         0         1
$X0        Y0       Z0       X1       Y1       Z1       R1       R2
  0         0        6        0        6       -9        0       -9
$炸药点火控制,采用单点起爆方式
$PID 为采用*MAT_HIGH_EXPLOSIVE_BURN 材料本构的 Part ID 值
*INITIAL_DETONATION
$     PID        X          Y        Z        LT
       3         0         7.5       0        0
$Lagrange Part 组设置
*SET_PART_LIST
         1   0.0000    0.0000    0.0000    0.0000
         2
$Euler Part 组设置
*SET_PART_LIST
         2   0.0000    0.0000    0.0000    0.0000
         1      3        4
$Lagrange 单元与 Euler 单元进行耦合
*CONSTRAINED_LAGRANGE_IN_SOLID
$ SLAVE    MASTER   SSTYP      MSTYP    NQUAD     CTYPE     DIREC     MCOUP
    1        2        0          0        0         2         2         0
$ START      END      PEAC       FRIC     FRCMIN     NORM     NORMTYP   DAMP
    0        0        0.3        0.0       0.1        0         0        0.0
$  CQ       HMIN     HMAX       ILEAK     PLEAK     LCIDPOR
   0.0                             0        0.1
$$$$$$$$$$$$$$$$$$$$$$$$$$$$$$$$$$$$$$$$$$$$$$$$$$$$$$$$$$$$$$$$$$$$$$$$$$$$$$$$$$$
$                          MATERIAL DEFINITIONS                                  $
$$$$$$$$$$$$$$$$$$$$$$$$$$$$$$$$$$$$$$$$$$$$$$$$$$$$$$$$$$$$$$$$$$$$$$$$$$$$$$$$$$$
$
$空气材料参数
*MAT_NULL
       1  1.225E-3
*EOS_LINEAR_POLYNOMIAL
       1   0.00      0.00      0.00      0.00     0.40     0.40     0.00
2.500E-06     1.00
$靶板材料
*MAT_JOHNSON_COOK
      2      7.83        0.77
7.920E-03 5.100E-03    0.260     0.014     1.030     1793      293    1.0E-06
0.383E-05 -9.00E+00    3.00      0.0       0.05      3.44     -2.12     0.002
     1.61
*EOS_GRUNEISEN
       2   0.4569      1.49      0.00      0.00     2.17      0.46      0.0
    1.00
$
$TNT 材料参数
*MAT_HIGH_EXPLOSIVE_BURN
```

```
    3  1.630000 0.6930000 0.2100000
*EOS_JWL
     3  3.71200  0.032310 4.1500000  0.990000 0.3000000  0.070000 1.0000000
$紫铜材料参数
*MAT_JOHNSON_COOK
    4  8.96000    0.477
0.900E-03 2.920E-03  0.310 0.250E-01     1.090.1356E+04     293 0.100E-05
0.383E-05 -9.00E+00   3.00     0.0     0.00     0.00     0.00     0.00
     0.00
*EOS_GRUNEISEN
     4    0.394    1.489     0.00     0.00     1.99     0.00     0.00
     0.00
$
$$$$$$$$$$$$$$$$$$$$$$$$$$$$$$$$$$$$$$$$$$$$$$$$$$$$$$$$$$$$$$$$$$$$$$$$$$$$$$$$
$                             PARTS DEFINITIONS                                $
$$$$$$$$$$$$$$$$$$$$$$$$$$$$$$$$$$$$$$$$$$$$$$$$$$$$$$$$$$$$$$$$$$$$$$$$$$$$$$$$
$
$定义空气 Part,引用定义的单元算法、材料模型和状态方程,PID 必须唯一
*PART
Part          1 for Mat        1 and Elem Type       1
        1             1         1         1         0         0         0
$定义靶板 Part,引用定义的单元算法、材料模型和状态方程,PID 必须唯一
*PART
Part          2 for Mat        2 and Elem Type       2
        2             2         2         2         0         0         0
$定义炸药 Part,引用定义的单元算法、材料模型和状态方程,PID 必须唯一
*PART
Part          3 for Mat        3 and Elem Type       3
        3             3         3         3         0         0         0
$定义紫铜 Part,引用定义的单元算法、材料模型和状态方程,PID 必须唯一
*PART
Part          4 for Mat        4 and Elem Type       4
        4             4         4         4         0         0         0
$$$$$$$$$$$$$$$$$$$$$$$$$$$$$$$$$$$$$$$$$$$$$$$$$$$$$$$$$$$$$$$$$$$$$$$$$$$$$$$$
$                             BOUNDARY DEFINITIONS                             $
$$$$$$$$$$$$$$$$$$$$$$$$$$$$$$$$$$$$$$$$$$$$$$$$$$$$$$$$$$$$$$$$$$$$$$$$$$$$$$$$
$空气域非反射边界
*BOUNDARY_NON_REFLECTING_2D
        1
$靶板固定边界
*BOUNDARY_SPC_SET
       2         0         1         1         1         1         1         1
$
$$$$$$$$$$$$$$$$$$$$$$$$$$$$$$$$$$$$$$$$$$$$$$$$$$$$$$$$$$$$$$$$$$$$$$$$$$$$$$$$
$                             CONTROL OPTIONS                                  $
$$$$$$$$$$$$$$$$$$$$$$$$$$$$$$$$$$$$$$$$$$$$$$$$$$$$$$$$$$$$$$$$$$$$$$$$$$$$$$$$
$
```

```
*CONTROL_ENERGY
    2    2       2        2
*CONTROL_SHELL
 20.0       1       -1        1        2        2        1
*CONTROL_BULK_VISCOSITY
 1.50  0.600E-01
*CONTROL_ALE
    -1      1        2 -1.00      0.00      0.00      0.00      0.00
 0.00 0.100E+21  1.00     0.00      0.00           0
*CONTROL_TIMESTEP
  0.0000    0.9000       0  0.00      0.00
*CONTROL_TERMINATION
 150.         0  0.00000  0.00000  0.00000
$
$$$$$$$$$$$$$$$$$$$$$$$$$$$$$$$$$$$$$$$$$$$$$$$$$$$$$$$$$$$$$$$$$$$$$$$$$$$$$$$$$$$$
$                                TIME HISTORY                                      $
$$$$$$$$$$$$$$$$$$$$$$$$$$$$$$$$$$$$$$$$$$$$$$$$$$$$$$$$$$$$$$$$$$$$$$$$$$$$$$$$$$$$
$
*DATABASE_BINARY_D3PLOT
 2.000
*DATABASE_BINARY_D3THDT
 2.000
$
$$$$$$$$$$$$$$$$$$$$$$$$$$$$$$$$$$$$$$$$$$$$$$$$$$$$$$$$$$$$$$$$$$$$$$$$$$$$$$$$$$$$
$                                DATABASE OPTIONS                                  $
$$$$$$$$$$$$$$$$$$$$$$$$$$$$$$$$$$$$$$$$$
$
*DATABASE_EXTENT_BINARY
         0         0         3         1         0         0         0         0
         0         0         4         0         0         0
*END
```

13.6 计算结果

计算结束后,用 LS-PREPOST 软件打开工作目录下的 d3plot 文件,读入结果输出文件。图 13-5 所示为 EFP 成型及侵彻靶板过程,炸药尾部中心点起爆后,药型罩在爆轰波作用下逐渐翻转成型,最终形成头部密实和尾部中空的弹丸;弹丸运动至靶板端面时,开始侵彻靶板。在侵彻的过程中,弹丸头部不断被镦粗、变形,头部逐渐被侵蚀。

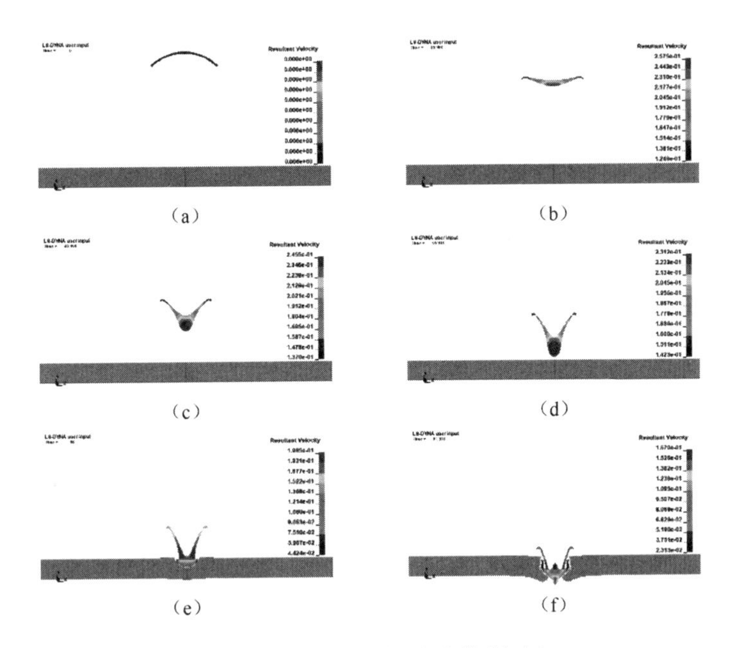

图 13-5　EFP 成型及侵彻靶板过程

14 聚能射流成型及侵彻能力计算

14.1 模型描述

聚能射流战斗部结构如图 14－1 所示。其中主装药为 TNT，装药直径 $D=7.5$ cm，高度 $H=7.5$ cm；采用单锥构型的药型罩，药型罩为紫铜材质，药型罩夹角 $\alpha=60°$，壁厚为 0.2 cm。采用 *INITIAL_VOLUME_FRACTION_GEOMETRY 关键字对药型罩、炸药进行填充，只需要在计算模型中创建空气域和靶板即可。模型采用 g、cm、μs 单位制建立。

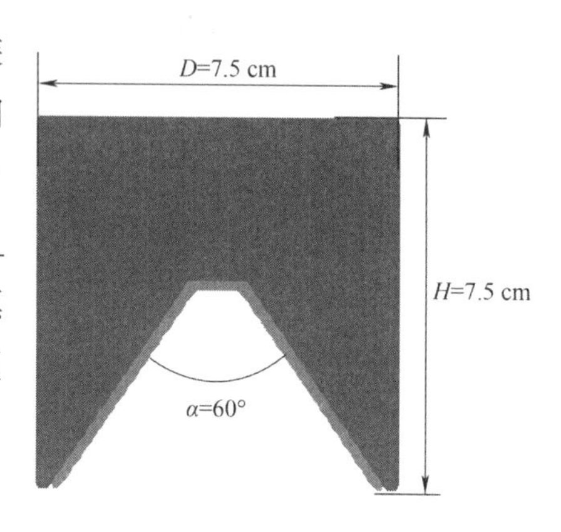

图 14－1 聚能射流战斗部结构

14.2 建模步骤

第一步，设置工作目录和模型文件。

（1）在磁盘 E 中创建“JET”文件夹，用于存储模型文件和计算文件；

（2）启动 ANSYS 16.0，在启动界面进行建模环境的设置，在 Simulation Environment 下拉菜单中选择 ANSYS，在 License 下拉菜单中选择 ANSYS LS-DYNA；

（3）单击 File Management 选项卡，弹出工作目录和工作文件设置窗口，单击 Working Directory 后面的 Browse 按钮，选择 E 盘文件夹“JET”，在 Job Name 文本框中输入“JET”作为模型文件名；

（4）单击 Run 按钮，进入 ANSYS 建模界面。

第二步，单元类型设置。

（1）执行 Main Menu > Preprocessor > Element Type > Add/Edit/Delete 命令，弹出 Element Types 单元类型对话框；

（2）单击 Add 按钮，弹出 Library of Element Types 对话框，选择 LS-DYNA Explicit 右侧列表框中的 2D Solid 162，单击 OK 按钮，关闭对话框，即将编号为 1 的单元类型设置完成；

（3）选择 Element Types 对话框中的 Type 1 PLANE162 单元，单击 Options 按钮，弹出

PLANE162 element type options 对话框，在 Stress/strain options 右侧的下拉菜单中选择 Axisymmetric 选项，在 Material Continuum 栏点选中 ALE，单击 OK 按钮；

(4)在弹出的 PLANE162 weighting option 对话框中选择 Volume weighted 选项，单击 OK 按钮，关闭对话框。

(5)重复步骤(1)~步骤(4)，完成单元类型 2 的设置，设置 Axisymmetric、Lagrange、Volume weighted 单元算法。

注：单元算法的定义可以在 ANSYS 前处理阶段进行定义，也可以直接修改 K 文件。

第三步，材料参数设置。

(1)执行 Main Menu > Preprocessor > Material Props > Material Models 命令，弹出 Define Material Model Behavior 对话框；

(2)在该对话框左侧的 Material Models Defined 设置栏中已自动生成编号为 1 的材料，在右侧 Material Models Available 设置栏中执行 LS-DYNA > Equation of State > Gruneisen > Johnson-Cook 命令；

(3)弹出 Johnson-Cook Properties for Material Number 1 对话框，设置 DENS 参数为 7.85，其余参数保持默认，即将编号为 1 的材料设置完成；

(4)在 Define Material Model Behavior 对话框中执行 Material > New Model 命令，弹出 Define Material ID 对话框，新建编号为 2 的材料，单击 OK 按钮，关闭对话框；

(5)重复步骤(2)~步骤(4)，完成 2 号材料本构和状态方程的设置，空气采用 Gruneisen 状态方程和 Null 本构模型；

(6)执行 Material > Exit 命令，退出材料设置窗口，如图 14-2 所示。

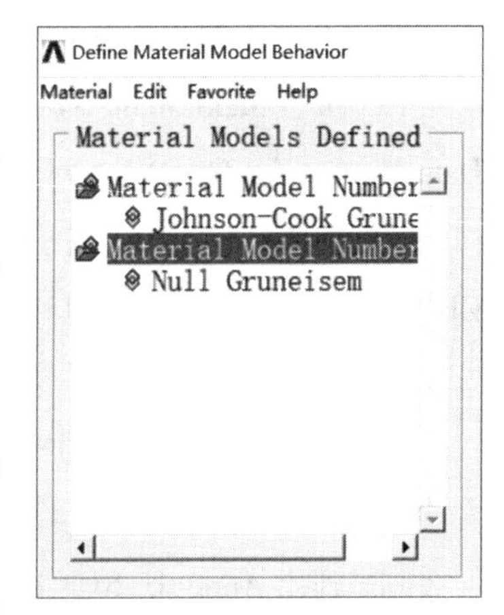

图 14-2　Define Material Model Behavior 对话框

注：ANSYS 前处理中的材料参数无须完整设置，可以任意选择材料本构和参数设置，也可在 K 文件中进行修改。

第四步，创建几何模型。

(1)执行 Main Menu > Preprocessor > Modeling > Create > Areas > Rectangle > By Dimensions 命令，弹出 Create Rectangle by Dimensions 对话框；

(2)在 X1，X2 X-coordinates 右侧文本框中分别输入 0、10，在 Y1，Y2 Y-coordinates 右侧文本框中分别输入 15、-25，单击 OK 按钮，关闭对话框；

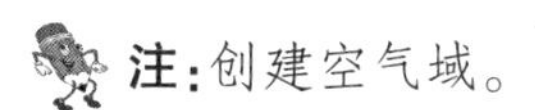

注：创建空气域。

(3)执行 Main Menu > Preprocessor > Modeling > Create > Areas > Rectangle > By Dimensions 命令,弹出 Create Rectangle by Dimensions 对话框;

(4)在 X1,X2 X-coordinates 右侧文本框中分别输入 0、15,在 Y1,Y2 Y-coordinates 右侧文本框中分别输入 -15、-24,单击 OK 按钮,关闭对话框。

注:创建靶板。

第五步,网格划分。

(1)执行 Main Menu > Preprocessor > Meshing > MeshTool 命令,弹出 MeshTool 面板;

(2)在 MeshTool 面板中单击 Element Attributes 选择栏右侧的 Set 按钮,弹出 Meshing Attributes 对话框,在[TYPE] Element type numer 右侧下拉菜单中选择 1 PLANE162,在[MAT] Material number 右侧下拉菜单中选择 1,单击 OK 按钮,关闭对话框;

(3)在 Size 面板中单击 Global 选择栏右侧的 Set 按钮,弹出 Global Element Sizes 对话框;在 SIZE Element edge length 右侧文本框中输入 0.1,单击 OK 按钮,关闭对话框;

(4)在 MeshTool 面板的 Mesh 下拉菜单中选择 Areas,点选中 Quad 和 Mapped 选项,单击 Mesh 按钮,弹出 Mesh Areas 面板;

(5)在视图区拾取空气域模型,单击 OK 按钮,进行映射网格划分;

(6)选择 Plot > Areas 选项,显示面;

(7)同理,选择 2 PLANE162 和[MAT] 2,给靶板划分网格,网格尺寸为 0.1 cm。

注:二维网格可以采用全局控制和线段两种方式进行划分。

第六步,创建模型 Part 信息。

(1)执行 Main Menu > Preprocessor > LS-DYNA Options > Parts Options 命令,弹出 Parts Data Written for LS-DYNA 对话框,

(2)在 Option 选择栏中点选中 Create all parts 选项,单击 OK 按钮,关闭对话框,弹出 EDPART Command 信息窗口,返回所创建的 Part 具体信息。

第七步,靶板固定边界设置。

(1)执行 Main Menu > Preprocessor > LS-DYNA Options > Constraints > Apply > On Lines 命令;

(2)弹出 Apply U,ROT on Lines 对话框,拾取靶板边界处的线段,单击 OK 按钮,关闭对话框。

(3)弹出 Apply U,ROT on Lines 对话框,在 DOFs to be constrained 菜单列表中选择 All DOF,约束靶板边界的移动和转动,如图 14-3 所示。

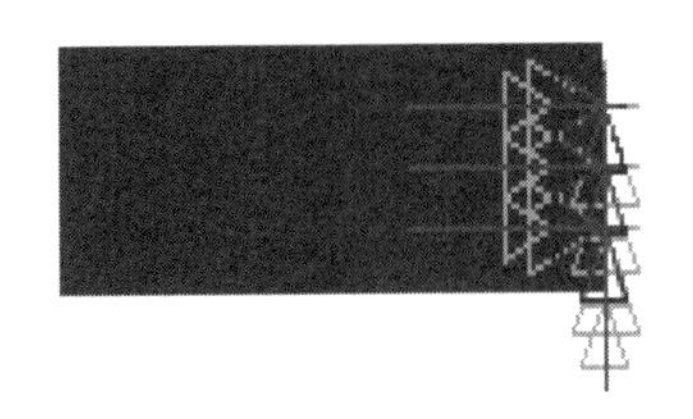

图 14-3　约束靶板边界的移动和转动

第八步,空气域非反射边界设置。

(1)执行 Main Menu > Preprocessor > LS-DYNA Options > Constraints > Apply > On Lines 命令;

(2)弹出 Apply U,ROT on Lines 对话框,按照图 14-4 中 1、2、3 的顺序依次拾取空气域非对称边界处的线段,单击 OK 按钮,关闭对话框;

(3)弹出 Apply U,ROT on Lines 对话框,在 DOFs to be constrained 菜单列表中选择 UY。

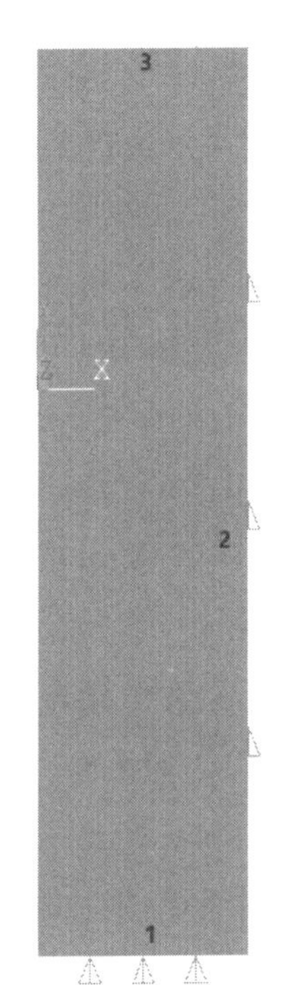

图 14-4　空气域非反射边界节点集设置

注:二维非反射边界是通过设置 Node 节点集的方式进行添加,并且节点按照逆时针的顺序排列,这里采用边界约束的方式创建一个逆时针节点集,然后在 K 文件中修改,此种方法不能完全控制创建的节点逆时针排列,建议按第 8 章的方法进行建立。

第九步,分析步设置。

(1)执行 Main Menu > Solution > Analysis Options > Energy Options 命令,弹出 Energy Options 对话框,勾选中 Stonewall Energy、Hourglass Energy 和 Sliding Interface 选项;

(2)执行 Main Menu > Solution > Analysis Options > Bulk Viscosity 命令,弹出 Bulk Viscosity 对话框,保持默认值[Quadratic Viscosity Coefficient(二阶黏性系数)为 1.5,Linear Viscosity Coefficient(线性黏性系数)为 0.06]。

第十步,ALE 算法设置。

(1)执行 Main Menu > Solution > Analysis Options > ALE Options > Define 命令,弹出 Define Global ALE Settings for LS-DYNA Explicit 对话框;

(2)在 Cycles between advection 文本框中输入 1,在 Advection Method 选中 Van Leer,在[AFAC] Simple Avg Weight Factor 文本框中输入 -1.0;

(3)单击 OK 按钮,关闭对话框,弹出 EDALE Command 信息窗口,返回 ALE 参数设置信息,关闭窗口。

第十一步,求解时间和时间步设置。

(1)执行 Main Menu > Solution > Time Controls > Solution Time 命令,弹出 Solution Time for LS-DYNA Explicit 对话框,在[TIME]Terminate at Time 右侧文本框中输入 100,单击 OK 按钮,确认输入;

(2)执行 Main Menu > Solution > Time Controls > Time Step Ctrls 命令,弹出 Specify Time Step Scaling for LS-DYNA Explicit 对话框,在 Time step scale factor 右侧文本框中输入 0.9,单击 OK 按钮,确认输入。

第十二步,设置输出类型和数据输出时间间隔。

(1)执行 Main Menu > Solution > Output Controls > Output File Types 命令,弹出 Specify Output File Types for LS-DYNA Solver 对话框,在 File options 下拉菜单中选择 Add,在 Produce output for... 下拉菜单中选择 LS-DYNA,单击 OK 按钮,关闭对话框;

(2)执行 Main Menu > Solution > Output Controls > File Output Freq > Time Step Size 命令,弹出 Specify File Output Frequency 对话框,在[EDRST]Specify Results File Output Interval:Time Step Size 右侧文本框中输入 2,在[EDHTIME]Specify Time-History Output Interval:Time Step Size 右侧文本框中输入 2,单击 OK 按钮,关闭对话框,随后弹出 Waring 信息,单击 Close 按钮,关闭弹窗。

第十三步,输出 K 文件。

(1)执行 Main Menu > Solution > Write Jobname. k 命令,弹出 Input files to Written for LS-DYNA 对话框;

(2)在 Write results files for... 下拉菜单中选择 LS-DYNA,在 Write input files to... 文本框中输入 JET. k,单击 OK 按钮,将在工作文件中生成 JET. k 的文件;

(3)弹出 EDWRITE Command 信息窗口,列出模型中的关键信息。

14.3 K 文件的修改和编辑

(1)用 UltraEdit 软件打开工作目录下的 JET. k 文件。

(2)将原有的 JET. k 文件拆分为两个 K 文件。其中一个为 mesh. k 文件,为模型的节点和单元信息;另一个为 main. k 文件,为计算模型控制关键字文件。

(3)对照 main. k 文件,对控制 K 文件进行如下修改:

①使用 *INCLUDE 关键字,在 main. k 文件中添加 mesh. k 文件;

②修改空气、炸药、紫铜 ALE 单元算法的 *SECTION_ALE2D 关键字;

③修改靶板 Lagrange 单元算法的 *SECTION_SHELL 关键字;

④添加多物质材料组定义 * ALE_MULTI-MATERIAL_GROUP 关键字；

⑤添加炸药起爆点定义 * INITIAL_DETONATION 关键字；

⑥添加 * INITIAL_VOLUME_FRACTION_GEOMETRY 关键字；

⑦设置 * SET_PART_LIST 关键字；

⑧添加 * CONSTRAINED_LAGRANGE_IN_SOLID 流固耦合关键字；

⑨修改靶板、空气、紫铜和炸药材料参数；

⑩修改 * PART 信息；

⑪修改 ALE 算法控制的 * CONTROL_ALE 关键字。

14.4　求解

(1)启动 ANSYS 16.0,在启动界面进行求解环境设置,在 Simulation Environment 下拉菜单中选择 LS-DYNA Solver,在 License 下拉菜单中选择 ANSYS LS-DYNA,在 Analysis Type 栏中选择 Typical LS-DYNA Analysis;

(2)单击 File Management 选项卡,弹出工作目录和工作文件设置窗口,单击 Working Directory 后面的 Browse 按钮,选择 E 盘中的“JET”文件夹,在 Keyword Input File 下拉菜单中选择修改后的 main. k 文件;

(3)单击 Customization/Preferences 选项卡,在 Memory(words)文本框中输入 2 100 000 000,在 Number of CPUs 文本框中输入 8;

(4)单击 Run 按钮,进入 LS-DYNA971R7 程序进行求解,求解时间到达后,界面返回 Normal termination。

14.5　控制关键字文件讲解

关键字文件有两个,分别为网格文件 mesh. k 和控制文件 main. k。控制文件 main. k 的内容及相关讲解如下:

```
$首行*KEYWORD 表示输入文件采用的是关键字输入格式
*KEYWORD
*TITLE

$为二进制文件定义输出格式,0表示输出的是 LS-DYNA 数据库格式
*DATABASE_FORMAT
0
$读入节点 K 文件
```

```
*INCLUDE
mesh.k
$
$
$$$$$$$$$$$$$$$$$$$$$$$$$$$$$$$$$$$$$$$$$$$$$$$$$$$$$$$$$$$$$$$$$$$$$$$$$$$$$$$$
$                              SECTION DEFINITIONS                              $
$$$$$$$$$$$$$$$$$$$$$$$$$$$$$$$$$$$$$$$$$$$$$$$$$$$$$$$$$$$$$$$$$$$$$$$$$$$$$$$$
$
$*SECTION_ALE2D 为2D ALE 单元定义单元算法
$SECID 指定单元算法 ID,可为数值或符号,但是必须唯一,在*PART 卡片中被引用
$ALEFORM=11,表示采用多物质 ALE 算法
$ELFORM=14,表示面积加权轴对称算法
*SECTION_ALE2D
$   SECID    ALEFORM       AET    ELFORM
        1         11         0    14
$*SECTION_SHELL 为2D shell 单元定义单元算法
$SECID 指定单元算法 ID,可为数值或符号,但是必须唯一,在*PART 卡片中被引用
$ELFORM=14,表示面积加权轴对称算法
*SECTION_SHELL
$     SECID     ELFORM       SHRF        NIP      PROPT   QR/IRID     ICOMP     SETYP
          2         14   1.0000        1.0        0.0       0.0         0         1
$     T1         T2         T3         T4          NLOC       MAREA        IDOF      EDGSET
  0.00       0.00       0.00       0.00       0.00
$
*SECTION_ALE2D
$   SECID    ALEFORM       AET    ELFORM
        3         11         0    14
$
*SECTION_ALE2D
$   SECID    ALEFORM       AET    ELFORM
        4         11         0    14
$定义 ALE 多物质材料组 AMMG
$ELFORM=11,必须定义该关键字卡片
*ALE_MULTI-MATERIAL_GROUP
$空气
        1         1
$炸药
        3         1
$紫铜
        4         1
$利用*INITIAL_VOLUME_FRACTION_GEOMETRY 在 ALE 背景网格中填充多物质材料
$FMSID 为背景 ALE 网格 Part ID
$FMIDTYP=1,表示 FMSID 为 PART
$BAMMG=1,表示背景网格在 AMMG 中的 ID 为1
$NTRACE=3,表示 ALE 网格的细分数
$CNTTYP=4,表示用矩形进行填充
$X0、Y0、Z0、X1、Y1、Z1、R0、R1是按矩形顺时针旋转的点坐标
$FILLOPT=0,表示在球体内部进行填充
$FAMMG=2,表示填充体在 AMMG 中的 ID 为2
*INITIAL_VOLUME_FRACTION_GEOMETRY
```

```
$  FMSID     FMIDTYP    BAMMG     NTRACE
    1          1          1         3
$填充炸药
$ CNTTYP     FILLOPT    FAMMG      VX        VY        VZ
    4          0          2
$   X0         Y0         Z0        X1        Y1        Z1        R1       R2
    0         7.5       3.75       7.5      3.75        0         0        0

$药型罩填充
$ CNTTYP     FILLOPT    FAMMG      VX        VY        VZ
    4          0          3
$   X0         Y0         Z0        X1        Y1        Z1        R1       R2
    0         4.2        0.6       4.2       3.5        0         0        0
$空气填充
$ CNTTYP     FILLOPT    FAMMG      VX        VY        VZ
    4          0          1
$   X0         Y0         Z0        X1        Y1        Z1        R1       R2
    0         4.0      0.455       4.0    3.2558        0         0        0
$炸药点火控制,采用单点起爆方式
$PID 为采用*MAT_HIGH_EXPLOSIVE_BURN 材料本构的 Part ID 值
*INITIAL_DETONATION
$     PID        X          Y          Z        LT
        3        0        7.5          0         0
$Lagrange Part 组设置
*SET_PART_LIST
        1   0.0000   0.0000   0.0000   0.0000
        2
$Euler Part 组设置
*SET_PART_LIST
        2   0.0000   0.0000   0.0000   0.0000
        1        3        4
$ Lagrange 单元与 Euler 单元进行耦合
*CONSTRAINED_LAGRANGE_IN_SOLID
$  SLAVE    MASTER    SSTYP    MSTYP    NQUAD    CTYPE    DIREC    MCOUP
     1         2        0        0        0        2        2        0
$  START      END      PEAC     FRIC    FRCMIN    NORM   NORMTYP   DAMP
     0         0       0.3      0.0      0.1       0        0       0.0
$    CQ      HMIN      HMAX    ILEAK    PLEAK   LCIDPOR
    0.0                          0       0.1
$$$$$$$$$$$$$$$$$$$$$$$$$$$$$$$$$$$$$$$$$$$$$$$$$$$$$$$$$$$$$$$$$$$$$$$$$$$$$$$$
$                           MATERIAL DEFINITIONS                              $
$$$$$$$$$$$$$$$$$$$$$$$$$$$$$$$$$$$$$$$$$$$$$$$$$$$$$$$$$$$$$$$$$$$$$$$$$$$$$$$$
$
$空气材料参数
*MAT_NULL
      1  1.225E-3
*EOS_LINEAR_POLYNOMIAL
      1     0.00    0.00     0.00     0.00     0.40     0.40     0.00
2.500E-06   1.00
```

```
$靶板材料
*MAT_JOHNSON_COOK
       2      7.83       0.77
7.920E-03 5.100E-03  0.260     0.014     1.030      1793       293  1.0E-06
0.383E-05 -9.00E+00  3.00       0.0      0.05      3.44      -2.12  0.002
     1.61

*EOS_GRUNEISEN
       2   0.4569     1.49      0.00      0.00      2.17      0.46      0.0
     1.00
$
$TNT 材料参数
*MAT_HIGH_EXPLOSIVE_BURN
       3  1.630000 0.6930000 0.2100000
*EOS_JWL
       3  3.71200   0.032310 4.1500000  0.990000 0.3000000  0.070000 1.0000000
$紫铜材料参数
*MAT_JOHNSON_COOK
       4  8.96000     0.477
0.900E-03 2.920E-03       0.310 0.250E-01    1.090.1356E+04      293 0.100E
-05
0.383E-05 -9.00E+00      3.00      0.0     0.00      0.00      0.00      0.00
     0.00
*EOS_GRUNEISEN
       4   0.394     1.489     0.00      0.00      1.99      0.00      0.00
     0.00
$
$$$$$$$$$$$$$$$$$$$$$$$$$$$$$$$$$$$$$$$$$$$$$$$$$$$$$$$$$$$$$$$$$$$$$$$$$$$$$$$$
$                          PARTS DEFINITIONS                                   $
$$$$$$$$$$$$$$$$$$$$$$$$$$$$$$$$$$$$$$$$$$$$$$$$$$$$$$$$$$$$$$$$$$$$$$$$$$$$$$$$
$
$定义空气 Part,引用定义的单元算法、材料模型和状态方程,PID 必须唯一
*PART
Part          1 for Mat         1 and Elem Type         1
         1         1         1         1         0         0         0
$定义靶板 Part,引用定义的单元算法、材料模型和状态方程,PID 必须唯一
*PART
Part          2 for Mat         2 and Elem Type         2
         2         2         2         2         0         0         0
$定义炸药 Part,引用定义的单元算法、材料模型和状态方程,PID 必须唯一
*PART
Part          3 for Mat         3 and Elem Type       3
         3         3         3         3         0         0         0
$定义紫铜 Part,引用定义的单元算法、材料模型和状态方程,PID 必须唯一
*PART
Part          4 for Mat         4 and Elem Type         4
         4         4         4         4         0         0         0
```

```
$$$$$$$$$$$$$$$$$$$$$$$$$$$$$$$$$$$$$$$$$$$$$$$$$$$$$$$$$$$$$$$$$$$$$$$$$$$$$$$$
$                           BOUNDARY DEFINITIONS                               $
$$$$$$$$$$$$$$$$$$$$$$$$$$$$$$$$$$$$$$$$$$$$$$$$$$$$$$$$$$$$$$$$$$$$$$$$$$$$$$$$
$空气域非反射边界
*BOUNDARY_NON_REFLECTING_2D
        1

$靶板固定边界
*BOUNDARY_SPC_SET
      2         0         1         1         1         1         1         1
$
$$$$$$$$$$$$$$$$$$$$$$$$$$$$$$$$$$$$$$$$$$$$$$$$$$$$$$$$$$$$$$$$$$$$$$$$$$$$$$$$
$                              CONTROL OPTIONS                                 $
$$$$$$$$$$$$$$$$$$$$$$$$$$$$$$$$$$$$$$$$$$$$$$$$$$$$$$$$$$$$$$$$$$$$$$$$$$$$$$$$
$
*CONTROL_ENERGY
      2         2         2         2
*CONTROL_SHELL
  20.0          1        -1         1         2         2         1
*CONTROL_BULK_VISCOSITY
  1.50     0.600E-01
*CONTROL_ALE
      -1          1          2-1.00       0.00       0.00       0.00       0.00
  0.00     0.100E+21  1.00       0.00       0.00            0
*CONTROL_TIMESTEP
    0.0000     0.9000        0  0.00       0.00
*CONTROL_TERMINATION
  150.          0  0.00000   0.00000   0.00000
$
$$$$$$$$$$$$$$$$$$$$$$$$$$$$$$$$$$$$$$$$$$$$$$$$$$$$$$$$$$$$$$$$$$$$$$$$$$$$$$$$
$                                TIME HISTORY                                  $
$$$$$$$$$$$$$$$$$$$$$$$$$$$$$$$$$$$$$$$$$$$$$$$$$$$$$$$$$$$$$$$$$$$$$$$$$$$$$$$$
$
*DATABASE_BINARY_D3PLOT
  2.000
*DATABASE_BINARY_D3THDT
  2.000
$
$$$$$$$$$$$$$$$$$$$$$$$$$$$$$$$$$$$$$$$$$$$$$$$$$$$$$$$$$$$$$$$$$$$$$$$$$$$$$$$$
$                              DATABASE OPTIONS                                $
$$$$$$$$$$$$$$$$$$$$$$$$$$$$$$$$$$$$$$$$$$$$$$$$$$$$$$$$$$$$$$$$$$$$$$$$$$$$$$$$
$
*DATABASE_EXTENT_BINARY
         0         0         3         1         0         0         0         0
         0         0         4         0         0         0
*END
```

14.6 计算结果

计算结束后,用 LS-PREPOST 软件打开工作目录下的 d3plot 文件,读入结果输出文件。图 14-5 所示为 JET 成型及侵彻靶板过程,炸药尾部中心点起爆后,药型罩在爆轰波作用下逐渐被压垮,紫铜以准流体的状态流动,最终形成细长高速度的头部和粗壮低速的杵体;射流头部运动至靶板前端面时,开始侵彻靶板,侵彻过程中射流头部被侵蚀呈“蘑菇”状。

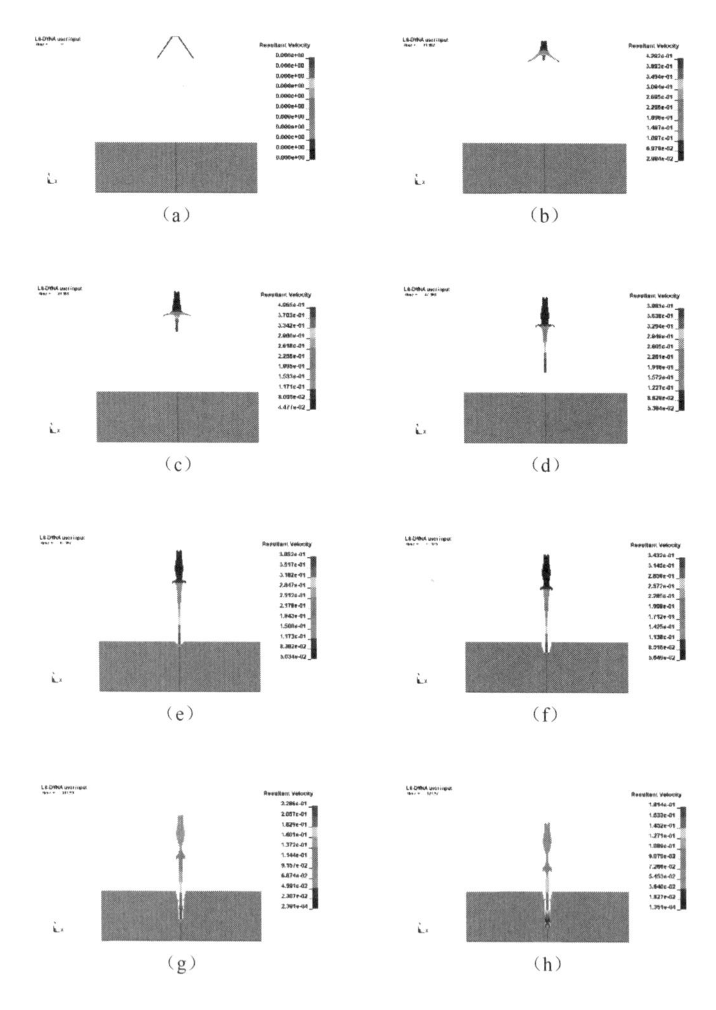

图 14-5 JET 成型及侵彻靶板过程

第五部分

AUTODYN爆炸与冲击数值模拟运用

AUTODYN 是一种显式非线性动力分析软件，可以对固体、流体和气体的动态特性及它们之间的相互作用进行分析。可以单独打开程序进行数值计算，也可通过 ANSYS/Workbench 进行提交计算。

AUTODYN 提供了友好的用户图形界面，它把前处理、分析过程和后处理集成到一个窗口环境里面，用户图形界面如下图所示。图形界面的按钮分布在水平方向窗体上部和垂直方向左边位置。其中，水平方向窗体上部是工具栏和菜单栏；垂直方向左边是导航栏，工具栏和导航栏提供了一些快捷方式。这些功能也可以通过下拉菜单来实现。界面主窗口由视图区、面板窗口、命令行和消息面板组成。通过界面的设置不难看出，AUTODYN 是按照导航式的思路进行数值模拟的，通常按照"材料设置→初始条件设置→边界设置→模型创建→接触/耦合设置→求解/输出控制→运行→后处理"的路径进行求解。

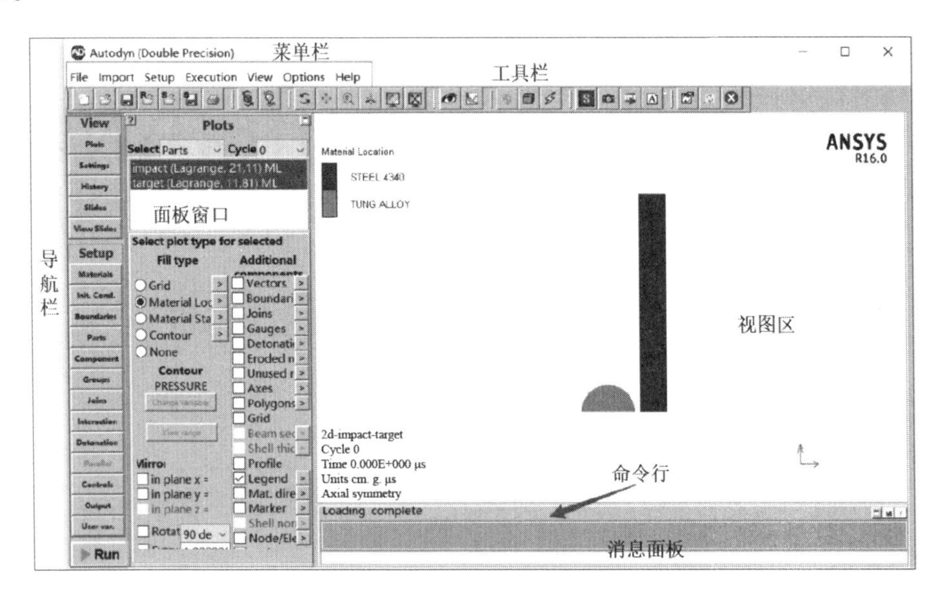

图　AUTODYN 用户图形界面

15 破片侵彻靶板模拟

15.1 模型描述

通过数值模拟计算破片垂直侵彻钢靶板,获得靶板穿孔结果和破片速度衰减情况,模型如图 15 - 1 所示。破片直径为 1 cm,钢靶板直径为 8 cm,厚度为 0.5 cm,弹丸以 600 m/s 的速度垂直侵彻,撞击点为靶板中心,破片材料为钨合金钢,靶板材料为 4340 钢。将模型简化为二维轴对称模型,可采用 Lagrange 算法,靶板两端采用固定边界。模型以 X 轴为轴对称,数值模型采用 g、cm、μs 单位制建立。

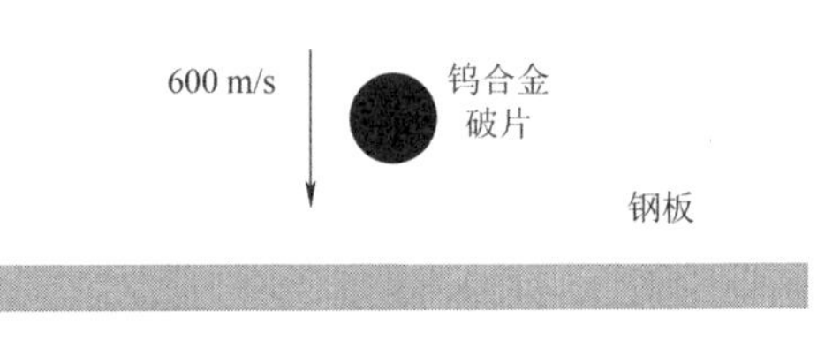

图 15 - 1 钨合金破片侵彻靶板示意

注:AUTODYN 2D 轴对称算法默认 X 轴为对称轴,而 LS-DYNA 2D 轴对称算法以 Y 轴为对称轴。

15.2 建模步骤

第一步,初始化设置。

(1)启动 AUTODYN,双击 autodyn. exe;

(2)打开新的工程;

(3)选择工作目录,输入名称 2D-impact-target;

(4)选择 2D 轴对称;

(5)选择单位制 cm、g、μs;

(6)单击"√"按钮,接受初始化设置,如图 15 - 2 所示。

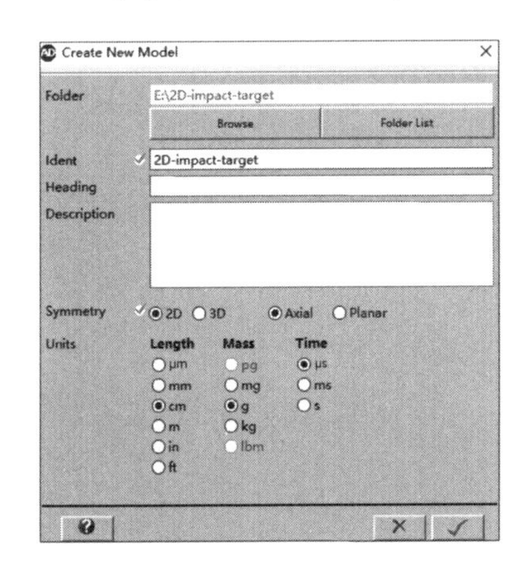

图 15 - 2 初始化设置

第二步,材料设置。

(1)在导航条中选择 Materials,单击 Load 加载材料数据库;

(2)从材料库中分别选择 STEEL 4340、TUNG. ALLOY;

(3)单击“√”按钮,确认选择;

(4)在 Material Name 面板中分别选中 STEEL 4340、TUNG. ALLOY;

(5)单击 Modify 修改材料参数;

(6)单击 Erosion 右侧的下拉按钮,在弹出的菜单中选择 Geometric Strain 选项;

(7)在侵蚀应变 Erosion Strain 文本框中输入 2;

(8)单击“√”按钮,确认选项,如图 15 - 3 所示。

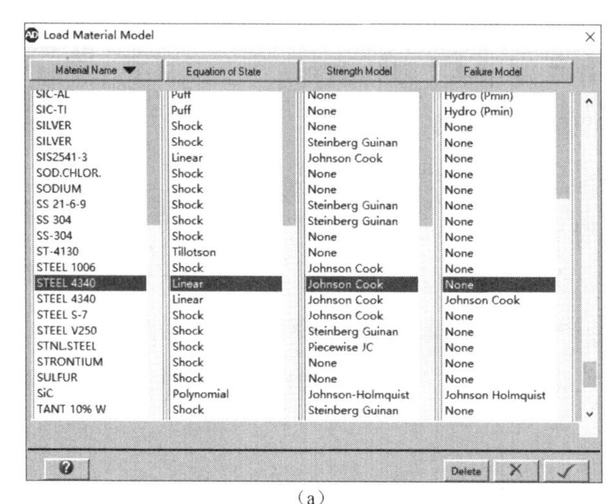

(a)

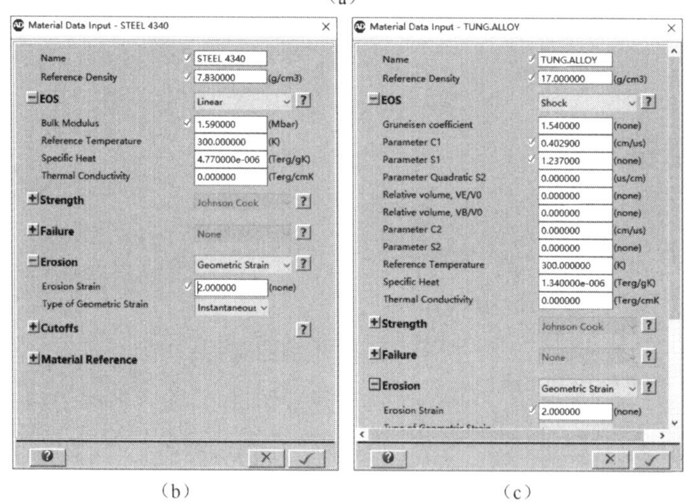

(b) (c)

图 15 - 3 材料设置与修改

第三步,创建初始条件。

(1)在导航条中选择 Init. Cond. on;

(2)选择 New 选项,进入初始条件设置;

(3)在 Name 右侧文本框中输入 int-velocity 作为初始条件名称;

(4)选中 Include Material 选项,在 Material 下拉菜单中选择 TUNG. ALLOY 选项;

(5)在 X-velocity 文本框中输入 0.06;

(6)单击"√"按钮,确认选项,如图 15-4 所示。

第四步,创建边界条件。

(1)在导航条中选择 Boundaries;

(2)选择 New 选项,弹出 Boundary Definition 对话框,进行边界条件设置;

(3)在 Name 文本框中输入 guding,作为边界条件名称;

(4)在 Type 和 Sub option 下拉菜单中分别选择 Velocity、X-velocity(Constant);

(5)在 Constant X-velocity 文本框中输入 0;

(6)单击"√"按钮,确认选项,如图 15-5 所示。

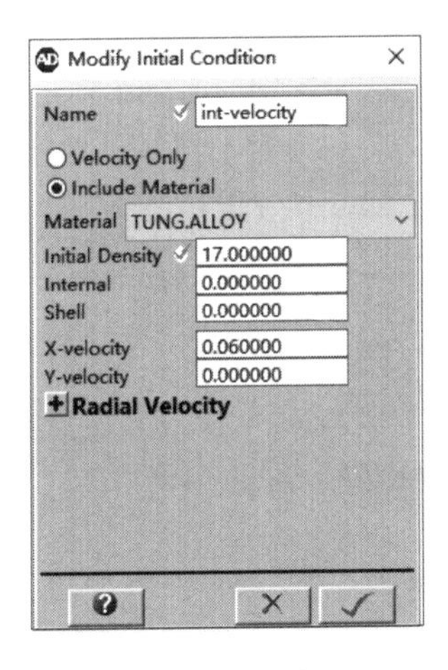

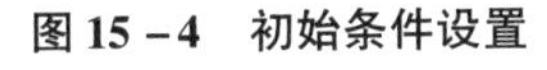
图 15-4 初始条件设置

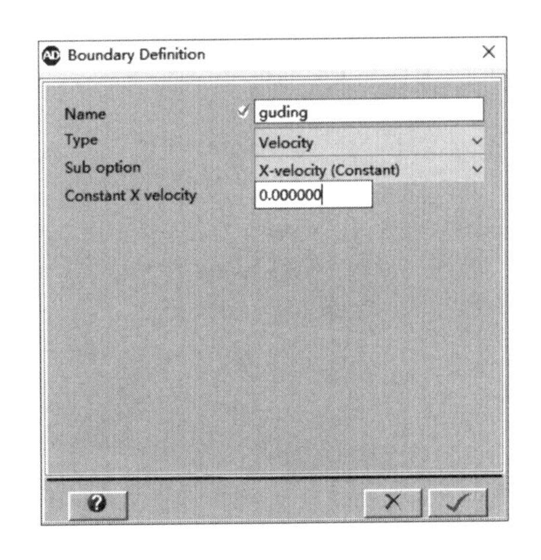

图 15-5 创建初始边界条件

第五步,创建破片模型。

(1)在导航条中选择 Parts;

(2)选择 New 选项,弹出 Create New Part 对话框,进行模型的建立;

(3)在 Part name 文本框中输入 impact 作为 Part 名称;

(4)在 Solver 栏中点选中 Lagrange 求解器;

(5)在 Definition 栏中点选中 Part wizard 选项,单击 Next 按钮;

(6)在弹出的对话框中选择 Circle 选项卡;

(7)选中 Half、Solid 选项;

(8)设置 X origin =0,Y origin =0;

(9)在 Outer radius(R)文本框中输入 0.5,单击 Next 按钮;

(10)在弹出的对话框中点选中 Type 2,在 Cells across radius(nR)文本框中输入 10,

单击 Next 按钮;

注:破片网格尺寸为 0.05 cm。

(11)在弹出的对话框中勾选 Fill part?、Fill with Initial Condition S;

(12)单击"√"按钮,确认选项,如图 15-6 所示。

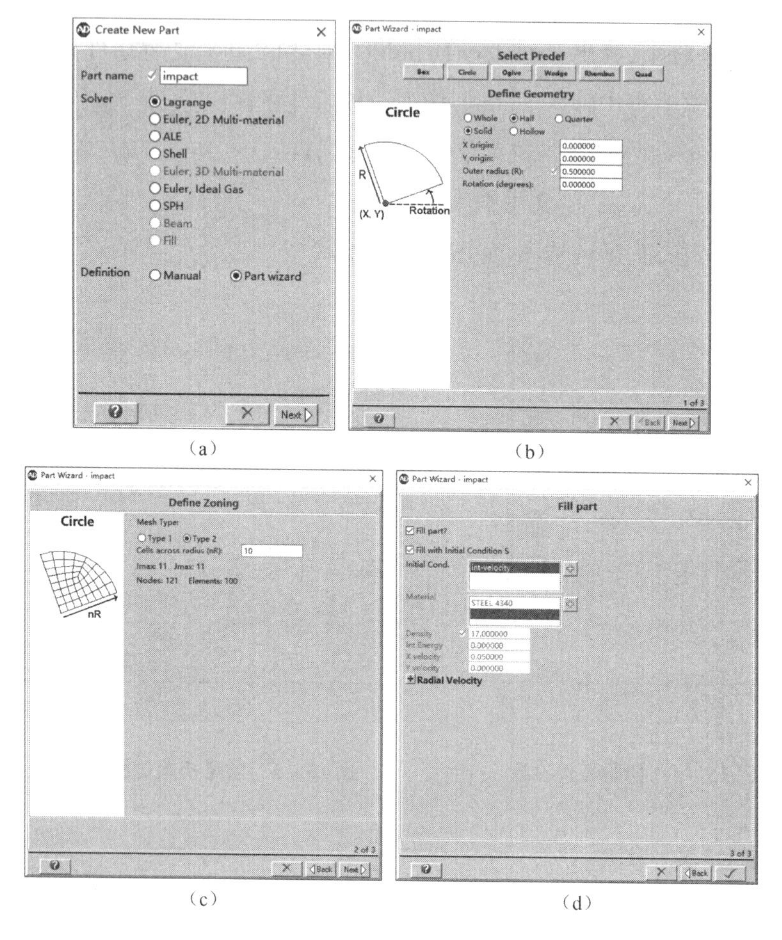

(a) (b)

(c) (d)

图 15-6 创建破片模型

第六步,创建靶板模型。

(1)在导航条中选择 Parts;

(2)选择 New 选项,弹出 Create New Part 对话框,进行模型的建立;

(3)在 Part name 文本框中输入 target;

(4)在 Solver 栏点选中 Lagrange 求解器;

(5)在 Definition 栏中激活 Part wizard,单击 Next 按钮;

(6)在弹出的菜单中选择 Box 选项卡;

(7)设置 X origin =0.6,Y origin =0,DX =0.5,DY =4;

(8)单击 Next 按钮;

(9)在弹出的对话框中,将 Cells in I direction 设置为 10,Cells in J direction 设置为 80,单击 Next 按钮;

注:靶板网格尺寸为 0.05 cm。

(10)在弹出对话框的 Material 列表中选择 STEEL 4340 材料;

(11)单击"√"按钮,确认选项,如图 15－7 所示。

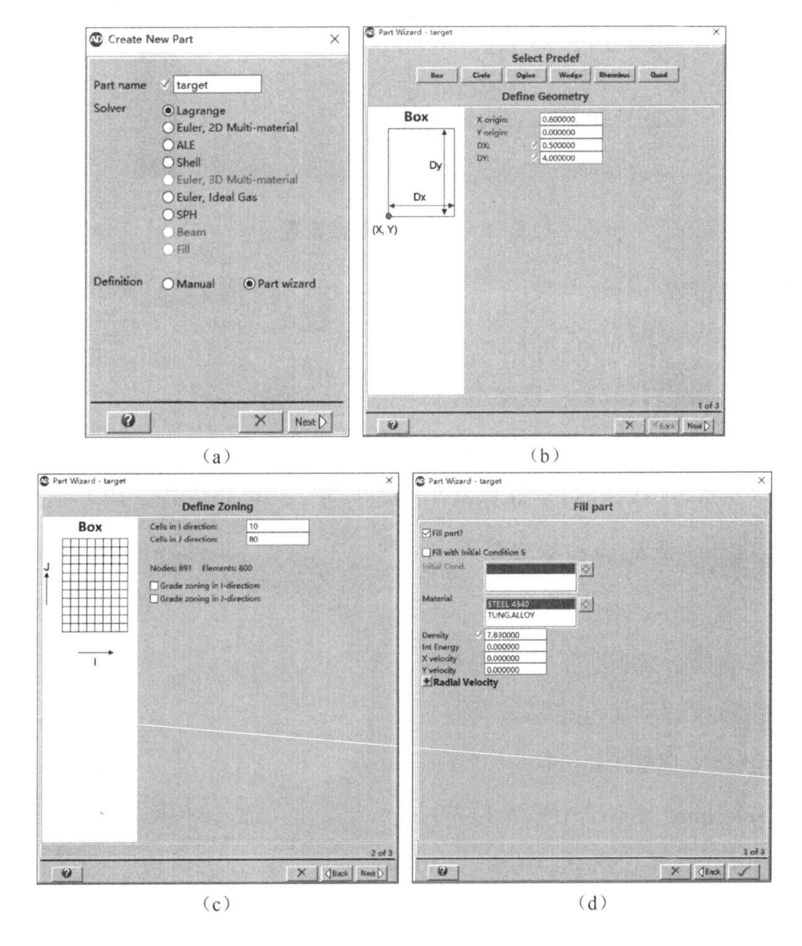

(a)　(b)　(c)　(d)

图 15－7　创建靶板模型

第七步,设置边界条件。

(1)在导航条中选择 Parts;

(2)选择 target;

(3)在菜单栏中单击 Boundary;

(4)单击 Apply Boundary by Index,弹出 Apply Boundary to Part 对话框,进行边界设置;

(5)单击 J Line,在 From J 文本框中输入 81,在 Boundary 右侧的下拉菜单中选择

guding 作为边界条件；

（6）单击“√”按钮，确认选项，如图 15－8 所示。

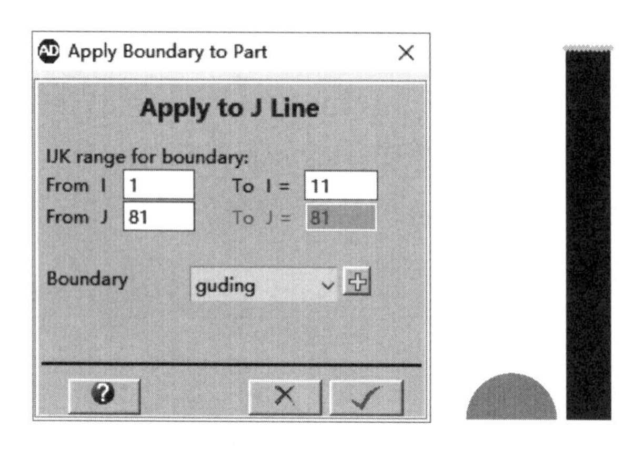

图 15－8　边界条件设置

第八步，接触设置。

（1）在导航条中选择 Interaction；

（2）选择 Lagrange/Lagrange 选项卡；

（3）分别点选中 External Gap、External；

（4）单击 Calculate 按钮，自动计算最小间隙尺寸，如图 15－9 所示。

注：Lagrange 之间的接触需要满足最小的接触间隙，可通过 AUTODYN 软件进行自动计算。通常，在建模时就预留了一定的间隙。

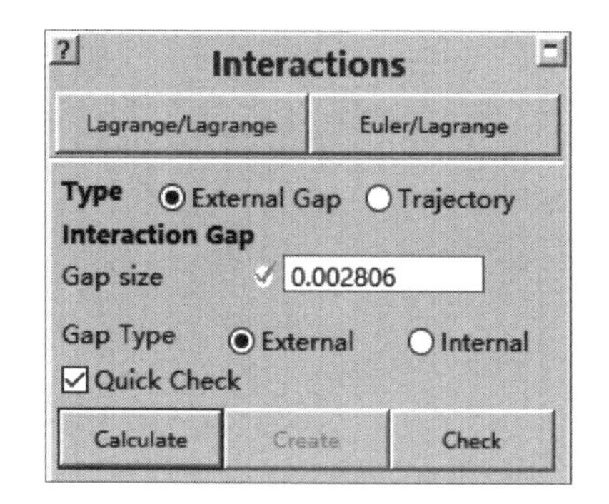

图 15－9　破片与靶板接触类型与间隙设置

第九步，设置求解和输出控制选项。

（1）在导航条中选择 Controls；

（2）在 Cycle limit 文本框中输入9999999；

（3）在 Time limit 文本框中输入 60，在 Energy ref. cycle 文本框中输入 9999999；

（4）在导航条中选择 Output；

（5）在弹出对话框的 Save 栏下点选中 Times，在 End time 文本框中输入 60，在 Increment 文本框中输入 0.5，如图 15－10 所示。

第十步，求解。

（1）选择 Save 选项，保存数据；

（2）单击导航条中的 Run，进行计算求解。在求解过程中，视图会自动更新并显示当前的求解信息，视图面板下方的消息框会显示当前求解状态 Cycles（Cycle#，time，Timestep）。

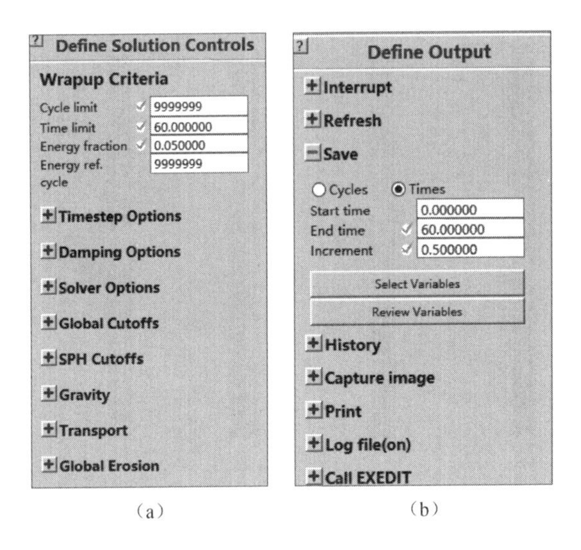

(a) (b)

图 15－10 设置求解和输出控制选项

15.3 计算结果

计算结束后，查看计算结果。单击 View 导航栏中的 Plots 按钮，在 Cycle 下拉菜单中选择需要输出的视图，侵彻过程如图 15－11 所示。单击 History 按钮，选择 Single Variable Plot、TUNG. ALLOY，Y 轴选择 X. vel，X 轴选择 Time，单击确定按钮，输出钨合金破片在 X 轴方向的速度—时间曲线，如图 15－12 所示。

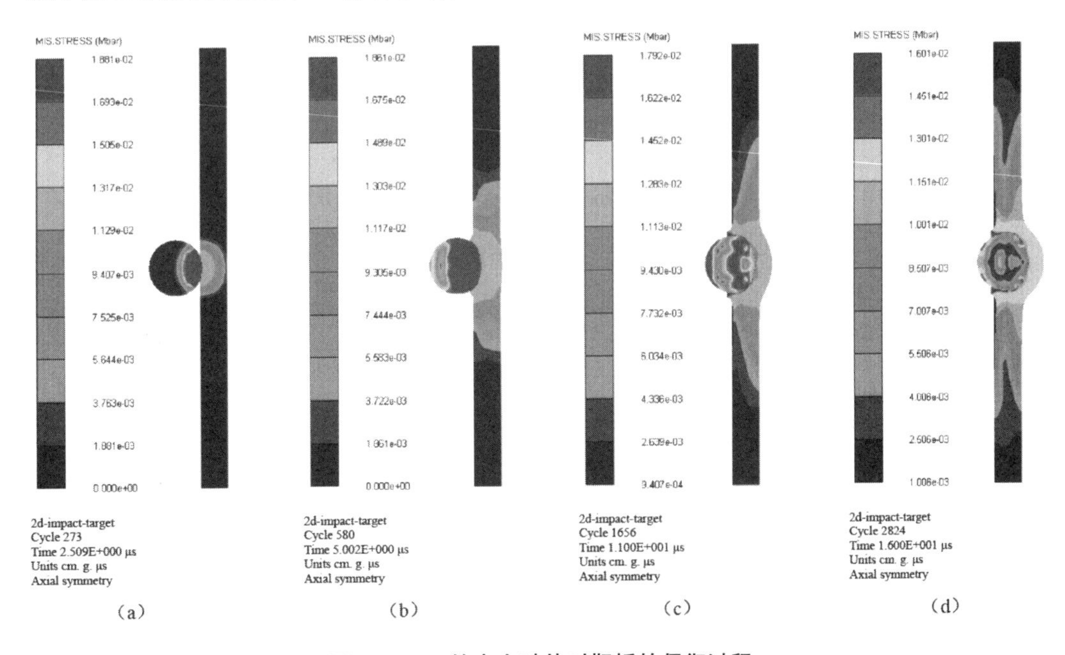

(a) (b) (c) (d)

图 15－11 钨合金破片对靶板的侵彻过程

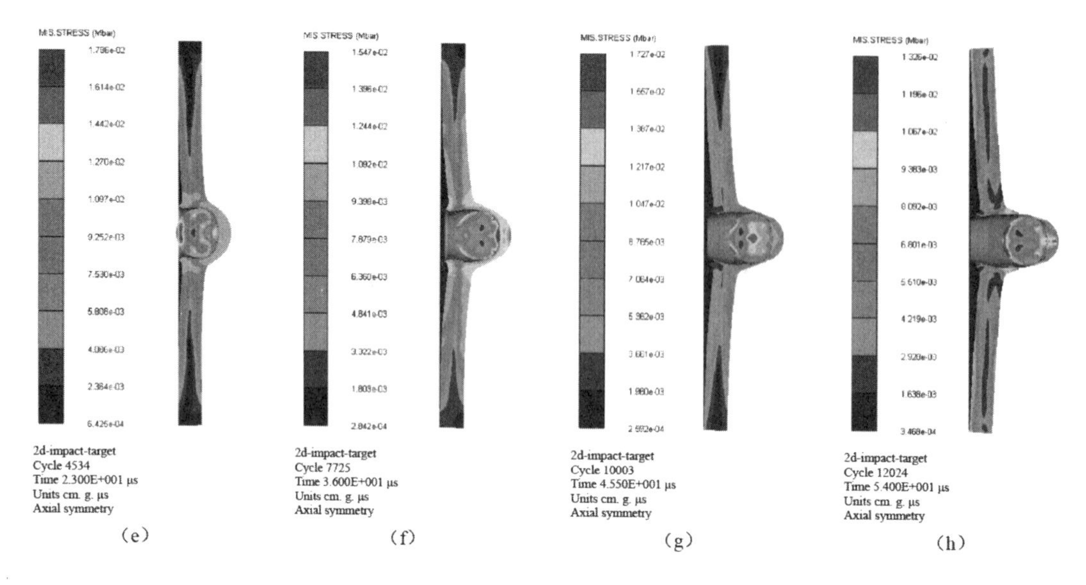

图 15-11　钨合金破片对靶板的侵彻过程(续)

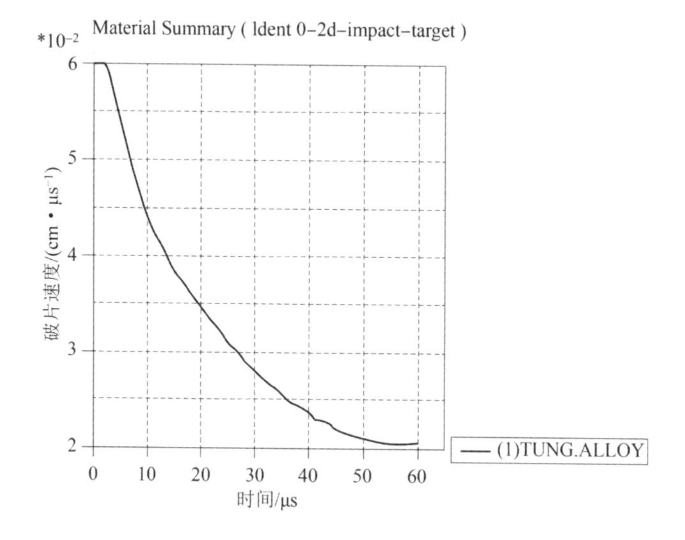

图 15-12　钨合金破片在 X 轴方向上的速度—时间曲线

16　炸药空爆载荷对结构的破坏效果模拟

16.1　模型描述

计算 700 g 球形 TNT 药包在炸高为 47 cm 的条件下对尺寸为 50 cm×50 cm×0.2 cm 靶板的毁伤效果，如图 16－1 所示。为了减少计算量，将模型简化为二维轴对称问题，网格大小为 0.2 cm，靶板四周采用固定约束，起爆点位于球形炸药几何中心位置。靶板采用 Lagrange 算法，TNT 和空气采用 Euler 算法，并进行自动流固耦合。通过在空气域和靶板上设置高斯点，分别检测冲击波压力—时间曲线和靶板的位移响应。模型采用 g、cm、μs 单位制建立。

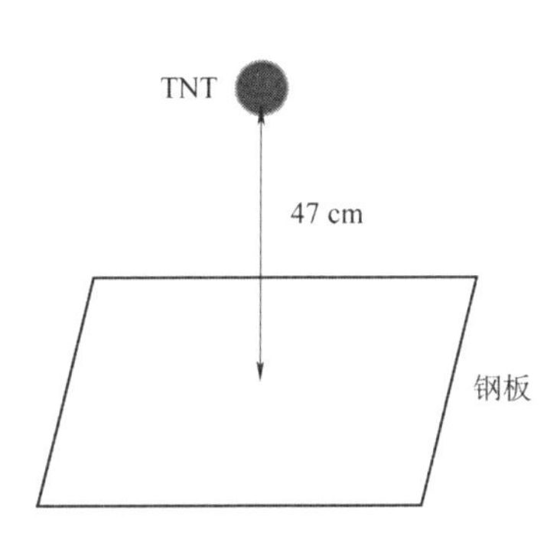

图 16－1　球形 TNT 药包对靶板的破坏示意

16.2　建模步骤

第一步，初始化设置。

（1）启动 AUTODYN，双击 autodyn. exe；

（2）打开新的工程；

（3）选择工作目录，输入名称 air-blast；

（4）选择 2D 轴对称；

（5）选择单位制 cm、g、μs；

（6）单击"√"按钮，进行初始化设置，如图 16－2 所示。

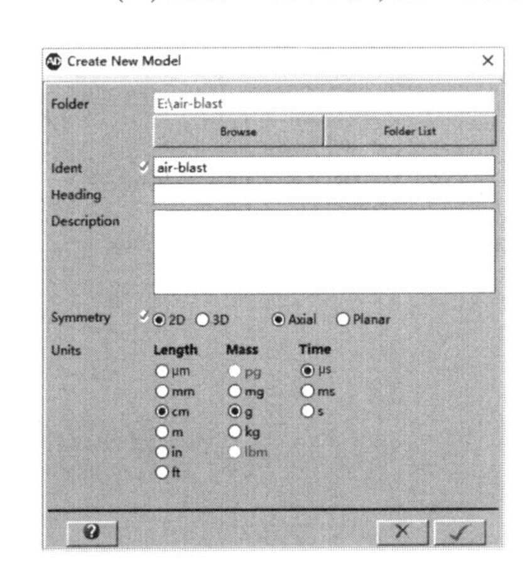

图 16－2　初始化设置

第二步，材料设置。

（1）在导航条中选择 Materials，单击 Load 加载材料数据库；

（2）从材料库中分别选择 AIR、STEEL 4340、TNT；

（3）单击"√"按钮，确认选项，如图 16－3 所示。

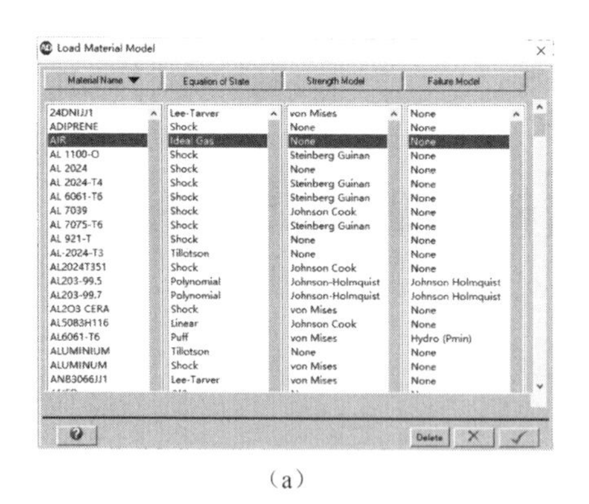

(a)

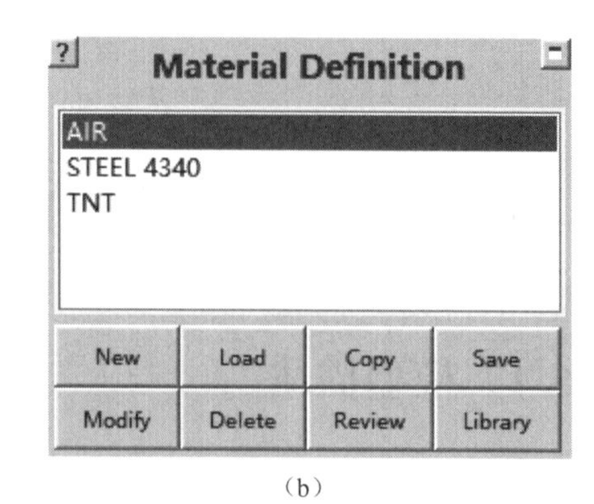

(b)

图 16－3　材料选择

第三步，创建初始条件。

(1)在导航条中选择 Init. Cond. on；

(2)选择 New 选项，进入初始条件设置对话框；

(3)输入 int-air 作为初始条件名称；

(4)点选中 Include Material 选项，在 Material 右侧的下拉菜单中选择 AIR 选项；

(5)在 Internal 文本框中输入 0. 002068；

(6)单击"√"按钮，确认选项，如图 16－4 所示。

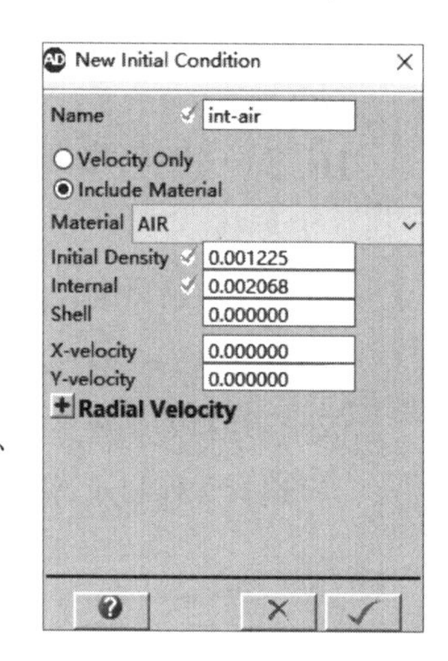

图 16－4　初始条件设置

第四步，创建边界条件。

(1)在导航条中选择 Boundaries；

(2)选择 New 选项，弹出边界条件设置对话框；

(3)输入 AIR-OUT 作为边界条件名称；

(4)在下拉菜单中分别选择 Flow_Out、Flow out(Euler)、ALL EQUAL；

(5)单击"√"按钮确认；

(6)选择 New 选项，弹出边界条件设置对话框；

(7)输入 guding 作为边界条件名称；

(8)在下拉框中分别选择 Velocity、X-velocity(Constant)，在 Constant X velocity 文本框中输入 0；

(9)单击"√"按钮，确认选项，如图 16－5 所示。

第五步，创建空气模型。

(1)在导航条中选择 Parts；

(2)选择 New 选项，弹出模型建立对话框；

(3)输入 AIR 作为 Part 名称；

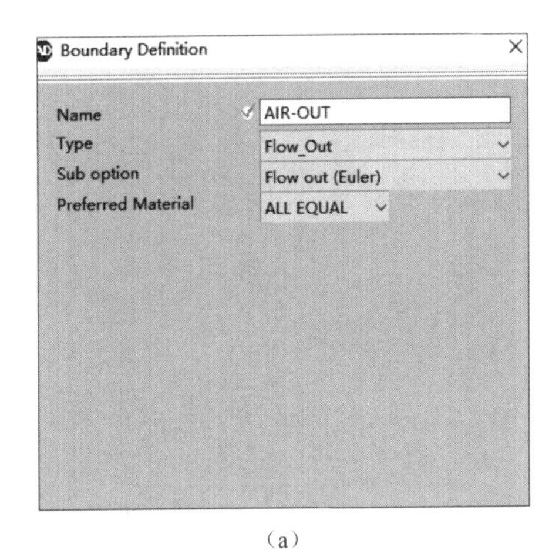

(a)

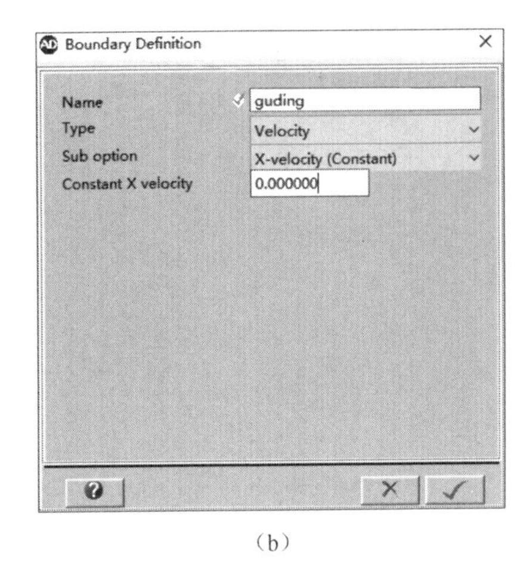

(b)

图 16－5　创建初始边界条件

(4)在 Solver 栏中点选中 Euler,2D Multi-material 求解器;

(5)在 Definition 栏中点选中 Part wizard 选项,单击 Next 按钮;

(6)在弹出的对话框中选择 Box 选项卡;

(7)输入原点坐标 X origin 为 －60,Y origin 为 0;

(8)输入长度:DX 为 75,DY 为 30;

(9)单击 Next 按钮;

(10)在弹出的对话框中输入 X 和 Y 方向的网格数量,分别为 375 和 150;

(11)单击 Next 按钮;

(12)在弹出的对话框中勾选 Fill with Initial Condition S,确认 int-air 被选中;

(13)单击"√"按钮,确认选项,如图 16－6 所示。

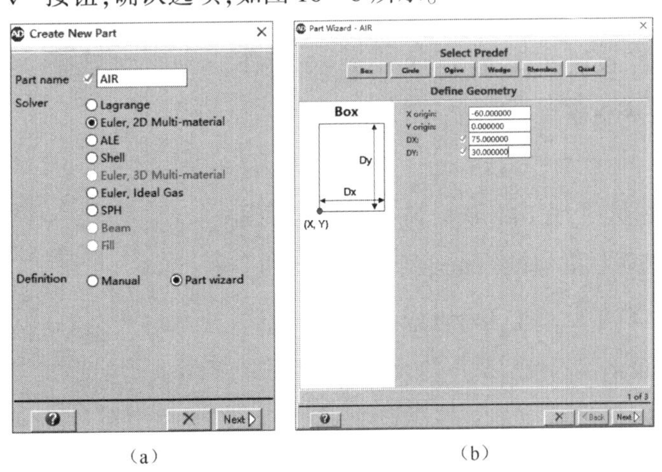

(a)　　(b)

图 16－6　空气模型创建

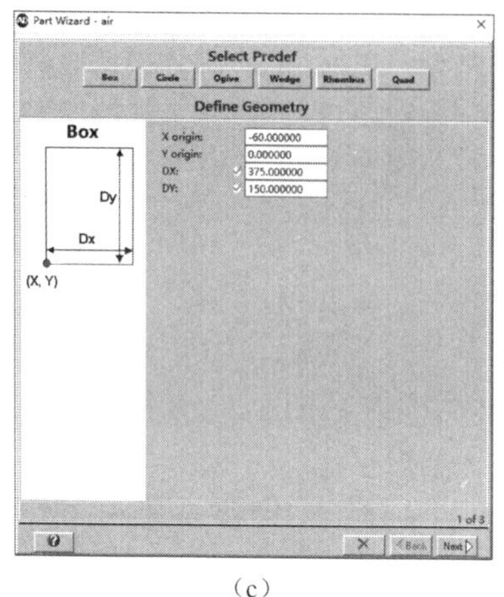

（c）

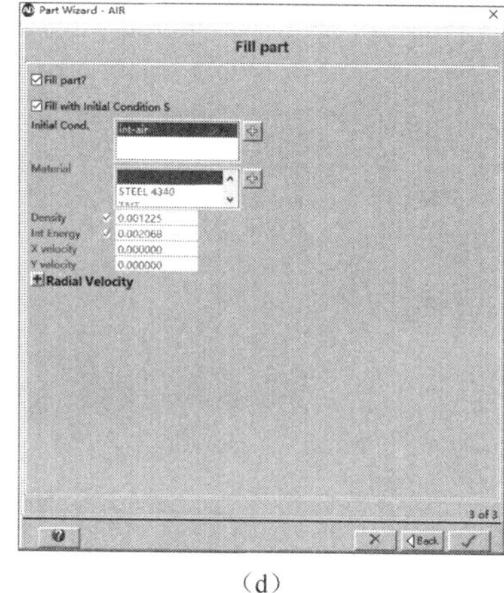

（d）

图 16－6　空气模型创建(续)

第六步,创建炸药模型。

(1)在导航条中选择 Parts;

(2)选择 AIR;

(3)单击面板中的 Fill;

(4)单击 Fill by Geometrical Space;

(5)单击 Ellipse;

(6)在弹出对话框的 X-centre 文本框中输入－47,在 Y centre 文本框中输入 0;

(7)在 X-semi-axis 文本框中输入 4.68,在 Y-semi-axis 文本框中输入 4.68;

(8)点选中 Inside 选项;

(9)在 Material 菜单列表中选择 TNT 选项作为填充材料;

(10)单击"√"按钮,确认选项,如图 16－7 所示。

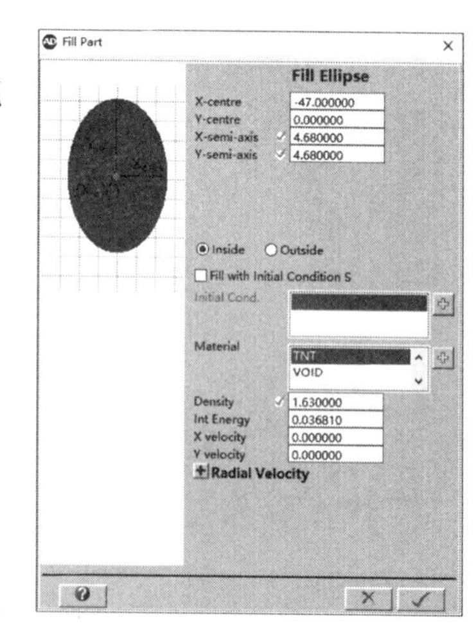

图 16－7　炸药模型填充

第七步,创建靶板模型。

(1)在导航条中选择 Parts;

(2)选择 New 选项,弹出 Create New Part 对话框;

(3)在弹出的对话框中输入 target,作为 Part 的名称;

(4)在 Solver 栏中点选中 Lagrange 求解器;

(5)在 Definition 栏中点选中 Part wizard 选项,单击 Next 按钮;

(6)在弹出的对话框中选择 Box 选项卡;

(7)输入原点坐标:X origin 为 0,Y origin 为 0;

(8)输入长度:DX 为 0.2,DY 为 25;

(9)单击 Next 按钮;

(10)在弹出的对话框中输入 X 和 Y 方向的网格数量,分别为 1 和 125;

(11)单击 Next 按钮;

(12)在弹出对话框的 Material 菜单列表中选择 STEEL 4340 作为填充材料;

(13)单击"√"按钮,确认选项,如图 16-8 所示。

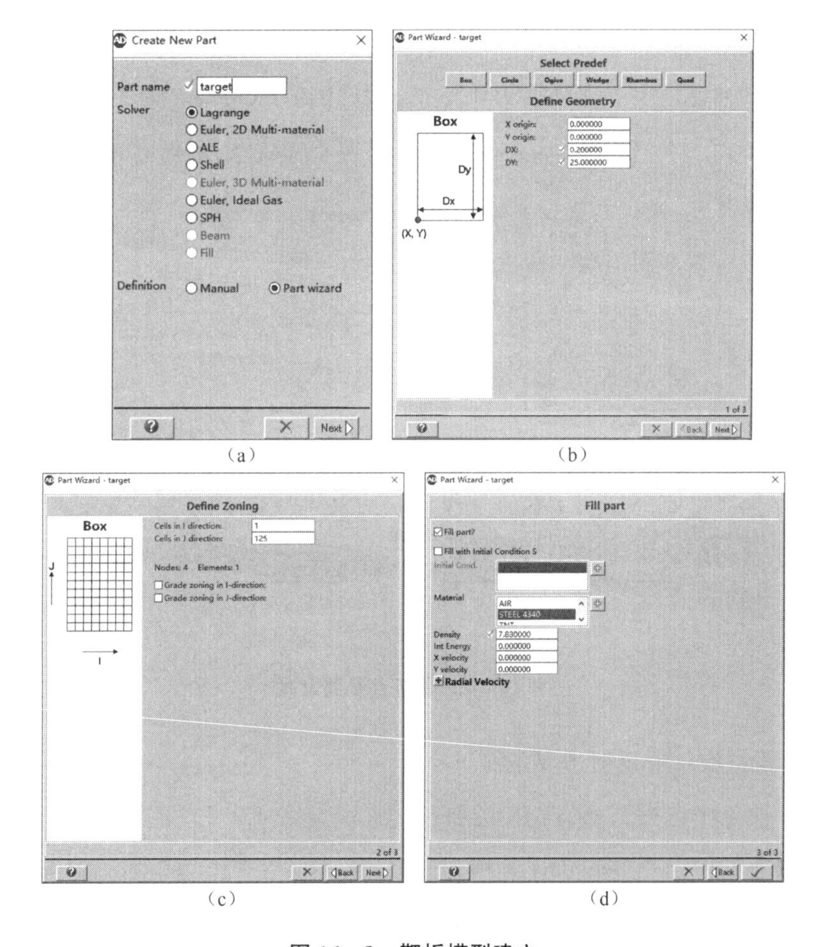

图 16-8 靶板模型建立

第八步,高斯点设置。

(1)在导航条中选择 Parts;

(2)选择 target;

(3)在菜单栏中选择 Gauges 选项;

(4)选择 Define Gauge Points 选项,单击 Add 按钮;

(5)在弹出的对话框中点选中 Array、Moving、XY-Space、Y-Array 选项；

(6)分别设置 X 为 0，Y min 为 0，Y max 为 20，Y increment 为 5；

注：沿靶板宽度方向，设置间隔为 5 cm 的高斯点，监视靶板的位移变化，测点是随着材料一起移动的(Moving)。

(7)在 Parts 面板中选择 AIR；

(8)在菜单栏中选择 Gauges 选项；

(9)选择 Define Gauge Points 选项，单击 Add 按钮；

(10)在弹出的对话框中点选中 Array、Fixed、XY-Space、Y-Array；

(11)分别设置 X 为 -3，Y min 为 0，Y max 为 10，Y increment 为 2。

注：在空气中沿 X = -3 cm 处，设置 6 个分别间隔 2 cm 的高斯点，监视空气中冲击波的时间历程变化，测点是固定在空气中的(Fixed)。

高斯点参数设置如图 16-9 所示。

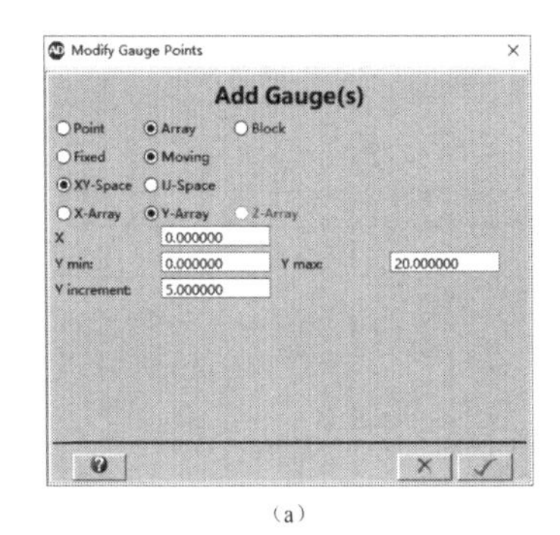

(a)

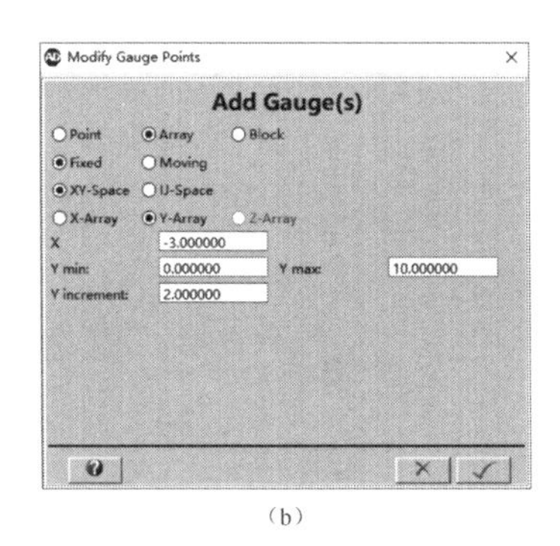

(b)

图 16-9　高斯点参数设置

第九步，设置空气非反射边界条件。

(1)在导航条中选择 Parts > AIR 选项；

(2)在菜单栏中选择 Boundary 选项；

(3)单击 Apply Boundary by Index，在弹出的对话框中进行边界设置；

(4)单击 I Line，分别在 From I、From J 文本框中输入 1，在 To J 文本框中输入 151，在 Boundary 下拉菜单中选择 AIR-OUT 选项作为边界条件，单击"√"按钮确认；

(5)单击 I Line，分别在 From I、From J 文本框中输入 376、1，在 Boundary 下拉菜单中选择 AIR-OUT 选项作为边界条件，单击"√"按钮确认；

(6)单击 J Line，分别在 From I、From J 文本框中输入 1、151，在 Boundary 下拉菜单中选择 AIR-OUT 选项作为边界条件，单击"√"按钮确认。

空气非反射边界设置如图 16－10 所示。

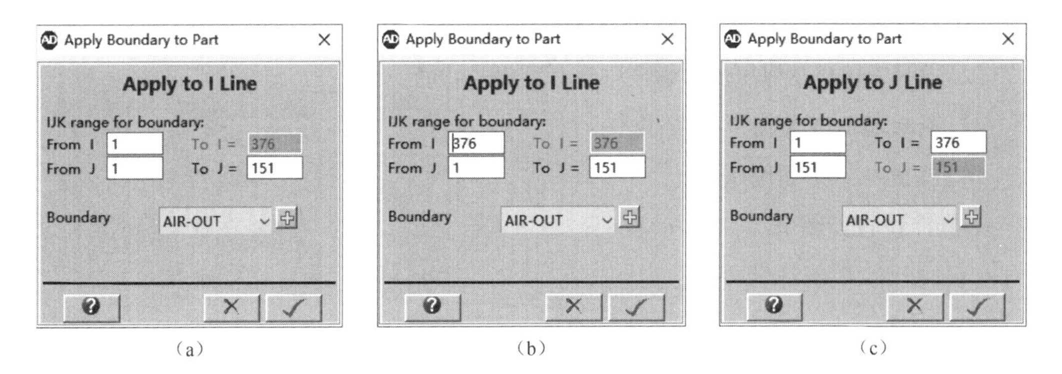

（a）　（b）　（c）

图 16－10　空气非反射边界设置

第十步，设置靶板固定约束边界条件。

（1）在导航条中选择 Parts＞target 选项；

（2）在菜单栏中选择 Boundary 选项；

（3）单击 Apply Boundary by Index，在弹出的对话框中进行边界设置；

（4）单击 J Line，输入 J＝126，在 Boundary 下拉菜单中选择 guding 选项作为边界条件，单击“√”按钮确认。

靶板固定约束条件的参数设置如图 16－11 所示。

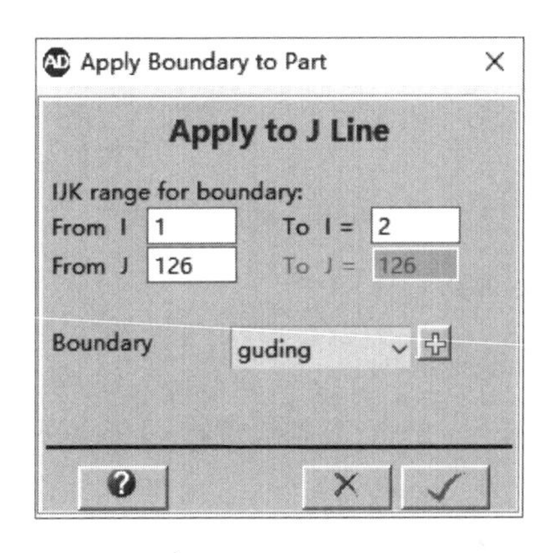

图 16－11　靶板固定约束条件的参数设置

第十一步，流固耦合设置。

（1）在导航条中选择 Interaction 选项；

（2）选择 Euler/Lagrange 选项；

（3）选择 Automatic［polygon free］选项。

第十二步,起爆点设置。

(1)在导航条中选择 Detonations 选项;

(2)选择 Point,在弹出的对话框中进行起爆点设置;

(3)输入起爆点 X 为 -47,Y 为 0;

(4)单击"√"按钮确认。

起爆点设置如图 16-12 所示。

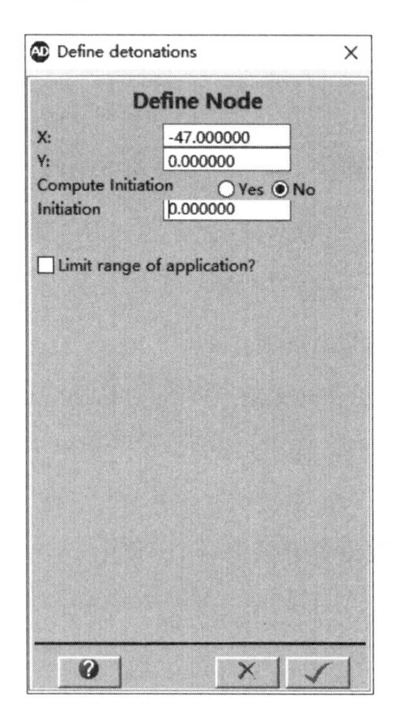

图 16-12　起爆点设置

第十三步,设置求解和输出控制选项。

(1)在导航条中选择 Controls 选项;

(2)在弹出的对话框的 Cycle limit 文本框中输入 9999999;在 Time limit 文本框中输入 2000,Energy ref. cycle 设置为 9999999;

(3)在导航条中选择 Output 选项;

(4)单击 Save 左侧的"+"号,点选中 Times 选项,在 End time 文本框中输入 2000,在 Increment 文本框中输入 1;

(5)单击 History 左侧的"+"号,点选中 Times,在 End time 文本框中输入 2000,在 Increment 文本框中输入 0.5。

注:此设置为高斯点数据输出时间步长,每 0.1 μs 输出一个数据点。

求解和输出控制选项的参数设置如图 16－13 所示。

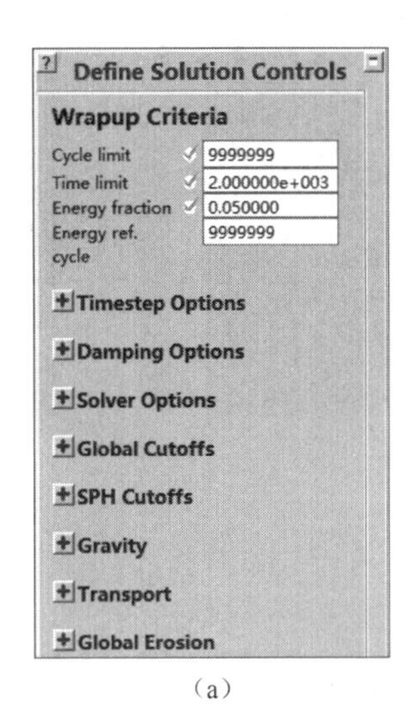

（a）

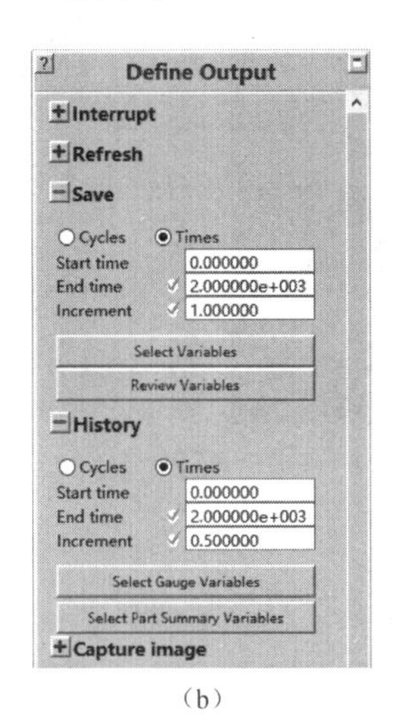

（b）

图 16－13　求解和输出控制选项的参数设置

第十四步，求解。

（1）单击 Save 按钮，保存数据；

（2）选择导航条中的 Run 选项，进行计算求解；

（3）在进行求解的过程中，视图会自动更新并显示当前的求解信息，视图面板下方的消息框会显示当前求解状态 Cycles（Cycle#，time，Timestep）。

16.3　计算结果

在计算结束后查看计算结果。单击 View 导航栏中 Plots 按钮，在 Cycle 下拉菜单中选择需要输出的视图。冲击波传播过程如图 16－14 所示，冲击波反射与绕射过程如图 16－15所示。单击 History 按钮，输出靶板上高斯点 1～5 X 轴的速度—时间曲线，单击积分运算，输出各高斯点的位移—时间曲线，如图 16－16 所示。空气域中高斯点 6 和高斯点 8 的压力—时间曲线如图 16－17 所示，从压力—时间曲线中可以发现入射冲击波和反射冲击波。

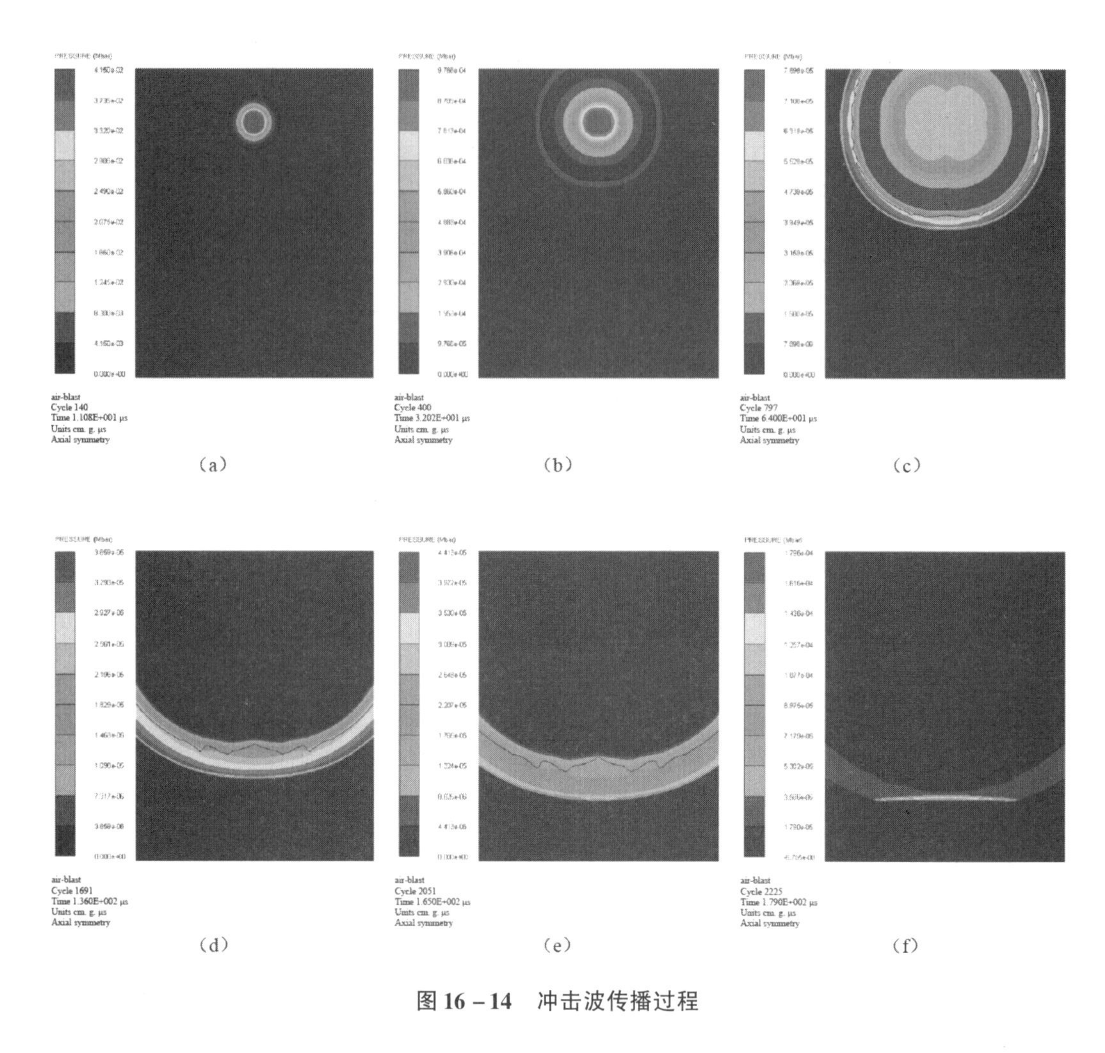

图 16－14　冲击波传播过程

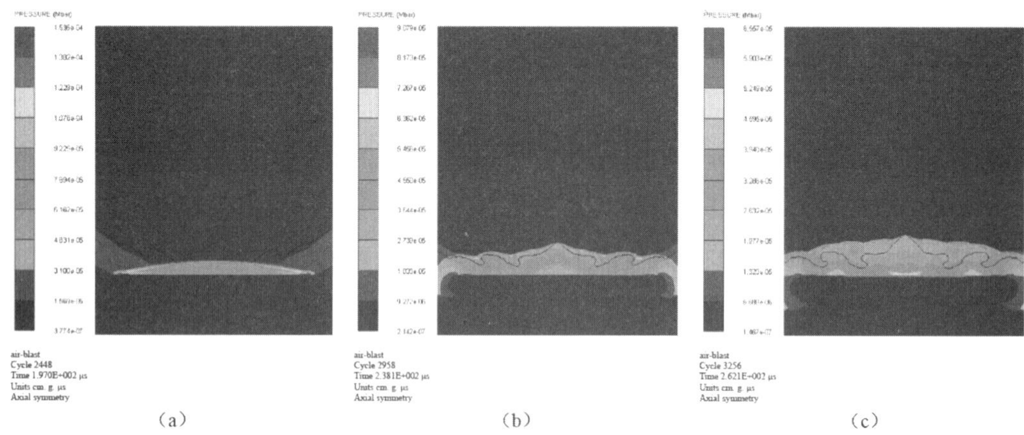

图 16－15　冲击波反射与绕射过程

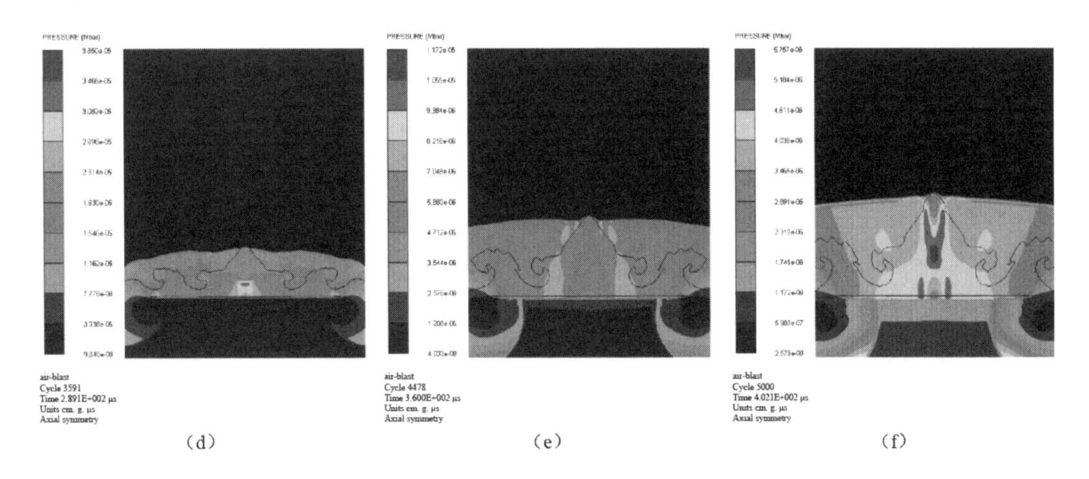

图 16－15 冲击波反射与绕射过程(续)

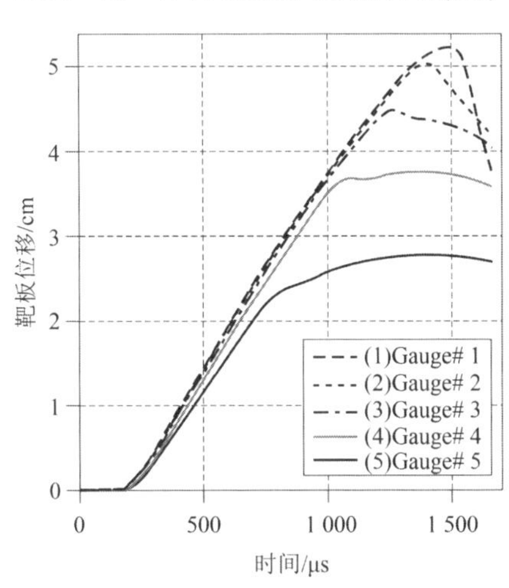

图 16－16 靶板上高斯点 1～5 X 轴的位移—时间曲线

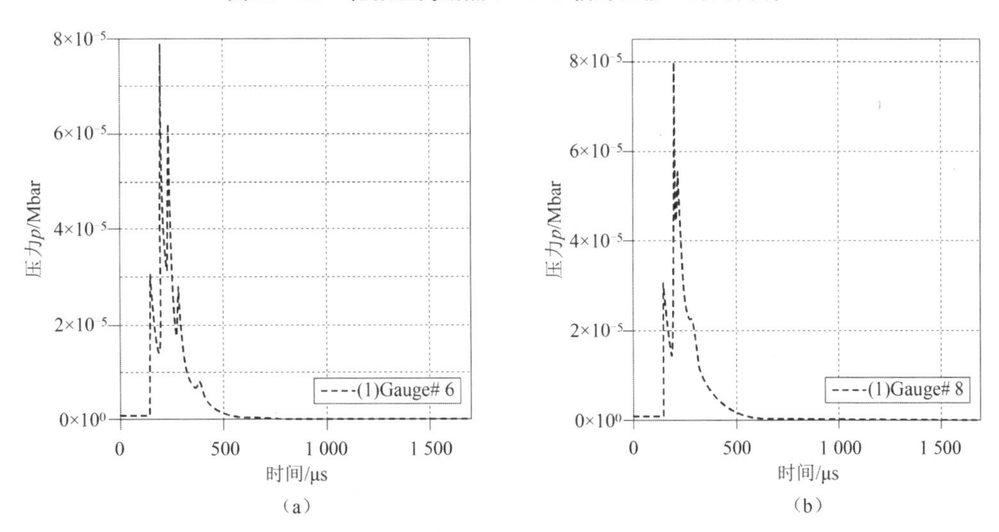

图 16－17 高斯点 6 和高斯点 8 的压力—时间曲线

(a)高斯点 6 号;(b)高斯点 8 号

17　超高速撞击计算

17.1　模型描述

通过数值模拟，计算球形弹丸对靶板的超高速撞击过程，模型如图 17 - 1 所示。弹丸直径为 0.525 cm，钢靶板尺寸为 ϕ3 cm × 0.18 cm，弹丸以 5 000 m/s 的速度垂直侵彻，撞击点为靶板中心，弹丸和靶板材料均为 2024 - T4 铝合金。将模型简化为二维轴对称问题，采用 SPH 算法，粒子尺寸均为 0.01 cm，单位制为 g、cm、μs 进行创建。

注：AUTODYN 轴对称算法默认 X 轴为对称轴。

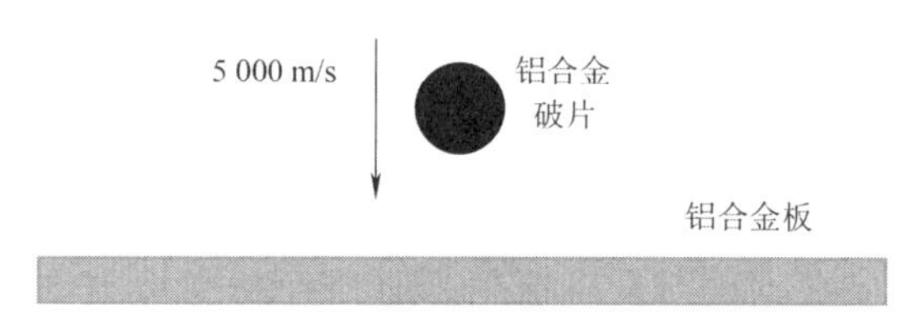

图 17 - 1　弹丸超高速撞击示意

17.2　建模步骤

第一步，初始化设置。

(1) 启动 AUTODYN，双击 autodyn. exe；

(2) 打开新的工程；

(3) 选择工作目录，输入名称 HVI - 2D；

(4) 选择 2D 轴对称；

(5) 选择单位制 cm、g、μs；

(6) 进行初始化设置，如图 17 - 2 所示。

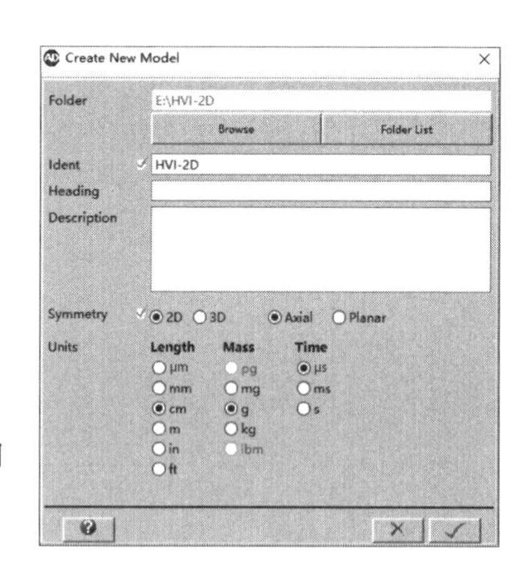

图 17 - 2　初始化设置

第二步，材料设置。

(1) 在导航条中选择 Materials 选项，单击 Load 加载材料数据库；

(2) 从弹出的材料库中选择 AL 2024 - T4 材料；

(3) 单击"√"按钮确认；

(4)选中 2024 – T4 材料,单击 Modify,在弹出的对话框中修改材料参数;

(5)材料名修改为 AL 2024 – T41;

(6)失效模型选择 Grady Spall Model,失效值为 0. 15;

(7)选择随机失效 Stochastic failure,随机因子为 16;

(8)单击"√"按钮确认,弹丸材料参数设置成功。

重复上述操作,设置靶板材料参数,材料名依旧为 AL 2024 – T4,如图 17 – 3 所示。

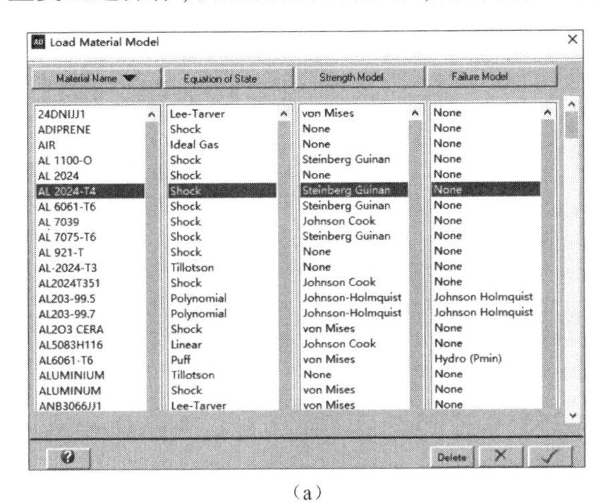

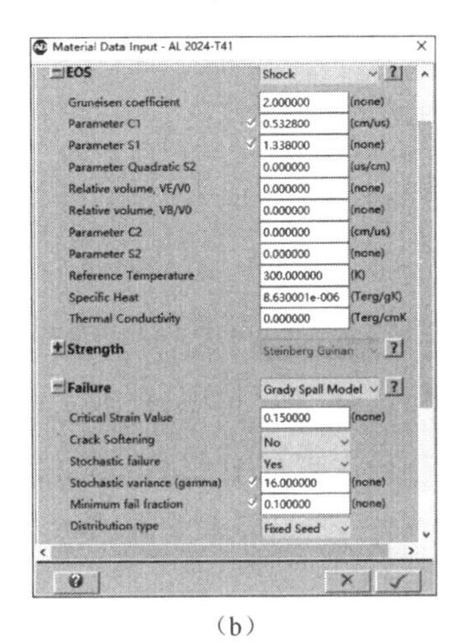

图 17 – 3　材料选择并对参数进行修改

第三步,创建初始条件。

(1)在导航条中选择 Init. Cond. on 选项;

(2)单击 New,在弹出的对话框中进行初始条件设置;

(3)输入 int-velocity 为速度初始条件名称;

(4)点选中 Include Material 选项;

(5)在 Material 下拉菜单中选择 AL 2024 – T41 作为弹丸材料,将速度与弹丸材料关联;

(6)在 X-velocity 文本框中输入数值 0. 5;

(7)单击"√"按钮,确认数据,如图 17 – 4 所示。

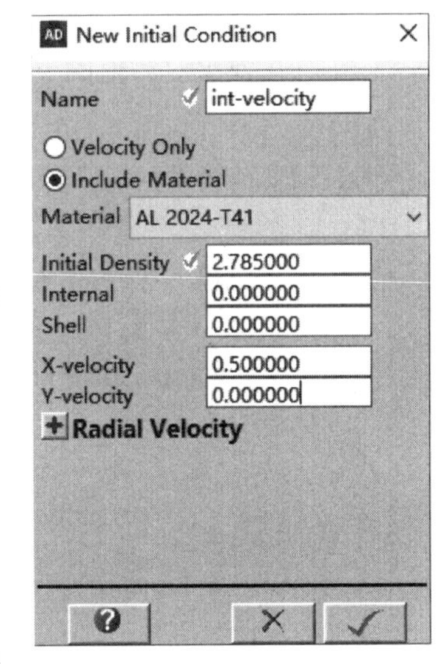

图 17 – 4　初始速度设置

第四步,创建边界条件。

(1)在导航条中选择 Boundaries 选项;

(2)选择 New 选项,在弹出的对话框中进行边界条件设置;

(3)在 Name 右侧文本框中输入 Boundary-Vx 作为边界条件名称;

(4)在下拉菜单中分别选择 Velocity、X-velocity(Constant);

(5)在 Constant X velocity 文本框中输入 0；

(6)单击"√"按钮，确认数据，如图 17-5 所示。

第五步，创建弹丸模型。

(1)在导航条中选择 Parts 选项；

(2)选择 New 选项，在弹出的对话框中进行模型建立；

(3)在 Part name 右侧的文本框中输入 impact-target 作为 Part 名称；

(4)在 Solver 栏中点选中 SPH 求解器，单击"√"按钮；

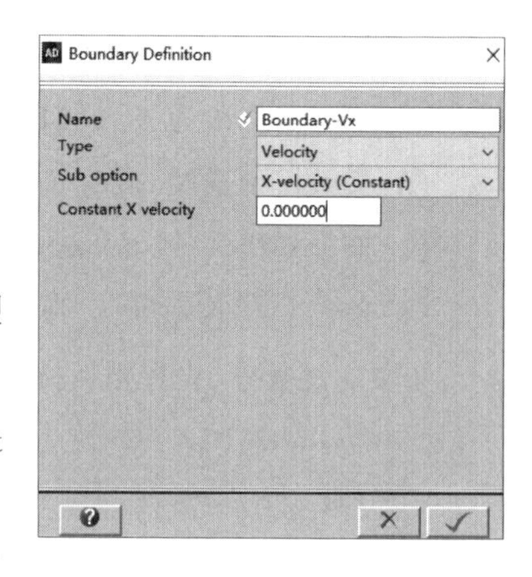

图 17-5 创建初始边界条件

(5)选择 Geometry(Zoning)选项；

(6)选择 New 选项，在弹出对话框的 Object name 右侧文本框中输入 impactor；

(7)依次点选中 Circle、Solid 选项；

(8)在 X origin 文本框中输入 -0.263，在 Y origin 文本框中输入 0；在 Outer Radius 文本框中输入 0.2625，在 Angle 文本框中输入 180，单击"√"按钮确认；

(9)选择 Pack(Fill) > Pack Selected Object(s)选项；

(10)在弹出的对话框中勾选 Fill with Initial Condition S，确认 int-velocity 被选中，单击 Next 按钮；

(11)在弹出对话框的 Particle size 文本框中输入 0.01，分别在 Edge 和 Packing 栏中点选中 No 和 Concentric，单击 Next 和"√"按钮确认，如图 17-6 所示。

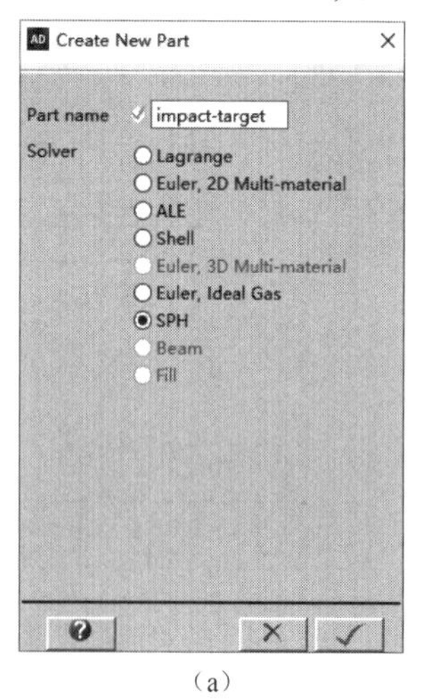

(a)

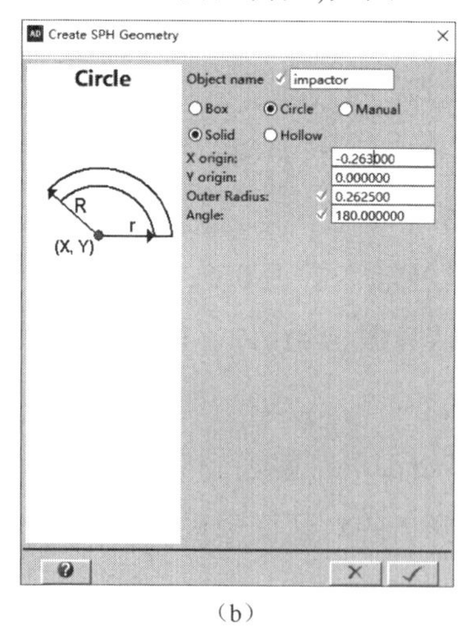

(b)

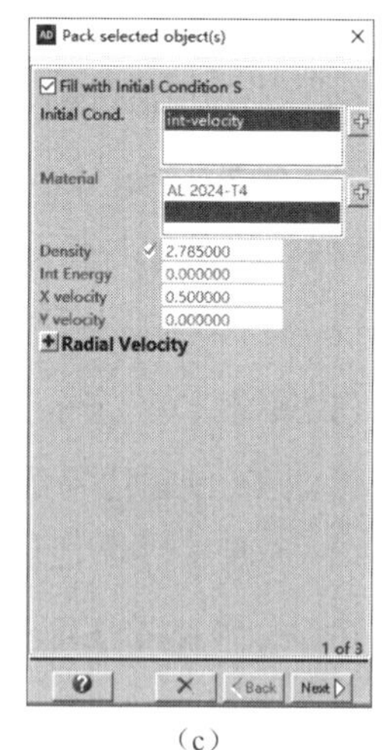

(c)

图 17-6 创建弹丸 SPH 模型

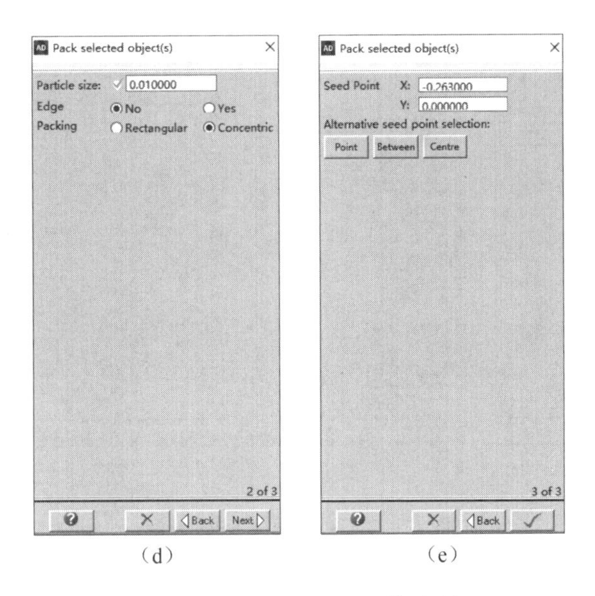

（d） （e）

图17－6 创建弹丸SPH模型(续)

第六步,创建靶板模型。

(1)在导航条中选择 Parts 选项;

(2)选中 impact-target 选项;

(3)选择 Geometry(Zoning) > New 选项;

(4)在弹出对话框的 Object name 文本框中输入 target 作为模型名称;

(5)点选中 Box 选项;

(6)在 X origin 文本框中输入 0,在 Y origin 文本框中输入 0,在 DX 文本框中输入 0. 18,在 DY 文本框中输入 1. 5;

(7)单击"√"按钮确认;

(8)选择 Pack(Fill) > Pack Selected Object(s)选项;

(9)在 Material 右侧列表框中选择 AL 2024－T4 材料;

(10)单击 Next 按钮;

(11)在弹出对话框的 Particle size 文本框中输入 0. 01,分别在 Edge 和 Packing 栏中点选中 No 和 Rectangular;

(12)单击 Next 和"√"按钮,如图 17－7 所示;创建的弹丸和靶板 SPH 模型如图 17－8 所示。

第七步,添加靶板边界条件。

(1)在导航条中选择 Parts > impact-target > Boundary > Apply Boundary by Region > Apply 选项;

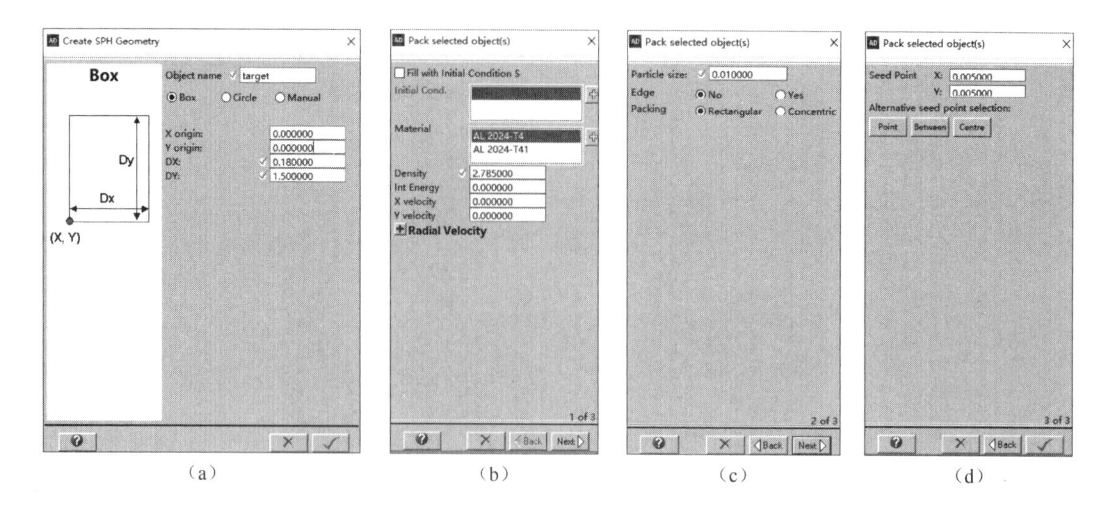

（a）　（b）　（c）　（d）

图 17－7　创建靶板 SPH 模型

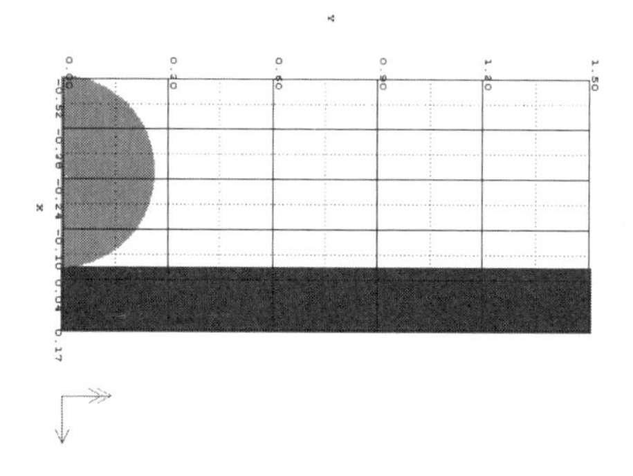

图 17－8　创建的弹丸和靶板 SPH 模型

（2）在弹出的对话框中进行边界设置；

（3）在 Xmin 文本框中输入 －0.1，在 Xmax 文本框中输入 0.2，在 Ymin 文本框中输入 1.46，在 Ymax 文本框中输入 1.5；

（4）在 Boundary 下拉菜单中选择 Boundary-VX 选项作为边界条件；

（5）单击“√”按钮确认，如图 17－9 所示。

第八步，设置求解和输出控制选项。

（1）在导航条中选择 Controls 选项；

（2）在弹出对话框的 Cycle limit 文本框中输入 9999999；

（3）在 Time limit 文本框中输入 10；

（4）在 Energy ref. cycle 文本框中输入 9999999；

（5）在导航条中选择 Output 选项；

（6）单击 Save 左侧的“＋”号，在展开的选项点选中 Times，在 End time 文本框中输入

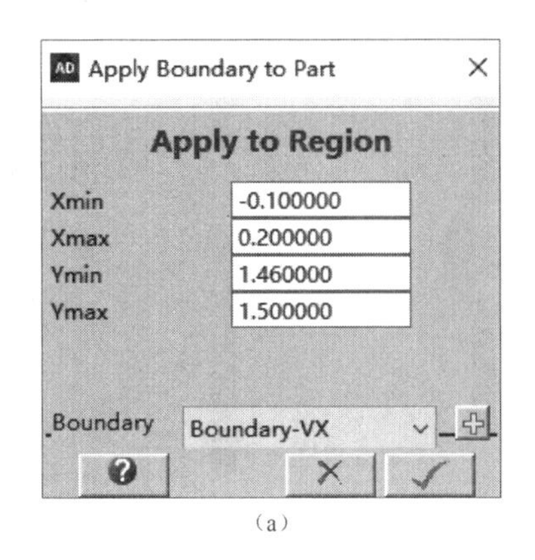

(a)

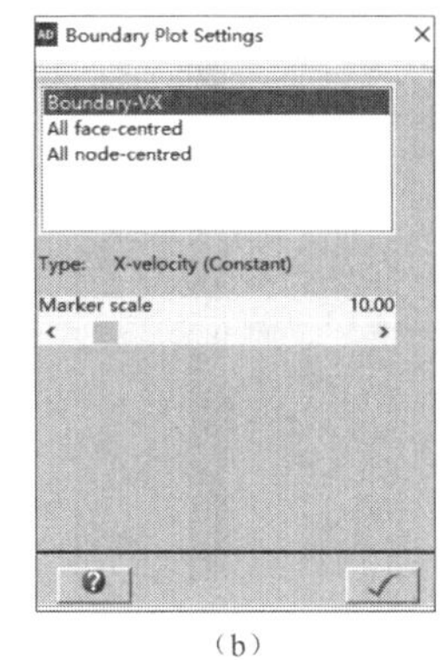

(b)

图 17－9　边界条件的设置和显示

10，在 Increment 文本框中输入 0.5；

(7)单击 History 左侧的“＋”号，在展开的选项点选中 Times，在 End time 文本框中输入 10，在 Increment 文本框中输入 0.1，如图 17－10 所示。

第九步，求解。

(1)选择 Save 选项，保存数据；

(2)选择导航条中的 Run 选项，进行计算求解；

(3)在求解的过程中，视图会自动更新并显示当前的求解信息，视图面板下方的消息框会显示当前求解状态 Cycles(Cycle#，time，Timestep)。

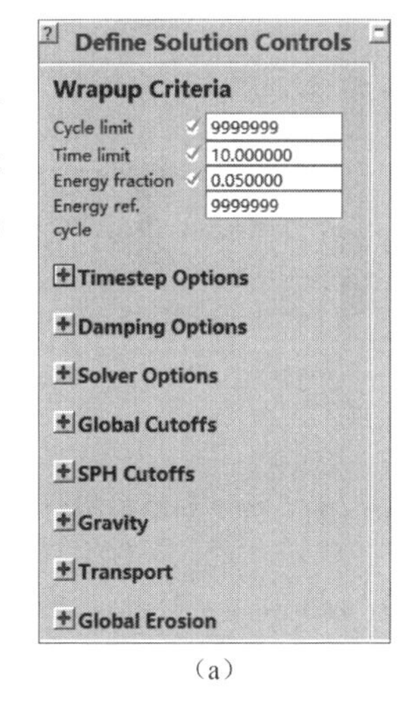

(a)

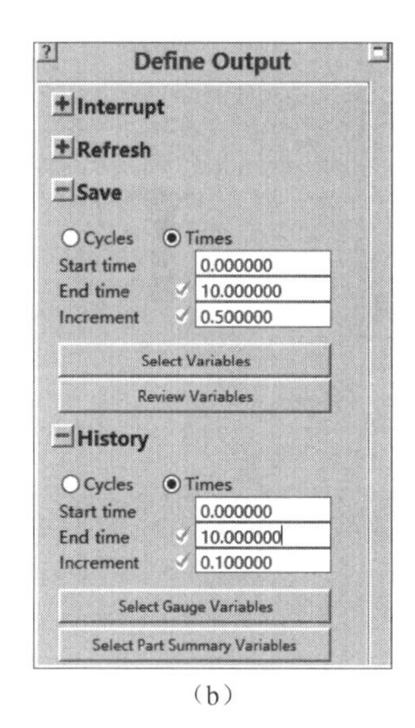

(b)

图 17－10　求解和输出控制的参数设置

17.3　计算结果

计算结束后，查看计算结果。单击 View 导航栏中的 Plots 按钮，在 Cycle 下拉菜单中选择需要输出的视图，弹丸对靶板的超高速撞击过程如图 17－11 所示。单击 History 按钮，输出弹丸的 X 轴速度—时间曲线，如图 17－12 所示。

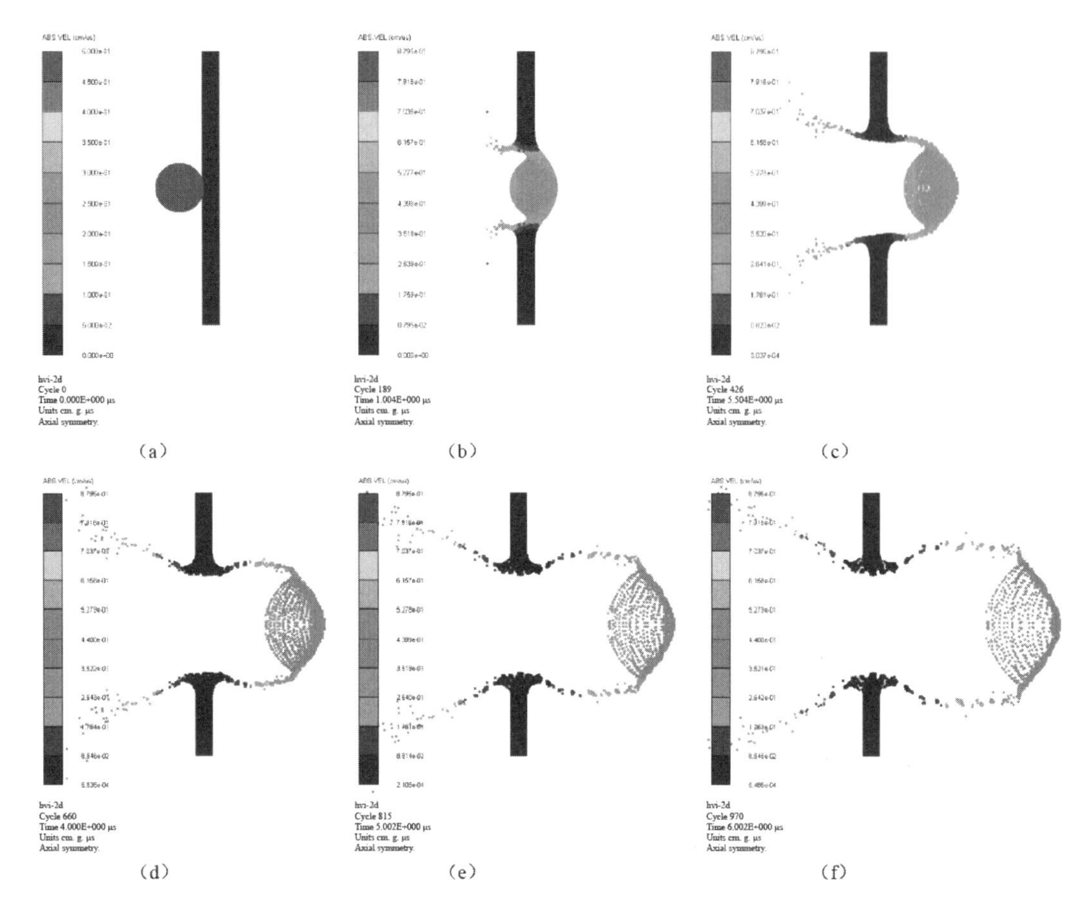

图 17－11　弹丸对靶板的超高速撞击过程示意

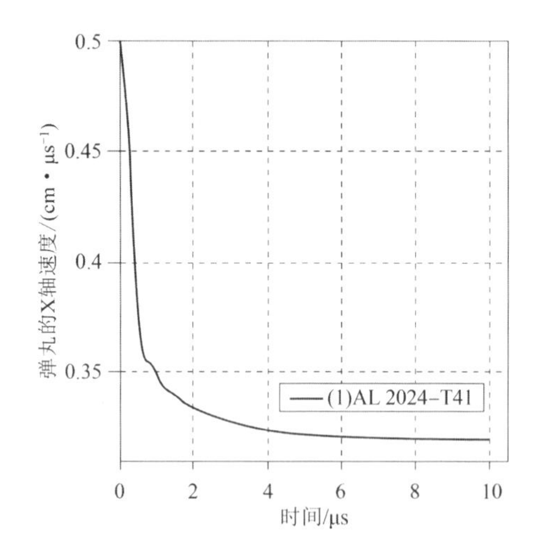

图 17－12　弹丸的 X 轴速度—时间曲线

18　聚能射流成型模拟

18.1　模型描述

数值计算所用聚能装药口径为 40 mm，药型罩为等壁厚双锥罩。其中，小锥角为 40°，大锥角为 60°。药型罩壁厚为 0.7 mm，装药高度为 68 mm，带有波形调整器，炸高为 80 mm。图 18－1 所示为聚能装药结构。数值模拟中涉及炸药、空气、药型罩、波形调整器四种材料模型。其中，炸药为 Comp. B 炸药，药型罩材料为紫铜，波形调整器为聚氨酯材料。所有材料均取自 AUTODYN 自带材料库中的数据。

注： 战斗部结构可参考贾鑫、黄正祥、徐梦雯等发表的《聚能射流对厚壁移动靶的侵彻理论与数值模拟分析》。

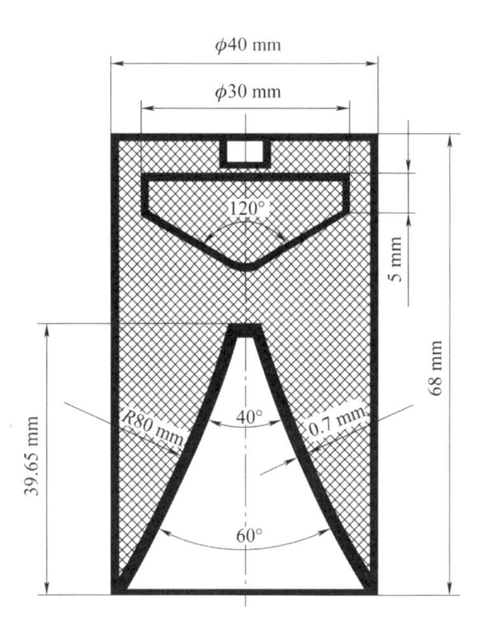

图 18－1　聚能装药结构示意

18.2　建模步骤

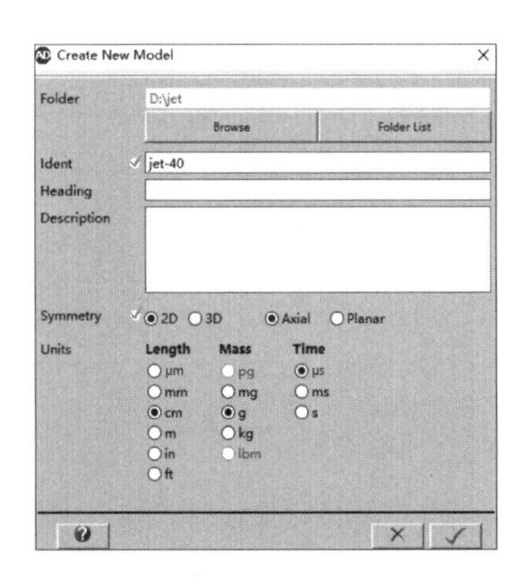

图 18－2　初始化设置

第一步，初始化设置。

（1）启动 AUTODYN，双击 autodyn. exe；

（2）打开新的工程；

（3）选择工作目录，输入名称 jet-40；

（4）选择 2D 轴对称；

（5）选择单位制 cm、g、μs；

（6）初始化设置如图 18－2 所示。

第二步，材料设置。

（1）在导航条中选择 Materials，单击 Load 加载材料数据库；

(2)从材料库中分别选择 AIR、COMP B、CU-OFHC、POLYURETH.；

(3)单击"√"按钮确认。

第三步，创建初始条件。

(1)在导航条中选择 Init. Cond. on > New 选项；

(2)在弹出的 New Initial Condition 对话框中进行初始条件设置；

(3)在 Name 右侧的文本框中输入 int-air 作为初始条件名称；

(4)点选中 Include Material，在 Material 下拉菜单中选择 AIR 选项；

(5)在 Internal 文本框中输入 0. 002068；其他设置如图 18 –3 所示，单击"√"按钮确认选项。

第四步，创建边界条件。

(1)在导航条中选择 Boundary > New 选项；

(2)在弹出的 Boundary Definition 对话框中进行边界条件设置；

(3)在 Name 右侧的文本框中输入 AIR-OUT 作为边界条件名称；

(4)在 Type、Sub option 和 Preferred Material 下拉菜单中分别选择 Flow_Out、Flow out (Euler)和 ALL EQUAL 选项；

(5)单击"√"按钮确认，如图 18 –4 所示。

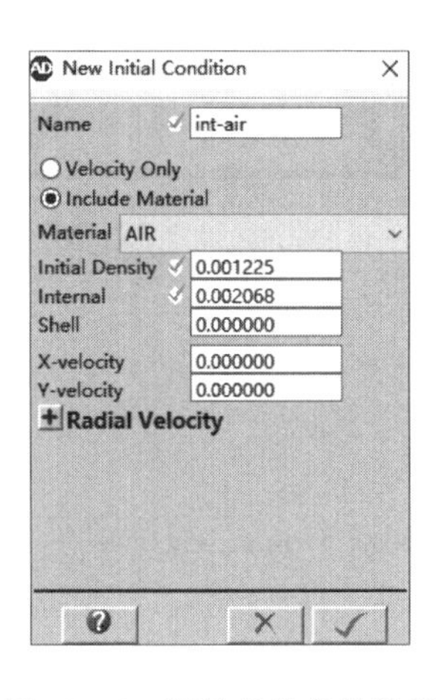

图 18 –3　初始条件参数设置

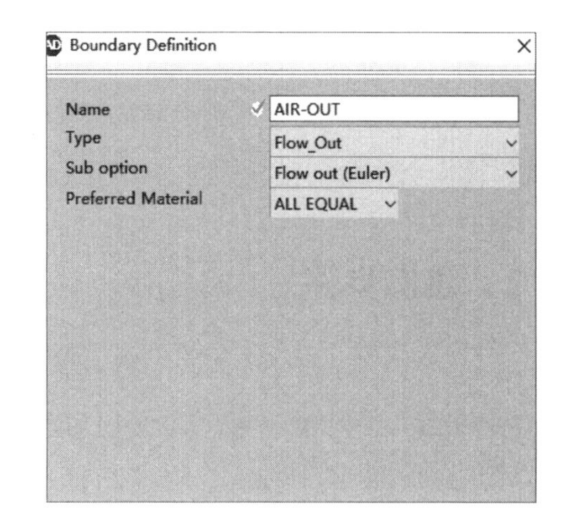

图 18 –4　创建初始边界条件

第五步，创建空气模型。

(1)在导航条中选择 Parts > New 选项；

(2)在弹出的 Create New Part 对话框中进行模型建立；

(3)在 Part name 右侧的文本框中输入 AIR 作为 Part 名称；

(4)在 Solver 栏中点选中 Euler，2D Multi-material 求解器；

(5)在 Definition 栏中点选中 Part wizard 选项,单击 Next 按钮;

(6)在弹出的对话框中选择 Box 选项卡;

(7)输入原点坐标 X origin 为 -8,Y origin 为 0;

(8)输入长度 DX 为 18,DY 为 3;

(9)单击 Next 按钮;

(10)在弹出的对话框中分别输入 X 和 Y 方向的网格数量,分别为 900 和 150[如图 18-5(c)所示];

(11)单击 Next 按钮;

(12)在弹出的对话框中勾选 Fill part? 和 Fill with Initial Condition S 选项,确认菜单列表中的 int-air 被选中;

(13)单击"√"按钮确认,如图 18-5 所示。

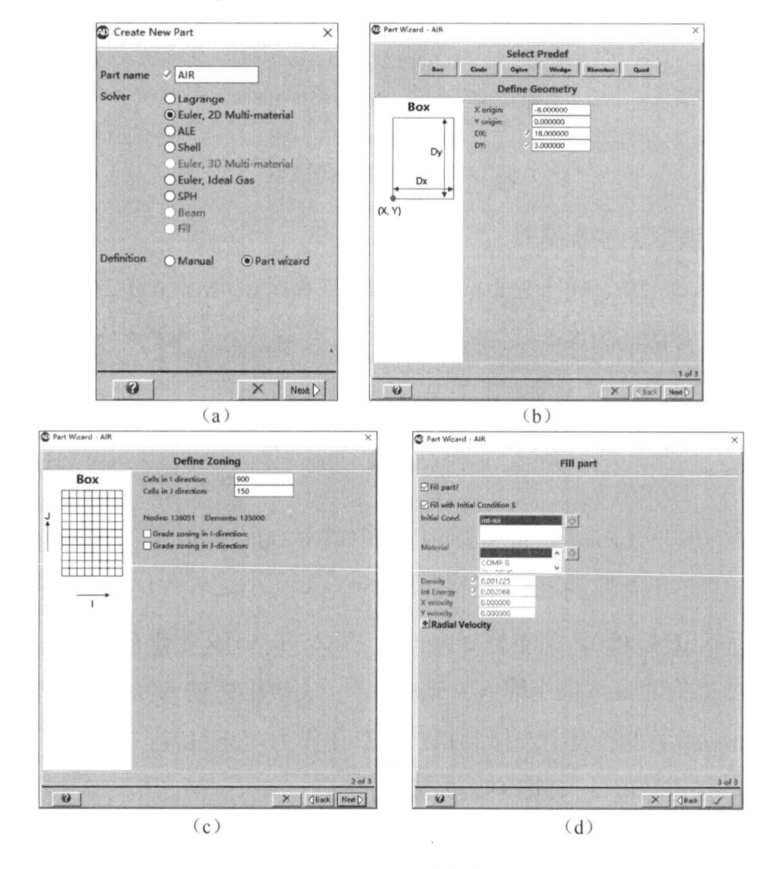

(a)　(b)　(c)　(d)

图 18-5　创建空气模型

第六步,创建炸药模型。

(1)在导航条中选择 Parts > AIR 选项;

(2)选择面板中的 Fill > Fill by Geometrical Space > Rectangle 选项;

(3)在弹出的对话框的 X1 文本框中输入 -6.8,在 X2 文本框中输入 0;在 Y1 文本框中输入 0,在 Y2 文本框中输入 2;

(4)在 Material 下拉列表中选择 COMP B 作为填充材料;

(5)单击"√"按钮确认,如图 18-6 所示。

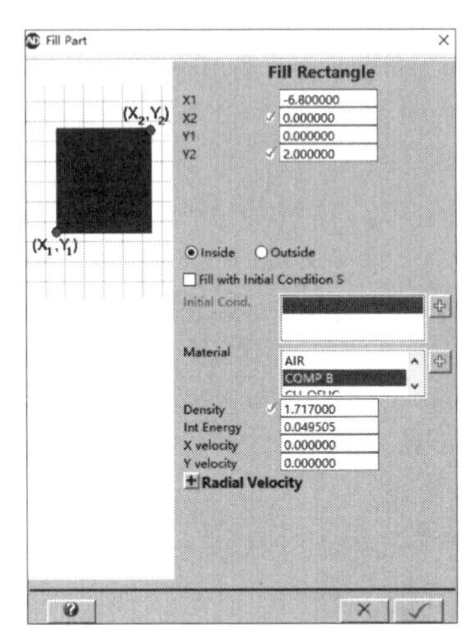

图 18-6 创建炸药模型

第七步,创建波形调整器模型。

(1)选择 Parts > AIR > Fill > Fill by Geometrical Space > Rectangle 选项;

(2)在弹出的对话框的 X1 文本框中输入 -6.3,在 X2 文本框中输入 -5.8,在 Y1 文本框中输入 0,在 Y2 文本框中输入 1.5;

(3)在 Material 下拉列表中选择 POLYURETH 作为填充材料;

(4)单击"√"按钮确认;

(5)继续在 Fill by Geometrical Space 栏目中单击 Quad;

(6)在弹出的对话框的 X1 文本框中输入 -5.034,在 Y1 文本框中输入 0;在 X2 文本框中输入 -5.034,在 Y2 文本框中输入 0.1732,在 X3 文本框中输入 -5.8,在 Y3 文本框中输入 1.5;在 X4 文本框中输入 -5.8,在 Y4 文本框中输入 0;

(7)在 Material 下拉列表中选择 POLYURETH 作为填充材料;

(8)单击"√"按钮确认,如图 18-7 所示。

第八步,创建药型罩模型。

(1)在导航条中依次选择 Parts > AIR > Fill > Fill by Geometrical Space > Quad 选项;

(2)在弹出对话框的文本框中分别输入:X1 为 0,Y1 为 0,X2 为 0,Y2 为 2,X3 为 -1.6724,Y3 为 1.0344,X4 为 -1.6724,Y4 为 0;

(3)在 Material 下拉列表中选择 CU-OFHC 作为填充材料;

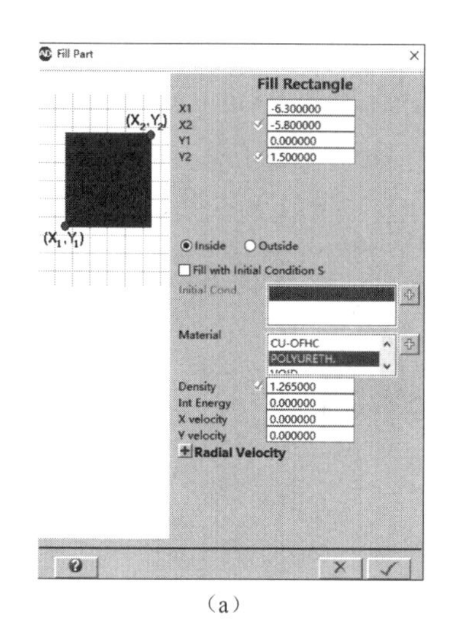

（a）

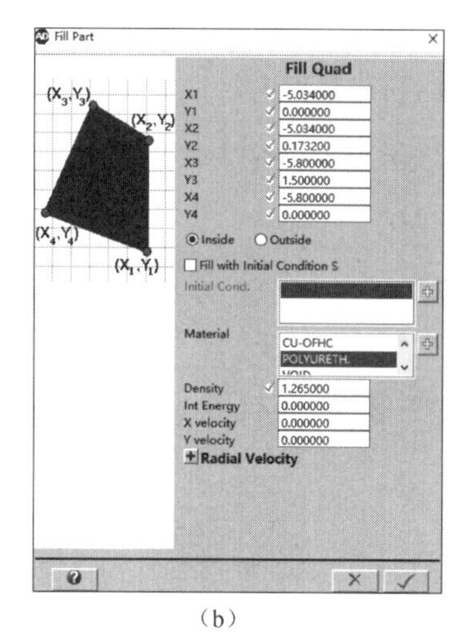

（b）

图 18－7　波形调整器模型填充

（4）单击"√"按钮确认；

（5）继续在 Fill by Geometrical Space 栏目中单击 Quad；

（6）在弹出对话框的文本框中分别输入：X1 为－1.6724，Y1 为 0，X2 为－1.6724，Y2 为 1.0344，X3 为－3.965，Y3 为 0.2，X4 为－3.965，Y4 为 0；

（7）在 Material 下拉列表中选择 CU-OFHC 作为填充材料；

（8）单击"√"按钮确认；

（9）继续在 Fill by Geometrical Space 栏目中单击 Quad；

（10）在弹出对话框的文本框中分别输入：X1 为 0，Y1 为 0，X2 为 0，Y2 为 1.9066，X3 为－1.5841，Y3 为 0.99208，X4 为－1.5841，Y4 为 0；

（11）勾选中 Fill with Initial Condition S 选项，在 Material 下拉列表中选择 AIR 作为填充材料；

（12）单击"√"按钮确认；

（13）继续在 Fill by Geometrical Space 栏目中单击 Quad；

（14）在弹出对话框的文本框中分别输入：X1 为－1.5841，Y1 为 0，X2 为－1.5841，Y2 为 0.99208，X3 为－3.895，Y3 为 0.15098，X4 为－3.895，Y4 为 0；

（15）勾选 Fill with Initial Condition S 选项，在 Material 下拉列表中选择 AIR 作为填充材料；

（16）单击"√"按钮确认，如图 18－8 所示。

第九步，设置边界条件。

（1）执行 Parts > AIR > Boundary > Apply Boundary by Index 命令，在弹出的对话框中

进行边界设置；

（2）单击 I Line，在弹出对话框的文本框中分别输入 From I 为 1，From J 为 1，To I 为 901，To J 为 151，在 Boundary 下拉菜单中选择 AIR-OUT 作为边界条件，单击“√”按钮确认；

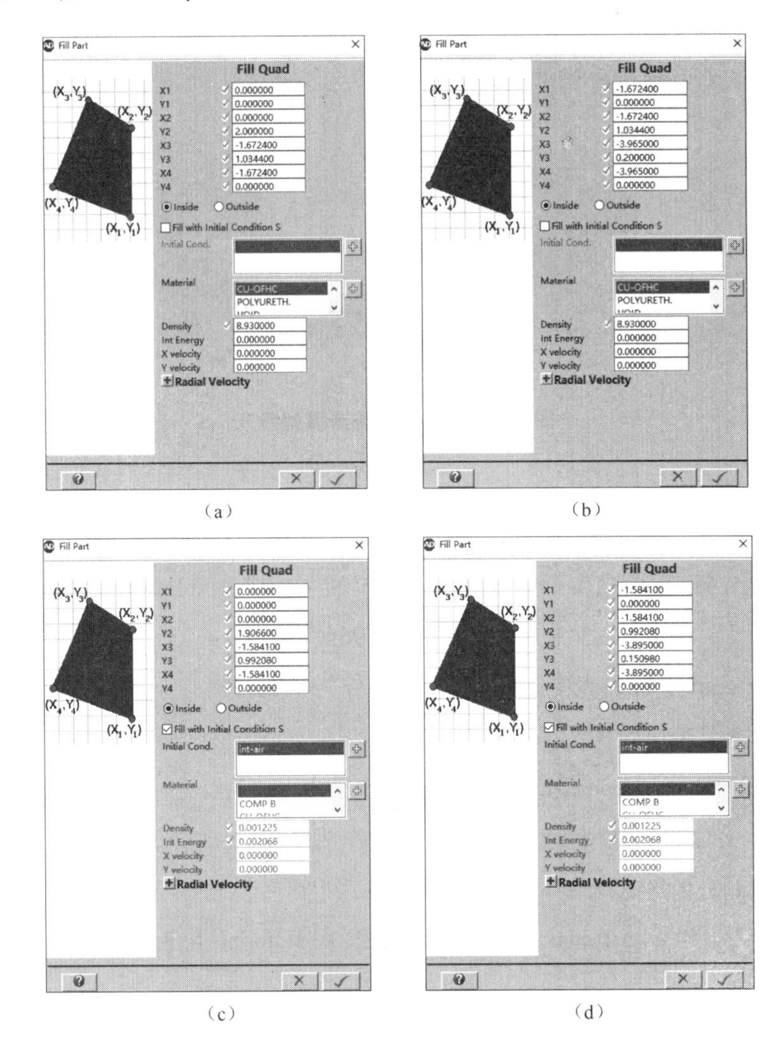

（a） （b） （c） （d）

图 18－8　药型罩模型填充

（3）单击 I Line，在弹出对话框的文本框中分别输入 From I 为 901，From J 为 1，To I 为 901，To J 为 151，在 Boundary 下拉菜单中选择 AIR-OUT 作为边界条件，单击“√”按钮确认；

（4）单击 J Line，在弹出对话框的文本框中分别输入：From I 为 1，From J 为 151，To I 为 901，To J 为 151，在 Boundary 下拉菜单中选择 AIR-OUT 作为边界条件，单击“√”按钮确认；

（5）在导航栏中单击 Plots，勾选 Boundaries 进行边界显示，如图 18－9 所示。

第十步，起爆点设置。

（1）在导航条中选择 Detonations 选项；

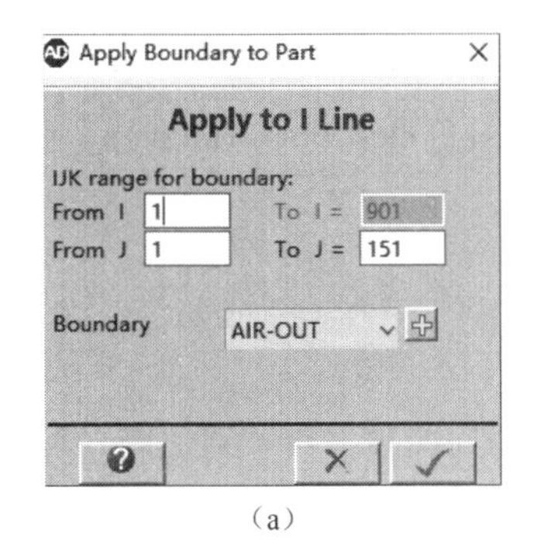

(a)

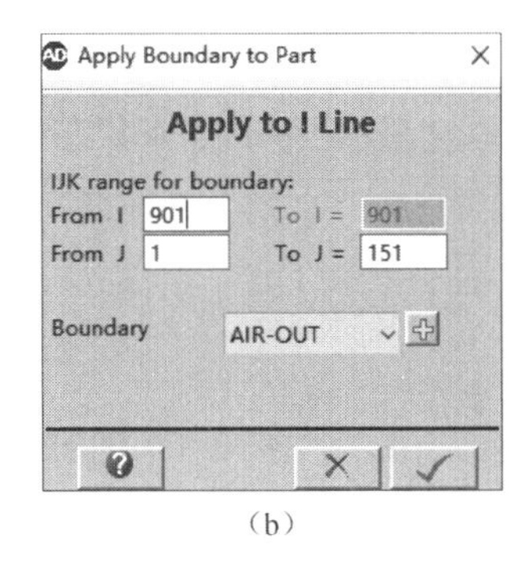

(b)

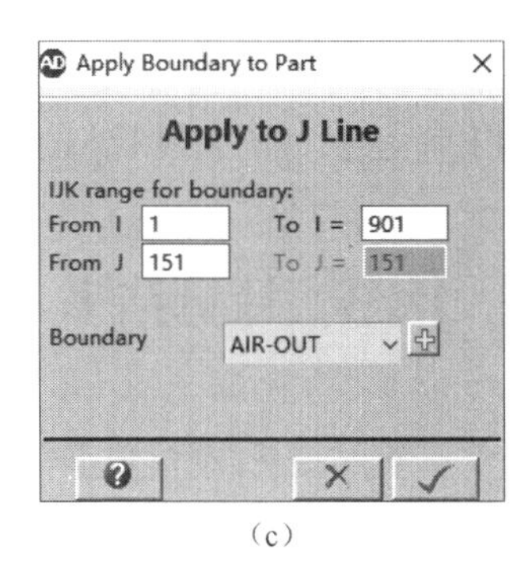

(c)

图 18－9　设置边界条件

(2)选择 Point 进入起爆点设置；

(3)在弹出的对话框中输入起爆点：X 为 －6.8，Y 为 0；

(4)单击"√"按钮确认，如图 18－10 所示。

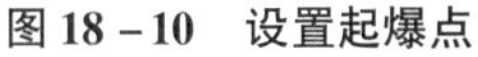

图 18－10　设置起爆点

第十一步，设置求解和输出控制选项。

(1)在导航条中选择 Controls 选项；

(2)在 Cycle limit 文本框中输入 9999999；

(3)在 Time limit 文本框中输入 30，Energy ref. cycle 设置为 9999999；

(4)在导航条中选择 Output 选项；

(5)在弹出的 Define Output 对话框中单击 Save 左侧的"＋"号，点选中 Times，在End time 文本框中输入 30，在 Increment 文本框中输入 0.5，如图 18－11 所示。

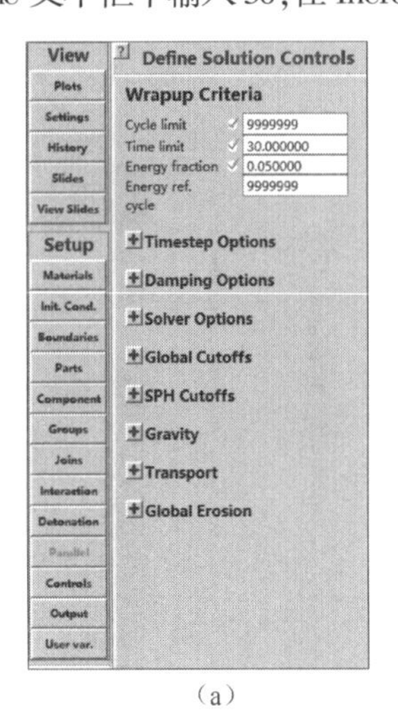

(a)

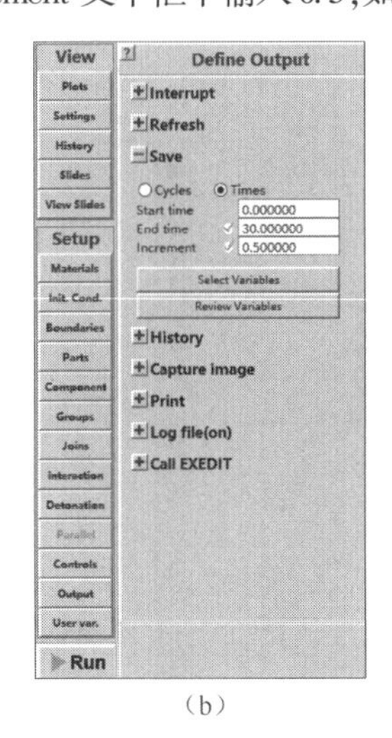

(b)

图 18－11　求解和输出控制的参数设置

第十二步，求解。

(1)选择 Save 选项，保存数据；

(2)单击导航条中的 Run,进行求解计算;在求解的过程中,视图会自动更新并显示当前的求解信息,视图面板下方的消息框会显示当前的求解状态 Cycles(Cycle#,time,Timestep)。

18.3 计算结果

计算结束后,射流成型情况如图 18 – 12 所示。由图可知,在炸药被点火 21 μs 后,射流头部运动了两倍装药直径的距离,射流整体长度约为 11.5 cm,射流头部速度为 7 965 m/s。

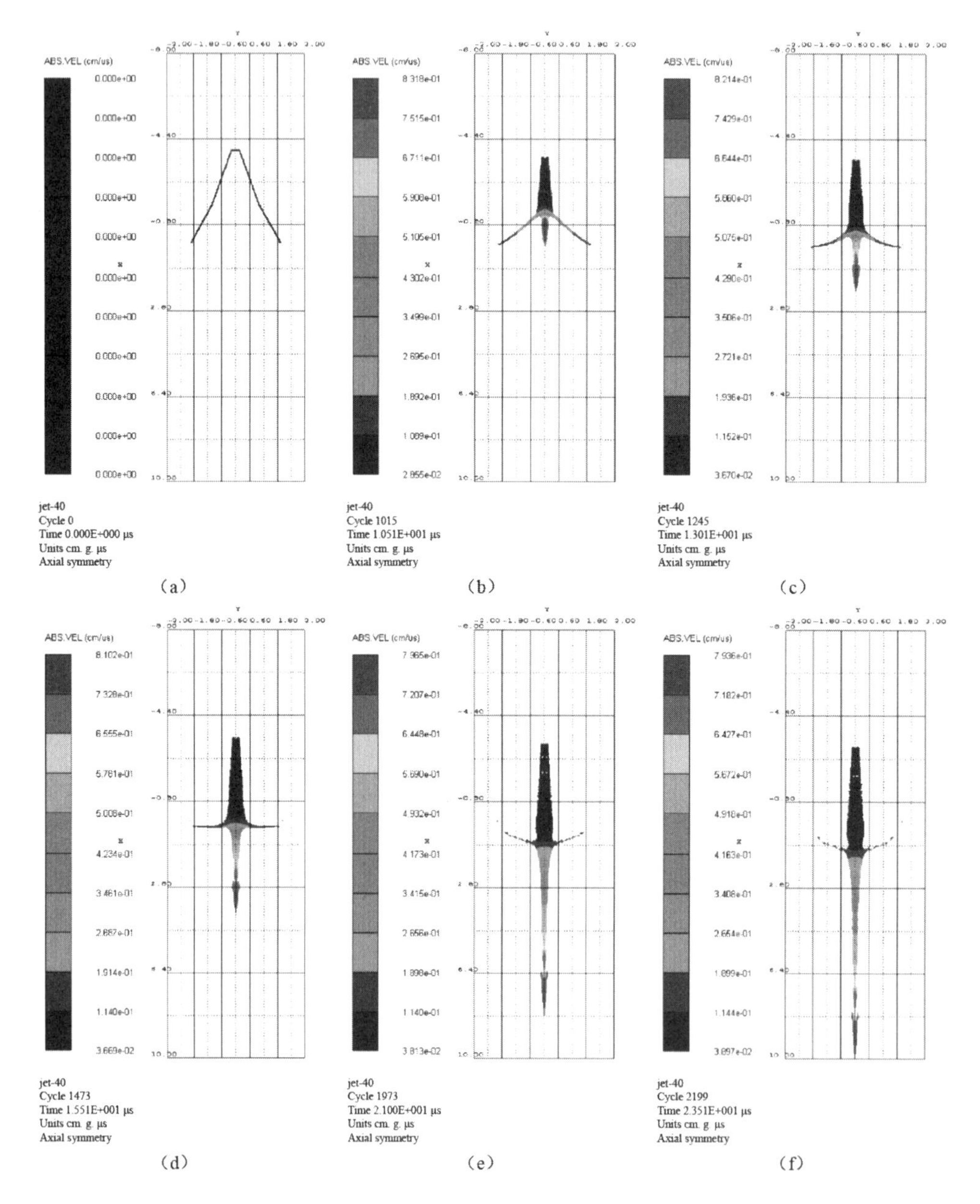

(a) (b) (c)

(d) (e) (f)

图 18 – 12 射流成型情况

19　聚能射流映射技术

19.1　模型分析

本章以二维模型映射为案例，介绍通过 AUTODYN 软件如何实现计算结果的映射。其他维数模型的映射方法类似，请读者自行尝试。

19.2　计算结果映射文件的生成

接着第 18 章中的计算模型，生成 21 μs 的结果映射文件，结果映射文件名为 jet-40. fil。操作步骤如下：

（1）单击 Plots 面板中的 Cycles 下拉菜单；

（2）在 Select Cycle to Load 面板中选择 1973；

注：循环次数为#1973 时，对应的时间是 21 μs。

（3）在导航条中选择 Parts > AIR 选项；

（4）单击面板中的 Fill 选项卡；

（5）单击 Additional Fill Options 左侧的“ + ”号，在展开的列表中选择 Datafile 选项；

（6）弹出 Datafile 对话框，点选中 Write Datafile，在 Filename 设置栏中输入jet-40；

（7）单击“√”按钮确认，如图 19 – 1 所示。

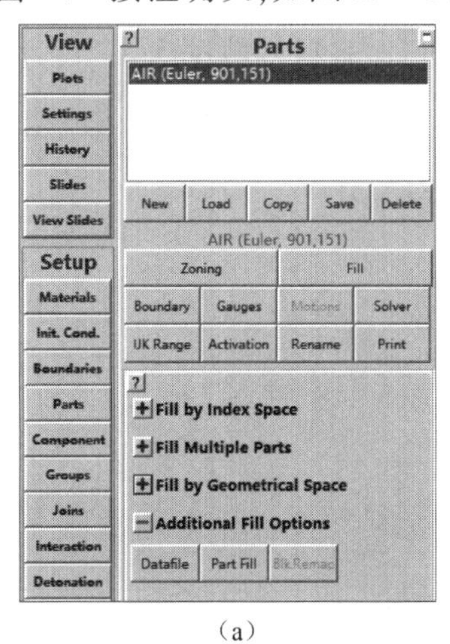

（a）

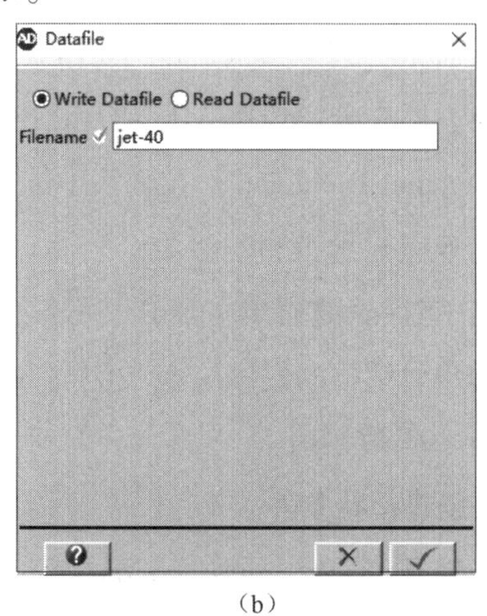

（b）

图 19 – 1　设置结果映射文件

19.3 建模步骤

第一步,初始化设置。

(1)启动 AUTODYN,双击 autodyn. exe;

(2)打开新的工程;

(3)选择工作目录,输入名称为 jet-mapping;

(4)选择 2D 轴对称;

(5)选择单位制 cm、g、μs;

(6)初始化设置如图 19-2 所示。

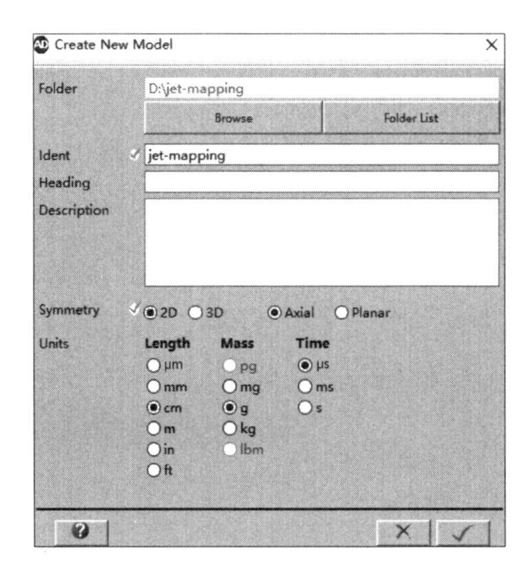

图 19-2 初始化设置

第二步,设置材料。

(1)在导航条中选择 Materials,单击 Load 按钮,加载材料数据库;

(2)从材料库中分别选择 AIR、COMP B、CU-OFHC、POLYURETH、STEEL 1006;

(3)在 Material Definition 下拉列表中选择 STEEL 1006;

(4)单击 Modify 修改材料参数;

(5)单击 Erosion,选择 Geometric Strain;

(6)在弹出对话框的侵蚀应变 Erosion Strain 文本框中输入 2;

(7)单击"√"按钮确认。

第三步,创建初始条件。

(1)在导航条中选择 Init. Cond. on > New 选项;

(2)在弹出的对话框中进行初始条件设置;

(3)在 Name 文本框中输入 int-air 作为初始条件名称;

(4)点选中 Include Material,在 Material 下拉菜单中选择 AIR 选项;

(5)在 Internal 文本框中输入 0.002068;

(6)单击"√"按钮确认,如图 19-3 所示。

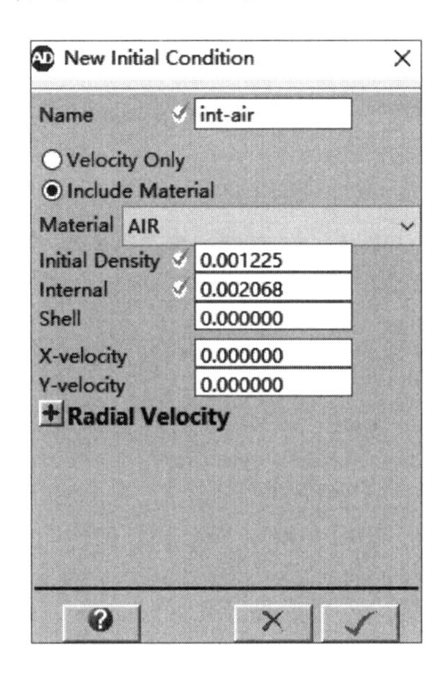

图 19-3 设置初始条件

第四步,创建边界条件。

(1)在导航条中选择 Boundary > New 选项;

(2)在弹出的对话框中进行边界条件设置;

(3)在 Name 文本框中输入 AIR-OUT 作为边界条件名称;

(4)在下面的下拉菜单中依次选择 Flow_Out、Flow out(Euler)、ALL EQUAL;

(5)单击"√"按钮确认;

(6)选择 New 选项,在弹出的对话框中进行边界条件设置;

(7)在 Name 文本框中输入 Velocity-x 作为边界条件名称;

(8)在下面的下拉菜单中依次选择 Velocity、X-velocity(Constant),在 Constant X velocity 文本框中输入 0;

(9)单击"√"按钮确认,如图 19-4 所示。

第五步,创建空气模型。

(1)在导航条中选择 Parts > New 选项;

(2)在弹出的对话框中进行模型建立;

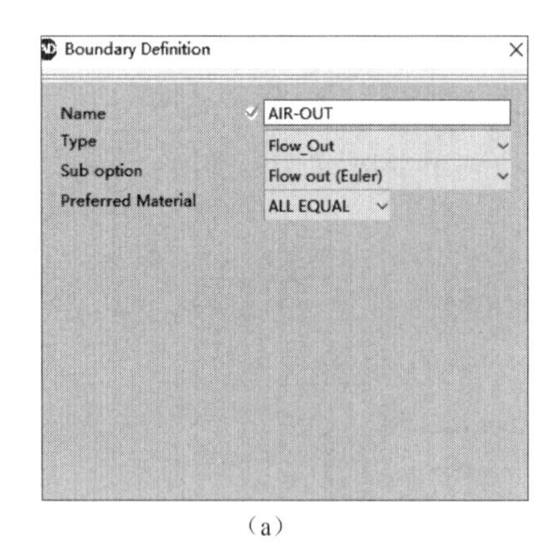

(a)

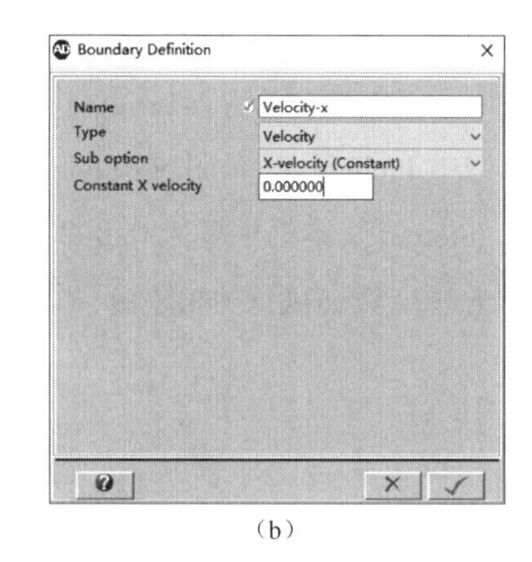

(b)

图 19－4　创建初始边界条件

(3)输入 AIR 为 Part 名称;

(4)选择 Euler,2D Multi-material 求解器;

(5)单击 Part wizard > Next 按钮;

(6)在弹出的对话框中选择 Box 选项卡;

(7)输入原点坐标:X origin 为 -3.5,Y origin 为 0;

(8)输入长度:DX 为 21,DY 为 4;

(9)单击 Next 按钮;

(10)在弹出的对话框中输入 X 和 Y 方向的网格数量,分别为 420 和 80;

(11)单击 Next 按钮;

(12)在弹出的对话框中勾选 Fill with Initial Condition Set,确认 int-air 被选中;

(13)单击"√"按钮确认。

第六步,计算结果映射。

(1)执行 Parts > AIR > Fill > Additional Fill Options > Datafile 命令;

(2)弹出 Datafile 对话框,点选中 Read Datafile 选项;

(3)单击 Filename 设置栏右侧的选择按钮,选择 D:\jet-mapping\jet-40.fil 结果文件;

(4)单击"√"按钮确认,如图 19－5 所示。

第七步,创建靶板模型。

(1)在导航条中选择 Parts;

(2)单击 New,在弹出的对话框中进行模型建立;

(3)在 Part name 文本框中输入 target 作为 Part 名称;

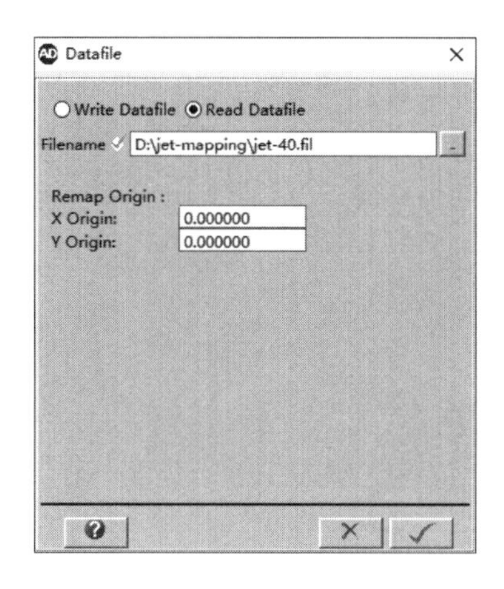

图 19 -5 结果映射

(4)在 Solver 栏中点选中 Lagrange 求解器;

(5)在 Definition 栏下点选中 Part wizard,单击 Next 按钮;

(6)在弹出的对话框中选择 Box 选项卡;

(7)输入原点坐标:X origin 为 8.2,Y origin 为 0;

(8)输入长度:DX 为 5,DY 为 5,单击 Next 按钮;

(9)在弹出的对话框中,设置 X 和 Y 方向的网格数量均为 100,单击 Next 按钮;

(10)在弹出的对话框的 Material 菜单列表中选择 STEEL 1006 材料;

(11)单击"√"按钮确认,如图 19 -6 所示。

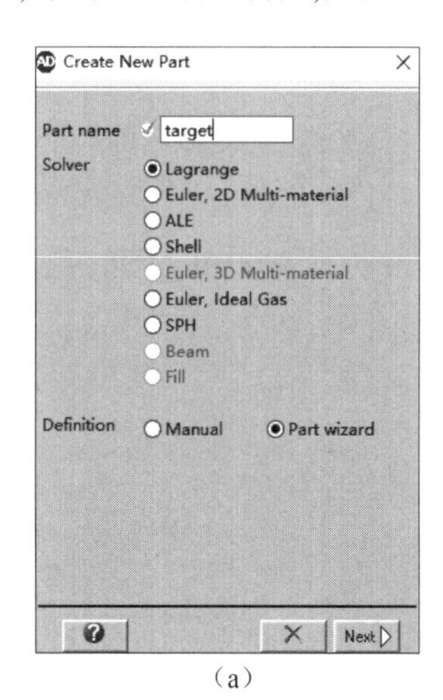

(a)

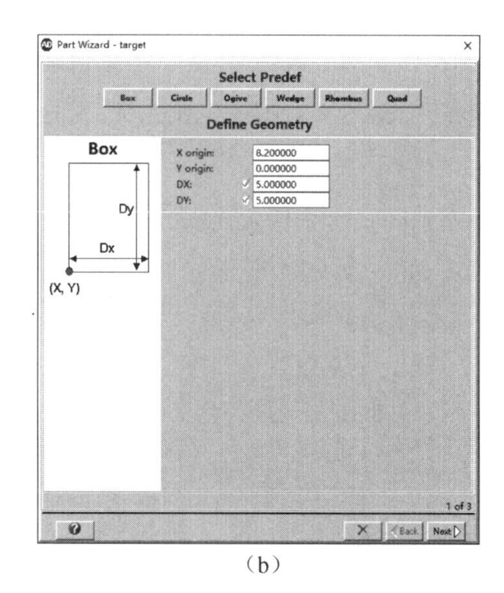

(b)

图 19 -6 建立靶板模型

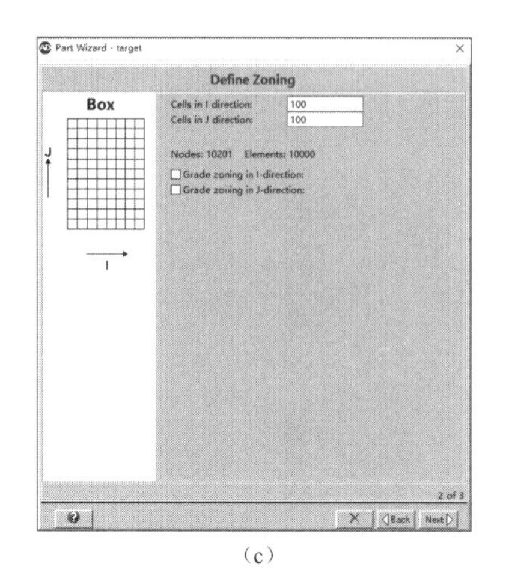

(c)

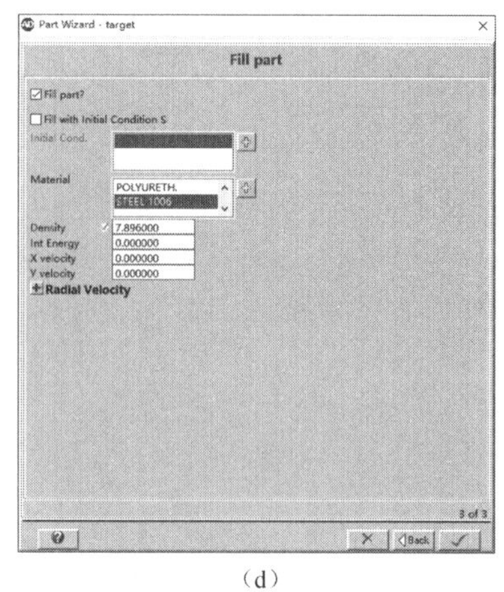

(d)

图 19-6 建立靶板模型(续)

第八步,设置边界条件。

(1)在导航条中执行 Parts > AIR > Boundary > Apply Boundary by Index 命令,在弹出的对话框中进行边界设置;

(2)单击 I Line,分别输入 From I 为 1,From J 为 1,To J 为 81,在 Boundary 下拉菜单中选择 AIR-OUT 边界条件,单击"√"按钮确认;

(3)单击 I Line,分别输入 From I 为 421,From J 为 1,To J 为 81,在 Boundary 下拉菜单中选择 AIR-OUT 边界条件,单击"√"按钮确认;

(4)单击 J Line,分别输入 From I 为 1,From J 为 81,To I 为 421,在 Boundary 下拉菜单中选择 AIR-OUT 边界条件,单击"√"按钮确认;

(5)执行 Target > Boundary > Apply Boundary by Index 命令,在弹出的对话框中进行边界设置;

(6)单击 J Line,分别输入 From I 为 1,From J 为 101,To I 为 101,在 Boundary 下拉菜单中选择 Velocity-x 边界条件,单击"√"按钮确认,如图 19-7 所示。

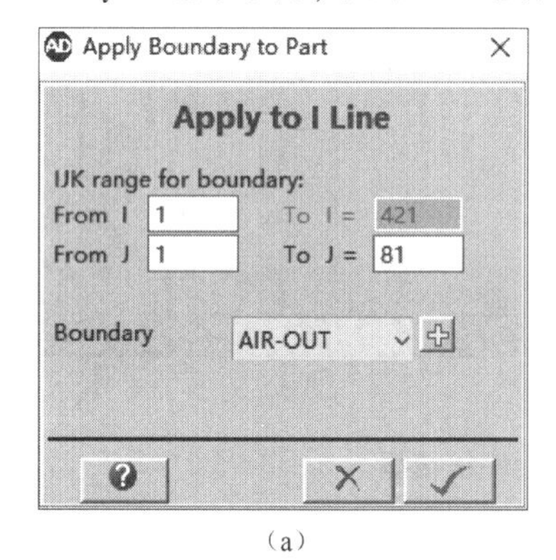

(a)

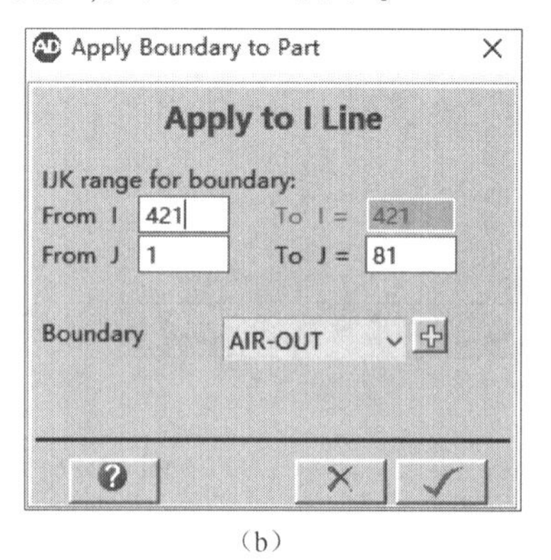

(b)

图 19-7 边界条件的设置

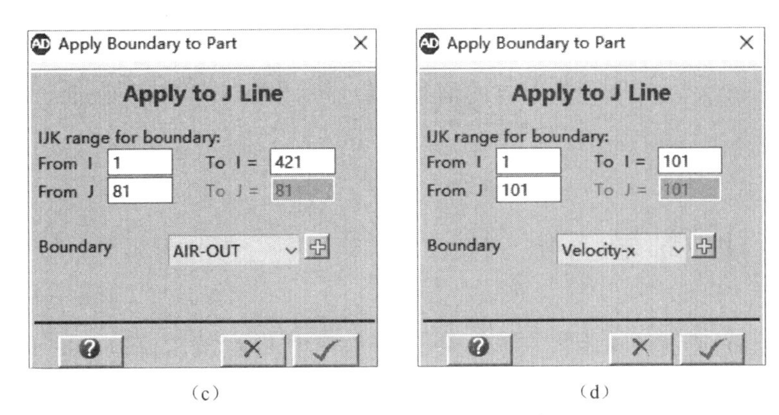

（c）　（d）

图 19－7　边界条件的设置(续)

第九步,设置流固耦合。

(1)在导航条中选择 Interaction 选项;

(2)选择 Euler/Lagrange 选项;

(3)选择 Automatic[polygon free]选项。

第十步,设置求解和输出控制选项。

(1)在导航条中选择 Controls 选项;

(2)在弹出的对话框的 Cycle limit 文本框中输入 9 999 999,在 Time limit 文本框中输入 60,在 Energy ref. cycle 文本框中输入 9 999 999;

(3)在导航条中选择 Output 选项;

(4)在弹出的对话框中单击 Save 左侧的"＋"号,在展开的面板中点选中 Times,在 End time 文本框中输入 60,在 Increment 文本框中输入 0.5,如图 19－8 所示。

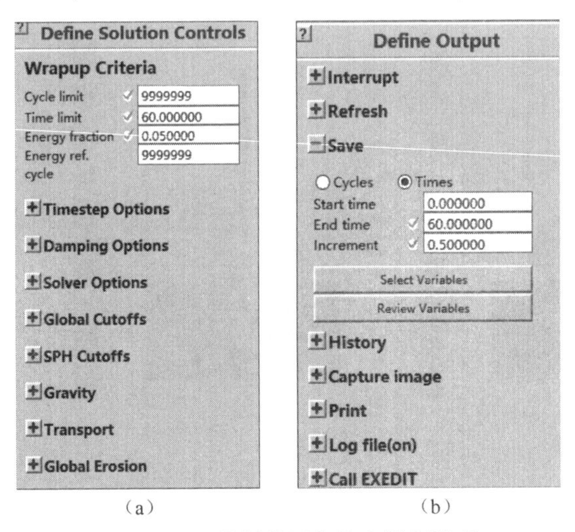

（a）　（b）

图 19－8　设置求解和输出控制选项

第十一步,求解。

(1)选择 Save 选项,保存数据;

(2)单击导航条中的 Run 按钮,进行求解计算;在求解的过程中,视图会自动更新并显示当前的求解信息,视图面板下方的消息框会显示当前求解状态 Cycles(Cycle#,time,Timestep)。

19.4 计算结果

计算结束后,查看计算结果。单击 View 导航栏中 Plots 按钮,在 Cycle 下拉菜单中选择需要输出的视图,聚能射流对靶板的侵彻过程如图 19 -9 所示。

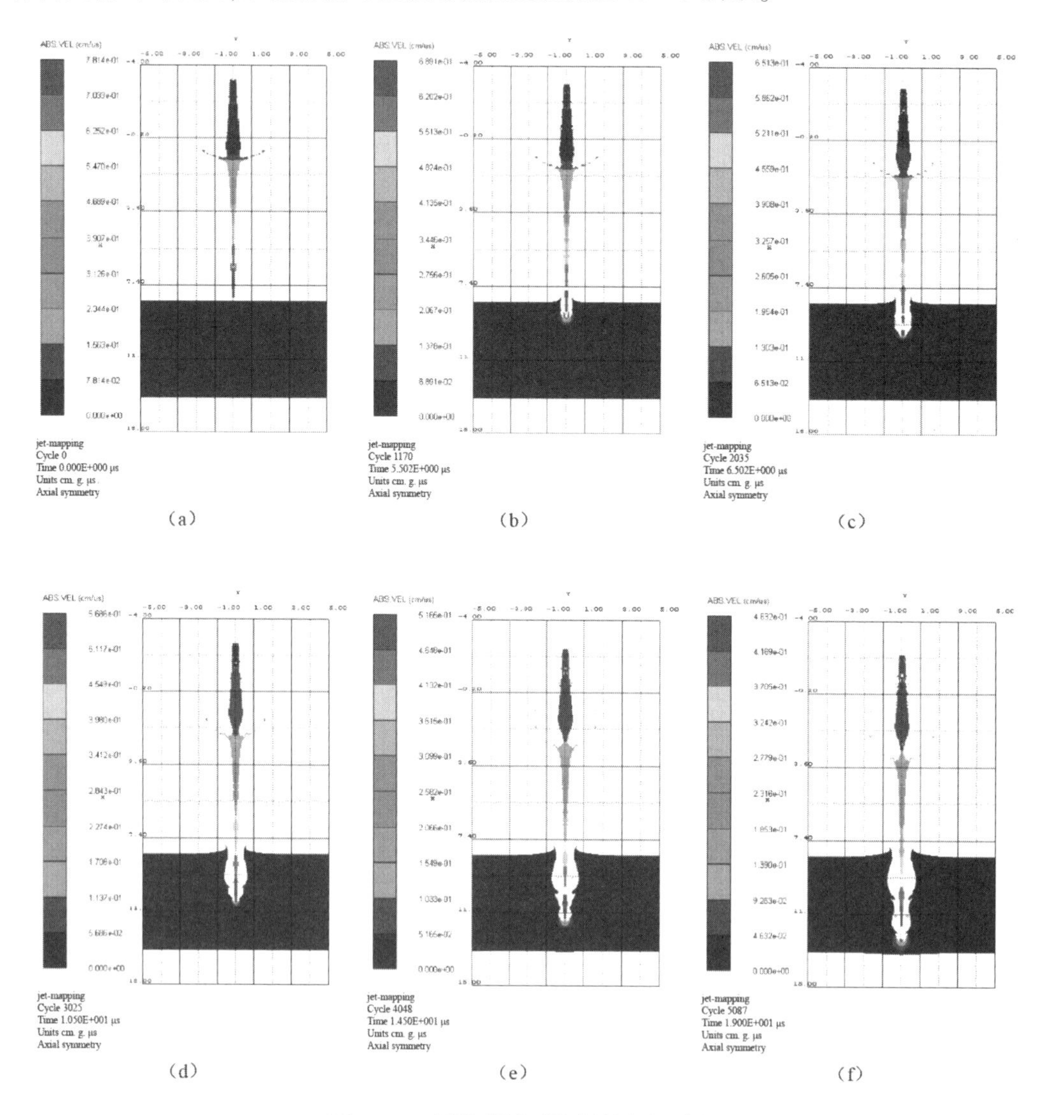

图 19 -9 聚能射流对靶板的侵彻过程

20　破片冲击起爆屏蔽装药结构模拟

20.1　模型分析

通过数值模拟,计算球形破片对屏蔽装药结构的冲击起爆,模型如图 20 - 1 所示。该模型由破片、隔板、被发装药和空气组成。破片直径为 1 cm,以 1 500 m/s 的速度垂直侵彻,隔板厚度为 0. 25 cm,破片和隔板分别为 4340 钢和 1006 钢;被发装药为 CompB 炸药,采用 Lee-Tarver 三项点火增长反应速率状态方程描述。将模型简化为二维轴对称问题,破片和隔板采用 Lagrange 算法,被发装药和空气采用 Euler 算法,并进行自动流固耦合,单位制为 g、cm、μs。计算中所有材料均来自 AUTODYN 材料库。

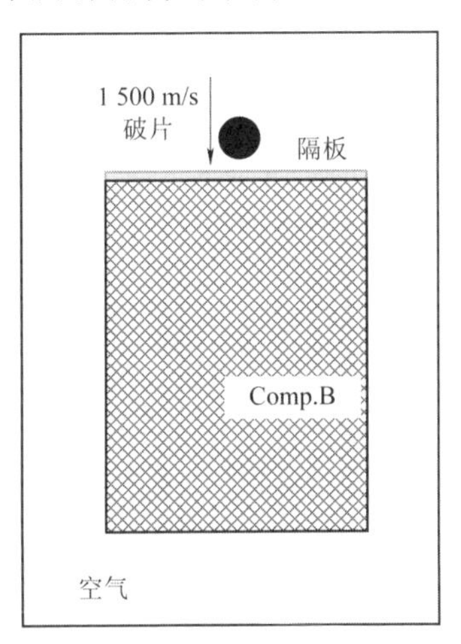

图 20 - 1　球形破片对屏蔽装药结构的冲击起爆数值计算模型

注:冲击起爆问题中被发装药也可用 Lagrange 算法,但是需设置材料失效准则,否则无法计算。

20.2　建模步骤

第一步,初始化设置。

(1)启动 AUTODYN,双击 autodyn. exe;

(2)打开新的工程;

(3)选择 E 盘中的工作目录 CompB-impact,在 Ident 文本框中输入分析名称 CompB-impact;

(4)在 Symmetry 栏点选中 2D 轴对称;

(5)选择单位制为 cm、g、μs;

(6)单击"√"按钮确认,初始化设置如图 20-2 所示。

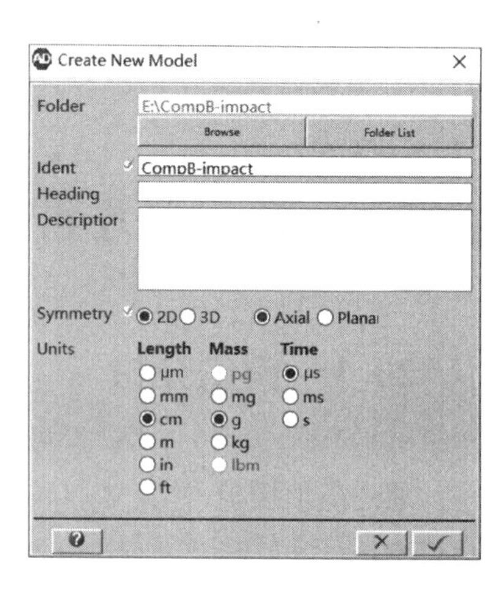

图 20-2　初始化设置

第二步,设置材料。

(1)在导航条中选择 Materials,单击 Load 按钮加载材料数据库;

(2)从材料库中分别选择 AIR、COMPBJJ3、STEEL 1006、STEEL 4340,单击"√"按钮确认;

(3)在 Material Definition 面板中分别选中 STEEL 1006 和 STEEL 4340;

(4)单击 Modify 按钮,在弹出的对话框中修改材料参数:单击 Erosion 左侧的"+"号,在右侧的下拉菜单中选择 Geometric Strain;

(5)在侵蚀应变 Erosion Strain 文本框中输入 1.5,单击"√"按钮确认,如图 20-3 所示。

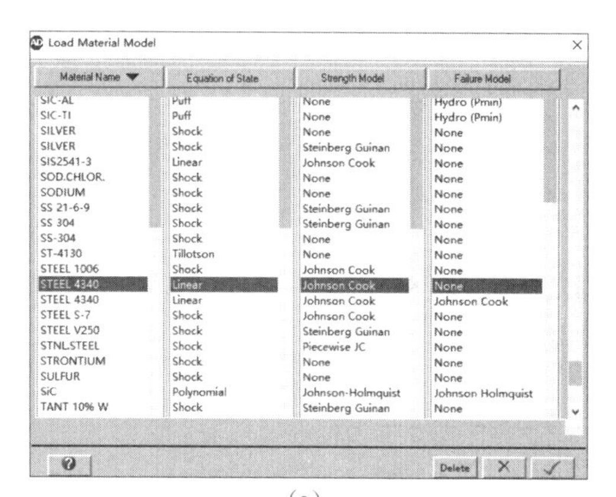

(a)

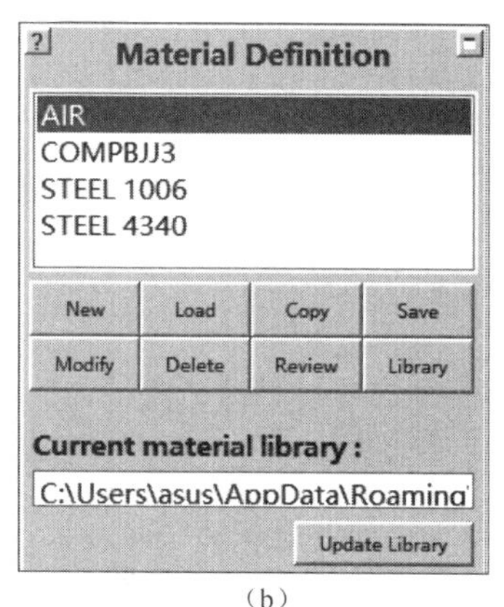

(b)

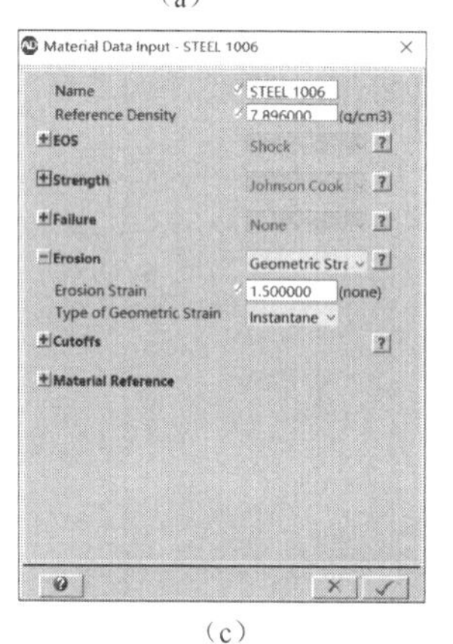

(c)

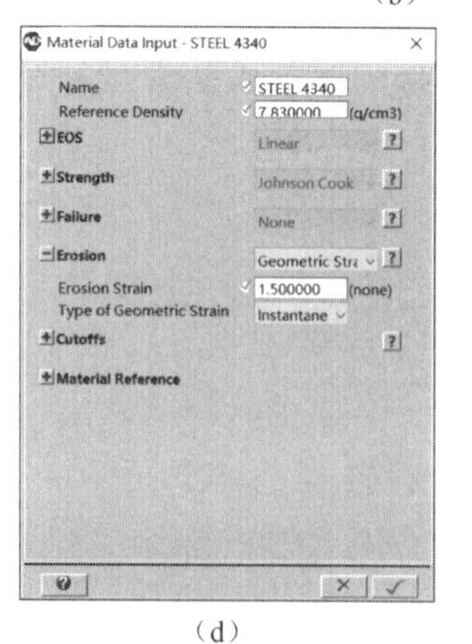

(d)

图 20-3　设置材料

第三步,创建初始条件。

(1)在导航条中选择 Init. Cond. on > New 选项;

(2)在弹出的对话框中进行初始条件设置;

(3)在 Name 文本框中输入 int-velocity 作为初始条件名称;

(4)点选中 Include Material,在 Material 下拉菜单中选择 STEEL 4340 选项;

(5)在 X-velocity 文本框中输入 0. 15,单击"√"按钮确认;

(6)同理,选择 AIR,设置名为 int-air;

(7)在 Internal 文本框中输入 0. 002068;

(8)单击"√"按钮确认,如图 20 -4 所示。

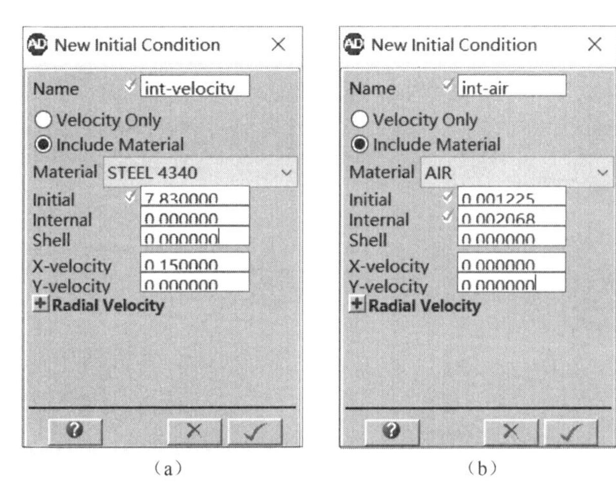

(a)　(b)

图 20 -4　创建初始条件

第四步,创建边界条件。

(1)在导航条中选择 Boundary > New 选项;

(2)在弹出的对话框中进行边界条件设置;

(3)在 Name 文本框中输入 AIR-OUT 作为边界条件名称;

(4)在下面的下拉菜单中分别选择 Flow Out、Flow out(Euler)、ALL EQUAL;

(5)单击"√"按钮确认,如图 20 -5 所示。

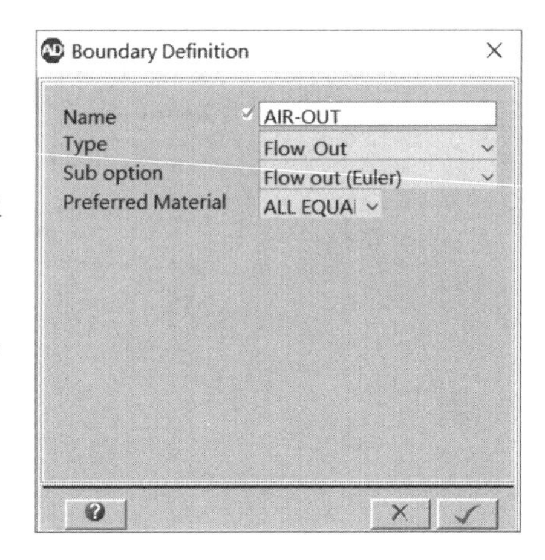

图 20 -5　创建边界条件

第五步,创建破片模型。

(1)在导航条中选择 Parts > New 选项;

(2)在弹出的对话框中进行模型建立;

(3)在 Part name 文本框中输入"破片"作为 Part 名称;

(4)在 Solver 栏中点选中 Lagrange 求解器;

(5)在 Definition 菜单栏中点选中 Part wizard,单击 Next 按钮;

(6)在弹出的对话框中选择 Circle 选项卡;

(7)选中 Half 和 Solid 选项;

(8)分别设置 X origin 为 -0.51,Y origin 为 0;Outer radius(R)为 0.5,单击 Next 按钮;

(9)在弹出的对话框中点选中 Type 2,在 Cells across radius(nR)文本框中输入 10,单击 Next 按钮;

(10)在弹出的对话框中勾选 Fill part?、Fill with Initial Condi,单击"√"按钮确认,如图 20-6 所示。

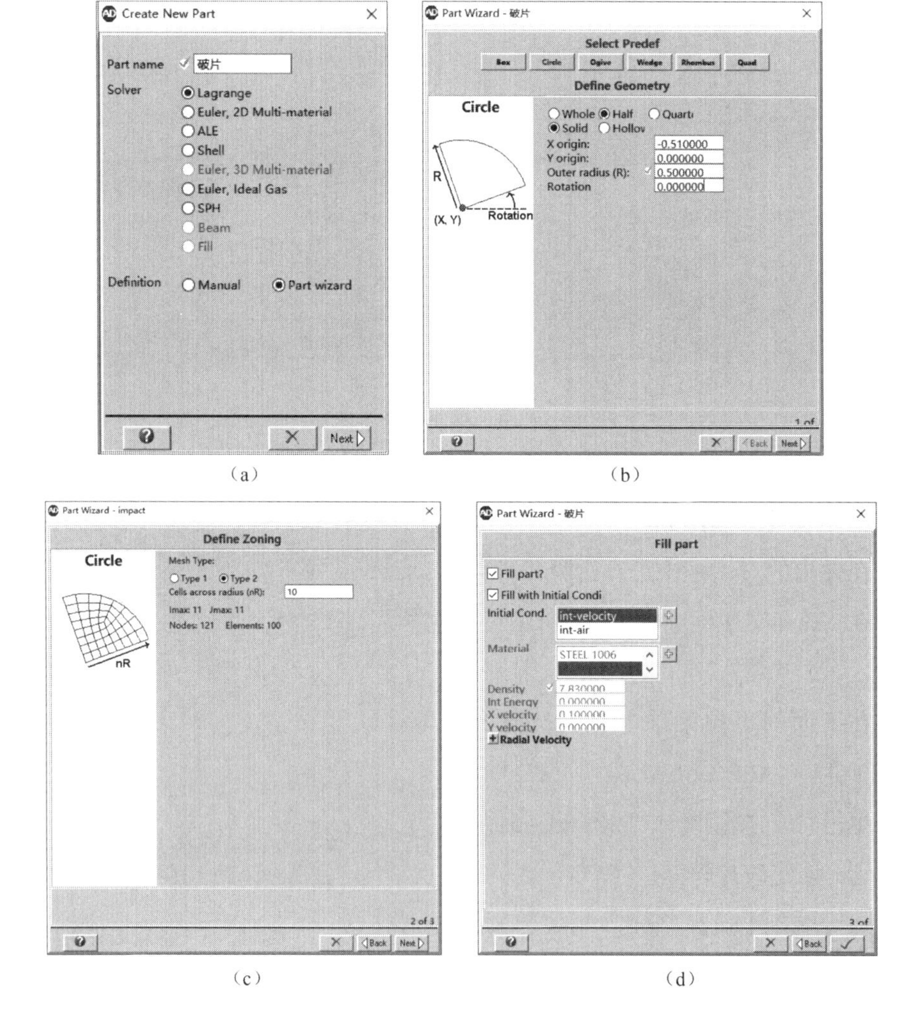

(a)　　(b)

(c)　　(d)

图 20-6　创建破片模型

第六步，创建隔板模型。

（1）在导航条中选择 Parts > New 选项；

（2）在弹出的对话框中进行模型的建立；

（3）在 Part name 文本框中输入“隔板”作为 Part 名称；

（4）在 Solver 栏下点选中 Lagrange 求解器；

（5）在 Definition 栏点选中 Part wizard，单击 Next 按钮；

（6）在弹出的对话框中选择 Box 选项卡；

（7）分别设置 X origin 为 0，Y origin 为 0，DX 为 0. 25，DY 为 5，单击 Next 按钮；

（8）在弹出的对话框中将 Cells in I direction 设置为 3，Cells in J direction 设置为 50，单击 Next 按钮；

（9）在弹出的对话框的 Material 菜单列表中选择 STEEL 1006 材料；

（10）单击“√”按钮确认，如图 20 – 7 所示。

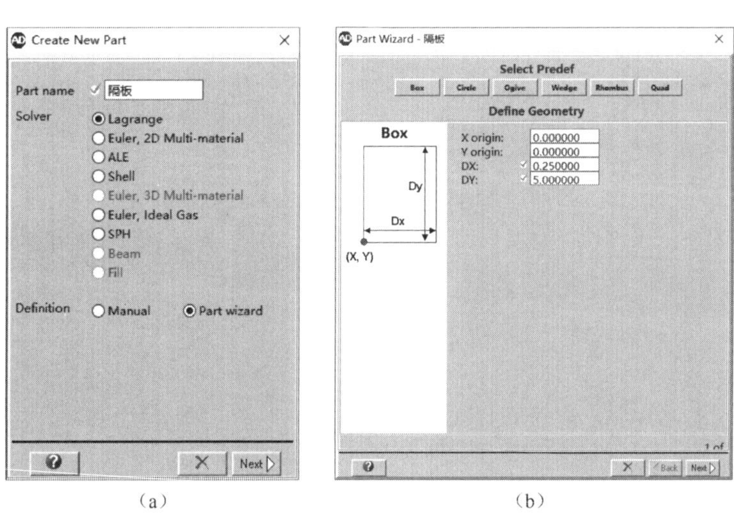

（a）　（b）

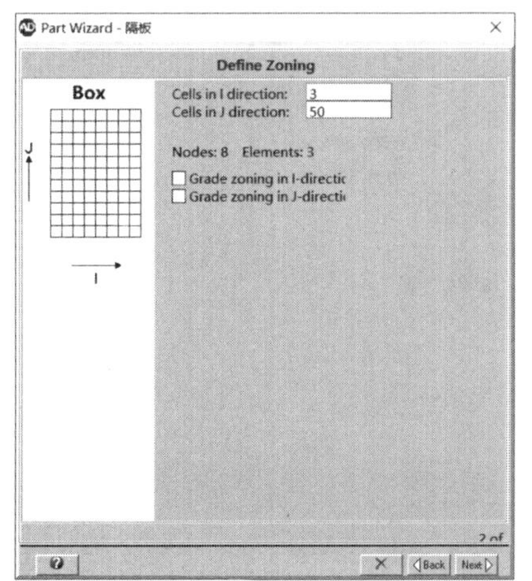

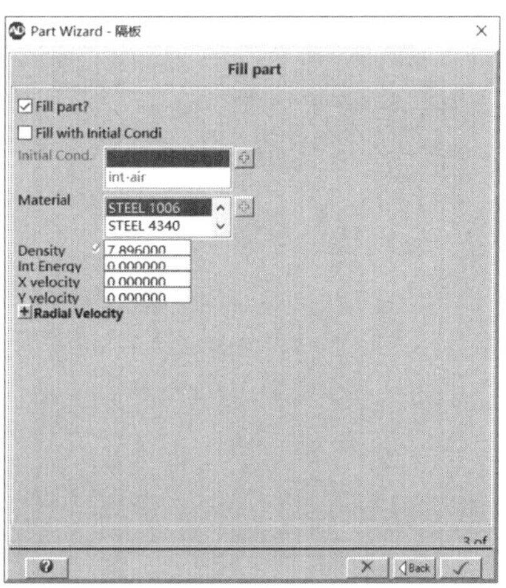

（c）　（d）

图 20 – 7　创建隔板模型

第七步，创建空气模型。

（1）在导航条中选择 Parts＞New 选项；

（2）在弹出的对话框中进行模型建立；

（3）在 Part name 文本框中输入“空气”作为 Part 名称；

（4）在 Solver 栏点选中 Euler，2D Multi-material 求解器；

（5）在 Definition 栏点选中 Part wizard，单击 Next 按钮；

（6）在弹出的对话框中选择 Box 选项卡；

（7）输入原点坐标：X origin 为－2，Y origin 为 0；

（8）输入长度：DX 为 25，DY 为 6，单击 Next 按钮；

（9）在弹出的对话框中输入 X 和 Y 方向的网格数量，分别为 250 和 60，单击 Next 按钮；

（10）在弹出的对话框中勾选 Fill part?、Fill with Initial Condition Set，确认 int-air 被选中；

（11）单击“√”按钮确认，如图 20－8 所示。

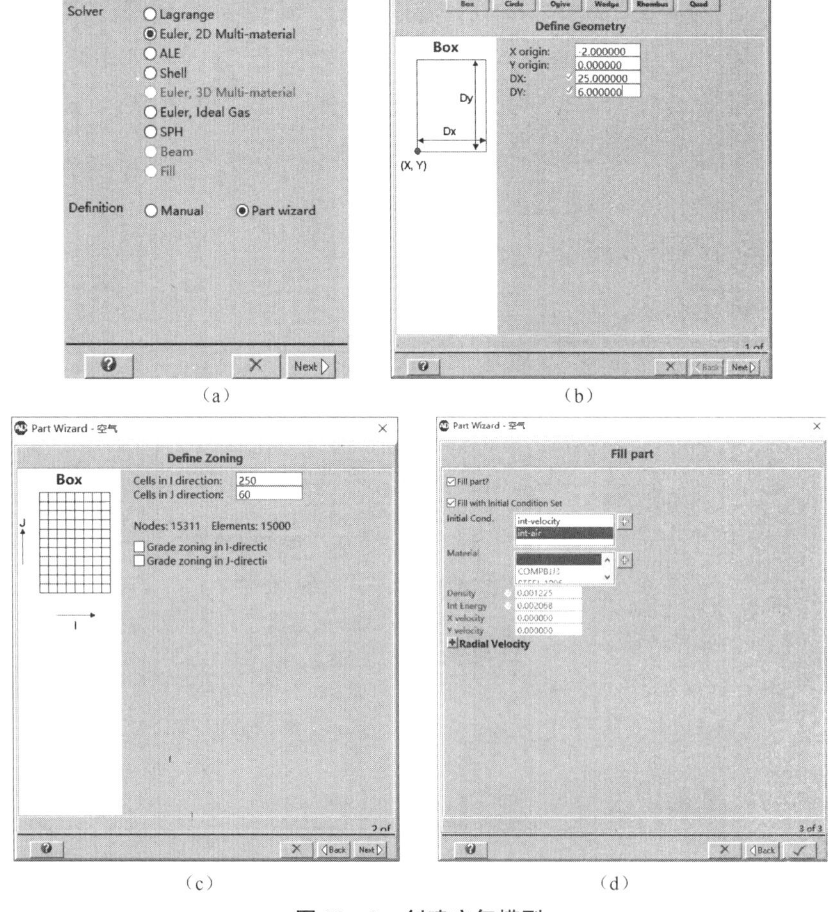

图 20－8　创建空气模型

第八步，填充炸药模型。

(1)在导航条中执行 Parts > 空气 > Fill > Fill by Geometrical Space > Rectangle 命令；

(2)在弹出的对话框中输入：X1 为 0.25，X2 为 20.25，Y1 为 0，Y2 为 5，再点选中 Inside；

(3)在 Material 菜单列表中选择 COMPBJJ3 作为填充材料；

(4)单击“√”按钮确认，如图 20－9 所示。

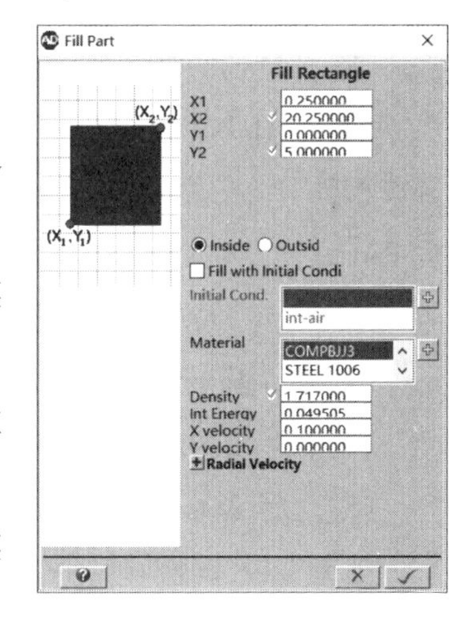

图 20－9　填充炸药模型

第九步，设置边界条件。

(1)在导航条中执行 Parts > 空气 > Boundary > Apply Boundary by Index 命令，在弹出的对话框中进行边界设置；

(2)单击 I Line，输入 From I 为 1，在 Boundary 下拉菜单中选择 AIR-OUT 边界条件，单击“√”按钮确认；

(3)单击 I Line，输入 From I 为 251，在 Boundary 下拉菜单中选择 AIR-OUT 边界条件，单击“√”按钮确认；

(4)单击 J Line，输入 From J＝61，在 Boundary 下拉菜单中选择 AIR-OUT 边界条件；

(5)单击“√”按钮确认，如图 20－10 所示。

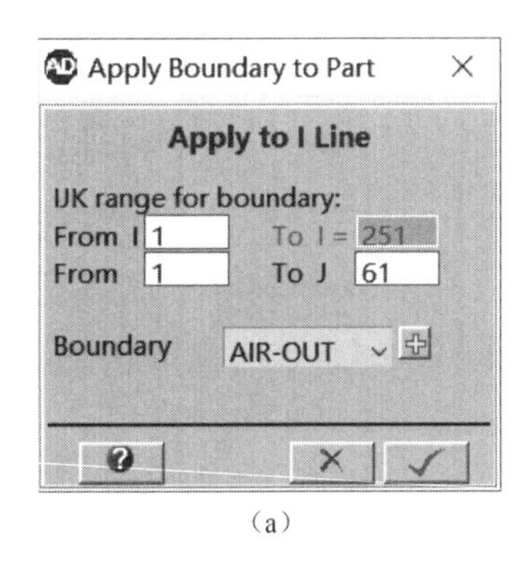

(a)

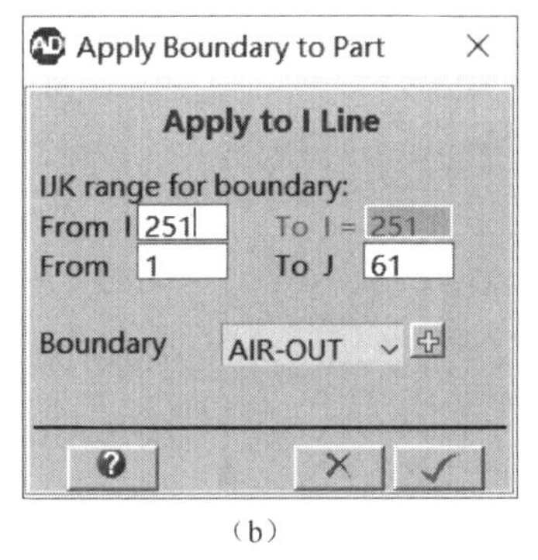

(b)

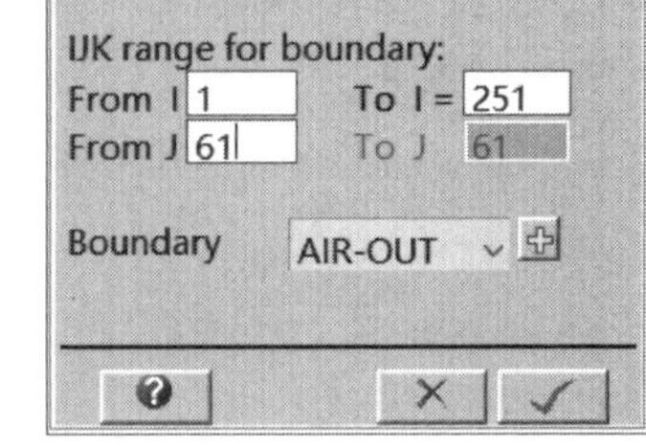

(c)

图 20－10　边界条件设置

第十步，设置高斯点。

(1)执行 Parts > 空气 > Gauges > Define Gauge Points 命令，单击 Add 按钮；

(2)在弹出的对话框中点选中 Array、Fixed、XY-Space、X-Array，设置 X min 为 0，X max 为 20，X increment 为 0.5，Y 为 0；

(3)单击“√”按钮确认，如图 20－11 所示。

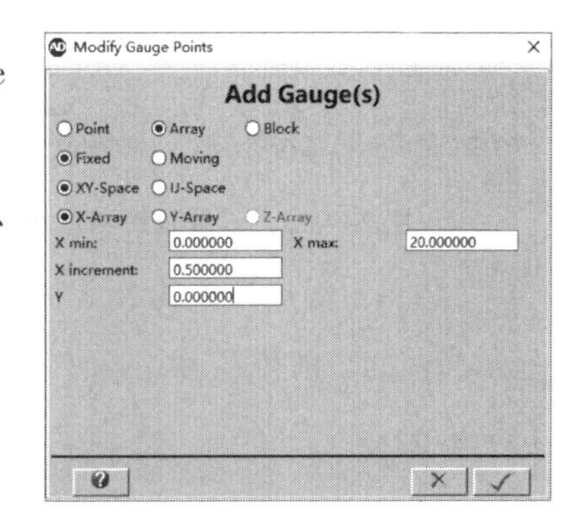

图 20－11　设置高斯点

第十一步，设置接触类型和间隙。

(1)在导航条中选择 Interaction 选项；

（2）在弹出的对话框中选择 Lagrange/Lagrange 选项卡；

（3）选中 External Gap 选项；

（4）单击 Calculate 按钮，自动计算最小间隙尺寸，如图 20 – 12 所示。

注：Lagrange 之间的接触需要满足最小的接触间隙，可通过 AUTODYN 软件进行自动计算。通常，在建模时就预留了一定的间隙。如果对接触间隙不满意，就需要对 Part 进行平移操作。

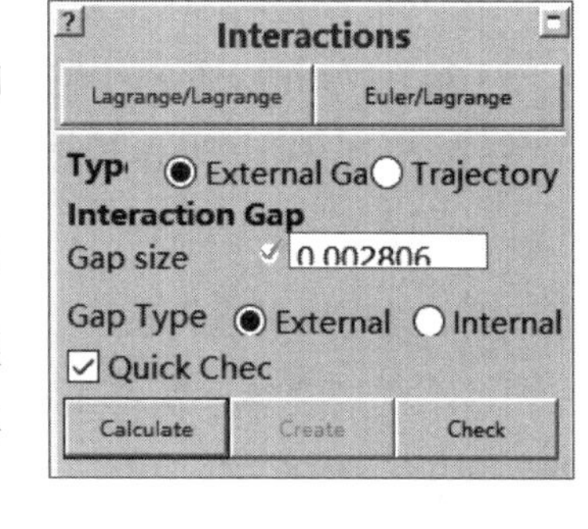

图 20 – 12　设置接触类型和间隙

第十二步，设置流固耦合。

（1）在导航条中选择 Interaction 选项；

（2）在弹出的对话框中选择 Euler/Lagrange 选项卡；

（3）选择 Automatic[polygon free]选项。

第十三步，设置求解和输出控制选项。

（1）在导航条中选择 Controls 选项；

（2）在弹出的对话框的 Cycle limit 文本框中输入 9 999 999，在 Time limit 文本框中输入 50，在 Energy ref. cycle 文本框中输入 9 999 999；

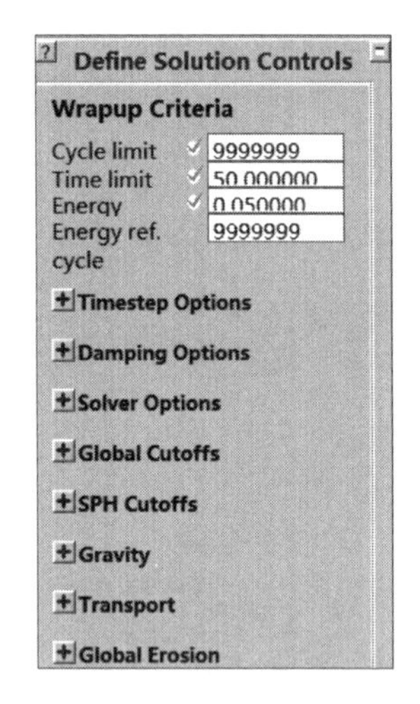

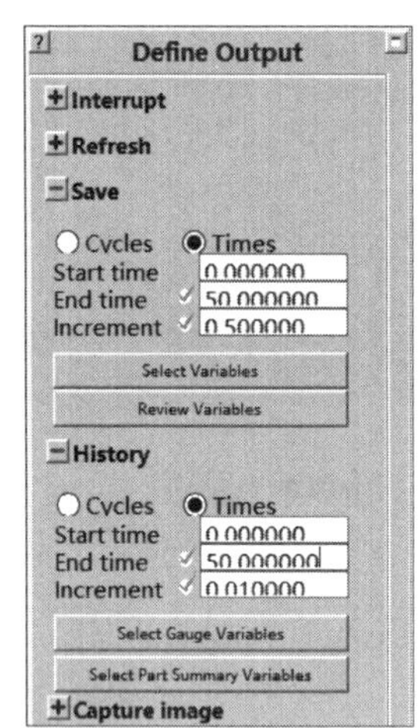

图 20 – 13　设置求解和输出控制选项

（3）在导航条中选择 Output 选项；

（4）在弹出的对话框中单击 Save 左侧的“+”号，在展开的面板中点选中 Times，在 End time 中输入 50，在 Increment 中输入 0.5；

（5）单击 History 左侧的“+”号，在展开的面板中点选中 Times，在 End time 中输入 50，在 Increment 中输入 0.01，如图 20 – 13 所示。

第十四步，求解。

（1）选择 Save 选项，保存数据；

（2）单击导航条中的 Run 按钮，进行计算求解；在求解的过程中，视图会自动更新并显示当前的求解信息，视图面板下方的消息框会显示当前求解状态 Cycles(Cycle#，time，Timestep)。

20.3　计算结果

计算结束后，查看计算结果。单击导航栏中的 Plots 按钮，在 Cycle 下拉菜单中选择需要输出的视图，破片对屏蔽装药结构的冲击起爆过程如图 20－14 所示；单击 History 按钮，输出炸药中高斯点 3～20 的压力—时间曲线，如图 20－15 所示。通过结合高斯点输出的压力—时间曲线和压力云图，可判定破片冲击下炸药是否起爆。此案例中，炸药被成功起爆，起爆点在高斯点 7 和 8 之间。

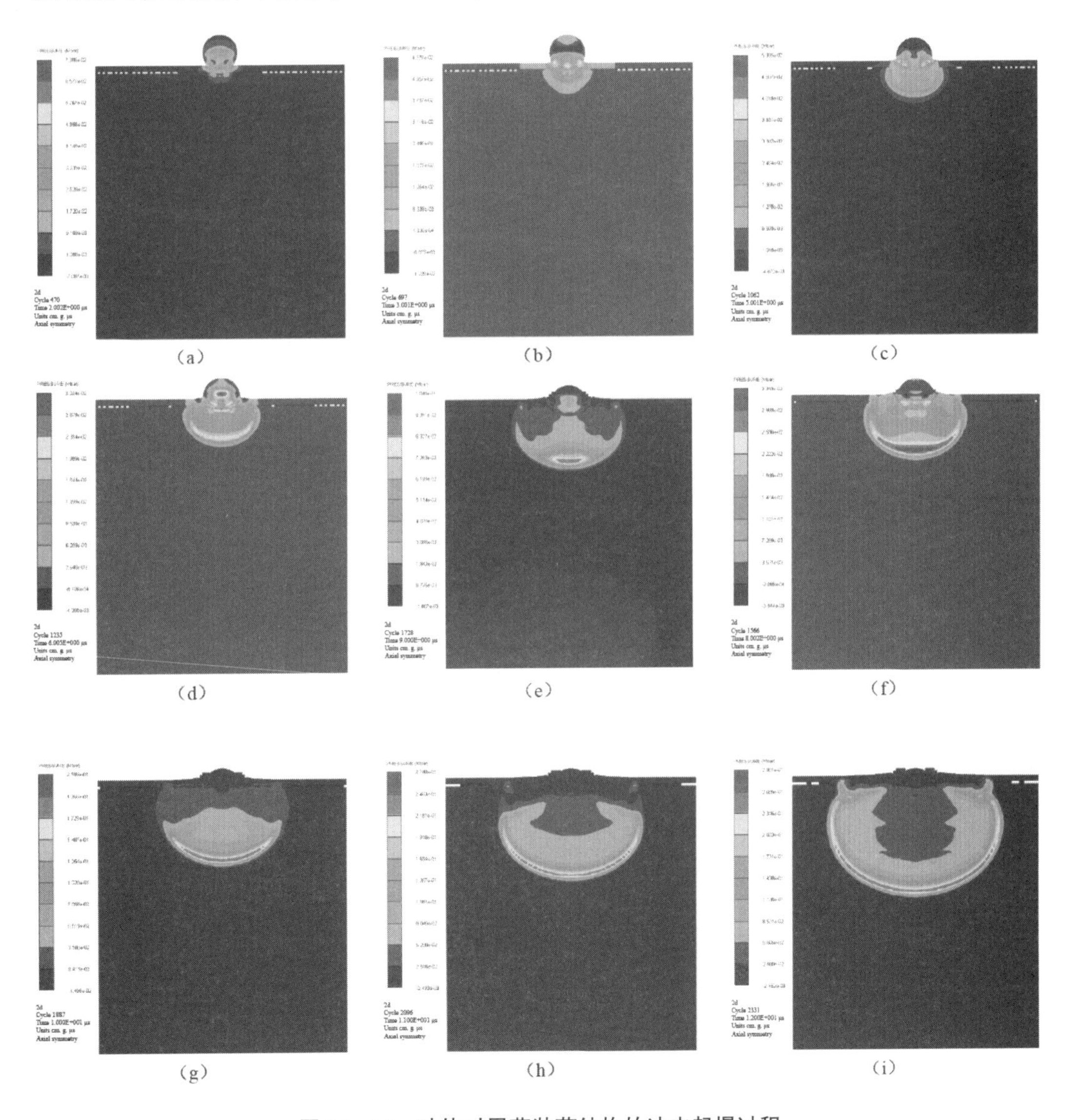

图 20－14　破片对屏蔽装药结构的冲击起爆过程

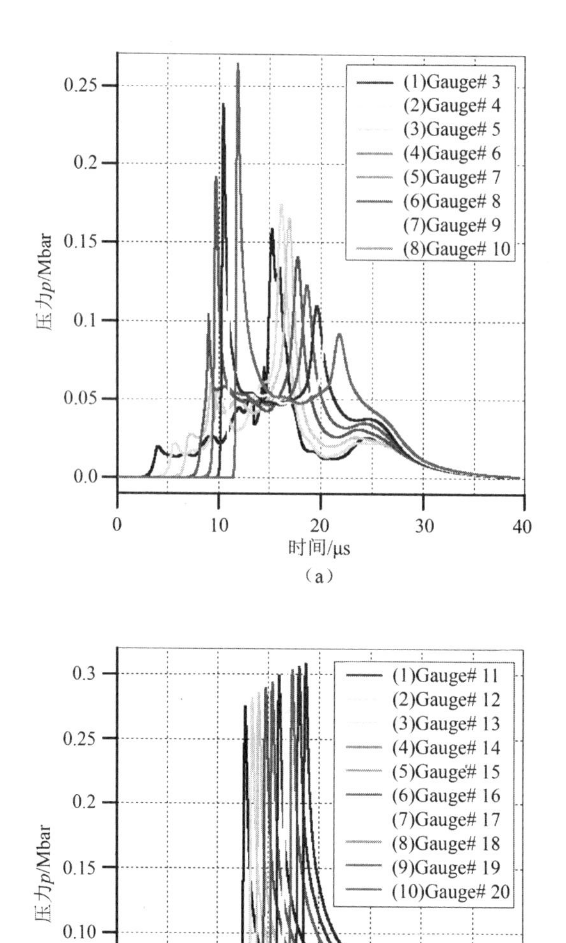

图 20－15　炸药中高斯点 3～20 的压力—时间曲线

第六部分

爆炸与冲击工程计算案例

前五部分已经详细地讲述了如何建立爆炸与冲击数值计算模型并运用 LS-DYNA 和 AUTODYN 软件进行求解计算。因此,此部分将以八个实例详细讲述如何运用 LS-DYNA 和 AUTODYN 解决具体的工程问题。这就涉及了弹丸侵彻效应、战斗部杀爆效应、爆炸载荷破坏效应、高速侵彻穿甲效应、超高速撞击效应以及聚能破甲效应,如图 1 ~ 图 6 所示。

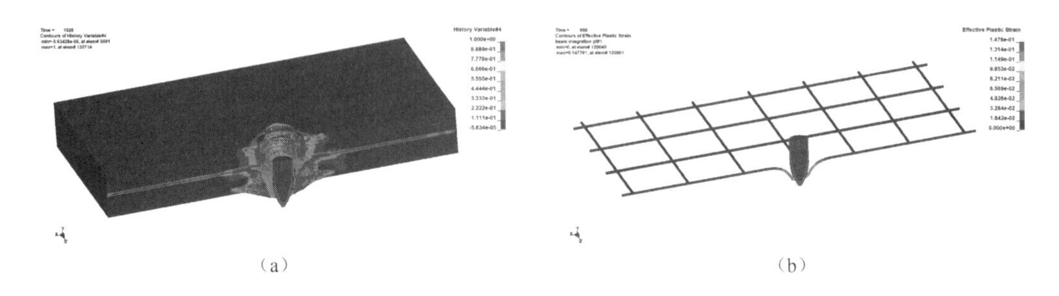

（a）　　　　（b）

图 1　弹丸侵彻效应

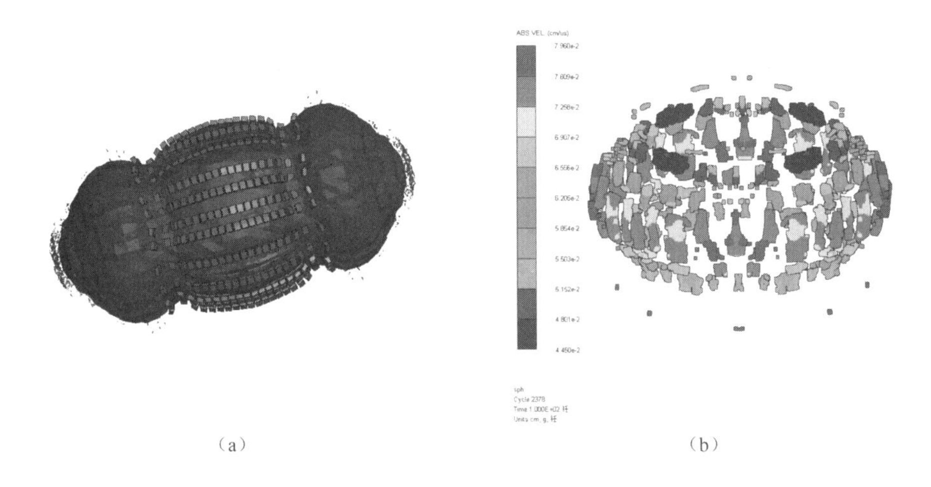

（a）　　　　（b）

图 2　战斗部杀爆效应

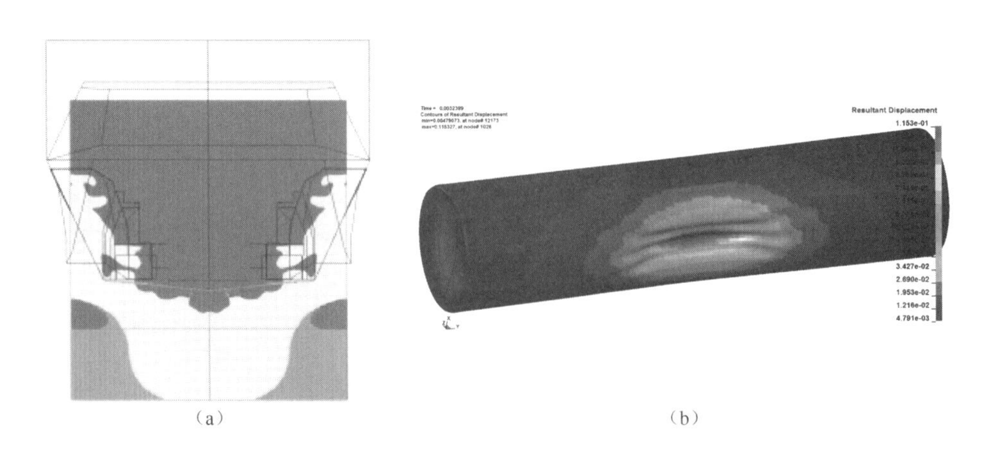

（a）　　　　（b）

图 3　爆炸载荷破坏效应

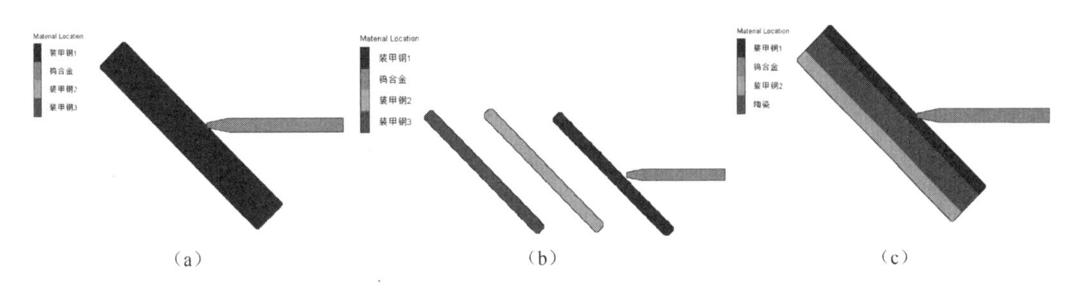

图 4　高速侵彻穿甲效应

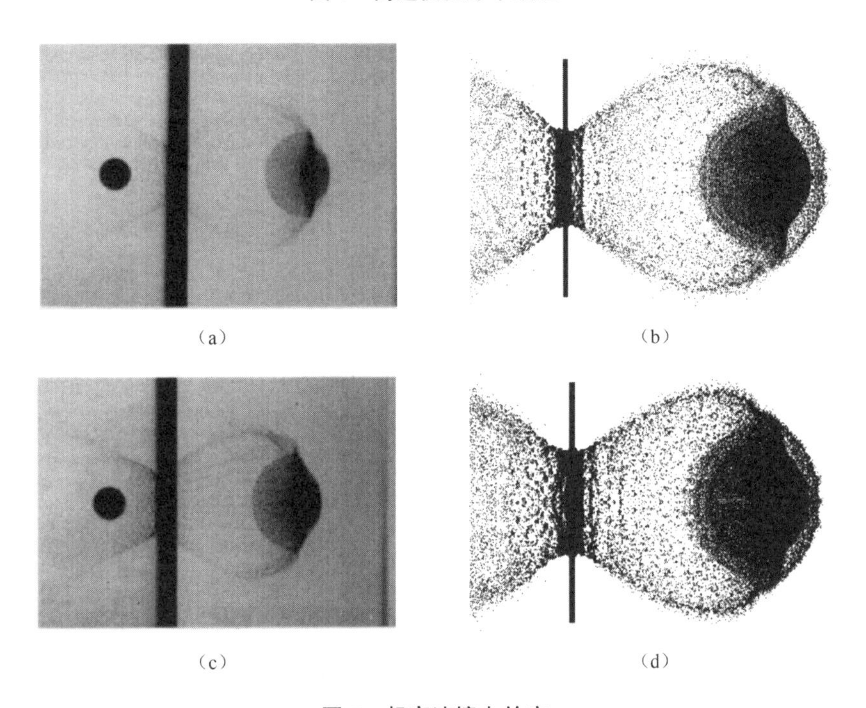

图 5　起高速撞击效应

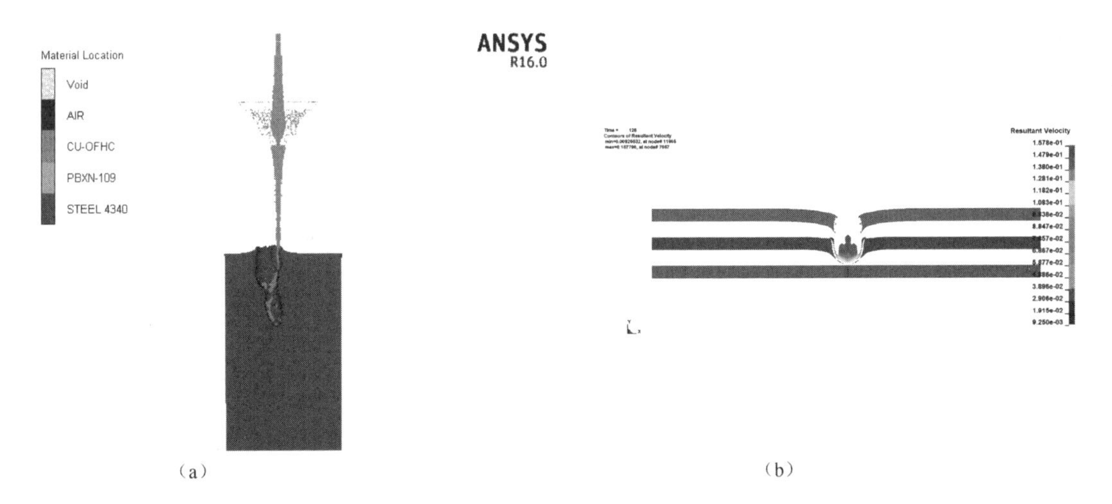

图 6　聚能破甲效应

21 钢筋混凝土结构侵彻

21.1 钢筋混凝土结构建模方法①

在 LS-DYNA 软件中的计算程序支持整体式、组合式和分离式三种钢筋混凝土模型。这三种模型简介如下。

21.1.1 整体式模型

整体式模型(简称 PLAIN 模型)将钢筋均匀地分散在混凝土中,等效近似为一种强度增强的混凝土材料。这种均质化模型容易快速建立,计算效率很高;缺点是无法真实反映钢筋的编排、钢筋对混凝土开坑崩落和弹体姿态的影响。很多人采用该模型预测弹体对钢筋混凝土的侵彻深度、剩余速度和侵彻过载。对于多层钢筋混凝土楼板侵彻问题,钢筋对弹体也有约束或偏转作用,不考虑内部钢筋对弹体偏转的影响。

21.1.2 组合式模型

这种模型可在一种单元内分别考虑钢筋和混凝土,假定两种材料之间无滑移黏结,且变形协调一致,则可通过体积加权计算钢筋混凝土材料模型的等效参数。

将 LS-DYNA 中的 * MAT_PSEUDO_TENSOR、* MAT_CONCRETE_DAMAGE、* MAT_WINFRITH_CONCRETE 和 * MAT_WINFRITH_CONCRET_REINFORCEMEN 组合使用,* MAT_BRITTLE_DAMAGE、* MAT_CONCRETE_EC2、* MAT_RC_BEAM、* MAT_RC_SHEAR_WALL 等材料模型均支持组合式模型。组合式模型是对整体式模型的改进,但同样作为等效模型,组合式模型也无法准确模拟钢筋编排和尺寸等对侵彻的影响,对计算结果进行后处理时无法查看钢筋和混凝土的相互位置关系、配筋率以及钢筋的变形破坏情况。

21.1.3 分离式模型

分离式模型将钢筋和混凝土模型分别用不同的单元来描述。根据钢筋和混凝土是

① 辛春亮,薛再清,涂建,等. TrueGrid 和 LS-DYNA 动力学数值计算详解[M]. 北京:机械工业出版社,2019.

否共节点，又可分为共节点与不共节点两种模型。

1. 共节点分离式模型

共节点分离式模型（简称 MERGE 模型）方式下的钢筋与混凝土之间完全黏结，钢筋和混凝土须同时采用 Lagrange 单元或 ALE 单元类型。采用 Lagrange 单元的共节点分离式模型的优点是计算效率相对较高；缺点是建模复杂，混凝土网格划分受到钢筋编排的制约，也无法定义钢筋轴向滑移，且当钢筋采用梁单元时，混凝土和钢筋节点自由度会发生冲突：钢筋梁单元有 6 个自由度，混凝土三维单元只有 3 个自由度。而采用 ALE 单元的共节点分离式模型的优点是可通过 * INITIAL_VOLUME_FRACTION 关键字定义钢筋，简化建模过程；缺点是 ALE 单元具有物质界面不清晰、能量耗散、计算耗费大等缺点，不适用于多层楼板侵彻这类空间和时间跨度大的场合。

2. 不共节点分离式模型

不共节点分离式模型的优点是可分别对钢筋和混凝土划分网格，相同位置处的节点并不相同，但网格可以重叠，这样的模型更容易建立。在 LS-DYNA 软件中，可以采用 * CONTACT_1D、* CONTACT_TIED、* CONSTRAINED_LAGRANGE_IN_SOLID（简称 CLIS）、* ALE_COUPLING_NODAL_CONSTRAINT（简称 ACNC）、* CONSTRAINED_BEAM_IN_SOLID（简称 CBIS）、* DEFINE_BEAM_SOLID_COUPLING（简称 DBSC）关键字来实现不共节点分离式模型。这几种关键字均将钢筋约束耦合在混凝土中来模拟钢筋和混凝土的相互作用。在约束耦合关系中，钢筋为从面，混凝土为主面。

* CONTACT_1D 和 * CONTACT_TIED 均为 Lagrange 接触方法，通过接触来定义每条钢筋与邻近混凝土节点之间的黏结滑移关系。钢筋数量越多，定义接触过程越烦琐。其中，* CONTACT_1D 中的钢筋采用一维梁单元；* CONTACT_TIED 中的钢筋可采用一维梁单元或三维单元。钢筋采用三维单元的缺点很明显：钢筋和邻近混凝土网格尺寸很小，计算时间步长过小易导致计算耗时长，且混凝土难以划分高质量六面体网格。

基于 CLIS、ACNC 和 CBIS 方法的分离式模型易建立，钢筋和混凝土单元不必协调一致，混凝土网格划分不受钢筋几何尺寸和位置的限制。其共同的缺点是在保证质量和动量守恒的同时造成能量损失。

CLIS、ACNC 关键字中的钢筋和混凝土之间完全黏结，既可采用 Lagrange 约束方法，又可采用流固耦合方法。其中，流固耦合方法中的混凝土应采用 ALE 单元，这同样存在计算耗费大的缺点。此外，Schwer 指出，采用这两类关键字时，当混凝土单元受拉失效后，钢筋均不再轴向承载，由此会低估钢筋对混凝土的拉伸增强作用。钢筋轴向约束弱，使得侵彻过程中侵彻弹更易于转正。

CBIS 关键字为 Lagrange 约束方法，钢筋和混凝土之间除了法向黏结外，还可自定义轴向滑移,并修正 CLIS 关键字存在的一些错误,且计算效率较高。DBSC 关键字既允许 Lagrange 约束方法,又允许罚函数方法。

21.2 侵彻模型描述

战斗部弹体材料为高强度的 35 CrMnSi,主体为圆柱形,外径为 86 mm,总长为 209 mm;头部为卵形,长度为 110 mm。弹体结构及战斗部有限元模型如图 21-1 所示。战斗部总质量为 4.2 kg,弹体内有模拟炸药装药和模拟引信,模拟引信质量为 0.189 kg,模拟炸药装药质量为 0.59 kg。战斗部垂直侵彻速度为 288 m/s。

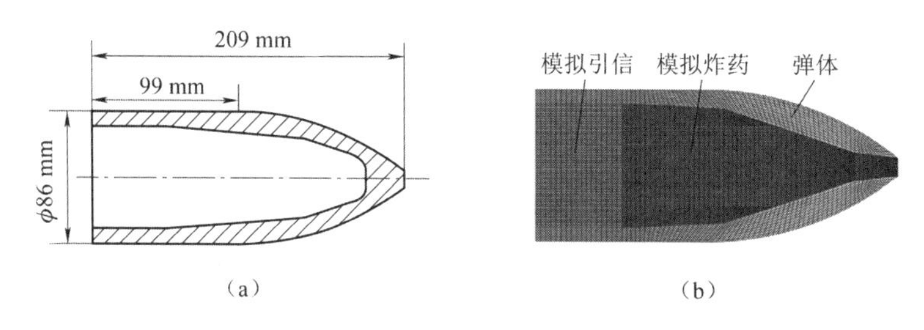

图 21-1 弹体结构及战斗部有限元模型

(a)弹体结构;(b)战斗部有限元

钢筋混凝土靶板尺寸为 1 600 mm×1 600 mm×200 mm,混凝土标号为 C35,内部为 φ12 mm 的螺纹钢筋。钢筋沿厚度方向布置成一层,平面上呈网状结构,钢筋间隔为 250 mm×250 mm,共 14 根钢筋(7×7 排布),最外侧钢筋距边缘 50 mm,钢筋网位于靶中间层位置。钢筋混凝土靶板的结构尺寸如图 21-2 所示。

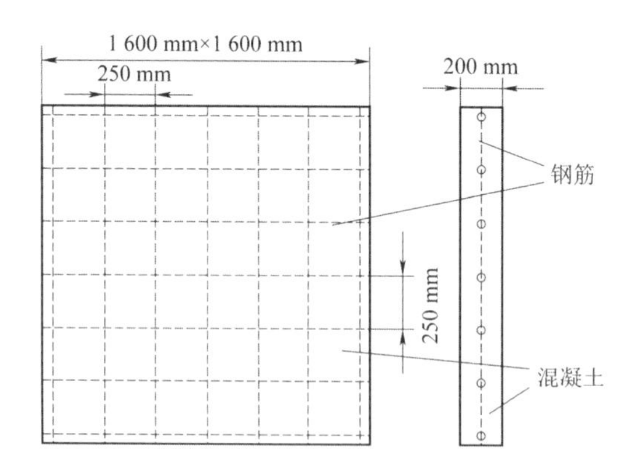

图 21-2 钢筋混凝土靶板的结构尺寸

钢筋混凝土侵彻模型如图 21-3 所示。混凝土材料采用 * MAT_RHT(简称 RHT 模型),并通过 * MAT_ADD_EROSRION 附加失效准则,当准则满足时,即删除相应的网格;

钢筋选用 ＊MAT_PLASTIC_KINEMATIC 材料模型来描述，并采用等效塑性应变失效准则；战斗部壳体采用＊MAT_RIGID 材料模型描述；模拟炸药采用＊MAT_ELASTIC 材料模型描述；模型引信采用＊MAT_PLASTIC_KINEMATIC 材料模型来描述。钢筋采用 1D Hughes-Liu 梁单元算法，其余部件采用 3D SOLID164 单元算法，钢筋和混凝土结构采用 ＊CONSTRAINED_LAGRANGE_IN_SOLID 关键字定义耦合，钢筋和战斗部壳体采用 ＊CONTACT_AUTOMATIC_BEAMS_TO_SURFACE 定义接触，混凝土、壳体、炸药和引信之间采用＊CONTACT_ERODING_SURFACE_TO_SURFACE 关键字定义接触。模型采用 g、cm、μs 单位制建立。

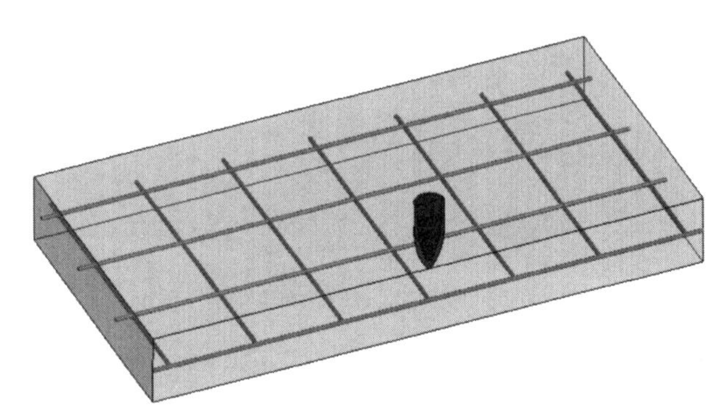

图 21－3　钢筋混凝土侵彻模型

21.3　控制关键字文件讲解

关键字文件有三个，分别为网格文件 mesh-dan. k、mesh-target. k 和控制文件 main. k。控制文件 main. k 的内容及相关讲解如下：

```
$首行*KEYWORD 表示输入文件采用的是关键字输入格式
*KEYWORD
*TITLE

$
$为二进制文件定义输出格式，0 表示输出的是 LS-DYNA 数据库格式
*DATABASE_FORMAT
         0
$读入节点 K 文件
*INCLUDE
mesh-dan.k
mesh-target.k
```

```
$$$$$$$$$$$$$$$$$$$$$$$$$$$$$$$$$$$$$$$$$$$$$$$$$$$$$$$$$$$$$$$$$$$$$$$$$$$$$$$$
$                          SECTION DEFINITIONS                                  $
$$$$$$$$$$$$$$$$$$$$$$$$$$$$$$$$$$$$$$$$$$$$$$$$$$$$$$$$$$$$$$$$$$$$$$$$$$$$$$$$
*SECTION_SOLID
        1         1
*SECTION_SOLID
        2         1
*SECTION_SOLID
        3         1
*SECTION_BEAM
        4         1      1.0000        2.0        1.0
     1.2         1.2       0.00       0.00       0.00       0.00
*SECTION_SOLID
        5         1
$钢筋和混凝土约束
*CONSTRAINED_LAGRANGE_IN_SOLID
$  钢筋     混凝土
$  SLAVE    MASTER    SSTYP    MSTYP    NQUAD     CTYPE    DIREC     MCOUP
     4        5        1        1         0          2        1         0
$  START     END      PEAC      FRIC    FRCMIN    NORM     NORMTYP   DAMP
      0       0                0.0       0.3       0        0       0.0
$   CQ      HMIN     HMAX      ILEAK     PLEAK    LCIDPOR
    0.0                        0         0.1
$
$$$$$$$$$$$$$$$$$$$$$$$$$$$$$$$$$$$$$$$$$$$$$$$$$$$$$$$$$$$$$$$$$$$$$$$$$$$$$$$$
$                          MATERIAL DEFINITIONS                                 $
$$$$$$$$$$$$$$$$$$$$$$$$$$$$$$$$$$$$$$$$$$$$$$$$$$$$$$$$$$$$$$$$$$$$$$$$$$$$$$$$
$
$炸药配重体
*MAT_ELASTIC
        1     1.86       0.05       0.32       0.0       0.0       0.0
$壳体刚体材料
*MAT_RIGID
        2    7.87      2.1        0.3         0         0         0
        0         0         0
        0         0         0         0          0         0
$引信配重体材料参数
*MAT_PLASTIC_KINEMATIC
$    MID       Ro        E          PR           SIGY      ETAN       BETA
       3    0.9718     1.30      0.300    0.9E-02
$  SRC        SRP       FS         VP

$
$钢筋材料参数
*MAT_PLASTIC_KINEMATIC
$   MID       Ro        E          PR          SIGY          ETAN       BETA
      4     7.83      2.1        0.3      4.05E-03 6.073E-02      1
$  SRC        SRP       FS         VP
```

```
4.04E-05    5      0.15      0
$
$混凝土材料参数
*MAT_RHT
$  MID        RO       SHEAR    ONEMPA     EPSF      BO       B1       T1
    5      2.314     0.167    -6       2.0      1.22     1.22   0.3527
$  A          N        FC          FS*       FT*       QO       B       T2
   1.6        0.61    3.5E-4     0.18      0.1      0.6805    0.0105    0.0
$  EOC       EOT       EC         ET          BETAC      BETAT      PTF
  3.0E-11  3.0E-12  3.0E+19 3.0E+19    0.032      0.036     0.001
$    GC*     GT*       XI       D1          D2       EPM       AF       NF
   0.53     0.70     0.5      0.04        1.0      0.01      1.6     0.61
$  GAMMA       A1        A2        A3         PEL          PCO     NP      ALPHAO
    0.0    0.3527    0.3958    0.0904    2.33E-4    0.06    3.0    1.1884
*mat_add_erosion
   5
,,,0.4
$
$$$$$$$$$$$$$$$$$$$$$$$$$$$$$$$$$$$$$$$$$$$$$$$$$$$$$$$$$$$$$$$$$$$$$$$$$$$$$$$$
$                          PARTS DEFINITIONS                              $
$$$$$$$$$$$$$$$$$$$$$$$$$$$$$$$$$$$$$$$$$$$$$$$$$$$$$$$$$$$$$$$$$$$$$$$$$$$$$$$$
$
$
*PART
Part          1 for Mat        1 and Elem Type        1
        1            1       1          0        1        0        0
$
*PART
Part          2 for Mat        2 and Elem Type        2
        2            2       2          0        1        0        0
$
*PART
Part          3 for Mat        3 and Elem Type        3
        3            3       3          0        1        0        0
$
$
*PART
Part          4 for Mat        4 and Elem Type        4
        4            4       4          0        1        0        0
$
*PART
Part          5 for Mat        5 and Elem Type        5
        5          5       5          0        1        0        0
$
*HOURGLASS
        1          2      0.15          1        0        0
$
```

```
$$$$$$$$$$$$$$$$$$$$$$$$$$$$$$$$$$$$$$$$$$$$$$$$$$$$$$$$$$$$$$$$$$$$$$$$$$$$$$$$
$                           BOUNDARY DEFINITIONS                              $
$$$$$$$$$$$$$$$$$$$$$$$$$$$$$$$$$$$$$$$$$$$$$$$$$$$$$$$$$$$$$$$$$$$$$$$$$$$$$$$$
$
*BOUNDARY_SPC_SET
$#    nsid       cid      dofx      dofy      dofz     dofrx     dofry     dofrz
         1         0         0         1         0         0         0         0
*BOUNDARY_SPC_SET
$#    nsid       cid      dofx      dofy      dofz     dofrx     dofry     dofrz
         2         0         0         1         0         0         0         0
$
*BOUNDARY_SPC_SET
$#    nsid       cid      dofx      dofy      dofz     dofrx     dofry     dofrz
         3         0         1         1         1         1         1         1
*BOUNDARY_SPC_SET
$#    nsid       cid      dofx      dofy      dofz     dofrx     dofry     dofrz
         4         0         0         1         0         0         0         0
$
$$$$$$$$$$$$$$$$$$$$$$$$$$$$$$$$$$$$$$$$$$$$$$$$$$$$$$$$$$$$$$$$$$$$$$$$$$$$$$$$
$                           CONTACT DEFINITIONS                               $
$$$$$$$$$$$$$$$$$$$$$$$$$$$$$$$$$$$$$$$$$$$$$$$$$$$$$$$$$$$$$$$$$$$$$$$$$$$$$$$$
$
$壳体和混凝土接触定义
*CONTACT_ERODING_SURFACE_TO_SURFACE
         2         5         3         3         0         0         0         0
    0.0000     0.000     0.000     0.000     0.000         0     0.000 0.100E+08
     1.000     1.000     0.000     0.000     1.000     1.000     1.000     1.000
         1         1         1
$壳体和钢筋接触定义
*CONTACT_AUTOMATIC_BEAMS_TO_SURFACE
         4         2         3         3         0         0         0         0
    0.0000     0.000     0.000     0.000     0.000         0     0.000 0.100E+08
     1.000     1.000     0.000     0.000     1.000     1.000     1.000     1.000
         1         0         0         0         4         5         0         0
       0.0         0         0
$壳体和炸药接触定义
*CONTACT_ERODING_SURFACE_TO_SURFACE
         2         1         3         3         0         0         0         0
    0.0000     0.000     0.000     0.000     0.000         0     0.000 0.100E+08
     1.000     1.000     0.000     0.000     1.000     1.000     1.000     1.000
         1         1         1
$炸药和引信配重体接触定义
*CONTACT_ERODING_SURFACE_TO_SURFACE
         1         3         3         3         0         0         0         0
    0.0000     0.000     0.000     0.000     0.000         0     0.000 0.100E+08
     1.000     1.000     0.000     0.000     1.000     1.000     1.000     1.000
         1         1         1
$
```

```
$
$$$$$$$$$$$$$$$$$$$$$$$$$$$$$$$$$$$$$$$$$$$$$$$$$$$$$$$$$$$$$$$$$$$$$$$$$$$$$$$$
$                              CONTROL OPTIONS                                 $
$$$$$$$$$$$$$$$$$$$$$$$$$$$$$$$$$$$$$$$$$$$$$$$$$$$$$$$$$$$$$$$$$$$$$$$$$$$$$$$$
$
*CONTROL_CONTACT
  0.80000   0.00000         2         0         1         1         1
         0         0        10         0  4.00
*CONTROL_ENERGY
         2         2         2         2
*CONTROL_SHELL
  20.0         1              -1         1         2         2         1
*CONTROL_BULK_VISCOSITY
  1.50   0.600E-01
*CONTROL_TIMESTEP
    0.0000   0.9000         0  0.00       0.00
*CONTROL_TERMINATION
0.250E+04        0   0.00000   0.00000   0.00000
$
$弹丸 Part 组设置
*SET_PART_LIST
         1   0.0000    0.0000    0.0000    0.0000
         1          2           3
$弹丸速度加载设置
$ID 为弹丸 Part 组编号
$STYP 为 Part 类型,=1为 Part 组
$VY =0.0288,表示 Z 轴正方向速度,为288 m/s
*INITIAL_VELOCITY_GENERATION
$     ID       STYP       OMEGA     VX          VY          VZ        IVATN
         1         1                                    0.0288
$     XC        YC        ZC          NX          NY          NZ        PHASE

$$$$$$$$$$$$$$$$$$$$$$$$$$$$$$$$$$$$$$$$$$$$$$$$$$$$$$$$$$$$$$$$$$$$$$$$$$$$$$$$
$                               TIME HISTORY                                   $
$$$$$$$$$$$$$$$$$$$$$$$$$$$$$$$$$$$$$$$$$$$$$$$$$$$$$$$$$$$$$$$$$$$$$$$$$$$$$$$$
$
*DATABASE_BINARY_D3PLOT
25.000
*DATABASE_BINARY_D3THDT
  25.000
$
$$$$$$$$$$$$$$$$$$$$$$$$$$$$$$$$$$$$$$$$$$$$$$$$$$$$$$$$$$$$$$$$$$$$$$$$$$$$$$$$
$                             DATABASE OPTIONS                                 $
$$$$$$$$$$$$$$$$$$$$$$$$$$$$$$$$$$$$$$$$$$$$$$$$$$$$$$$$$$$$$$$$$$$$$$$$$$$$$$$$
$
*DATABASE_EXTENT_BINARY
         4         0         3         1         0         0         0         0
         0         0         4         0         0         0
*END
```

21.4 计算结果

按如下操作过程,查看混凝土的损伤过程和钢筋等效塑性应变。

(1)运行 LS-PREPOST 软件,导入工作文件目录中的 d3plot 文件;

(2)执行 Page1 > SelPar 命令,选中 5 Part;

(3)执行 Page1 > Fcomp > Misc > history#4 命令,显示混凝土的损伤云图;

(4)执行 Page1 > SelPar 命令,选中 1 Part、2 Part、3 Part;

(5)拉动 Anim 时间进度条,查看各时刻混凝土的损伤云图,如图 21 -4 所示;

(6)执行 Page1 > SelPar 命令,选中 3 Part;

(7)执行菜单栏中的 Toggle > Beam Prism 命令,显示钢筋网格;

(8)执行 Page1 > SelPar 命令,选中 1 Part、2 Part、3 Part;

(9)执行 Page1 > Fcomp > Beam > plastic strain 命令;

(10)拉动 Anim 时间进度条,查看各时刻钢筋的等效塑性应变云图,如图 21 -5 所示。

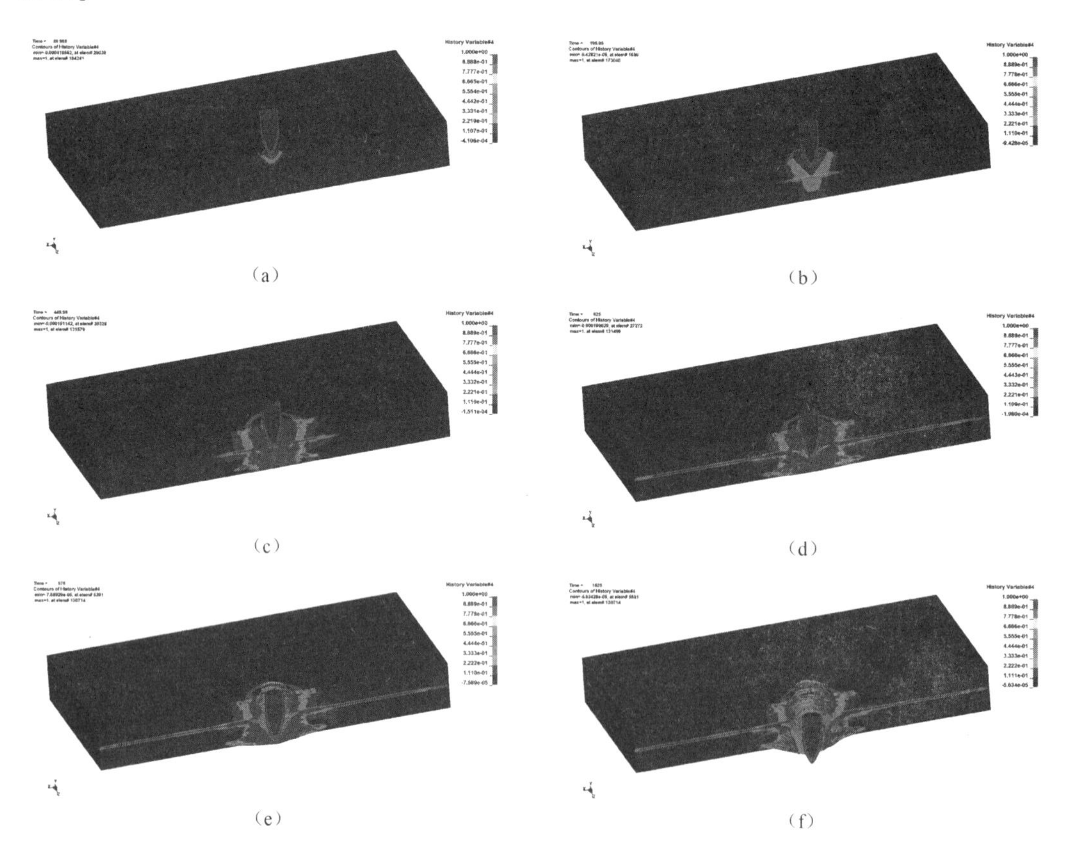

图 21 -4 弹丸侵彻过程中混凝土的损伤云图

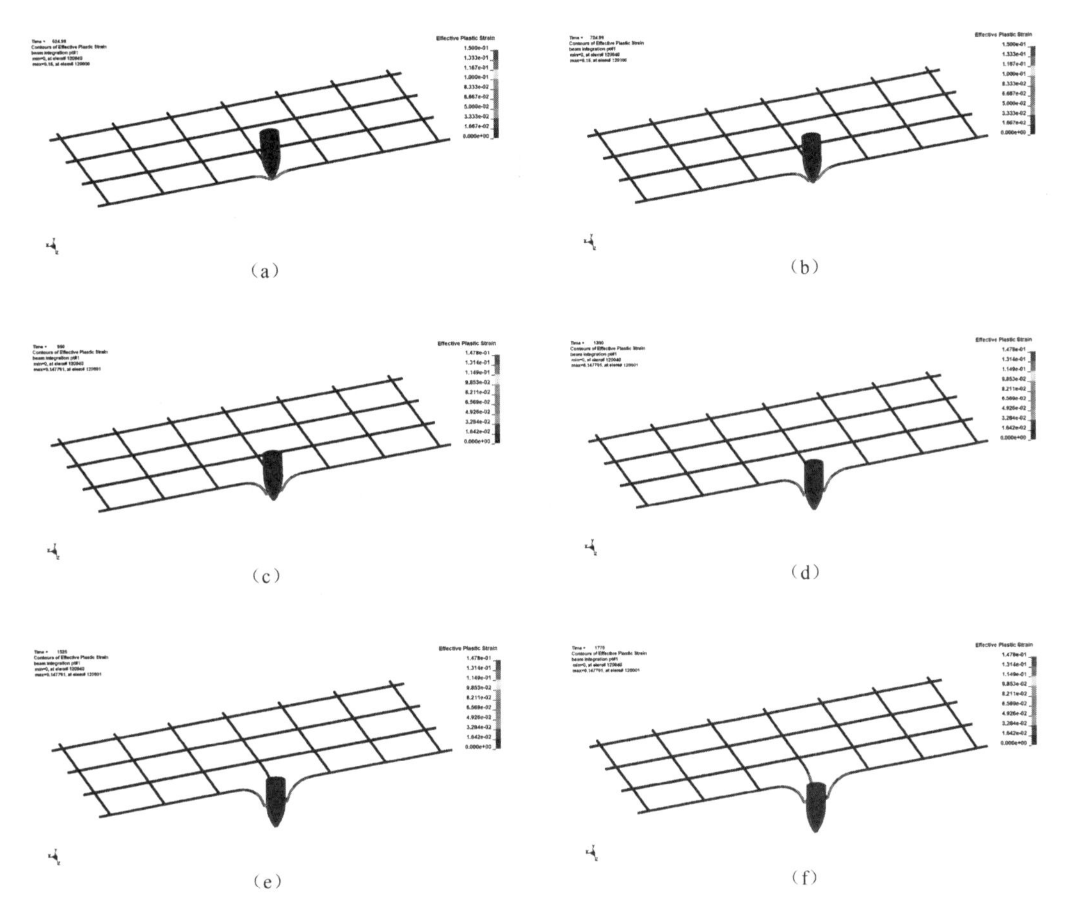

图 21－5　弹丸侵彻过程中钢筋的等效塑性应变云图

22 弹丸对充液容器的侵彻

22.1 模型描述

在上述几个侵彻问题中，都是关于“固体”与“固体”之间的碰撞接触计算。但是在侵彻问题中，存在着“固体”与“液体”之间的碰撞，例如弹丸侵彻充水容器就是一个典型的“固体”与“液体”之间碰撞的问题。以弹丸侵彻充水容器这个实例来阐述如何对此类问题进行数值模拟。

图 22-1 所示为球形钢弹丸侵彻充水容器示意。充水容器为圆柱形铝合金水箱，水箱直径为50 cm，高度为 20 cm，壁厚为 0.5 cm，弹丸直径为2 cm，弹丸以 500 m/s 的速度沿水箱轴线垂直撞击。模型具有轴对称性，采用二维轴对称算法，弹丸、容器壁面采用 Lagrange 单元，空气和水采用 ALE 单元，采用 FSI（流固耦合）算法定义 Lagrange 单元和 ALE 单元之间的耦合。模型采用 g、cm、μs 单位制建立。

注：这里采用二维轴对称算法模拟，读者可以自行采用三维 1/4 对称算法模拟。

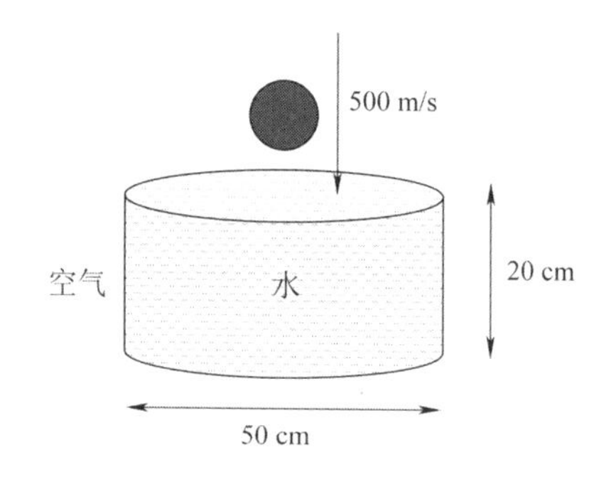

图 22-1 球形钢弹丸侵彻充水容器示意

22.2 计算结果

计算结束后，用 LS-PREPOST 软件打开工作目录下的 d3plot 文件，读入结果输出文件。弹丸对充水容器的侵彻过程如图 22-2 所示，弹丸侵彻容器壳体后进入水中，弹丸向前运动将液体向四周排开，空气进入后形成圆锥形空腔，空腔膨胀所需的动能来源于弹丸动能，因此弹丸的动能在侵彻过程中会不断地衰减，如图 22－3 所示。

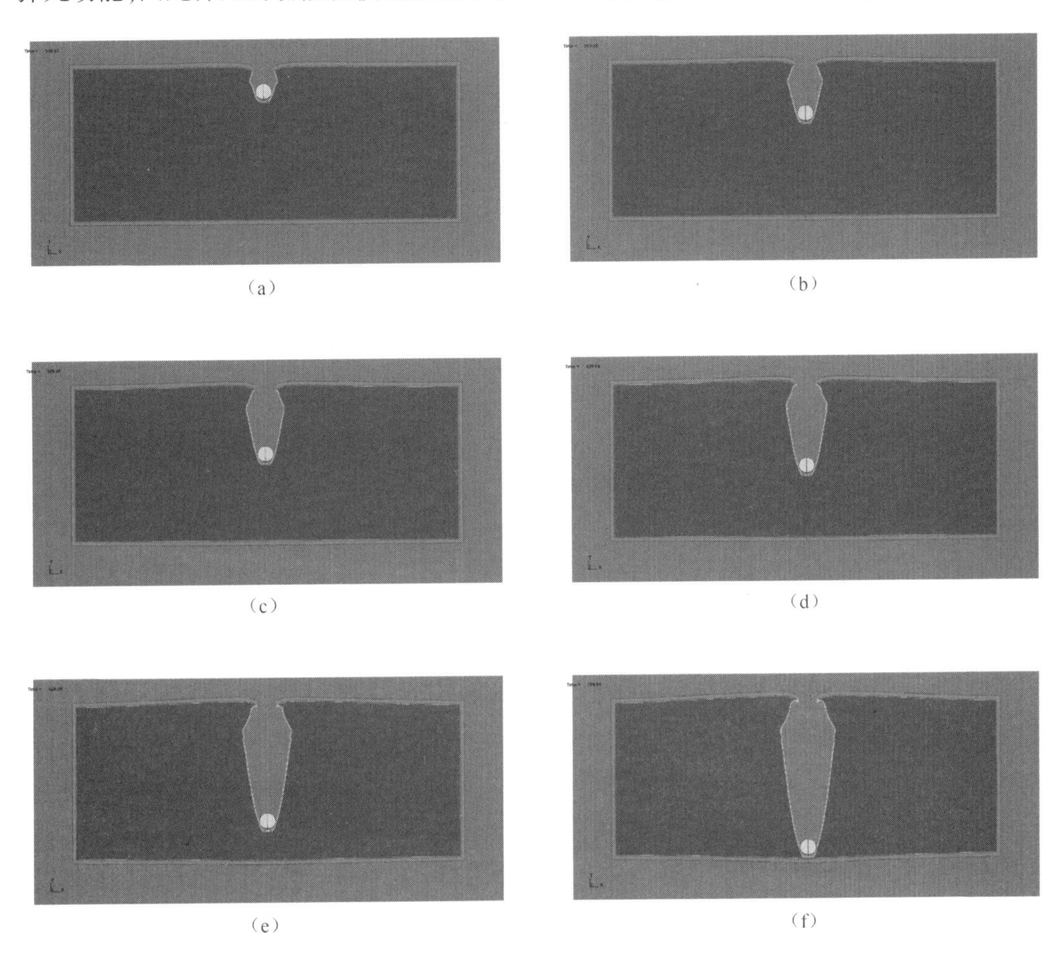

图 22－2　弹丸对充水容器的侵彻过程

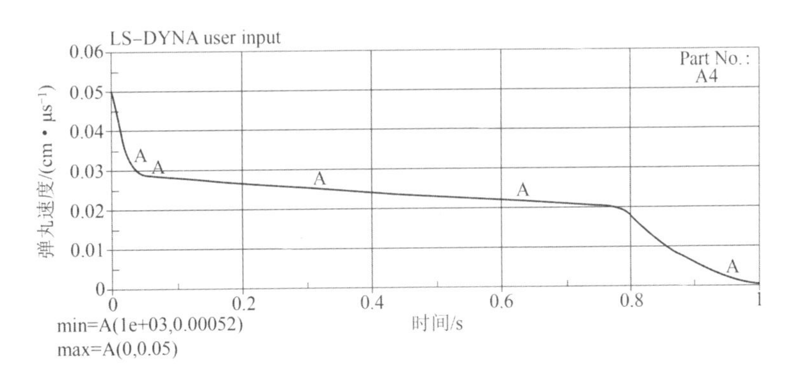

图 22－3　弹丸速度—时间变化曲线

23 战斗部壳体破碎与破片抛射计算

23.1 战斗部基本特征①

23.1.1 榴弹分类

榴弹是一类利用火炮将其发射出去,完成杀伤、爆破、侵彻或其他作战目的的弹药。目前,世界各国研制或装备的榴弹种类很多,为了科研、设计、生产、保管及使用的方便,榴弹可以像一般炮弹按口径、对付目标、装填方式、稳定方式和作用效能等来分类。以下仅按作用效能分类,将榴弹分为三种。

(1)杀伤榴弹:侧重杀伤作用的弹丸,弹壁较厚,弹体质量较大,炸药威力也较大。

(2)爆破榴弹:侧重爆破作用的弹丸,弹壁较薄,炸药威力大。

(3)杀伤爆破榴弹:兼顾杀伤、爆破两种作用的弹丸。其中,远程杀伤爆破弹在炮兵弹药中成为压制兵器的主要弹药,也是目前弹药发展中较为活跃的弹药。

23.1.2 战斗部结构组成

战斗部是弹药实现毁伤的主要部件,主要由壳体、炸药装药、引信等组成,如图 23-1 所示。战斗部壳体采用金属材料制作而成,其内部装填有高能炸药,并可以在壳体内侧装填预制破片,以提高杀伤破片数量。在引信起爆作用下,内部装药发生爆轰作用,生成的高温高压气体向外迅速膨胀,使壳体破裂,产生高速破片;周围空气在爆轰产物的推动作用下产生空气冲击波,最终通过空气冲击波和破片杀伤目标。另外,爆炸产生的爆轰产物也可在近距离内对目标产生强烈破坏。

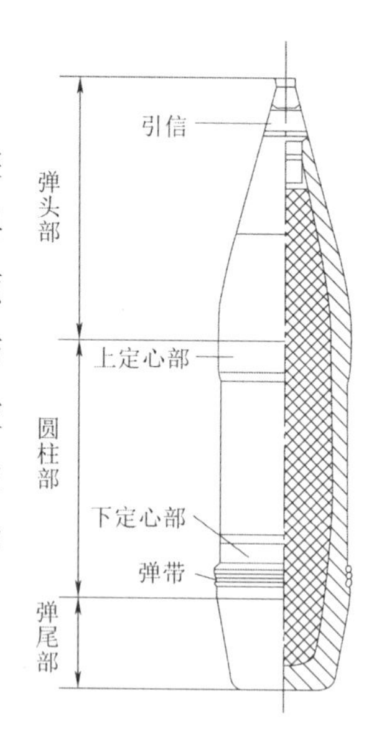

图 23-1 战斗部结构示意

① 李向东,王议论.弹药概论[M].2版.北京:国防工业出版社,2017.

23.1.3　战斗部毁伤能力

战斗部对目标的毁伤是杀伤作用(利用破片的动能)、侵彻作用(利用弹丸的动能)、爆破作用(利用爆炸冲击波的能量)、燃烧作用(根据目标的易燃程度以及炸药的成分而定)等多种效应综合而致。

1. 杀伤作用

杀伤作用是利用弹丸爆炸后形成的具有一定动能的破片实现的。其杀伤效果由目标处破片的动能、形状、姿态和密度来决定,而这些又与弹体的结构与材料、炸药装药类型与药量、弹丸爆炸时的姿态与存速等密切相关。

(1)静爆的破片分布。由于弹丸是轴对称体,榴弹在静止爆炸后其破片在圆周上的分布基本上是均匀的,但从弹头到弹尾的破片纵向分布是不均匀的。70% ~80% 的破片由圆柱部贡献。在轴向上破片呈正态分布,弹丸中部破片较密,头部和尾部破片较少且以大质量破片为多。其破片的分布如图 23 - 2 所示。

(2)空爆的破片分布。弹丸的落速越大,榴弹在空中爆炸后的破片就越向弹头方向倾斜飞散。弹丸的落角不同,破片在空中的分布也不同。当弹丸以垂直地面姿态爆炸时,破片分布近似为一个圆形,且有较大的杀伤面积,如图 23 - 3(a)所示。而弹丸以倾斜地面姿态爆炸时,只有两侧的破片起杀伤作用,其杀伤区域大致是一个矩形,如图 23 - 3(b)所示。

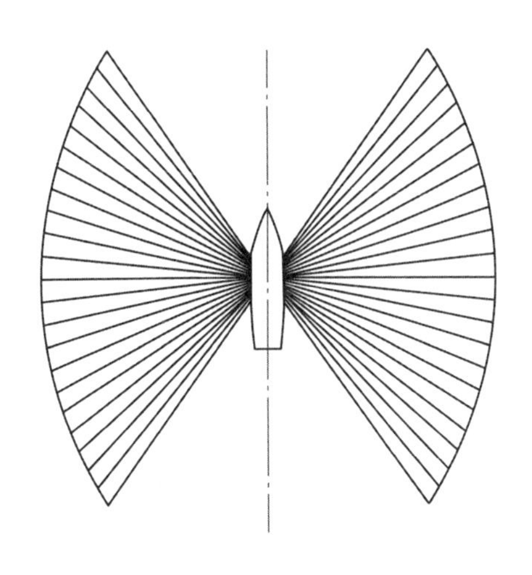

图 23 - 2　静爆的破片分布

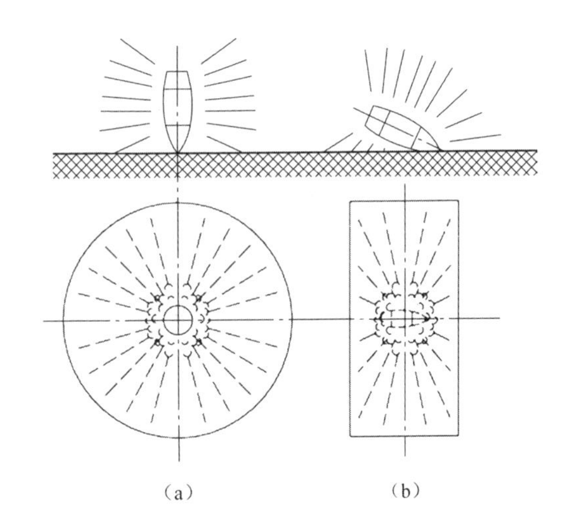

图 23 - 3　空爆的破片分布

(a)垂直爆炸;(b)倾斜爆炸

2. 侵彻作用

战斗部的侵彻作用是指弹丸对土石等各种介质的侵入过程，依靠其动能和引信装定方式来获得。榴弹破坏地面或半地下工事主要依靠爆破作用，在适当的引信装定方式下的侵彻作用可以获得最大爆破效果。尤其当攻击土木工事等目标时，其侵彻作用的意义更为重大。

3. 爆破作用

爆破作用是指弹丸利用炸药爆炸时产生的高压气体和冲击波对目标的摧毁作用。在弹丸壳体内的炸药被引爆后，产生的高温、高压爆轰产物迅速向四周膨胀，一方面使弹丸壳体变形、破裂，形成破片，并赋予破片以一定的速度向外飞散；另一方面，高温、高压的爆轰产物作用于周围介质或目标本身，使目标遭受破坏。

对土木工事等目标进行攻击时，先将引信装定为“延期”，战斗部击中土木工事后并不立即爆炸，而是凭借其动能迅速侵入土石介质中。在弹丸侵彻至适当深度时爆炸，便可获得最有利的爆破和杀伤效果。炸药爆炸时形成的高温、高压气体猛烈压缩并冲击周围的土石介质，将部分土石介质和工事抛出，形成漏斗状的弹坑（称为“漏斗坑”）。若引信装定为“瞬发”，弹丸将在地面爆炸，大部分炸药能量消耗在空中，则炸出的弹坑很浅。相反，如果弹丸侵彻过深，就不足以将上面的土石介质抛出地面而造成地下坑（出现“隐坑”），也不能有效地摧毁目标。

弹丸在空气中爆炸时，爆轰产物猛烈膨胀，压缩周围的空气，产生空气冲击波。空气冲击波在传播过程中将逐渐衰减，最后变为声波。空气冲击波的强度通常用空气冲击波峰值超压（即空气冲击波峰值压强与大气压强之差）Δp_m来表征。空气冲击波峰值超压越大，其破坏作用也越大。当冲击波超压Δp_m在0.02～0.05 MPa范围内时，可伤及人员；在0.05～0.1 MPa范围内时，可致人重伤或死亡。当冲击波超压Δp_m在0.02～0.05 MPa范围内时，可使各种飞机轻微损伤；在0.05～0.1 MPa范围内时，可使活塞式飞机完全破坏，喷气式飞机严重破坏；大于0.1 MPa时，可使各种飞机完全破坏。

23.2 预制破片战斗部爆炸计算

预制破片战斗部是破片杀伤战斗部的一种，将其破片预先加工成型，嵌埋在壳体基体材料中或用树脂黏合在装药外的内衬上，在炸药爆炸后将其抛射出去。破片的形状有瓦片形、立方体、球形、短杆等，这类战斗部的特点是杀伤破片的大小和形状较规则，而且由于炸药的爆炸能量不用于分裂形成破片，所以能量利用率高，杀伤效果好。

23.2.1　计算模型

为了计算预制破片式战斗部破片场分布情况，设计了典型预制破片战斗部，战斗部结构示意如图 23－4 所示。战斗部的外层是厚度为 0.55 cm 的瓦片状预制破片层，每层破片数为 24 枚，共 20 层；中间为 0.2 cm 厚的铝合金壳体，壳体两端也是同厚度的铝合金端盖；内部为装填 1 kg 的 8701 炸药，炸药的密度 $\rho = 1.7\ g/cm^3$，战斗部的有效装药高度为 19 cm。战斗部采用中心起爆的方式引爆。

战斗部空爆数值计算模型如图 23－5 所示。模型包含了战斗部和外部的空气域，采用对称原理创建 1/4 计算模型，空气域为半径 150 cm 的扇形结构，高度为 60 cm，在对称面添加对称约束，空气表面边界施加非反射边界条件。空气和炸药采用 ALE 单元算法，破片和壳体采用 Lagrange 算法，二者之间通过 * CONSTRAINED_LAGRANGE_IN_SOLID 关键字进行流固耦合关系定义。为方便网格划分，使用 * INITIAL_VOLUME_FRACTION_GEOMETRY 方法对柱形装药进行填充。壳体和破片之间施加面面侵蚀接触算法，模型采用 g、cm、μs 单位制建立。

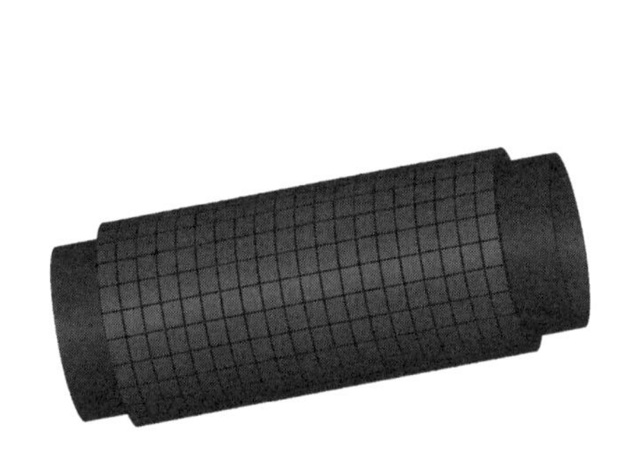

图 23－4　破片式战斗部结构示意

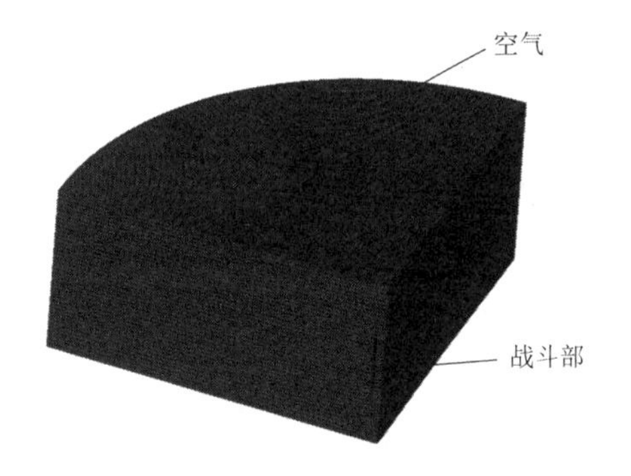

图 23－5　战斗部空爆数值计算模型

23.2.2　控制关键字文件讲解

关键字文件有两个，分别为网格文件 mesh.k 和控制文件 main.k。控制文件 main.k 的内容及相关讲解如下：

```
$首行*KEYWORD 表示输入文件采用的是关键字输入格式
*KEYWORD
*TITLE

$为二进制文件定义输出格式,0 表示输出的是 LS-DYNA 数据库格式
```

```
*DATABASE_FORMAT
  0
$读入节点 K 文件
*INCLUDE
  mesh.k
$*SECTION_SOLID_ALE 定义 ALE 单元算法
$ELFORM=11,表示采用单点 ALE 多物质算法
$*SECTION_SOLID 定义常应力体单元算法
*SECTION_SOLID_ALE
      1        11

*SECTION_SOLID
      2         1
*SECTION_SOLID
      3         1
*SECTION_SOLID_ALE
      4        11

$炸药点火控制,采用单点起爆方式
$PID 为采用*MAT_HIGH_EXPLOSIVE_BURN 材料本构的 Part ID 值
*INITIAL_DETONATION
$  PID       X         Y        Z       LT
       4       0         0        0        0
$利用*INITIAL_VOLUME_FRACTION_GEOMETRY 在 ALE 背景网格中填充多物质材料
$FMSID 为背景 ALE 网格 Part ID
$FMIDTYP=1,表示 FMSID 为 PART
$BAMMG=1,表示背景网格在 AMMG 中的 ID 为1
$NTRACE=3,表示 ALE 网格的细分数
$CNTTYP=4,表示用圆柱体方式进行填充
$X0、Y0、Z0是一端面中心坐标,R0是半径
$X1、Y1、Z1是一端面中心坐标,R1是半径
$FILLOPT=0,表示在球体内部进行填充
$FAMMG=2,表示填充体在 AMMG 中的 ID 为2
*INITIAL_VOLUME_FRACTION_GEOMETRY
$  FMSID    FMIDTYP    BAMMG    NTRACE
   1         1         1        3
$ CNTTYP    FILLOPT    FAMMG       VX         VY         VZ
   4         0         2
$   X0         Y0         Z0         X1         Y1         Z1         R1        R2
   0          0          8          0          0          -8        3.13      3.13
$$采用*MAT_NULL 材料模型定义空气
$air-0.10E-05
*MAT_NULL
     1   1.290E-03      0.00       0.00      0.00       0.00       0.00      0.00
*EOS_LINEAR_POLYNOMIAL
        1    0.00   0.00       0.00       0.00       0.40       0.40       0.00
  0.25E-05    1.00
$采用*MAT_PLASTIC_KINEMATIC 材料模型定义破片
```

```
*MAT_PLASTIC_KINEMATIC
$     MID       RO         E        PR      SIGY      ETAN      BETA
        2 7.85000       2.1   0.284   1.8E-02     0.2         1
$     SRC       SRP        FS        VP
        0         0        12         0
$采用*MAT_JOHNSON_COOK 材料模型,定义铝合金壳体材料模型参数
$铝板壳体2024
*MAT_JOHNSON_COOK
        3    2.768 2.7475E-017.3084E-01     0.3300   1.000000
 2.65E-03  4.26E-03      0.34     0.015      1.00 7.755E+02      294 0.100E-05
0.896E-05     -9.00      2.00      0.00      0.13      0.13      -1.5     0.011
     0.00
*EOS_GRUNEISEN
        3    0.5286     1.400      0.00      0.00      2.00      1.00      0.00
     0.00
$采用*MAT_HIGH_EXPLOSIVE_BURN 材料模型,定义炸药材料模型参数
*MAT_HIGH_EXPLOSIVE_BURN
$     MID    RO     D          Pcj       BETA       K           G        SIGY
        4 1.7170001 0.7980000 0.2950000 0.0000000 0.0000000 0.0000000 0.0000000
*EOS_JWL
$   EOSID     A        B          R1        R2        OMEG      E0        V0
        4 5.2420002 7.6870E-2 4.2000000 1.1000000 0.3400000 0.0850000 1.0000000
$
$*CONTROL_ALE 为 ALE 算法设置全局控制参数
$针对爆炸问题,采用交错输运逻辑,DCT = -1
$NADV =1,表示每两种物质输运步之间有一 Lagrange 步计算
$METH =2,表示采用带有 HIS 的 Van Leer 物质输运算法
$PREF =1.01e-6,表示环境大气压力
*CONTROL_ALE
$     DCT      NADV      METH      AFAC      BFAC      CFAC      DFAC      EFAC
       -1         1         2 -1.00     0.00      0.00      0.00      0.00
$   START       END     AAFAC     VFACT     PRIT       EBC      PREF   NSIDEBC
  0.00   0.100E+21   1.00      0.00      0.00               0  1.01e-6
$
$在空气域内,定义 ALE 单元和 Lagrange 单元的流固耦合算法
$SLAVE =2,表示编号为1的 Lagrange 从实体
$MASTER =1,表示编号为2的 ALE 主实体
$SSTYP =0,表示 Lagrange 从段为 Part 组
$MSTYP =0,表示 ALE 主段为 Part 组
*CONSTRAINED_LAGRANGE_IN_SOLID
$   SLAVE    MASTER     SSTYP     MSTYP     NQUAD     CTYPE     DIREC     MCOUP
        2         1         0         0         3         4         2         0
$   START       END      PEAC      FRIC    FRCMIN      NORM   NORMTYP      DAMP
        0         0      0.01       0.0       0.3         0         0       0.0
$      CQ      HMIN      HMAX    ILEAK     PLEAK   LCIDPOR
      0.0                               0       0.1
$为*CONSTRAINED_LAGRANGE_IN_SOLID 定义 Lagrange 从段 Part 组编号
$SID =1,表示*SET_PART_LIST 编号为1
```

```
$PID1 =1,表示 Part 编号为1的单元
$PID2 =4,表示 Part 编号为4的单元
*SET_PART_LIST
$     SID       DA1       DA2       DA3       DA4       SOLVER
        1  0.0000   0.0000   0.0000  0.0000
$    PID1      PID2      PID3      PID4      PID5      PID6      PID7      PID8
        1         4
$为*CONSTRAINED_LAGRANGE_IN_SOLID 定义 ALE 主段 Part 组编号
$SID =2,表示*SET_PART_LIST 编号为2
$PID1 =2,表示 Part 编号为2的单元
$PID2 =3,表示 Part 编号为3的单元
*SET_PART_LIST
$     SID       DA1       DA2       DA3       DA4       SOLVER
        2  0.0000   0.0000   0.0000   0.0000
$    PID1      PID2      PID3      PID4      PID5      PID6      PID7      PID8
        2         3
$定义 ALE 多物质材料组 AMMG
$ELFORM =11必须定义该关键字卡片
*ALE_MULTI -MATERIAL_GROUP
        1         1
        4         1
$删除 Part3和侵蚀接触1
$*DELETE_CONTACT
$       1
$*DELETE_PART
$       3
$定义壳体和破片,破片和破片之间的接触
*CONTACT_AUTOMATIC_SURFACE_TO_SURFACE
        3         2         3         3         0         0         0         0
  0.000  0.000  0.000  0.000     0.000             0 0.000   0.1000E +08
  1.000  1.000  0.000  0.000     1.000    1.000    1.000    1.000
*CONTACT_AUTOMATIC_SURFACE_TO_SURFACE
        2         2         3         3         0         0         0         0
0.000     0.000     0.000     0.000     0.000           0 0.000    0.1000E +08
1.000     1.000     0.000     0.000     1.000     1.000     1.000     1.000
$定义空气 Part,引用定义的单元算法、材料模型和状态方程,PID 必须唯一
$
*PART
Part         1 for Mat         1 and Elem Type          1
         1         1         1         1         0         0         0
$定义破片 Part,引用定义的单元算法、材料模型和状态方程,PID 必须唯一
*PART
Part         2 for Mat         2 and Elem Type          2
         2         2         2         2         0         0         0
$定义壳体 Part,引用定义的单元算法、材料模型和状态方程,PID 必须唯一
*PART
Part         3 for Mat         3 and Elem Type          3
         3         3         3         3         0         0         0
```

```
$定义炸药 Part,引用定义的单元算法、材料模型和状态方程,PID 必须唯一
*PART
   Part         4 for Mat         4 and Elem Type         4
         4         4         4         4         0         0         0
$接触罚函数控制
*CONTROL_CONTACT
  0.80000 0.00000         2         0         1         1         1
         0         0        10         0  4.00
*CONTROL_ENERGY
         2         2         2         2
*CONTROL_BULK_VISCOSITY
  1.50   0.600E-01
$计算时间步长控制
$TSSFAC=0.67,为计算时间步长缩放因子
*CONTROL_TIMESTEP
   0.0000  0.6700         0  0.00       0.00
$ENDTIM 定义计算结束时间
*CONTROL_TERMINATION
  500.       0  0.00000   0.00000   0.00000
$定义二进制文件 d3plot 的输出
$DT=5 μs,表示输出时间间隔
*DATABASE_BINARY_D3PLOT
  5.000
$定义二进制文件 D3THDT 的输出
$DT=5 μs,表示输出时间间隔
*DATABASE_BINARY_D3THDT
  5.000
*DATABASE_EXTENT_BINARY
         0         0         3         1         0         0         0         0
         0         0         4         0         0         0
$*END 表示关键字文件的结束,LS-DYNA 将忽略后面的内容
*END
```

23.2.3 计算结果

在主装药被点火起爆后,产生高温高压的爆轰产物。冲击波和破片的相对运动过程如图 23-6 所示;图 23-7 所示为爆轰产物对预制破片的抛射过程。在爆轰产物的作用下,壳体膨胀破裂,破片也逐渐被加速飞散,随着壳体的进一步膨胀,爆轰产物在 55 μs 时从壳体裂缝位置和两端逸出,对破片的加速作用降低。在爆炸初始时刻,冲击波速度高于破片速度,所以在 425 μs 之前,冲击波运动在破片之前;随着运动距离的增加,冲击波的强度衰减很快,相应的传播速度也逐渐降低,而破片的速度衰减相对冲击波较慢,所以在运动一段时间后,即在 425 μs 时刻,破片追赶上冲击波并与其相遇;在 425 μs 之后,破片超过冲击波,运动在冲击波之前。破片速度随时间变化而变化的关系曲线如图 23-8 所示。

由图可知,破片约在 70 μs 时刻就加速到了最大值速度,为 1 700 m/s。

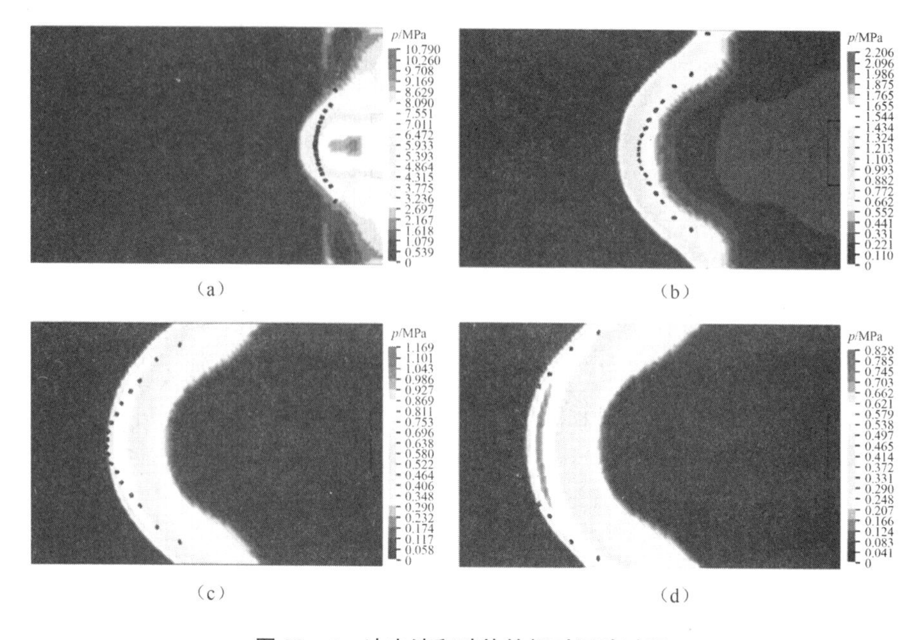

图 23-6 冲击波和破片的相对运动过程

(a) $t=15$ μs; (b) $t=300$ μs; (c) $t=425$ μs; (d) $t=500$ μs

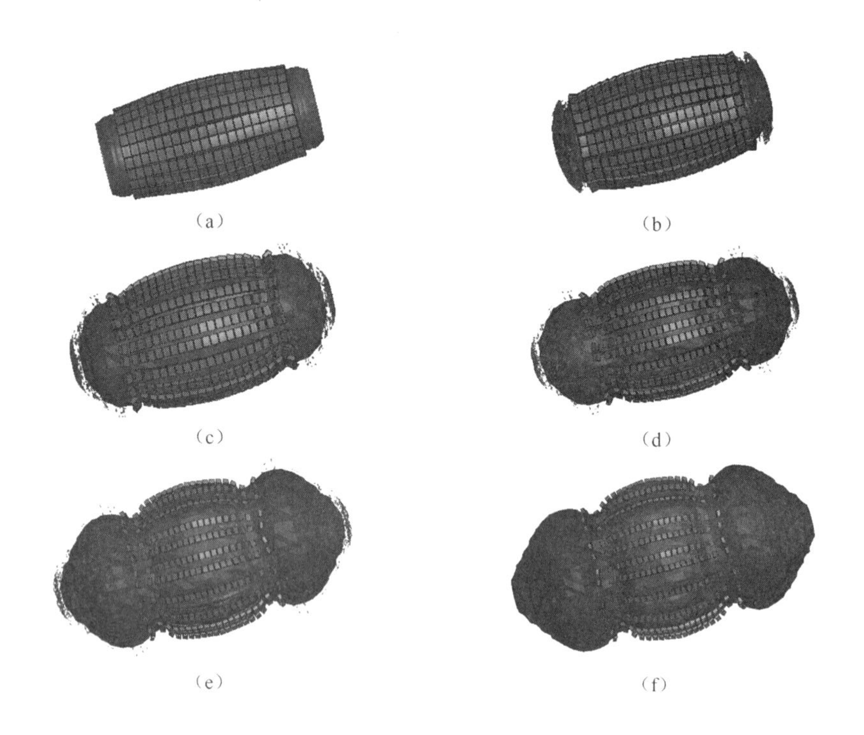

图 23-7 爆轰产物对预制破片的抛射过程

(a) $t=15$ μs; (b) $t=20$ μs; (c) $t=30$ μs; (d) $t=40$ μs; (e) $t=55$ μs; (f) $t=65$ μs

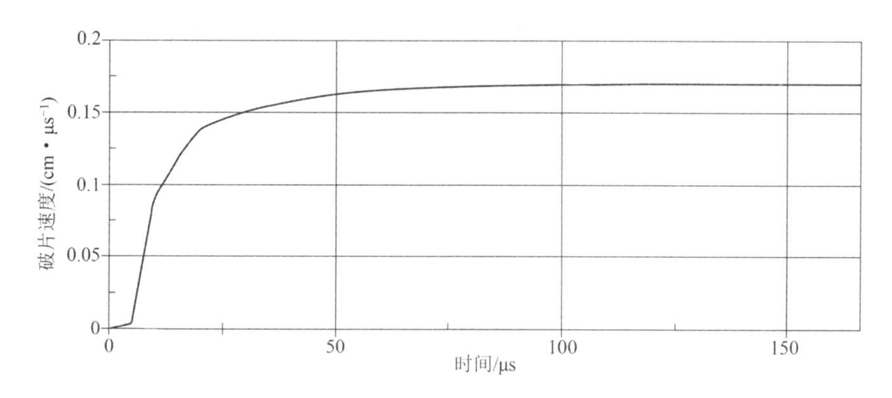

图 23-8　破片的速度—时间关系曲线

23.3　自然破片战斗部的壳体破碎效果模拟

自然破片战斗部是破片杀伤战斗部的重要形式，它主要是在高能炸药爆炸作用下，由战斗部壳体膨胀、断裂破碎而形成的大量高速破片，利用破片的高速撞击，引燃和引爆作用毁伤目标，从而用于杀伤敌人有生力量、无装甲或者轻型装甲车辆、飞机、雷达以及导弹等武器装备。其优点是自然破片战斗部的壳体既可以充当容器，又可以形成杀伤元素，材料的利用率高。自然破片的飞散速度可达到900～1 500 m/s，由于自然破片形状与质量的无规律性，自然破片的速度衰减相当快，使榴弹的有效杀伤范围有限。

23.3.1　计算模型

设计一圆柱形战斗部，壳体材料为40Cr 钢，外径为 3 cm，壁厚为 0.5 cm，填充 TNT 炸药，炸药半径为 2.5 cm，战斗部整体高度为 5 cm，起爆点位于炸药端面中心点，战斗部两端未封闭。自然破片战斗部的结构示意如图 23-9 所示。采用 AUTODYN 计算壳体的破碎，壳体和炸药均为 SPH 粒子，为节约计算成本，建立 1/4 对称模型。

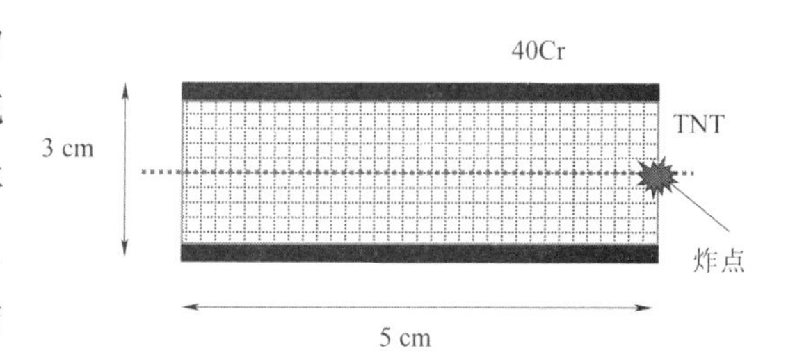

图 23-9　自然破片战斗部的结构示意

23.3.2　计算结果

计算得到了壳体破碎形成自然破片的过程，如图 23-10 所示。在端面，炸药被起爆后，爆轰产物膨胀挤压壳体，壳体逐渐形成“鼓”形，最终破碎形成自然破片。自然破片呈不规则状。利用 AUTODYN 软件的破片识别功能，能够输出自然破片信息(包括位置、速度、质量信息)，得到沿轴线不同距离处壳体破碎形成破片的速度分布。

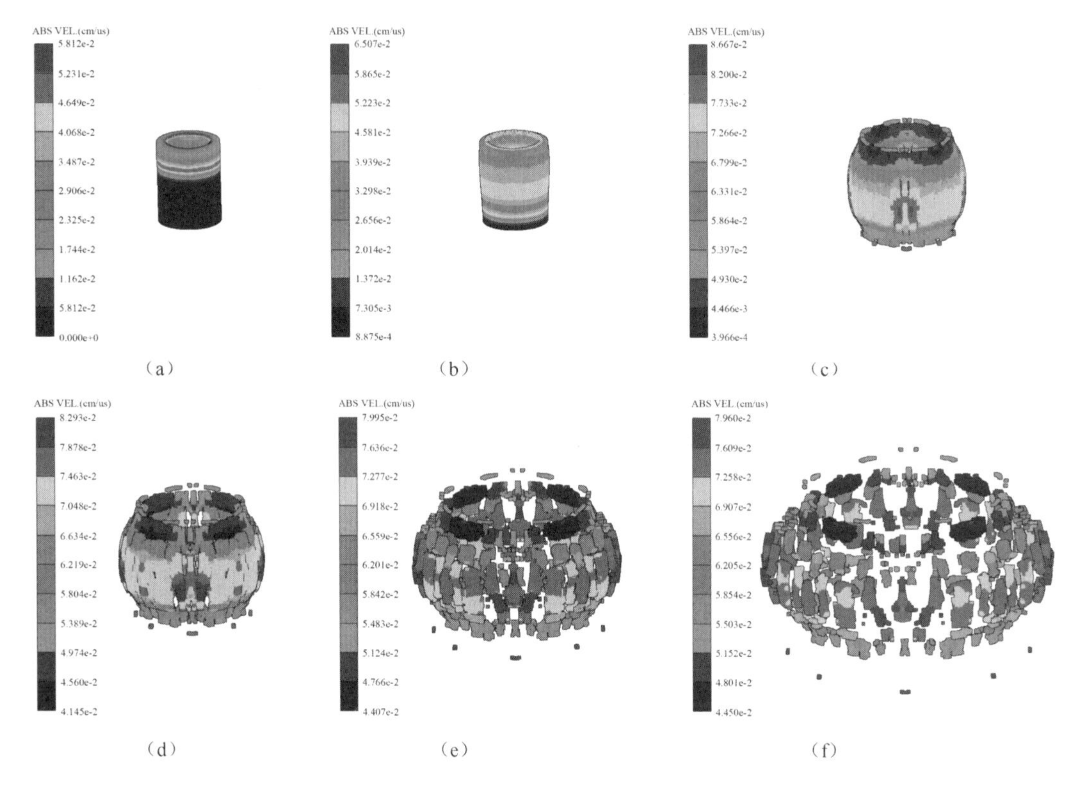

图 23－10　壳体破碎形成自然破片的过程示意

24 空间碎片超高速撞击模拟

空间碎片是指地球轨道上在轨运行或再入大气层的无功能的人造物体及其残块和组件，是在轨航天器安全问题的重要威胁之一。图 24－1 和图 24－2 分别为近年来美国航空航天局（NASA）编目的空间碎片的数量变化和质量变化。随着航天器的不断增多，空间碎片数目也将持续增加，空间碎片与在轨航天器的碰撞概率也将随之增加。空间碎片和在轨航天器若发生碰撞，碰撞速度可达 10.0 km/s，且可能引发航天器的机械损伤和功能失效。

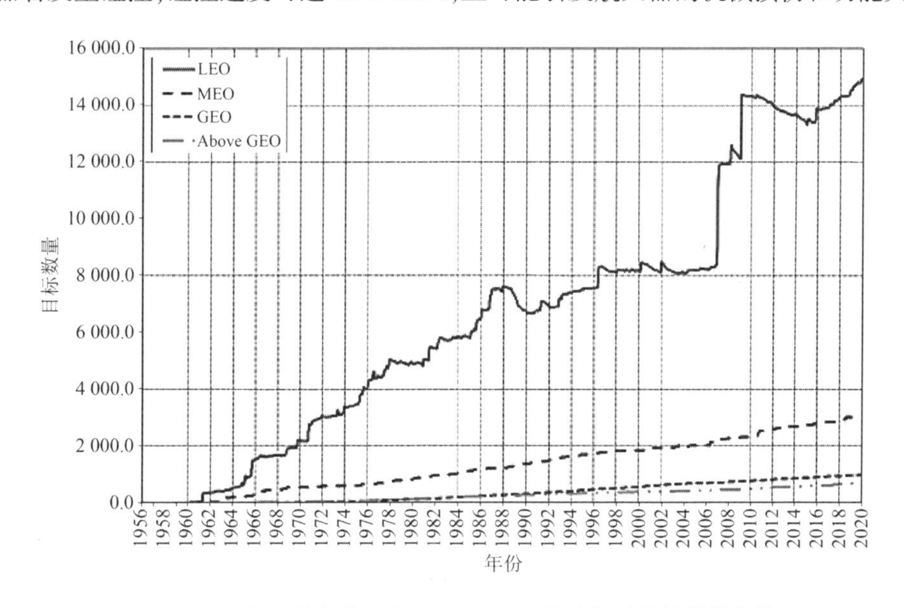

图 24－1　美国航空航天局（NASA）编目的空间破片的数量变化

针对空间碎片问题，目前采用的航天器防护主要有主动和被动两种手段。其中，主动手段包括航天器主动规避碎片、减缓碎片、回收碎片等；被动手段主要指利用防护构型来抵挡可能发生的空间碎片对航天器的碰撞。但无论是从技术上还是从经济上来考虑，被动防护仍是当前及未来最行之有效的手段之一。

空间碎片和微流星体对航天器可能发生的撞击属于超高速撞击，被动防护结构需要抵抗超高速撞击。超高速撞击通常指撞击速度高于 3.0 km/s 的撞击。此时的撞击现象需要用流体动力学来描述。实际上，对超高速撞击的研究除了对空间碎片防护有直接作用外，还对空间碎片的形成和演化有重要意义。数值模拟是研究在超高速撞击过程中，冲击波的传播和演化，材料的失效、破碎，碎片云形成等科学问题的重要手段。

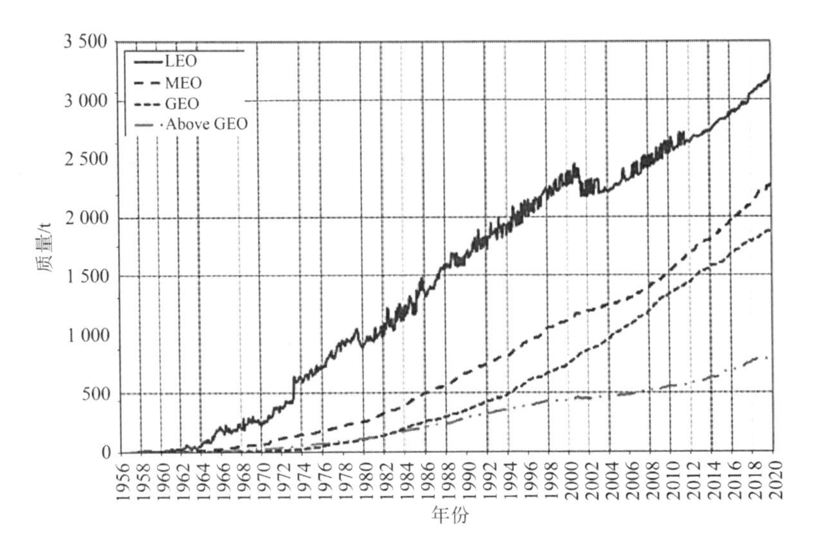

图 24－2　美国航空航天局(NASA)编目的空间物体的质量变化

24.1　数值模拟方法

超高速撞击的相对撞击速度在 3 km/s 以上,撞击过程存在着材料大变形和破裂等问题,如果采用 Lagrange、Euler、ALE 等算法,是很难对其进行准确模拟的。无网格法是目前超高速撞击数值计算中较多采用的算法。相比于有限元方法,无网格方法起步较晚,相对还不成熟。但是无网格法在超高速撞击、爆炸、裂纹扩展和金属加工成型领域具有良好的适用性,故而在相关领域具有很好的应用前景。

目前在超高速撞击领域已取得了较好效果的无网格方法主要有光滑粒子流体动力学(Smoothed Particle Hydrodynamics, SPH)、物质点法(Material Point Method, MPM)、最优输运无网格方法(Optimal Transportation Meshfree, OTM)、组合粒子元法(Combined Particle-Element Method, CPEM),尤其是 SPH 方法已得到了广泛的应用。此外,也有研究者在进行超高速撞击和防护的模拟中运用了分子动力学方法(Molecular Simulations)。

SPH 方法是一种配点型无网格法,属于 Lagrange 形式。在计算中,用一系列包含着独立材料性质的粒子来描述系统状态,粒子间的作用采用核函数近似,即借助核函数对邻近粒子进行加权平均得到稳定的光滑近似性质。而粒子的运动受到守恒方程控制,在外力和内部作用下运动。目前,利用 AUTODYN、LS-DYNA 两种软件已能很方便地进行 SPH 方法数值模拟。其中,由于 AUTODYN 软件带有碎片自动识别功能,可方便地对撞击后的碎片进行统计与分析,因此这里采用 AUTODYN 软件对超高速撞击进行数值模拟。

24.2　材料强度模型与状态方程

运用 AUTODYN 软件进行超高速撞击数值模拟的一个重要的问题是材料模型。超高速撞击数值模拟中最重要的材料模型包括状态方程(Equation of State,EOS)和强度模型(Strength Model)。在 AUTODYN 软件自带的材料库中,常见的状态方程有 Shock、Tilloston 状态方程;材料强度模型有 Steinberg-Guinan 模型和 Johnson-Cook 模型。根据不同材料的撞击工况,读者可自行选择材料的强度模型和状态方程。

24.3　Grady 失效模型

超高速撞击产生的强撞击波及其相互作用会引起材料的塑性变形、相变、拉伸失效,甚至产生等离子体。材料失效模型在模拟超高速撞击问题,尤其在材料大范围破碎的碎片云研究中具有重要意义。在动态失效准则方面,Grady 所提出的材料动态层裂失效模型(Grady Spall Failure)得到了广泛的应用。

Grady 基于能量平衡原理,认为通过拉伸材料内的弹性应变能和局部动能与材料韧性断裂所需能量的关系可以确定一个断裂的极限,该极限表示为

$$\frac{1}{2}\frac{p^2}{\rho C_0^2}+\frac{1}{120}\rho\dot{\varepsilon}^2 s^2 \geqslant Y\varepsilon_c$$

式中,$s=2C_0 t$,为碎片在断裂发生时间 t 内能达到的最大尺寸;$p=\rho C_0^2\dot{\varepsilon}t$,为压力;$Y$ 为屈服应力;ρ 为密度;C_0为材料体波声速;$\dot{\varepsilon}$ 为应变;ε_c为材料临界应变,在金属材料中通常取为0.15。局部动能在碎片为球形的假设下推导得到。虽然公式只表示了材料发生拉伸破坏时的下限状态,但考虑到在超高速冲击问题中,材料内部会短时间产生极多的缺陷,所以有理由将该下限作为材料失效强度判据。

实际上,局部动能远小于应变能,忽略局部动能影响后,容易得到拉伸破碎后的相应极限关系为

$$p_s=\sqrt{2\rho C_0^2 Y\varepsilon_c},\ t_s=\sqrt{2Y/\rho C_0^2\dot{\varepsilon}^2},\ s=\sqrt{8Y\varepsilon_c/\rho\dot{\varepsilon}^2}$$

在实际的数值模拟中,在利用 Grady Spall Failure 时,主要根据材料压力来判定材料是否失效。当材料拉伸应力达到临界值时,拉伸破坏发生,应忽略失效过程的时间。

24.4 失效的随机因子

在研究破碎问题时，Mott 观察到破碎是有一定的随机性的，这种随机性是由材料内部的微缺陷引起的。为表征这种随机性，Mott 提出用统计的方法来描述材料破碎问题。

一种简单的描述方法是给材料失效模型配合随机扰动，引入

$$P(\varepsilon^*) = 1 - \exp\left[-\frac{\ln 2}{e^{\chi} - 1}(e^{\chi\varepsilon^*} - 1)\right]$$

来表征材料的失效概率。其中，$P(\varepsilon^*)$为材料失效的概率，$\varepsilon^* = \varepsilon/\varepsilon_c$，为无量纲的应变；$\chi$ 为常数，通常设为 16.0。

24.5 超高速撞击计算案例

运用 AUTODYN 软件建立 3D-SPH 超高速撞击模型来计算铝弹丸超高速撞击铝板。弹丸材质为 2024－T4，直径 D = 5.25 mm，速度为 5 km/s，靶板为 1.5 mm 厚的 2024－T4 铝合金，平面尺寸为 4 cm × 4 cm。添加 Grady Spall Failure，失效参数设置为 0.15，失效随机因子为 16.0。选用 Tilloston 状态方程和 Steinberg-Guinan 强度模型描述铝合金材料。

对碎片云和穿孔特征进行对比，数值计算和试验的结果误差绝对值在 10% 以内（见图 24－3）。可见，采用 AUTODYN 软件建立 SPH 模型能够准确模拟超高速撞击现象。

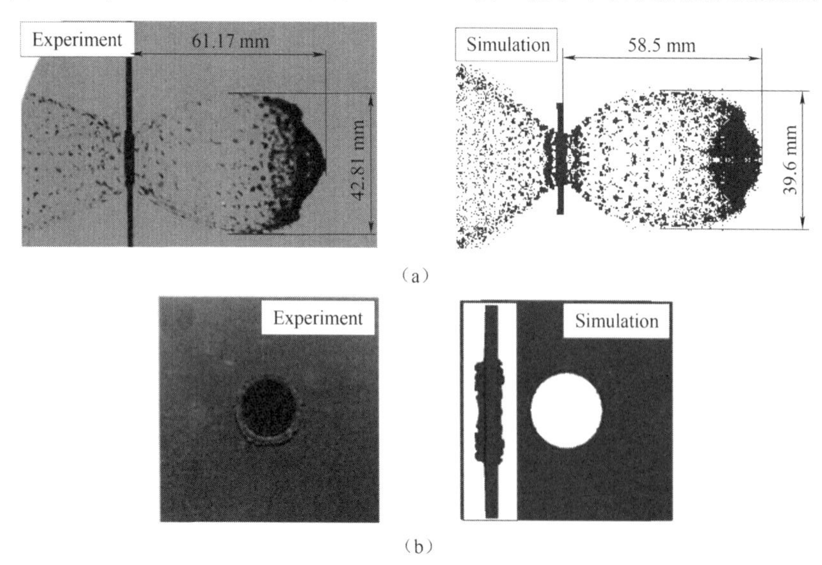

图 24－3 试验和数值模拟结果对比

(a)碎片云形貌；(b)铝板穿孔形貌

25　高速穿甲效应计算

25.1　穿甲弹基本特征

穿甲弹是以其动能碰击硬或半硬目标(如坦克、装甲车辆、自行火炮、舰艇及混凝土工事等),从而毁伤目标的弹药。由于穿甲弹是靠动能穿透目标,所以也称动能弹。一般穿甲弹穿透目标,以其灼热的高速破片杀伤(毁伤)目标内的有生力量,引燃或引爆弹药、燃料,以及破坏设施等。穿甲弹是目前装备的重要弹药之一,已广泛配用于各种火炮。

现代战场上各种活动兵器数量的增加及其防护装甲的增强,一般的弹药难以对付;而穿甲弹因动能大,不易受屏蔽装甲的影响,因而越来越受到各国的重视。目前有攻击飞机、导弹的穿甲弹,攻击舰艇的穿甲弹及半穿甲弹,摧毁坦克及装甲输送车等目标的穿甲弹。攻击坦克顶甲、飞机装甲、导弹和各种轻型装甲目标时主要利用小口径穿甲弹;从正面和侧面攻击坦克目标及混凝土工事则利用大、中口径穿甲弹。

在装甲及反装甲相互抗衡及发展过程中,穿甲弹的发展已经历了四代:第一代是适口径的普通穿甲弹;第二代是次口径超速穿甲弹;第三代是旋转稳定脱壳穿甲弹;第四代是尾翼稳定脱壳穿甲弹(也称为杆式穿甲弹)(见图25-1)。目前,由于采用高密度钨合金和贫铀合金制作弹体,使穿甲弹穿甲威力和后效作用大幅提高。在大、中口径火炮上主要发展钨合金和贫铀合金杆式穿甲弹。在小口径线膛炮上除保留普通穿甲弹外,主要发展钨合金和贫铀合金旋转稳定脱壳穿甲弹,而且正向着威力更大的尾翼稳定杆式穿甲弹发展。目前还发展了高速动能导弹,其穿甲威力大,作战距离远,命中概率高,代表了穿甲弹又一新的发展方向。

(a)

(b)

图25-1　尾翼稳定脱壳穿甲弹

25.2 装甲目标特征分析①

贫铀合金钨合金在脱壳穿甲弹上的应用,使得脱壳穿甲弹的穿甲性能跃上了一个新的台阶。随着现代反坦克弹药性能的提高,世界各国都普遍加强了坦克的防护能力,装甲技术也取得了快速发展,相继出现了各种各样的装甲目标,如多层装甲、复合装甲、陶瓷装甲、贫铀装甲、反应装甲、主动装甲和模块式装甲等,其抗穿甲弹的能力大幅地提高。例如第三代改进型坦克和第四代坦克正面防护装甲的抗穿甲弹能力可达到相当于700 mm以上厚度的均质装甲靶板的水平。

25.2.1 间隔装甲性能分析

装甲靶板结构可分为整体钢甲和间隔钢甲两种。按制造方法分,整体装甲靶板可分为铸造钢甲和轧制钢甲。轧制钢甲又可分为均质钢甲和非均质钢甲。非均质钢甲的表面层经渗碳或表面淬火具有较高的硬度,而钢甲内部保持较高的韧性。坚硬的表面层易使穿甲弹弹头破碎或产生跳弹,从而降低穿甲作用。高韧性的内层使变形的传播速度降低而减小了着靶处的应力,起着吸收弹丸动能的作用,使弹丸侵彻能力下降。均质钢甲则在整个厚度上具有相同的机械性能和化学成分(合金钢)。均质钢甲按硬度的不同又可分为以下三种:

(1)高硬度钢:$d_{HB}=2.7\sim3.1$ mm,如2∩板。这种靶板板厚$b\leqslant20$ mm,坚硬,但韧性不高,较脆。抗小口径穿甲弹的能力较强,当碰击速度较高时,靶板背面容易产生崩落。

(2)中硬度钢:$d_{HB}=3.4\sim3.6$ mm,如603板,43∩CM板。这种靶板的综合机械性能较好,硬度较高,有足够的冲击韧性和强度极限。常用作中型或重型坦克的前部和两侧装甲。

(3)低硬度钢:$d_{HB}=3.7\sim4.0$ mm。这种靶板的冲击韧性较高,但强度极限较低,通常用于厚度大于120 mm的厚钢甲。增大装甲的厚度、法线角和提高装甲板的机械性能,可大幅提高装甲的抗弹性能。

间隔装甲是指装甲靶板间具有间隙或装有其他部件的双层或多层钢甲。其作用是使破甲弹提前起爆、穿甲弹弹体遭到破坏并消耗弹丸的动能、改变弹丸的侵彻姿态和运行路径,提高防护能力。间隙装甲结构一般是在距主装甲之上的一定距离处再加一层较薄的防护装甲。

---

① 李向东,王议论.弹药概论[M].2版.北京:国防工业出版社,2017.

25.2.2　复合装甲性能分析

20世纪70年代后期,苏联T－72坦克首上装甲和英国挑战者坦克的乔巴姆(Chobham)装甲问世,并得到迅速发展。进入20世纪80年代以后,复合装甲已成为现代主战坦克主要装甲结构形式,也是改造现有老坦克、强化装甲防护的主要技术措施。与均质装甲相比,这种新型装甲结构大大提高了坦克装甲的防护能力,对动能弹的抗弹能力提高了两倍。现在以复合装甲为主要内容的特种技术,已成为未来坦克加强装甲防护的关键技术。

图25－2所示为英国的乔巴姆装甲结构示意。该装甲结构由内、外装甲和中间填充陶瓷薄板组成。其中,陶瓷薄板在铝、塑料或尼龙壳体中。复合装甲一般由在两层或多层装甲板之间放置夹层材料结构组成。夹层可为玻璃纤维板、碳纤维板、尼龙、陶瓷、铬刚玉等。

陶瓷成为现代复合装甲重要材料的原因,在于现代坦克需要轻质防弹材料。它能在质量增加不大或不增加的条件下,大幅度地提高抗弹能力。对钨合金长杆弹侵彻钢—陶瓷—钢(垂直侵彻,速度800～1 400 m/s)的研究表明,陶瓷受碰撞后,抗弹作用大致如图25－3所示。首先,由于陶瓷的高压缩强度或高硬度使长杆弹体变形、断裂或偏转。在长杆深入侵彻的过程中,细碎状陶瓷粉向杆体运动的相反方向流动,对长杆弹侵彻产生较大的摩擦阻力;同时在陶瓷材料内形成许多锥形裂纹,并且在拉应力作用下形成许多碎片,这些碎片对弹杆具有良好的磨蚀作用,使弹杆减短及终止侵彻。

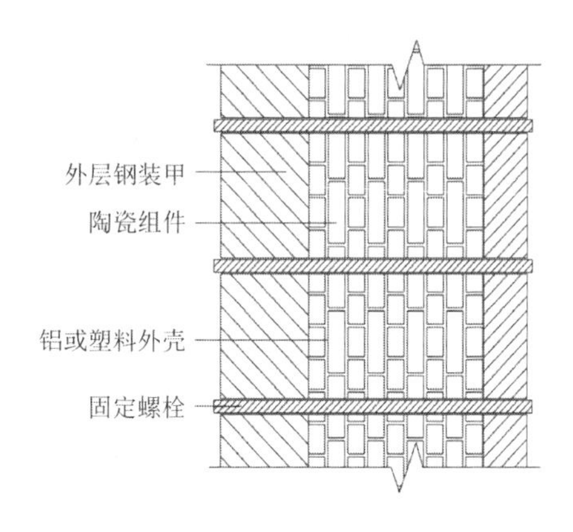

图25－2　英国的乔巴姆装甲结构示意

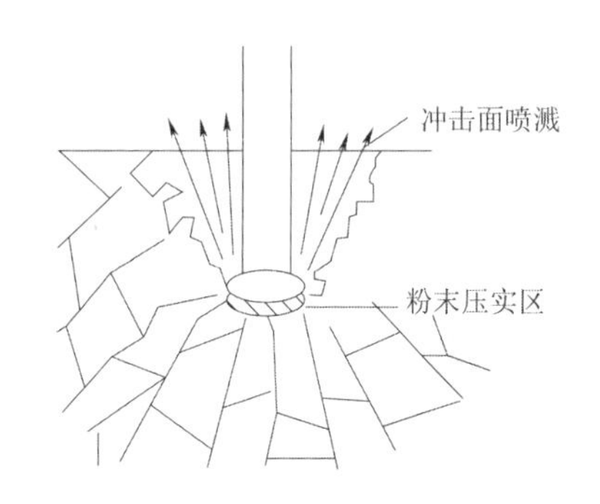

图25－3　陶瓷板遭受长杆弹体破坏示意

25.2.3　爆炸反应装甲性能分析

目前所说的“爆炸反应装甲”指的是炸药爆炸式反应装甲。其由前、后板(靶板)和中间夹层(钝感炸药)构成。反应式装甲块大致由 2 mm 厚的炸药层夹在 1 mm 厚的靶板盒中间构成爆炸块。该爆炸块又装在 1.5 mm 厚靶板盒内,盒高 100 mm,宽 250 mm,长度根据安装部位而定。

第一代反应装甲可使破甲弹的破甲深度损失 30% ~40%,但对杆式穿甲弹基本上没有作用。第二代反应装甲兼有防护杆式穿甲弹和破甲弹的能力。其外形尺寸和内部结构大致与一代相当,只是炸药性能有所变化。二代反应装甲使杆式穿甲弹穿深损失达 16% ~67%。

反应装甲防护原理简述如下:

当弹体或射流撞击在反应装甲上时,炸药起爆,爆炸生成物推动前、后靶板相背运动。运动中的靶板以及爆炸生成物,对弹体或射流产生横向作用,使弹体发生偏转甚至会使弹体或射流断裂,从而降低对主甲板的侵彻能力。

25.3 穿甲弹对不同目标的侵彻能力计算

利用 AUTODYN 计算杆式穿甲弹分别对均值装甲、间隔装甲和金属陶瓷复合装甲的侵彻,计算模型如图 25-4 所示。杆式穿甲弹直径为 0.5 cm,长度为 6 cm,侵彻速度为 1.5 km/s,材质为钨合金;装甲钢屈服为 1 200 MPa,陶瓷材料为 Al_2O_3;均值装甲厚度为 1.5 cm;间歇装甲由三层厚度均为 0.5 cm、间隔 5 cm 的均值装甲靶板组成;金属陶瓷复合装甲为前后面板为 0.5 cm 厚的均值靶板,中间为 1.1 cm 厚的陶瓷。这三种装甲结构的面密度均相同,穿甲弹均以 45°入射角侵彻。通过计算得到了穿甲弹对三种结构的侵彻过程,分别如图 25-5 ~ 图 25-7 所示。由图可知,杆式穿甲弹在侵彻过程中头部位置被侵蚀、镦粗,杆体长度逐渐降低,从杆式穿甲弹质量侵蚀效果分析,等面密度的均值装甲和间隙装甲防护效果相差不大,陶瓷金属复合装甲对穿甲弹质量侵蚀效果最好,防护性能也最好。

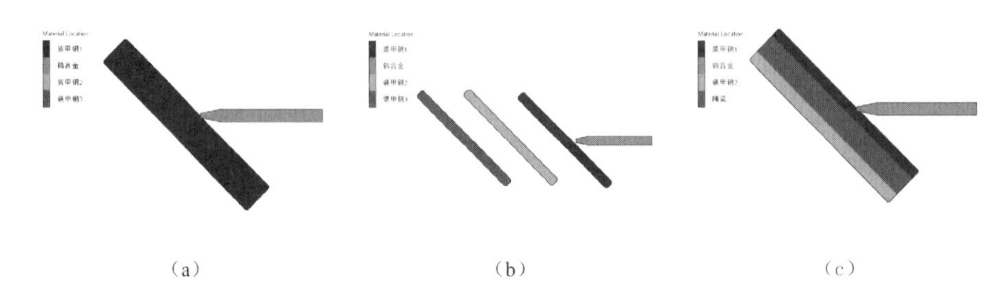

(a)　　(b)　　(c)

图 25-4　穿甲弹侵彻不同装甲结构数值计算模型

(a)均值装甲;(b)间隔装甲;(c)金属陶瓷复合装甲

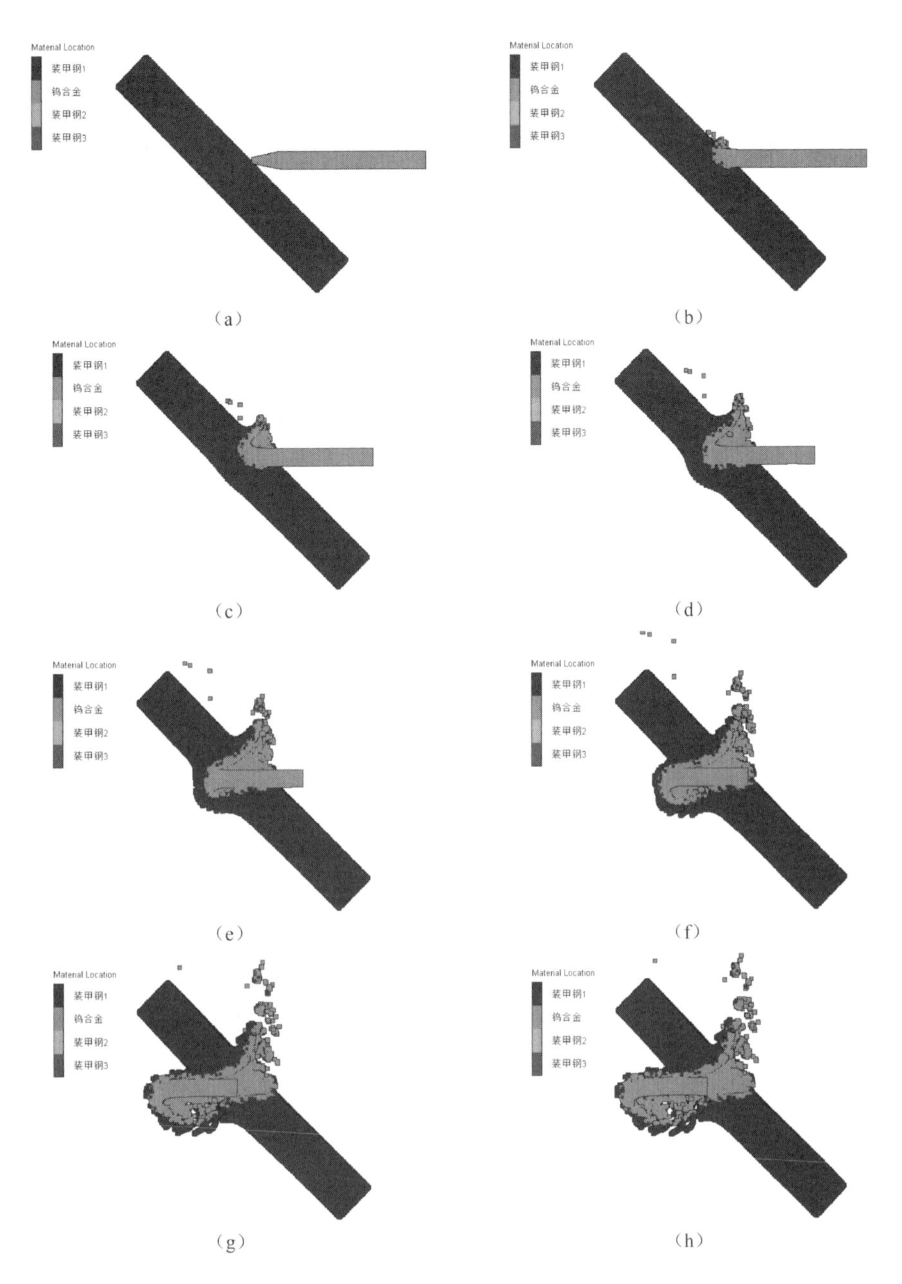

图 25－5　杆式穿甲弹对均值装甲的侵彻过程

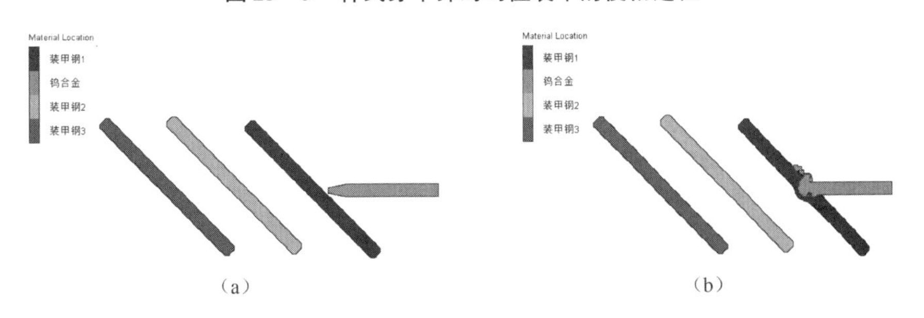

图 25－6　杆式穿甲弹对间隔装甲的侵彻过程

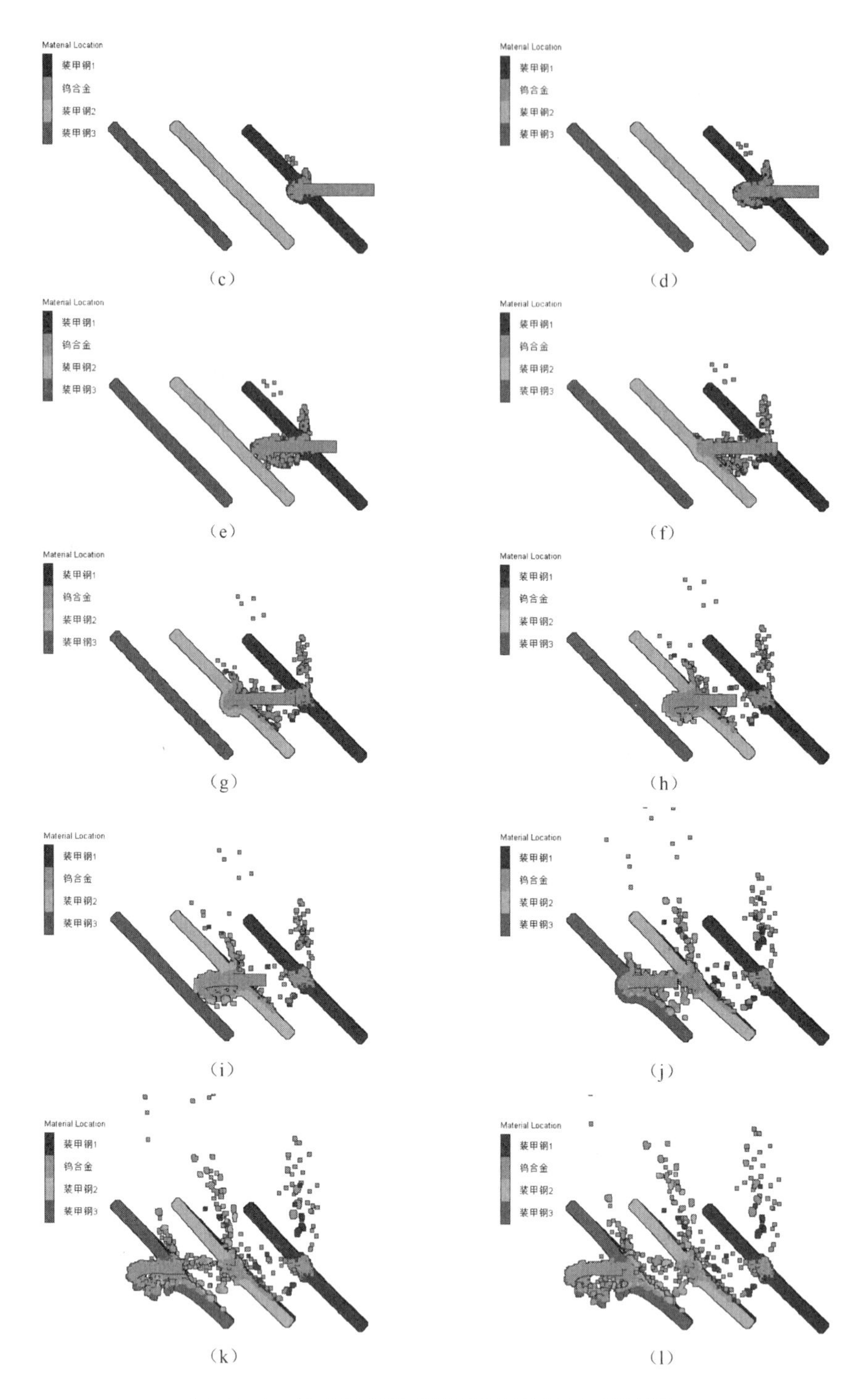

图 25-6 杆式穿甲弹对间隔装甲的侵彻过程(续)

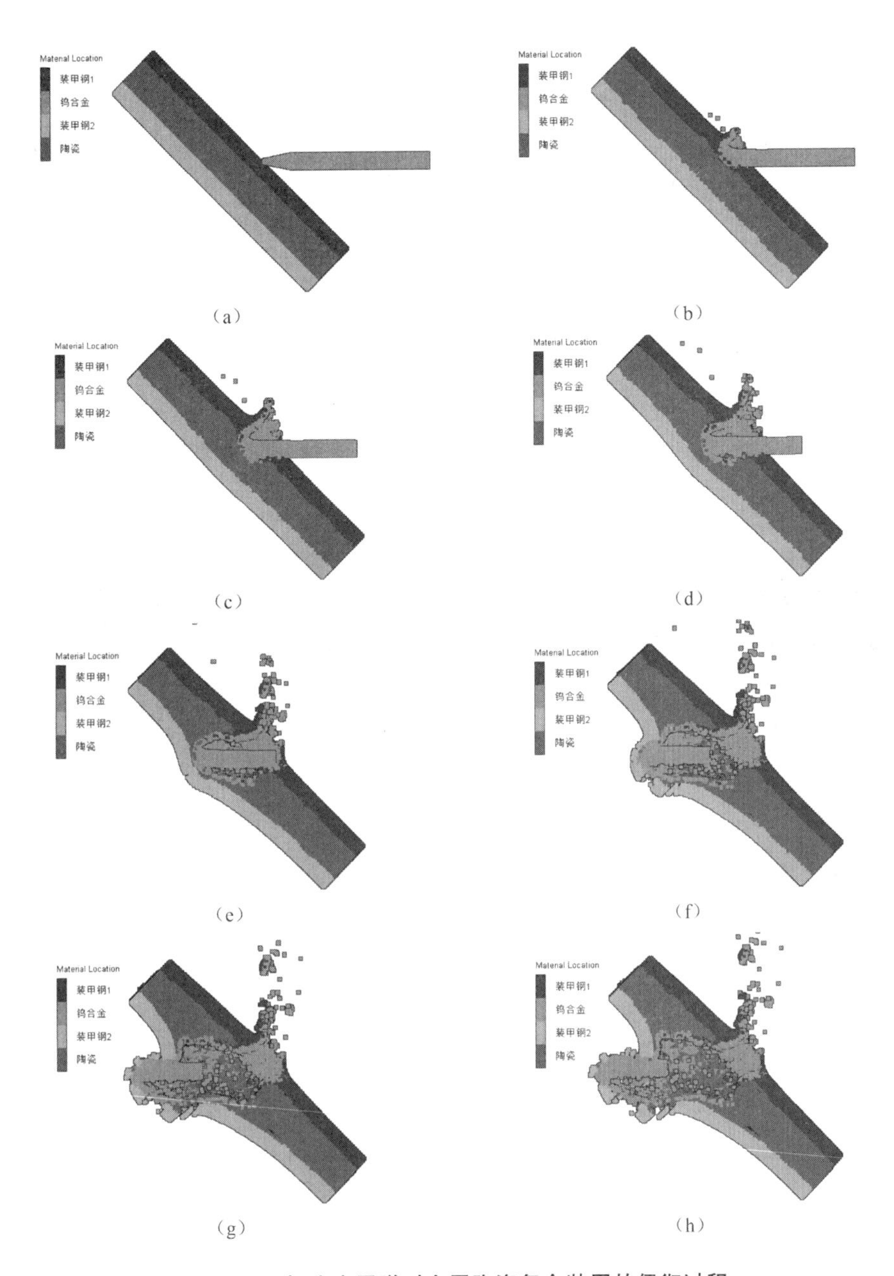

图 25-7　杆式穿甲弹对金属陶瓷复合装甲的侵彻过程

26 聚能破甲效应计算

聚能弹药是利用成型装药的聚能效应来完成作战任务的弹药，如图 26－1 所示。这类型的弹药是靠炸药爆炸释放的能量挤压药型罩，形成一束高速的金属射流来击穿钢甲的。因此，它与穿甲弹不同，不要求弹丸必须具有很高的速度，这就为它的广泛应用创造了条件。依据药型罩形成毁伤元种类的不同，可将聚能弹药分为聚能射流（JET）、杆式射流（JPC）和爆炸成型弹丸（EFP）三种。

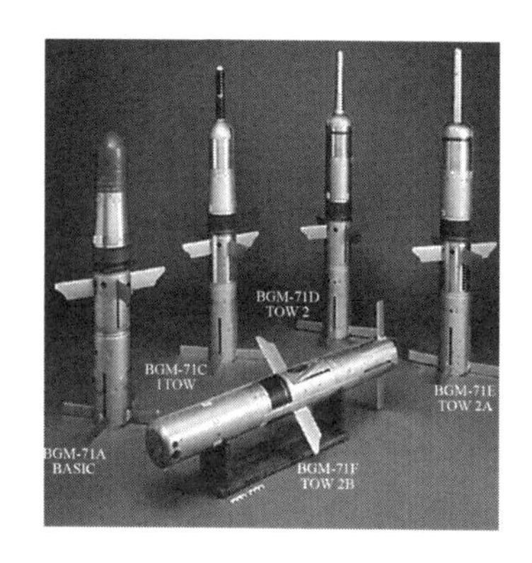

图 26－1　聚能弹药

26.1　聚能效应简介

首先观察图 26－2 所示的几种装药结构爆炸后对钢甲的作用。

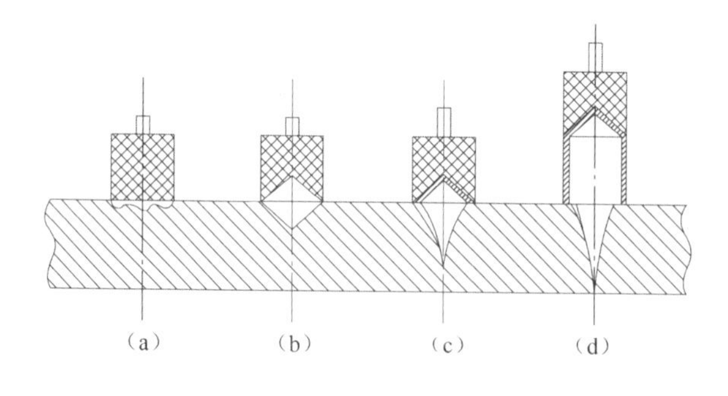

图 26－2　聚能效应试验

26.1.1　圆柱形装药

如图26－2(a)所示,爆炸后在靶板上只炸出很浅的凹坑。高温、高压的爆轰生成物近似沿装药表面法线方向飞散,如图26－3所示。不同方向飞散的爆轰生成物的质量可在装药上按照爆炸后各方向稀疏波传播的交界(即角平分线)来划分。由图26－3可以看出,柱状装药向靶板方向飞散的药量(常称为有效装药量)不多,而对靶板的作用面积较大,所以能量密度小,炸坑很浅。

26.1.2　带有锥形凹槽装药

如图26－2(b)所示,在爆炸后,靶板上的凹坑加深。凹槽附近的爆轰生成物向外飞散时将在装药轴线处汇聚,形成一股高速、高温、高密度的气流,如图26－4所示。它作用在靶板较小的区域内,形成较高的能量密度,致使炸坑较深。这种利用装药一端的空穴来提高爆炸后的局部破坏作用的效应称为聚能效应。

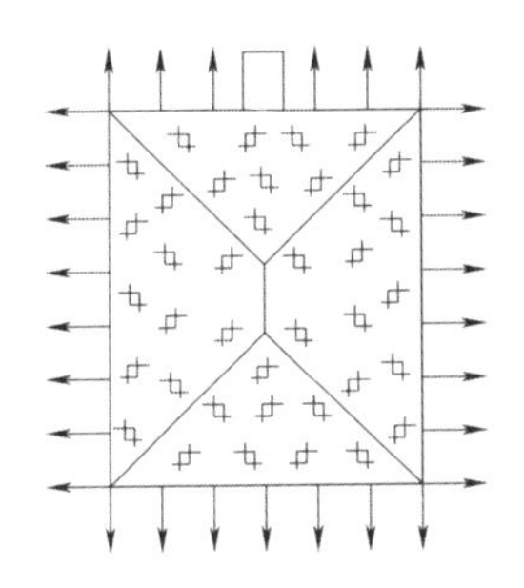

图26－3　柱状装药爆轰产物飞散示意

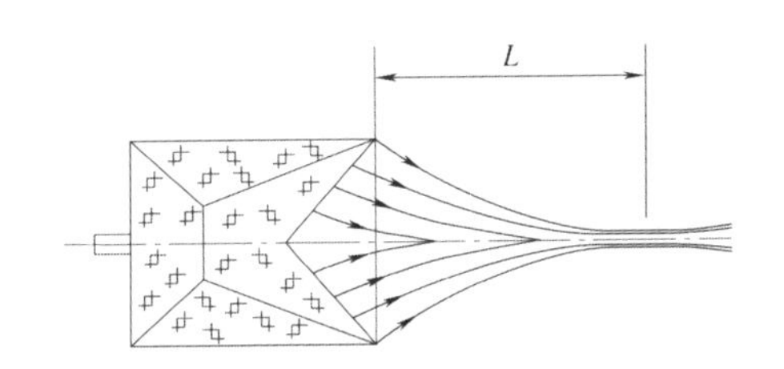

图26－4　聚能效应

26.1.3　凹槽内衬金属药型罩装药

如图26－2(c)所示,装药爆炸时,汇聚的爆轰生成物驱动金属药型罩,使药型罩在轴线上闭合并形成能量密度更高的金属流,使侵彻加深。如果将此装药离开靶板一定距离爆炸[图26－2(d)],金属流在冲击靶板前将进一步拉长,靶板上形成的穿孔将更深。

26.2　金属射流成型

装药从底部引爆后,爆轰波不断向前传播,爆轰的压力冲量使药型罩近似地沿其法线方向依次向轴线塑性流动,其速度可达1 000～3 000 m/s,称为压垮速度。药型罩随之依次在轴线上闭合。从X光照片可以看到,在闭合后,前面一部分金属具有很高的轴向速度(高达 8 000～10 000 m/s),成细长杆状,称为金属流或射流。如图 26－5 所示,在其后边的另一部分金属,速度较低,一般不到 1 000 m/s,直径较大,称为杵体。射流直径一般只有几毫米,其温度在 900～1 000 ℃,但尚未达到铜的熔点(1 083 ℃)。因此,射流并不是熔化状态的流体。

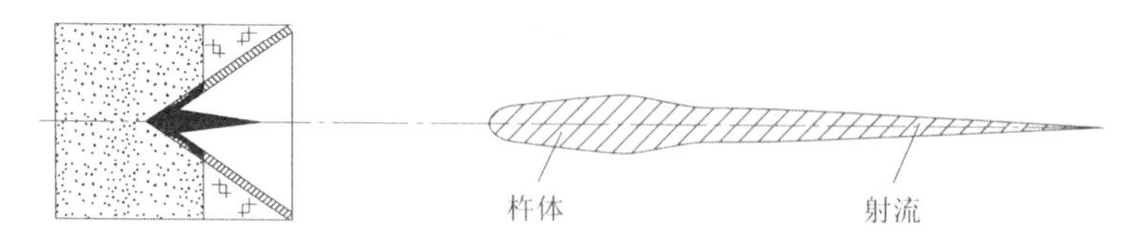

图 26－5　金属射流成型

锥形药型罩由顶部到口部,金属质量是逐渐增大的;而与其对应的有效药量则是由多逐渐减少的。因此,药型罩在闭合过程中,其压垮速度是顶部大、口部小;形成的金属射流也是头部速度高,尾部速度低。所以,当装药距靶板一定距离时,射流在向前运动的过程中不断被拉长,致使侵彻深度加大。但当药型罩口部距靶板的距离(简称炸高)过远时,射流冲击靶板前因不断拉伸,断裂成颗粒而离散,影响穿孔的深度。所以,聚能战斗部有一个最佳炸高(或称有利炸高)。

26.3　聚能射流成型及侵彻威力计算

26.3.1　56 基准破甲弹结构参数

56 基准破甲弹是聚能效应基础研究中常用的战斗部,装药结构和药型罩结构如图 26－6 所示。该战斗部装药直径为 56 mm,药柱高 73.3 mm,装填 8701 高能炸药,药型罩为紫铜材质,锥罩夹角为 60°,壁厚为 1 mm。

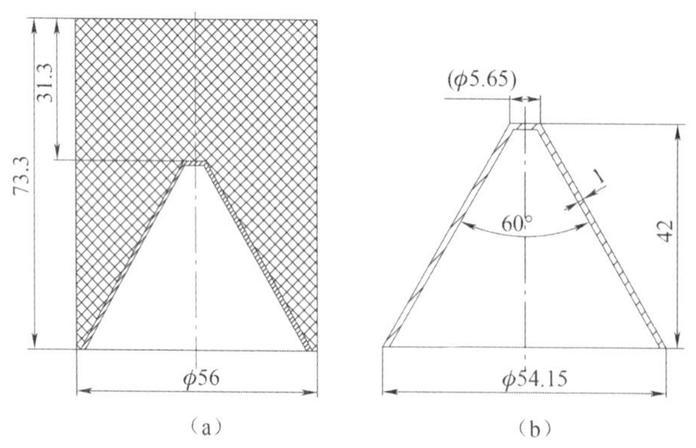

图 26－6　56 基准破甲弹装药结构和药型罩结构

(a)装药结构;(b)药型罩结构

26.3.2　聚能射流成型效果计算

采用 ALE 方法计算聚能射流的成型效果，能够防止由网格变形引起的计算终止等问题。数值计算模型可采用二维模型、三维模型的切分法、填充法进行创建。四种计算模型如图 26－7 所示。

图 26－8 所示的是 X 光试验测得的射流形态图，试验测得 50 μs 时射流的头部速度为 6 800 m/s；表 26－1 所示的是采用四种建模方法得到的射流形态以及头部速度对比情况。由表可知，采用不同的建模方法得到的射流形态以及头部速度均与试验结果相近。但就操作便捷性以及网格质量控制层面来讲，填充法较切分法更为优异。

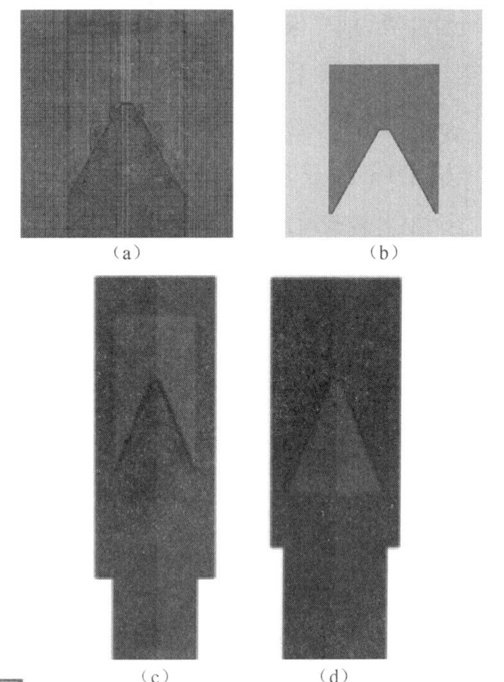

图 26－7　聚能战斗部数值的四种计算模型

(a)2D 面切分；(b)2D 面填充；(c)3D 体切分；(d)3D 体填充

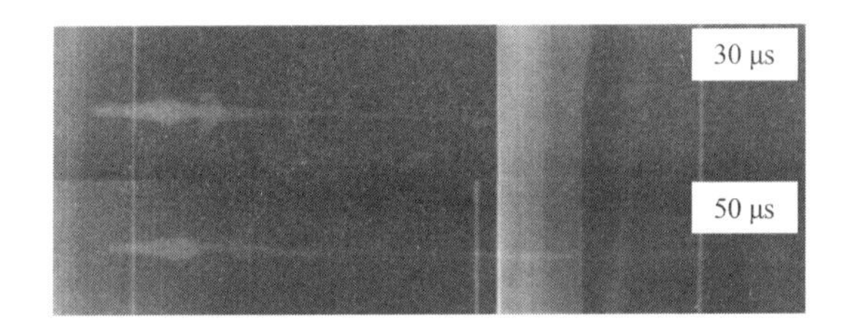

图 26－8　X 光试验测得射流形态图

表 26－1　射流形态及头部速度对比情况(50 μs)

方法	网格大小/cm	速度梯度云图	头部速度/($m \cdot s^{-1}$)
2D 面切分	0.10		6 859
2D 面填充	0.05		6 614
3D 体切分	0.08		7 098
3D 体填充	0.08		6 727

26.3.3　聚能射流侵彻能力计算

射流对金属靶板的侵彻能力是研究破甲弹穿深性能的重要指标。本小节主要针对

56 基准破甲弹形成的聚能射流对 45 号钢靶的侵彻过程进行仿真。采用二维轴对称模型进行计算,计算模型如图 26－9 所示。炸药、空气、药型罩采用 Euler 网格,钢靶采用 Lagrange 网格,运用流固耦合算法耦合 Euler 网格和 Lagrange 网格。

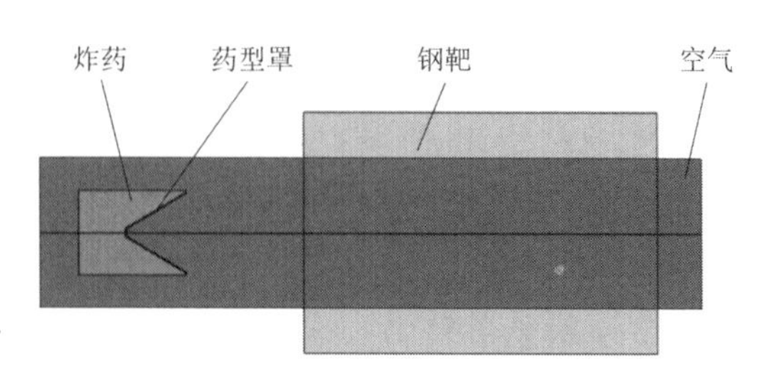

图 26－9 射流侵彻靶板数值计算模型示意

在主装药被起爆后,药型罩压垮形成聚能射流对 45 号钢靶的侵彻过程如图 26－10 所示。在 8 cm 炸高条件下,数值计算得到射流对钢靶的最大侵彻穿深为 20 cm,试验最大侵深结果为 20.2 cm。由此可见,数值计算结果和试验结果很接近。

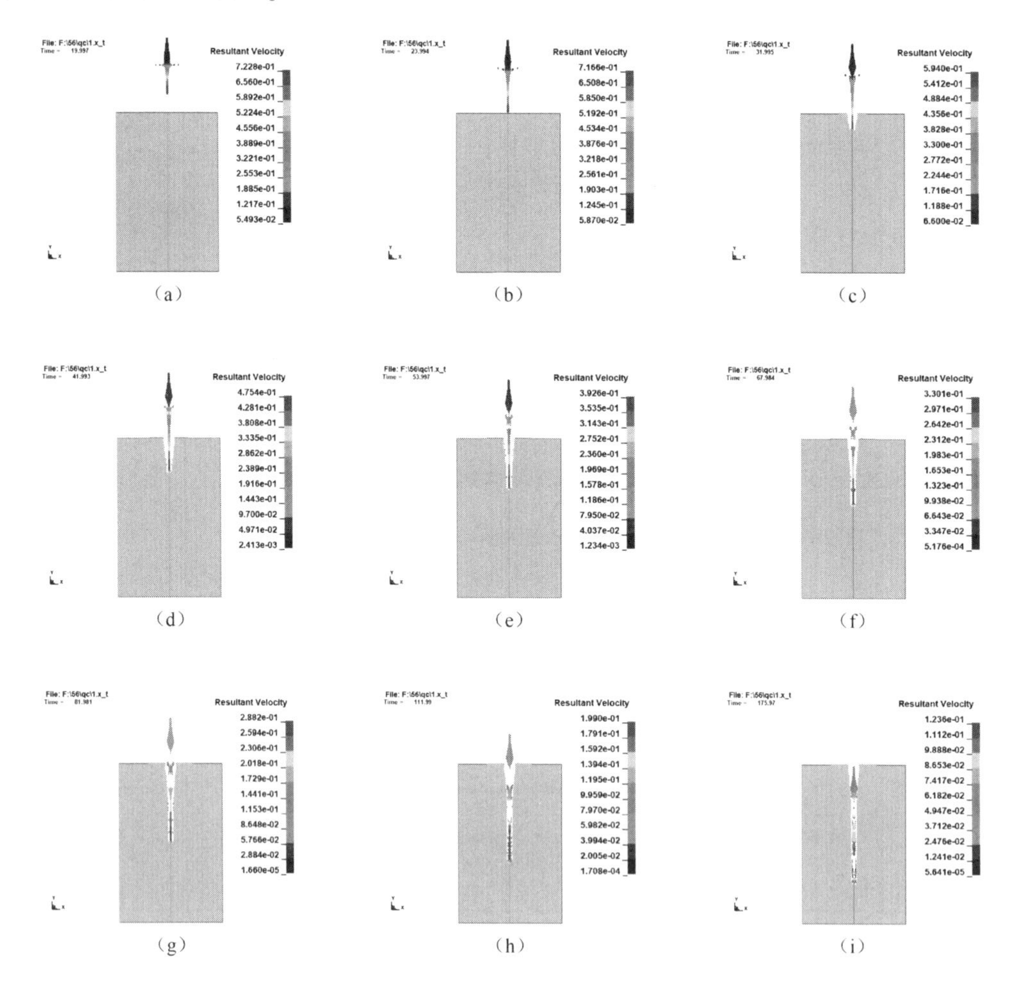

图 26－10 聚能射流对 45 号钢靶的侵彻过程

26.4　聚能射流对移动靶的侵彻作用

26.4.1　数值计算模型

在对破甲弹的破甲威力的测试中，通常采用静态的半无限靶为目标。但在真实作战环境中，作战目标通常存在着一定的运动速度，例如运动的装甲目标，若采用静态靶模拟，则与实际情况有较大的差距，因此必须采用移动靶进行模拟。

利用 AUTODYN 软件分析聚能射流对移动靶的侵彻，计算模型如图 26-11 所示，炸高为两倍装药直径。计算中先采用二维轴对称算法计算射流的成型，再将二维聚能射流映射到三维空气域中。靶板相对于射流的横向速度 v 分别为 200 m/s、400 m/s、500 m/s、700 m/s、900 m/s，分析靶板横向移动速度对射流破甲能力的影响。计算中破甲弹采用第 18 章中的模型，映射方法详细过程见第 18 章、第 19 章内容。

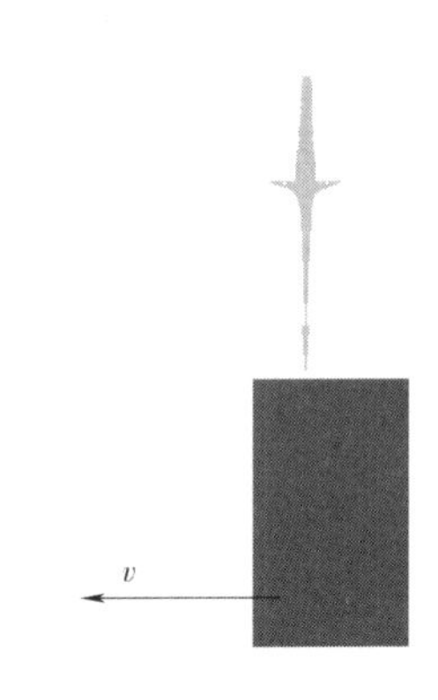

图 26-11　聚能射流对移动靶的侵彻计算模型(三维模型)

26.4.2　计算结果

聚能射流对横向移动靶的侵彻过程如图 26-12 所示。由图可知，射流对移动靶的侵彻过程大致分为两个过程。在侵彻初始阶段，靶板横向速度对射流无影响，射流微元侵彻过程与静侵彻相同，侵彻孔较为垂直；当靶板开孔边沿与射流接触时，将射流分为两部分，即进入侵彻孔中有效射流和侵彻孔外的无效射流，有效射流继续对靶板进行侵彻，但由于靶板横向速度的干扰，使得射流同时在纵向和横向两个方向进行扩孔，而无效射流继续侵彻穿孔边缘，使得穿孔边缘不断扩大；在侵彻孔形态上可以明显地区分出上述两个阶段。在不同横向速度下，射流对靶板的侵彻穿孔结果如图 26-13 所示。由图可知，靶板横向速度越高，射流穿孔深度越低，但横向速度对射流穿孔的第一阶段影响较小。

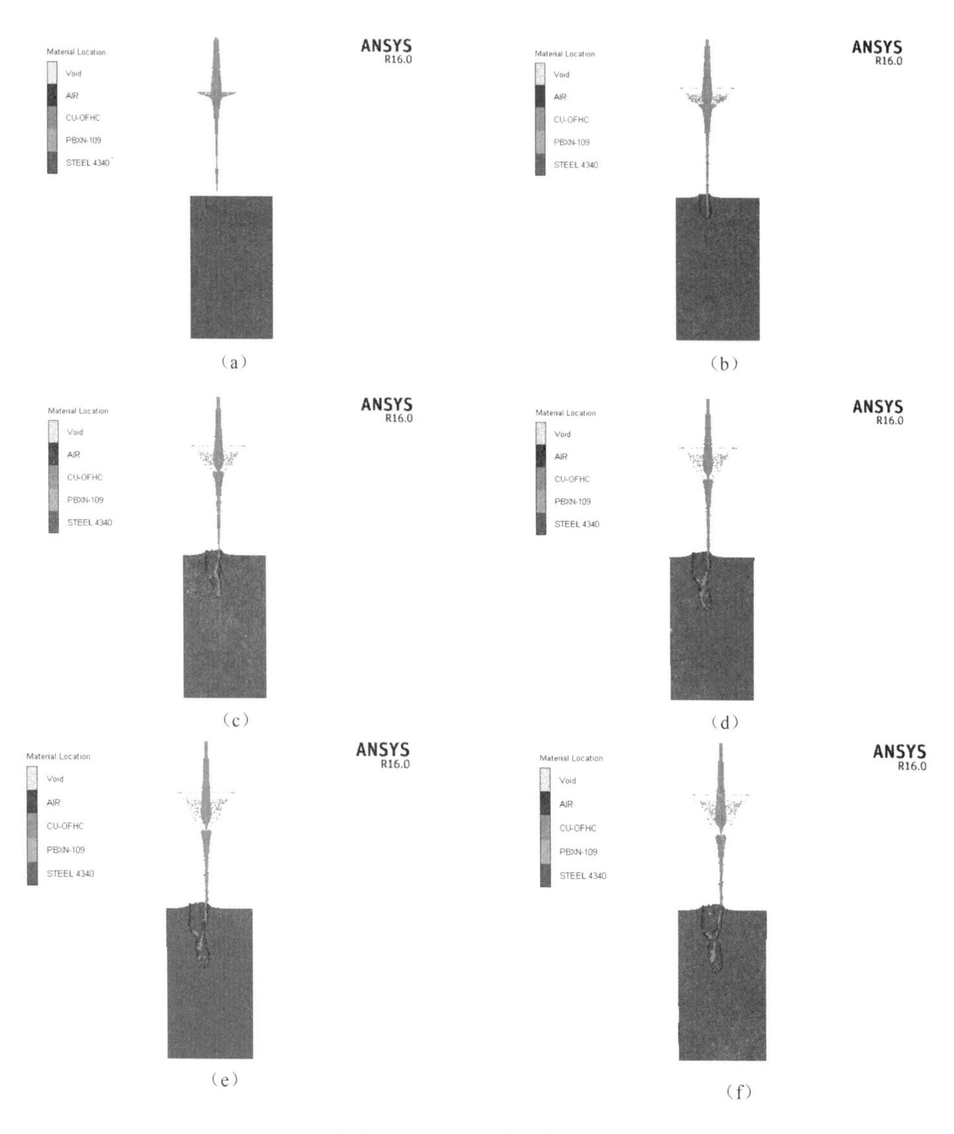

图 26-12　聚能射流对横向移动靶的侵彻过程(500 m/s)

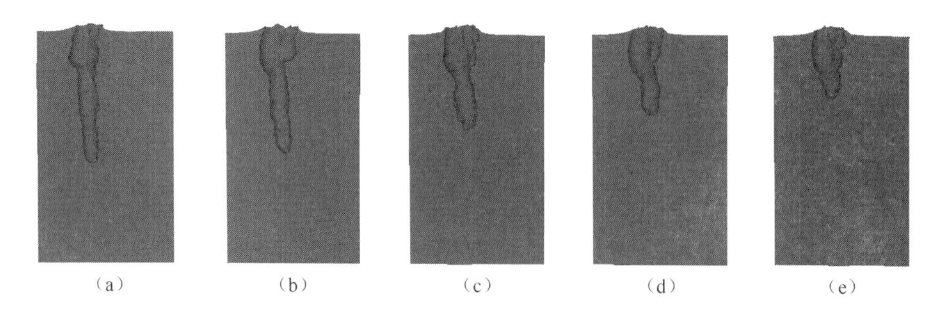

图 26-13　不同横向速度下射流对靶板的侵彻穿孔结果

(a) $v=200$ m/s; (b) $v=400$ m/s; (c) $v=500$ m/s; (d) $v=700$ m/s; (e) $v=900$ m/s

26.5　爆炸成型弹丸侵彻多层板

26.5.1　数值计算模型

利用 LS-DYNA 软件建立 EFP 侵彻三层 45 号靶板的有限元模型，如图 26－14 所示。其中，炸药、空气、药型罩采用 Euler 网格，壳体和靶板采用 Lagrange 网格，运用流固耦合算法耦合 Euler 网格和 Lagrange 网格。战斗部直径为 83 mm，主装药直径为 77 mm，高度为 60 mm，炸药为 8701，壳体为 4340 不锈钢，厚度为 3 mm，药型罩材料为紫铜，靶板材质为 45 号钢，起爆点位于炸药底部中心位置处。

图 26－14　EFP 侵彻三层 45 号靶板的有限元模型

26.5.2　计算结果

EFP 对三层间隔靶板的侵彻过程如图 26－15 所示。由图可知，EFP 在侵彻过程中，头部发生了镦粗现象，长度逐渐减短，在侵彻完第三层钢靶后，弹体已经消耗完全。由于弹体直径不断变粗，因此钢靶穿孔直径也依次增加。

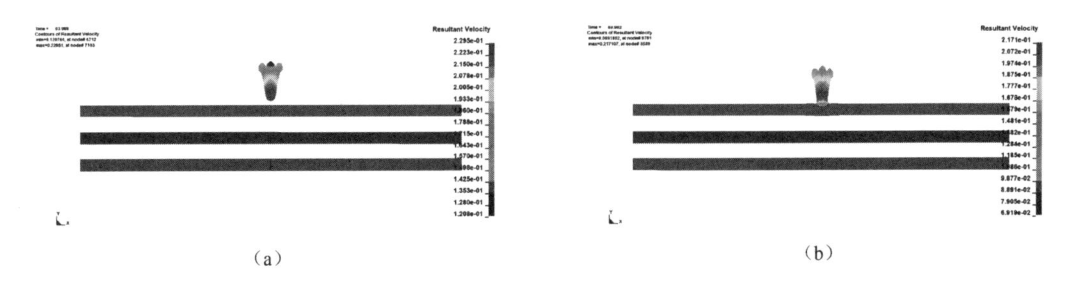

(a)　　　　(b)

图 26－15　EFP 对三层间隔靶板的侵彻过程

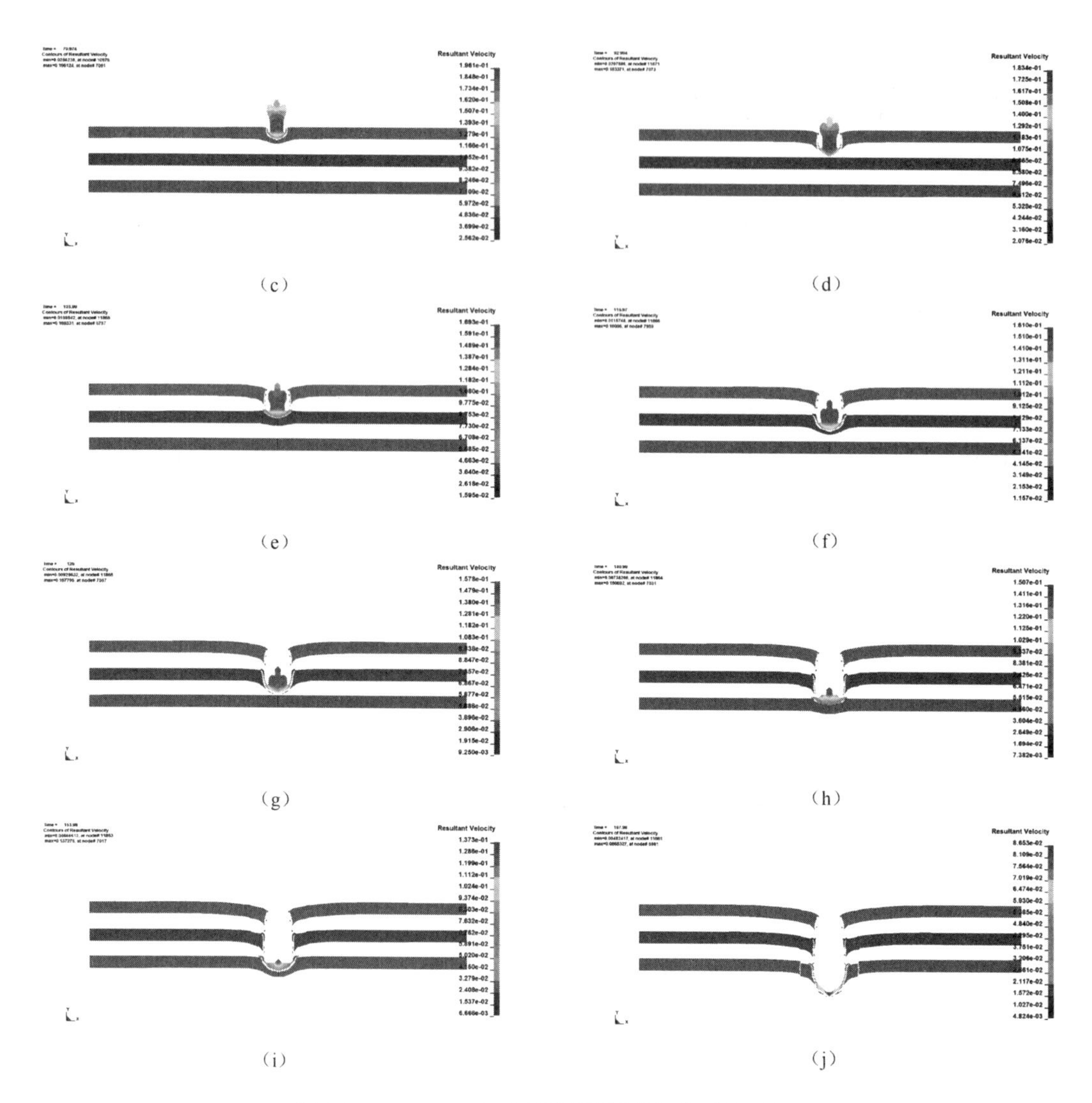

图 26－15　EFP 对三层间隔靶板的侵彻过程(续)

27 远场水下爆炸对结构的毁伤计算

水下爆炸毁伤效应数值计算难度在于计算模型较大,时间成本高。为解决水下爆炸载荷的计算问题,LS-DYNA 嵌入了水下爆炸载荷的工程算法,通过 * LOAD_SSA 关键字实现载荷的加载。该关键字不需要建立水域,只需要在关键字卡片中输入球形 TNT 的质量、炸药位置以及载荷公式系数即可。由于载荷公式是基于 kg、m、s 单位制,因此数值计算模型只能采用 kg、m、s 单位制进行创建。

27.1 * LOAD_SSA 关键字解释

目的:水下爆炸分析(SSA)工程算法以一种简单而有效的方式计算载荷对结构的加载,考虑了水下爆炸冲击波以及后续气泡脉动的影响,它通过近似空气和背水板传递压力的方式来实现高的计算效率,该加载包含了直接冲击响应的平面波近似值和气泡脉动响应的虚拟质量近似值, * LOAD_SSA 并未实现瞬态流固耦合的双重渐近近似。 * LOAD_SSA 关键字卡片及其参数描述见表 27 – 1 ~ 表 27 – 6。

注: * LOAD_SSA 算法默认海底至海面沿 Z 轴正向。

表 27 – 1 * LOAD_SSA 关键字卡片 1

Card 1	1	2	3	4	5	6	7	8
Variable	VS	DS	REFL	ZB	ZSURF	FPSID	PSID	NPTS
Type	F	F	F	F	F	I	I	I
Default	none	none	0.	0.	0.	0	0	1

表 27 – 2 * LOAD_SSA 关键字的参数描述 1

变量	描述
VS	流体中的声速
DS	流体密度

续表

变量	描述
REFL	是否考虑海底反射。 =0:关闭; =1:打开
ZB	如果 REFL=1,定义海底的 Z 轴坐标点;否则不用定义
ZSURF	海面的 Z 轴坐标点
FPSID	流体影响的 Part 组 ID。使用 * PART_SET_COLUMN 设置,这里参数 A1 和 A2 需要根据以下准则定义。 参数 A1:流体状态。 =1:液体在结构两侧; =2:液体在外侧,空气在内侧; =3:空气在内侧,液体在外侧; =4:材料和单元被忽略。 参数 A2:对于梁单元,定义管的外径。对于壳单元,定义必须大于零的值,用于载荷加载,并无实际意义
PSID	定义湿面的 Part 组编号。定义的 Part 网格表面正方向必须指向液体。 =0:所有 Part 被包含; >0:输入 Part 组 ID
NPTS	用于压力计算的积分点数(1 或 4)

表 27-3　* LOAD_SSA 关键字卡片 2

Card2	1	2	3	4	5	6	7	8
Variable	A	ALPHA	GAMMA	KTHETA	KAPPA			
Type	F	F	F	F	F			
Default	none	none	none	none	none			

表 27-4　* LOAD_SSA 关键字的参数描述 2

变量	描述
A	冲击波压力参数
ALPHA	α,表示冲击波压力参数

续表

变量	描述
GAMMA	γ，表示时间常数
KTHETA	k_θ，表示时间常数
KAPPA	κ，表示爆轰产物比热容

表 27-5　*LOAD_SSA 关键字卡片 3

Card3	1	2	3	4	5	6	7	8
Variable	XS	YS	ZS	W	TDELY	RAD	CZ	
Type	F	F	F	F	F	F	F	
Default	none	none	none	none	none	none	none	

表 27-6　*LOAD_SSA 关键字的参数描述 3

变量	描述
XS	球形炸药圆心的 X 坐标点
YS	球形炸药圆心的 Y 坐标点
ZS	球形炸药圆心的 Z 坐标点
W	球形炸药质量
TDELY	起爆延迟时间
RAD	炸药半径
CZ	炸药沉深（球形炸药球心至海面的垂直距离，大于零的数）

27.2　计算模型

计算炸药水下爆炸后对圆筒的毁伤效果模型如图 27-1 所示。圆筒直径为 0.5 m，长度为 1 m，壁厚为 0.5 cm，圆筒内部为空气，外部与水介质接触；坐标轴位于圆筒几何中心，海面距离坐标原点的垂直距离为 0.5 m，炸药中心距坐标原点的垂直距离为 0.5 m，海底距坐标原点的垂直距离为 0.6 m。采用 *LOAD_SSA 关键字定义水下爆炸载荷，模型中不需要建立水域单元，为了更好地理解关键字中“湿面”的定义，将圆筒沿对称几何面切开并创建两个 Part。

注：读者可自行更改海面、炸药、海底、圆筒的相对位置，在 *LOAD_SSA 关键字中进行相应的参数设置，以观察不同工况下圆筒的毁伤效果。

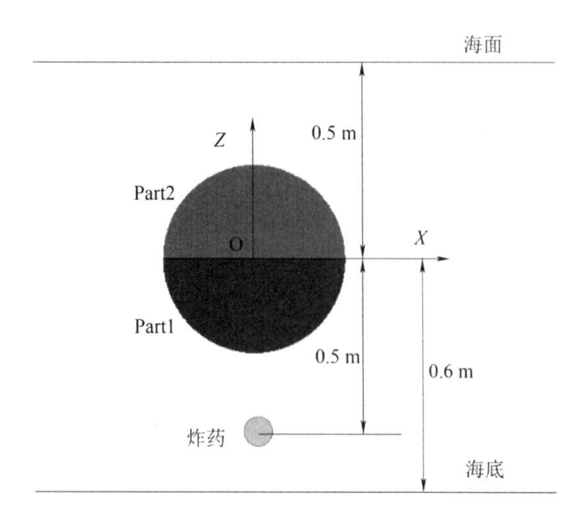

图 27－1　计算炸药水下爆炸后对圆筒的毁伤效果模型

27.3　控制关键字文件讲解

关键字文件有两个，分别为网格文件 mesh. k 和控制文件 main. k。控制文件 main. k 的内容及相关讲解如下：

```
$首行*KEYWORD 表示输入文件采用的是关键字输入格式
*KEYWORD
*TITLE

$为二进制文件定义输出格式,0表示输出的是 LS-DYNA 数据库格式
*DATABASE_FORMAT
  0
$读入节点 K 文件
*INCLUDE
 mesh.k
$
$*SECTION_SHELL 定义单元算法
$ELFORM =2,壳单元选择 Belytschko-Tsay 算法
$T1 ~ T4,定义壳单元厚度为0.005 m
$NLOC =0,定义抽壳位置为中面
*SECTION_SHELL
$    SECID     ELFORM       SHRF        NIP      PROPT QR / IRID     ICOMP    SETYP
         1          2  1.0000       2.0        0.0         0.0          0     1
$        T1         T2          T3         T4        NLOC         MAREA      IDOF    EDGSET
  0.005     0.005     0.005      0.005      0.00
*SECTION_SHELL
$    SECID     ELFORM       SHRF        NIP      PROPT QR / IRID     ICOMP    SETYP
         2          2    1.0000     2.0        0.0         0.0          0     1
```

```
$      T1        T2          T3          T4          NLOC      MAREA      IDOF   EDGSET
  0.005    0.005    0.005      0.005      0.00
$
$采用*MAT_PLASTIC_KINEMATIC 材料模型,定义 Q235靶板材料模型参数
$
*MAT_PLASTIC_KINEMATIC
         1  7800      2.1E+11     0.30   3.00E+08   2.50E+08     1.00
  40.4      5        0.36
*MAT_PLASTIC_KINEMATIC
         2  7800      2.1E+11     0.30   3.00E+08   2.50E+08     1.00
  40.4      5        0.36
$
$*LOAD_SSA 载荷输入关键字
$采用 kg、m、s 单位制
$REFL=1,考虑水底反射
$ZB=-0.6,定义水底的 Z 轴坐标
*LOAD_SSA
$  VS        DS         REFL      ZB        ZSURF     FPSID     PSID      NPTS
   1500     1000       1         -0.6     0.5       1         2         4
$    A        ALPHA     GAMMA         KTHETA    KAPPA
52.16E+06     1.13   -0.23    0.84E-04     1.25
$  XS          YS         ZS        W         TDELY      RAD       CZ
  0           0        -0.50      1       0        0.053  1.0
$定义流体状态
*SET_PART_COLUMN
    1
$  PID        A1         A2
   1        2.0        1
   2        2.0        1
$
$定义湿面 Part
*SET_PART_LIST
   2
   1          2
$
$定义靶板 Part,引用定义的单元算法、材料模型和状态方程,PID 必须唯一
*PART
Part            1 for Mat        1 and Elem Type          1
         1             1         1             0         0          0          0
$
*PART
Part            2 for Mat        2 and Elem Type          2
         2             2         2             0         0          0          0
$
*CONTROL_ENERGY
         2             2         2          2
*CONTROL_BULK_VISCOSITY
  1.50  0.600E-01
```

```
$计算时间步长控制
$TSSFAC =0.9,为计算时间步长缩放因子
*CONTROL_TIMESTEP
 0.0000   0.9000         0  0.00      0.00
$ENDTIM 定义计算结束时间
*CONTROL_TERMINATION
 0.008      0   0.00000   0.00000   0.00000
$定义二进制文件 d3plot 的输出
$DT =0.0001 s,表示输出时间间隔
*DATABASE_BINARY_D3PLOT
 0.0001
$定义二进制文件 D3THDT 的输出
$DT =0.0001 s,表示输出时间间隔
*DATABASE_BINARY_D3THDT
 0.0001
*DATABASE_EXTENT_BINARY
        0         0         3         1         0         0         0         0
        0         0         4         0         0         0
$*END 表示关键字文件的结束,LS-DYNA 将忽略后面的内容
*END
```

27.4 计算结果

圆筒结构变形情况如图 27-2 所示。在炸点对应位置处,圆筒的变形量最大,由于水下爆炸冲击波的绕流作用,使得圆筒两端也向内凹陷,这与实际情况相符合。证明 * LOAD_SSA 工程算法在一定程度上能够反映水下爆炸对目标的毁伤情况。现有文献研究指出,* LOAD_SSA 在远场爆炸情况下的准确度较高。

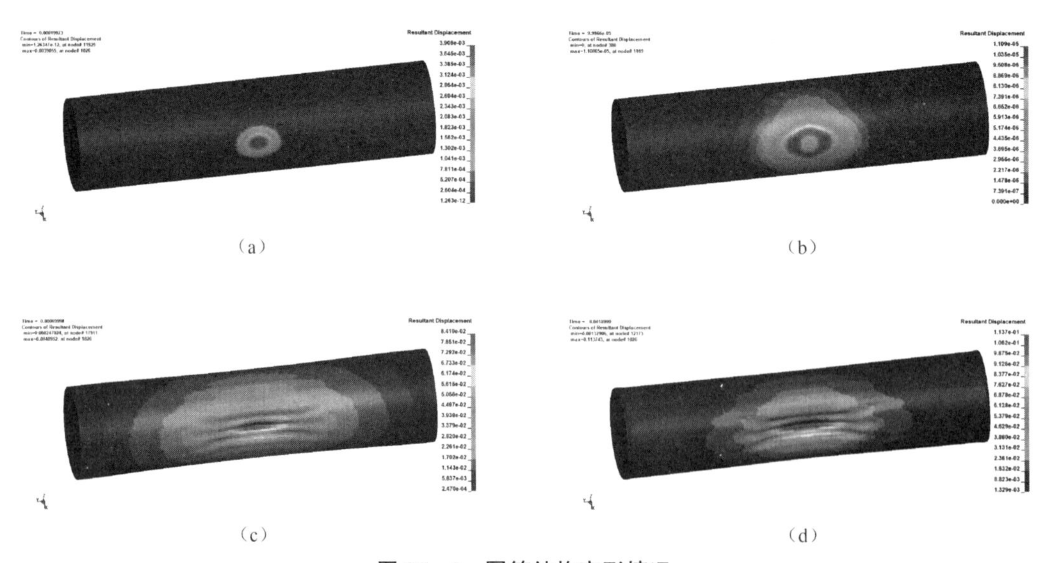

图 27-2　圆筒结构变形情况

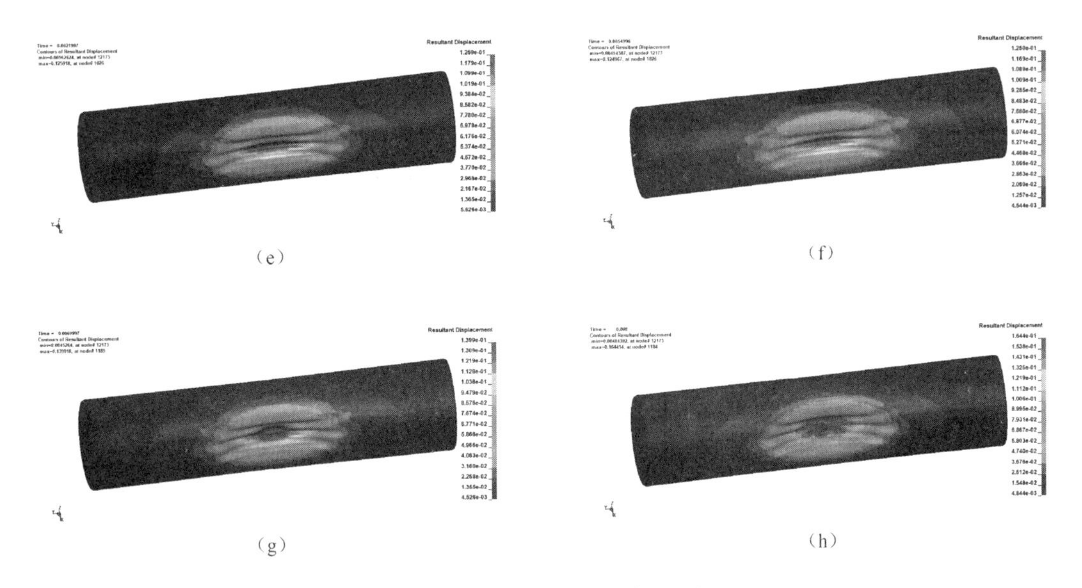

（e）　（f）　（g）　（h）

图 27－2　圆筒结构变形情况(续)

28 水下爆炸气泡脉动计算

28.1 关键字解释

28.1.1 *INITIAL_HYDROSTATIC_ALE

目的：当 ALE 模型中包含了一个或多个刚性边界 ALE 部件(ELFORM = 11,AET = 0)时，可使用此关键字初始化定义刚性边界 ALE 计算域中由于重力作用产生的静水压力场[必须同时定义 *LOAD_BODY_(OPTION)关键字]。其卡片及参数描述见表 28 - 1 和表 28 - 2。

表 28 - 1　*INITIAL_HYDROSTATIC_ALE 关键字卡片 1

Card 1	1	2	3	4	5	6	7	8
Variable	ALESID	STYPE	VECID	GRAV	PBASE			
Type	I	I	I	I	I			
Default	0	0	0	0	0			

表 28 - 2　*INITIAL_HYDROSTATIC_ALE 关键字的参数描述 1

变量	参数描述
ALESID	定义 ALE 域/网格的集合 ID，通过此关键字初始化定义该域由重力引起的静水压力场
STYPE	ALESID 类型。 =0：Part 组标识号； =1：Part 标识号
VECID	定义重力方向的矢量 ID
GRAV	重力加速度的幅值(例如，公制单位 ~9.8 m/s^2)
PBASE	所有流体层顶部的参考压力。通常，重力方向点从顶层指向底层。每一流体层必须代表 ALE 多物质组里材料的编号

对于多物质组材料层，重复卡片 2（表 28－3 和表 28－4），AMMG 层编号完全代表模型。

表 28－3　＊INITIAL_HYDROSTATIC_ALE 关键字卡片 2

Card 2	1	2	3	4	5	6	7	8
Variable	NID	MMGBLO						
Type	F	F						
Default	0.0	1.E+10						

表 28－4　＊INITIAL_HYDROSTATIC_ALE 关键字的参数描述 2

变量	参数描述
NID	定义 ALE 流体（AMMG）层顶部的节点 ID
MMGBLO	流体层的起始节点 ID，每个节点都是与它下面的一个 AMMG 层联合定义的

28.1.2　＊LOAD_BODY_OPTION

目的：使用全局坐标轴定义由规定的基础加速度或角速度引起的体载荷。该选项仅适用于节点力，不能用于规定平移或旋转运动。

OPTION 可选择 X、Y、Z、RX、RY、RZ 和 VECTOR。其卡片及参数描述见表 28－5 和表 28－6。

表 28－5　＊LOAD_BODY_OPTION 关键字卡片 1

Card 1a.1	1	2	3	4	5	6	7	8
Variable	LCID	SF	LCIDDR	XC	YC	ZC	CID	
Type	I	F	I	F	F	F	I	
Default	none	1.	0.	0.	0.	0.	0.	

表 28－6　＊LOAD_BODY_OPTION 关键字的参数描述 1

变量	参数描述
LCID	负载曲线 ID，指定载荷
SF	载荷曲线缩放系数

续表

变量	参数描述
LCIDDR	动态松弛阶段的载荷曲线 ID(可选)。这是当定义了动态松弛,并且在动态松弛阶段需要一个与 LCID 不同的载荷曲线时,就需要这个 ID。当定义了动态松弛,并且在动态松弛阶段需要一个与 LCID 不同的载荷曲线时,就需要这个 ID。注意,如果 LCID 没有被定义,那么无论 LCIDDR 的值是多少,在动态松弛期间都不会有任何身体载荷被施加。详见 * CONTROL_DYNAMIC_RELAXATION
XC	旋转轴的 X 坐标,定义角加速度
YC	旋转轴的 Y 坐标,定义角加速度
ZC	旋转轴的 Z 坐标,定义角加速度
CID	定义的局部坐标系 ID,系统中的加速度(LCID)是相对于 CID 而言的

OPTION 选择 VECTOR(见表 28 –7 和表 28 –8)。

表 28 –7　* LOAD_BODY_OPTION 关键字卡片 2

Card 1a. 2	1	2	3	4	5	6	7	8
Variable	V1	V2	V3					
Type	F	F	F					
Default	0. 0	0. 0	0. 0					

表 28 –8　* LOAD_BODY_OPTION 关键字的参数描述 2

变量	参数描述
V1、V2、V3	矢量 V 的分量

OPTION 选择 Parts(见表 28 –9 和表 28 –10)。

表 28 –9　* LOAD_BODY_OPTION 关键字卡片 3

Card 1b	1	2	3	4	5	6	7	8
Variable	PSID							
Type	I							
Default	none							

表 28-10　*LOAD_BODY_OPTION 关键字的参数描述 3

变量	参数描述
PSID	Part 的 ID

28.2　计算模型

采用二维轴对称算法建立数值计算模型，如图 28-1 所示。计算模型宽为 10 m，高为 13 m。其中，上部分为空气(3 m)，下部分为水(10 m)，水和空气采用 ALE 算法，通过体积填充的方式在水下 5 m 处填充球形 TNT 药包。采用 *INITIAL_HYDROSTATIC_ALE 和 *LOAD_BODY_Y 关键字施加由重力引起的静水压力梯度。模型采用g、cm、μs单位制创建。

图 28-1　数值计算模型

28.3　控制关键字文件讲解

关键字文件包含两个，分别为网格文件 mesh.k 和控制文件 main.k。控制文件 main.k 的内容及相关讲解如下：

```
$首行*KEYWORD 表示输入文件采用的是关键字输入格式
*KEYWORD
*TITLE

$为二进制文件定义输出格式,0表示输出的是 LS-DYNA 数据库格式
*DATABASE_FORMAT
0
$读入节点 K 文件
*INCLUDE
mesh.k
$
$*SECTION_ALE2D 为2D ALE 单元定义单元算法
$SECID 指定单元算法 ID,可为数值或符号,但是必须唯一,在*PART 卡片中被引用
$ALEFORM =11,表示采用多物质 ALE 算法
$ELFORM =14,表示面积加权轴对称算法
*SECTION_ALE2D
$   SECID    ALEFORM       AET    ELFORM
        1         11     0          14
```

```
$
*SECTION_ALE2D
$   SECID    ALEFORM      AET    ELFORM
       2        11      0       14
*SECTION_ALE2D
$#  secid  aleform      aet    elform
         3        11        0        14
$定义 ALE 多物质材料组 AMMG
$ELFORM=11,必须定义该关键字卡片
*ALE_MULTI-MATERIAL_GROUP
       1         1
       2         1
       3         1
$利用*INITIAL_VOLUME_FRACTION_GEOMETRY 在 ALE 背景网格中填充多物质材料
$FMSID=1,表示背景 ALE 网格 Part ID
$FMIDTYP=1,表示 FMSID 为 PART
$BAMMG=1,表示背景网格在 AMMG 中的 ID 为1
$NTRACE=3,表示 ALE 网格的细分数
$CNTTYP=6,表示用球体方式进行填充,X0、Y0、Z0是球心坐标,R0是球体半径
$FILLOPT=0,表示在球体内部进行填充
$FAMMG=3,表示填充体在 AMMG 中的 ID 为3
*INITIAL_VOLUME_FRACTION_GEOMETRY
$  FMSID    FMIDTYP    BAMMG    NTRACE
   1         1          1        3
$ CNTTYP    FILLOPT    FAMMG       VX         VY         VZ
   6          0         3
$  X0         Y0        Z0        R0
   0         -500       0        5.272
$炸药点火控制,采用单点起爆方式
$PID 为采用*MAT_HIGH_EXPLOSIVE_BURN 材料本构的 Part ID 值
*INITIAL_DETONATION
$   PID          X          Y         Z         LT
          2        0    -500        0         0
$
$*INITIAL_HYDROSTATIC_ALE 静水压力施加
$ALESID=12,ALE Part 组编号,参见*SET_PART_LIST
$VECID=11,定义重力方向矢量,参见*DEFINE_VECTOR
$GRAV=9.8E-10,定义重力加速度值
$PBASE=0.10132E-5,定义空气层的基础压力
$NID=156781,MMGBLO=2,定义空气层顶部位置
$NID=336,MMGBLO=1,定义水介质层顶部位置
*INITIAL_HYDROSTATIC_ALE
$ ALESID      STYPE      VECID      GRAV       PBASE
   12          0        11      9.8E-10 0.10132E-5
$  NID        MMGBLO
  156781       2
  336          1
```

```
$定义 ALE part 组
*SET_PART_LIST
  12
  1         2
$定义重力矢量方向
$XT =0、YT =1、ZT =0,定义向量尾部的坐标点
$XH =0、YH =0、ZH =0,定义向量头部的坐标点
*DEFINE_VECTOR
$    VID     XT        YT        ZT        XH      YH        ZH       CID
      11    0.0      1.0       0.0      0.0     0.0      0.0
$*LOAD_BODY_Y,定义 Y 方向的重力加速度
*LOAD_BODY_Y
$  LCID       SF        LCIDDR    XC        YC        ZC        CID
    10     9.8E-10
*DEFINE_CURVE
    10
0.00000000000000E+00     1.0000000000E+00
             1000000000     1.0000000000E+00
$重启动分析时,重新定义*DEFINE_CURVE
$*CHANGE_CURVE_DEFINITION
$   10
$水材料参数
*MAT_NULL
$    MID     RO
         1   1.025      0.00      0.00      0.00       0.00       0.00     0.000
*EOS_GRUNEISEN
$water
$    EOSID         C         S1         S2         S3      GAMA0         A        E0
         1    0.1480     2.56    -1.986     0.2268     0.50      0.0  2.895e-6
$       V0
      1.0
$空气材料参数
*MAT_NULL
$    MID      RO
       2   1.225E-3      0.00        0.00      0.00       0.00       0.00      0.00
*EOS_LINEAR_POLYNOMIAL
$    EOSID  CO          C1         C2         C3         C4        C5        C6
       2   0.00       0.00       0.00       0.00     0.40      0.40      0.00
$  E0           V0
2.500E-06      1.00
$TNT 炸药材料参数
*MAT_HIGH_EXPLOSIVE_BURN
$       MID     RO        D           Pcj       BETA         K           G         SIGY
         3 1.630000 0.6930000  0.2100000 0.0000000 0.0000000 0.0000000 0.0000000
*EOS_JWL
$   EOSID     A         B          R1         R2        OMEG         E0        V0
         3 3.71200  0.032310   4.1500000 0.990000  0.3000000  0.070000 1.0000000
$
```

```
$
$定义水 Part,引用定义的单元算法、材料模型和状态方程,PID 必须唯一
*PART
Part          1 for Mat          1 and Elem Type          1
         1          1          1          1          0          0          0
$定义空气 Part,引用定义的单元算法、材料模型和状态方程,PID 必须唯一
*PART
Part          2 for Mat          2 and Elem Type          2
         2          2          2          2          0          0          0
$定义炸药 Part,引用定义的单元算法、材料模型和状态方程,PID 必须唯一
*PART
Part          3 for Mat          3 and Elem Type          3
         3          3          3          3          0          0          0
$
*CONTROL_ENERGY
         2          2          2          2
*CONTROL_BULK_VISCOSITY
  1.50  0.600E-01
$*CONTROL_ALE 为 ALE 算法设置全局控制参数
$针对爆炸问题,采用交错输运逻辑,DCT = -1
$NADV =1,表示每两种物质输运步之间有一 Lagrange 步计算
$METH =2,表示采用带有 HIS 的 Van Leer 物质输运算法
*CONTROL_ALE
$    DCT       NADV      METH      AFAC      BFAC      CFAC      DFAC      EFAC
        -1         1         2 -1.00  0.00      0.00      0.00      0.00
$   START     END      AAFAC     VFACT     PRIT      EBC       PREF      NSIDEBC
  0.00  0.100E+21 1.00   0.00     0.00           0
$计算时间步长控制
$TSSFAC =0.9,为计算时间步长缩放因子
*CONTROL_TIMESTEP
    0.0000  0.9000         0  0.00      0.00
$ENDTIM 定义计算结束时间
*CONTROL_TERMINATION
4.000E+06     0  0.00000  0.00000  0.00000
$
$定义示踪粒子,将物质点的时间历程数据记录在 ASCII 文件中
$TIME 为示踪粒子数据开始记录时间
$TRACK =0,表示示踪粒子跟随物质材料运动
$TRACK =1,表示示踪粒子不随物质材料运动
$X,Y,Z 表示示踪粒子初始位置坐标
$AMMGID 为被跟踪的多物质 ALE 单元内的 AMMG 组编号
$如果 AMMGID =3,就按照多物质 ALE 单元内全部 AMMG 组的体积分数加权
$气泡中心位移
*DATABASE_TRACER
$ TIME      TRACK       X          Y          Z       AMMGID     NID      RADIUS
   0.0        0          0       -500          0          3
$示踪粒子数据输出时间间隔,数据存储在 TRHIST 文件中
$DT =1 μs,表示数据输出间隔
```

```
*DATABASE_TRHIST
$   DT
  1.00
$定义二进制文件 d3plot 的输出
$DT=5 000.00 μs,表示输出时间间隔
*DATABASE_BINARY_D3PLOT
5000.00
$定义二进制文件 D3THDT 的输出
$DT=5 000.00 μs,表示输出时间间隔
*DATABASE_BINARY_D3THDT
 5000.00
*DATABASE_EXTENT_BINARY
       0       0       3       1       0       0       0       0
       0       0       4       0       0       0
$*END 表示关键字文件的结束,LS-DYNA 将忽略后面的内容
*END
```

28.4 计算结果

计算结束后,用 LS-PREPOST 软件打开工作目录下的 d3plot 文件,读入结果输出文件。通过计算,最终得到了 1 kg 球形 TNT 药包在水下 5 m 处起爆后,前 1.5 个周期内气泡脉动以及气泡形状的演变过程,如图 28-2 所示。炸药起爆后,高温、高压的爆轰产物在周围水介质的约束作用下形成了气泡,爆轰产物的作用使得气泡半径不断增加,在 103.01 ms 时,气泡半径达到最大值,此时气泡内部压力小于周围水介质的静水压力,气

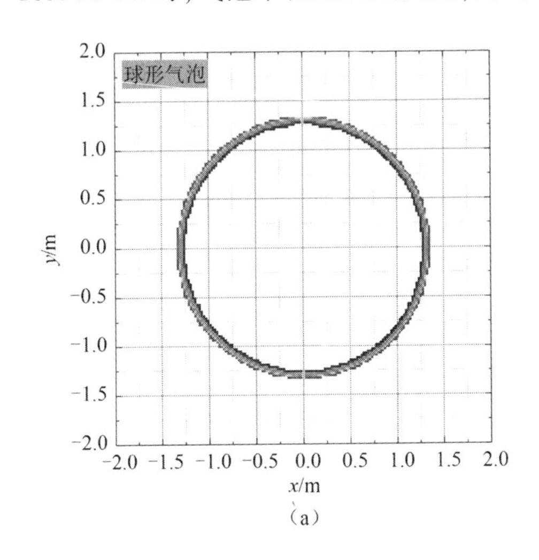

(a)

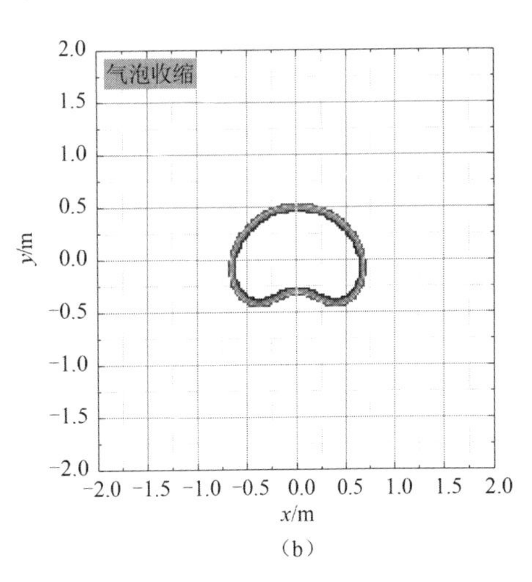

(b)

图 28-2 气泡脉动及气泡形状的演变过程

(a) $t=103.01$ ms;(b) $t=202.86$ ms;

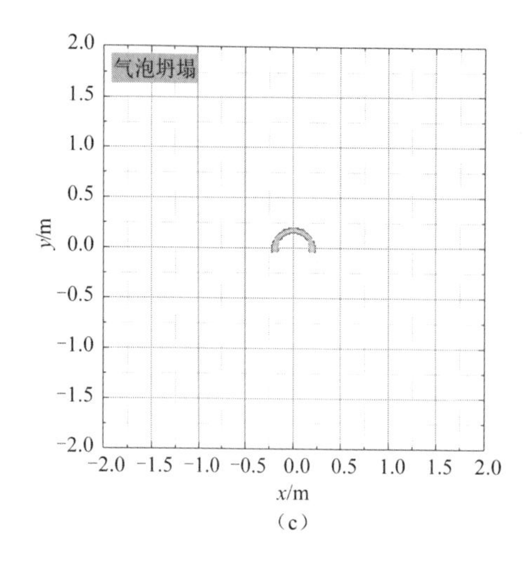

(c)

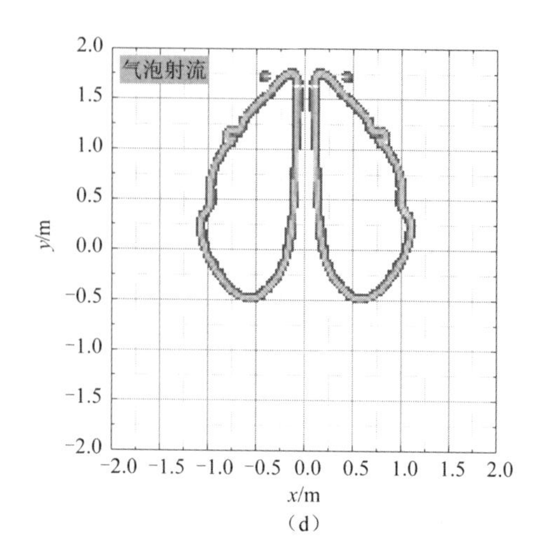

(d)

图 28－2　气泡脉动及气泡形状的演变过程(续)

(c)$t=212.32$ ms;(d)$t=324$ ms

泡被反向压缩。由于气泡底部位置处的静水压力高于顶部静水压力,因此在反向收缩的过程中,气泡底部的收缩速度高于顶部收缩速度,使得气泡扁平化,形状逐渐偏离球形;在 211.87 ms 时,气泡完全坍塌,半径也达到了最小值,此刻气泡完成了第一个周期脉动;随后进入下一个脉动周期,但气泡底部已经贯穿顶部,形成了环状气泡。

参考文献

[1] 王儒策,赵国志. 弹丸终点效应[M]. 北京:北京理工大学出版社,1983.

[2] 北京工业学院八系. 爆炸及其作用[M]. 北京:国防工业出版社,1979.

[3] 亨利奇. 爆炸动力学及其应用[M]. 北京:科学出版社,1987.

[4] 奥尔连科. 爆炸物理学[M]. 孙承伟,译. 北京:科学出版社,2011.

[5] 库尔. 水下爆炸[M]. 北京:国防工业出版社,1960.

[6] 孙业斌. 爆炸作用及其设计[M]. 北京:国防工业出版社,1987.

[7] 隋树元. 终点效应学[M]. 北京:国防工业出版社,2000.

[8] 王树山. 终点效应学[M]. 北京:科学出版社,2019.

[9] 张国伟,徐立新,张秀艳. 终点效应及靶场试验[M]. 北京:北京理工大学出版社,2009.

[10] 黄正祥,祖旭东. 终点效应[M]. 北京:科学出版社,2014.

[11] 黄正祥. 聚能装药理论与实践[M]. 北京:北京理工大学出版社,2014.

[12] 门建兵,蒋建伟,王树有. 爆炸冲击数值模拟技术基础[M]. 北京:北京理工大学出版社,2015.

[13] 张先锋,李向东,沈培辉,等. 终点效应学[M]. 北京:北京理工大学出版社,2017.

[14] 尹建平,王志军. 弹药学[M]. 北京:北京理工大学出版社,2012.

[15] 李向东,钱建平,曹兵. 弹药概论[M]. 北京:国防工业出版社,2004.

[16] 李向东,杜忠华. 目标易损性[M]. 北京:北京理工大学出版社,2013.

[17] 卢芳云,蒋邦海. 武器战斗部投射与毁伤[M]. 北京:科学出版社,2013.

[18] 尹建平,王志军. 弹药学[M]. 北京:北京理工大学出版社,2012.

[19] LS-DYNA KEYWORD USERS MANUAL VOLUME Ⅰ[Z],2014.

[20] LS-DYNA KEYWORD USERS MANUAL VOLUME Ⅱ[Z],2014.

[21] LS-DYNA KEYWORD USERS MANUAL VOLUME Ⅲ[Z],2014.

[22] 赵海鸥. LS-DYNA 动力分析指南[M]. 北京:兵器工业出版社,2003.

[23] 时党勇,李裕春,张胜民. 基于 ANSYS/LS-DYNA 8.1 进行显式动力分析[M]. 北京:清华大学出版社,2005.

[24] 石少卿,康建功,汪敏,等. ANSYS/LS-DYNA 在爆炸与冲击领域内的工程应用[M].

北京:中国建筑工业出版社,2011.
[25] 石少卿,汪敏,孙波,等. AUTODYN 工程动力分析及应用实例[M]. 北京:中国建筑工业出版社,2012.
[26] 何涛,杨竞,金鑫. ANSYS10. 0/LS-DYNA 非线性有限元分析实例指导教程[M]. 北京:机械工业出版社,2007.
[27] 杨秀敏. 爆炸冲击现象数值模拟[M]. 合肥:中国科学技术大学出版社,2010.
[28] 宁建国. 爆炸与冲击动力学[M]. 北京:国防工业出版社,2010.
[29] 宁建国,黄风雷,秦城森. 计算爆炸力学理论、方法及工程应用[M]. 北京:北京理工大学出版社,2012.
[30] 辛春亮,薛再清,涂建,等. TrueGrid 和 LS-DYNA 动力学数值计算详解[M]. 北京:机械工业出版社,2019.
[31] 辛春亮,薛再清,涂建,等. 由浅入深精通 LS-DYNA [M]. 北京:中国水利水电出版社,2019.
[32] 白金泽. LS-DYNA3D 理论基础与实例分析[M]. 北京:科学出版社,2005.